Les mathématiques au travail 10

Les mathématiques au travail 10

Les Éditions des Plaines
Winnipeg, Canada

Pacific Educational Press
Vancouver, Canada

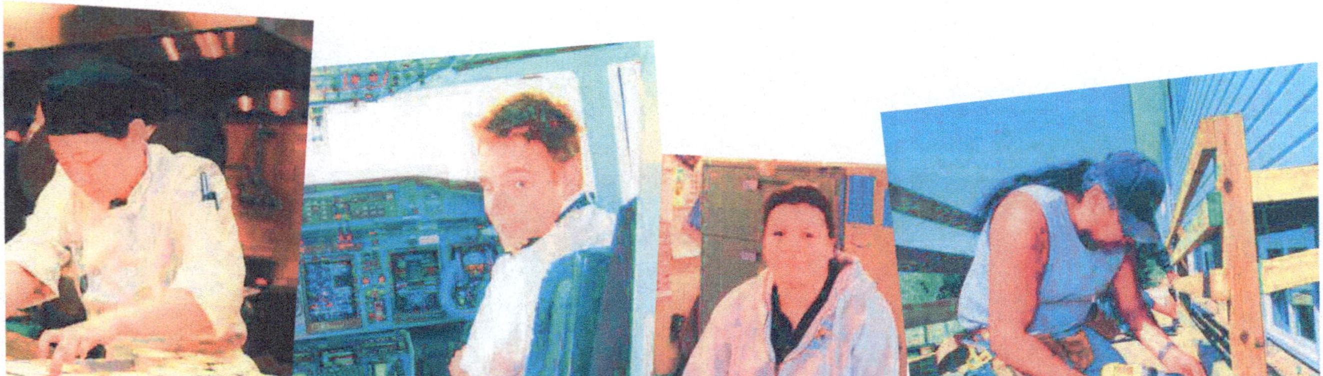

Les Éditions des Plaines reconnaissent l'aide financière du gouvernement du Canada par l'entremise du Programme d'Aide au développement de l'industrie de l'édition et du gouvernement du Manitoba via le ministère de la Culture, du Patrimoine et du Tourisme.

ISBN 978-2-89611-058-2

Consultants pour l'édition française : Joanne Therrien, Huguette Le Gall, Sylvie Ross, Laurent Poliquin, Pierrette Blais, Brigitte Girardin, Lexitech.

Traduction de l'anglais par : Lexitech.

Édition française : Joanne Therrien, Huguette Le Gall

Travail graphique : Pacific Educational Press, Lexitech, Plaines, Relish Design Studio Ltd.

Auteurs : Katharine Borgen, conseil scolaire de Vancouver et Université de la Colombie-Britannique; Catherine Edwards, Pacific Educational Press; Sheeva Harrysingh-Klassen, collège J.H. Bruns, Winnipeg; Mark Healy, école secondaire de West Vancouver, West Vancouver; Craig Yuill, école secondaire Prince of Wales, Vancouver

Enseignant pilote : Don Chandler, école secondaire Salisbury

Conseillers : Katharine Borgen, Ph. D., conseil scolaire de Vancouver et Université de la Colombie-Britannique; John Willinsky, Ph. D., Public Knowledge Project; Jordie Yow, vérificatrice en mathématiques

Conception, dessins et disposition : Warren Clark, Laraine Coates, Sharlene Eugenio, Five Seventeen, Craig Yuill

Couverture avec la permission de Colin Pickell

Édition anglaise : Christa Bedwin, Theresa Best, Diana Breti, Laraine Coates, Barbara Dominik, Catherine Edwards, Leah Giesbrecht, Deborah Hutton, Barbara Kuhne

Les Éditions des Plaines remercient Diane Stobbe et Hélène Gendron du Ministère de l'éducation de l'Alberta.

Élaboré dans le cadre du projet Mathématiques pour les métiers et le milieu de travail du Protocole de l'Ouest et du Nord canadiens.

Dépôt légal : 2e trimestre 2010, Bibliothèque nationale du Canada, Bibliothèque nationale du Manitoba, Bibliothèque nationale du Québec.

Les Éditions des Plaines, C.P. 123, Saint-Boniface MB R2H 3B4
Courriel : admin@plaines.mb.ca www.plaines.ca

Table des matières

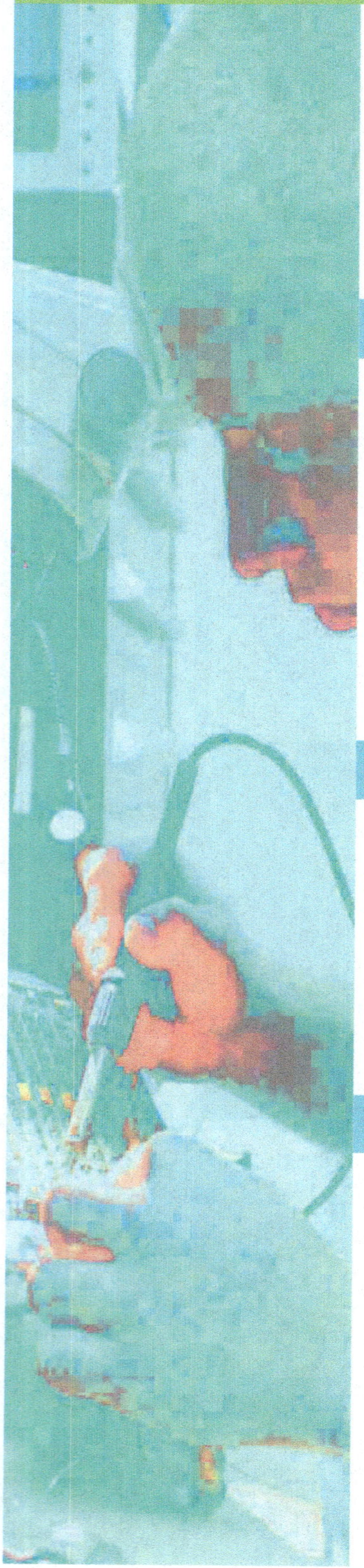

Comment utiliser ce livre

Les mathématiques au travail 10 porte sur les mathématiques que tu utiliseras dans ton milieu de travail, surtout si tu prévois apprendre un métier, poursuivre des études collégiales ou entrer directement sur le marché du travail lorsque tu auras obtenu ton diplôme d'études secondaires. Plusieurs des chapitres de la ressource portent sur les mathématiques liées aux affaires et à la consommation. D'autres chapitres portent quant à eux sur les connaissances mathématiques qui sont essentielles dans le cadre de métiers ou d'occupations en particulier.

La présente ressource compte sept chapitres, et chacun de ces chapitres est axé sur un sujet précis. Ces sujets comprennent le prix unitaire et la conversion de devises, le salaire, les mesures linéaires et les mesures de l'aire, les mesures de la température, de la masse et du volume, les angles et les droites parallèles, les figures semblables ainsi que la trigonométrie.

Chaque chapitre comporte les sections suivantes, lesquelles t'aideront dans ton apprentissage.

INTRODUCTION AU CHAPITRE Chaque chapitre commence par une introduction qui décrit l'ensemble des thèmes qui seront abordés dans le chapitre et indique les tâches mathématiques que tu apprendras au fur et à mesure que tu avanceras dans le chapitre. Une liste de concepts clés t'aidera à cibler ton apprentissage.

PROJET DU CHAPITRE Chaque chapitre comporte un projet lié au thème mathématique sur lequel porte le chapitre. Le projet te sera présenté au début du chapitre, et tu y reviendras périodiquement afin de faire des activités, parfois avec un partenaire ou en petits groupes. Tu ajouteras ce nouveau matériel dans un dossier de chapitre ou un portfolio. À la fin du chapitre, tu utiliseras ce matériel pour préparer une présentation que tu feras devant tes camarades. Le projet du chapitre te permet de mettre tes compétences mathématiques en pratique dans un contexte concret.

LES MATHÉMATIQUES AU TRAVAIL Chaque section du chapitre commence avec le profil d'une personne. Ce profil te donne une bonne idée de la portée du travail de la personne et du type de connaissances mathématiques qu'une personne qui occupe un métier semblable doit apprendre. Chaque profil se termine par un problème mathématique typique qu'une personne qui occupe ce métier pourrait devoir résoudre.

EXPLORE LES MATHÉMATIQUES Cette section du chapitre contient une brève leçon qui présente les principaux concepts mathématiques de la section et qui établit des liens entre ces concepts et des exemples concrets. Une série d'exemples et de solutions te donne diverses stratégies que tu peux utiliser pour résoudre les problèmes.

DISCUSSION DES IDÉES Les discussions portent sur l'un des aspects de la section que tu es en train d'étudier. Elles te permettront d'obtenir des détails sur le sujet et d'approfondir les questions s'y rapportant.

ACTIVITÉS Chaque chapitre contient plusieurs activités pratiques que tu dois effectuer. Ces activités te permettent de travailler avec tes camarades et d'appliquer les notions que tu as apprises dans des situations réelles.

CONSTRUIS TES HABILETÉS Cette section contient un ensemble de problèmes à résoudre. Ces problèmes te permettent de t'exercer à appliquer les concepts mathématiques que tu as appris.

RÉSOUS LE PROBLÈME Chaque chapitre contient également un jeu ou un problème qui consiste à utiliser les concepts mathématiques contenus dans le présent chapitre. On te demande d'élaborer une stratégie personnelle pour résoudre les problèmes et effectuer les jeux. Certains des problèmes et des jeux sont liés aux applications des concepts mathématiques dans les milieux de travail, tandis que d'autres te demandent d'analyser la pensée mathématique. Tous sont amusants.

LES RACINES DES MATHÉMATIQUES Les mathématiques font partie de l'histoire. Elles ont changé et évolué au fil du temps. La section Les racines des mathématiques traite d'un sujet portant sur l'histoire des mathématiques qui est en lien avec le contenu du chapitre et elle contient quelques questions auxquelles tu dois répondre.

RÉFLEXIONS SUR L'APPRENTISSAGE ET MISE EN PRATIQUE DES NOUVELLES HABILETÉS Le chapitre se termine par un résumé schématique de tes principales réalisations sur lesquelles tu peux réfléchir. Une série de problèmes te permettra de mettre en pratique les nouvelles habiletés que tu as acquises pendant que tu étudiais le chapitre.

SUGGESTIONS Cette section propose des stratégies que tu peux utiliser pour résoudre des problèmes.

DÉFINITIONS Les termes mathématiques qui peuvent être nouveaux, ou qui ne te sont pas familiers, sont définis ou expliqués dans les marges latérales. Ils sont également présentés par ordre alphabétique dans un glossaire qui se trouve à la fin de la ressource.

CALCUL MENTAL ET ESTIMATION Dans le cadre des problèmes de cette section, on te demande de t'exercer à faire des calculs mentaux pour résoudre des problèmes ou faire des estimations.

T Ce symbole sert à t'informer qu'il existe des outils techniques que tu peux utiliser pour t'aider ou pour améliorer ton travail.

CORRIGÉ Un corrigé contenant les réponses des problèmes se trouve à la fin de cette ressource.

Chapitre 1

Prix unitaire et conversion des devises

OBJECTIFS

Au travail tout comme dans tes activités quotidiennes, tu devras décider de choses à acheter et du moyen d'obtenir ce qu'il te faut au meilleur prix. Dans ce chapitre, tu utiliseras dans un nouveau contexte certains concepts mathématiques que tu connais déjà, tels que les fractions, les pourcentages, les taux et les rapports. Ces concepts mathématiques te serviront à :

- apprendre à déterminer le meilleur achat compte tenu de la qualité et de la quantité, mais aussi du prix unitaire;
- analyser les promotions offertes et comparer leurs effets;
- convertir des dollars canadiens en devises étrangères, et des devises étrangères en dollars canadiens.

TERMES IMPORTANTS

- taux de change acheteur
- taux de change
- marge brute
- promotion
- proportion
- taux
- rapport
- taux de change vendeur
- prix unitaire
- taux unitaire

PROJET – ORGANISATION D'UNE FÊTE

COMMENCER L'ORGANISATION

APERÇU DU PROJET

As-tu déjà organisé une fête? Dans ce chapitre, ton projet consistera en l'organisation d'une fête de fin d'année scolaire pour une équipe, un club ou un comité de ton école.

Tu devras donc organiser une fête pour 15 invités en plus de toi-même. Elle aura lieu un samedi soir entre 18 h et 23 h.

Chaque invité devra payer 15,00 $, et le club, l'équipe ou le comité donnera également 10,00 $ par membre. Tu disposeras donc d'un budget total de 400,00 $ pour la fête. Ce montant doit te permettre de payer toutes les dépenses liées à la fête.

Des élèves d'une école secondaire de North Vancouver frappent des balles de golf sur un terrain d'exercice.

POUR COMMENCER

Pour entreprendre ton projet, commence par planifier la fête. D'abord, dresse une liste des choses auxquelles tu devras penser et que tu devras acheter. Garde en tête les questions suivantes :

- Où la fête doit-elle avoir lieu?
- Quelles décorations choisiras-tu?
- Quelles activités ou divertissements prévoiras-tu pour les invités?
- Quel genre de musique choisiras-tu?
- Quels aliments et boissons serviras-tu?
- Où achèteras-tu ce dont tu as besoin?

LISTE DE CONTRÔLE POUR LA PRÉSENTATION FINALE

Lorsque tu auras terminé ton projet, tu devras faire une présentation aux membres de ton équipe, de ton club ou de ton comité. Ta présentation comprendra les éléments suivants :

- une description de la fête, de l'endroit où elle aura lieu et des décorations que tu comptes utiliser;
- un exemple d'invitation;
- une liste des activités et des divertissements prévus pour les invités;
- T un tableau ou un tableur où seront détaillés les dépenses, de même que les fournisseurs, le prix total et le prix unitaire de chaque article;
- le calcul du prix par invité et du prix total de la fête.

1.1 Raisonnement proportionnel

LES MATHÉMATIQUES *AU TRAVAIL*

Originaire de Hay River, Territoires du Nord-Ouest, Sandra Tuccaro est une infirmière inuvialuite. Elle travaille à la direction des soins à domicile de l'Administration des services de santé et des services sociaux de Yellowknife. Elle a un diplôme en sciences infirmières et doit accomplir de nombreuses tâches dans le cadre de son travail. En tant qu'infirmière à domicile, Sandra fournit des soins de courte et de longue durée aux gens chez eux. Elle aide les personnes ayant des besoins en soins infirmiers ou en réadaptation en plus de les aider à se nourrir et à réaliser leurs activités quotidiennes.

Sandra doit administrer 300 mg d'un médicament qu'on lui fournit dans des flacons contenant 120 mg de médicament dissous dans 2 ml de liquide. Combien de millilitres de liquide devra-t-elle administrer à son patient? Comment Sandra peut-elle résoudre ce problème à l'aide du raisonnement proportionnel?

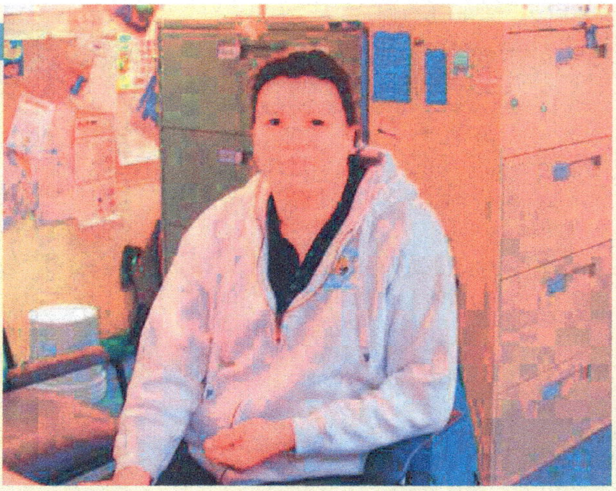

Voici Sandra, dans son bureau de Yellowknife

EXPLORE LES MATHÉMATIQUES

rapport : comparaison entre deux nombres exprimés par la même unité

proportion : énoncé équivalent entre deux rapports ou taux

Dans ce chapitre, tu apprendras à appliquer tes connaissances des **rapports** dans de nouveaux contextes.

Un rapport, c'est une comparaison entre deux nombres exprimés par la même unité. Il existe plusieurs façons d'exprimer un rapport. Le rapport de 20 à 50, par exemple, peut s'écrire 20 : 50 ou $\frac{20}{50}$. La notation $\frac{20}{50}$ est souvent la plus utile, parce qu'elle te permet d'utiliser ta connaissance des fractions pour faire des calculs.

Lorsque tu travailles avec des rapports, tu dois d'abord les simplifier. Par exemple, tu peux simplifier le rapport 20 : 50 en divisant chaque terme par 10. Pour résoudre des équations calculées à partir de ce rapport, tu peux utiliser 2 : 5 au lieu de 20 : 50.

Les deux rapports 20 : 50 et 2 : 5 sont des énoncés équivalents. L'équation comportant des fractions $\frac{20}{50} = \frac{2}{5}$ est donc une **proportion**.

Concrètement, les rapports sont souvent exprimés sous forme de proportions. Par exemple, on peut te demander d'obtenir une teinte donnée en mélangeant différentes peintures. La proportion exigée est de 3 parts de bleu pour 1 part de vert, ou 3 : 1. Sachant ce rapport, tu peux mélanger la quantité de peinture qu'il te faut, tout en conservant les bonnes proportions. Le mélange de 3 parts avec 1 part signifie qu'il y a en tout 4 parts.

Puisque les unités sont les mêmes dans un rapport, on peut dire qu'elles s'annulent. Dans tes calculs, tu peux donc laisser de côté les unités. Par contre, n'oublie pas de les remettre dans ta solution.

DISCUSSION DES IDÉES

ADAPTER UNE RECETTE

Tu as invité 5 de tes amis chez toi et tu décides de leur servir des carrés au chocolat maison. Tu as trouvé une excellente recette qui donne 20 gros carrés, mais tu n'en as besoin que de 12, c'est-à-dire 2 par personne. Comment t'y prendrais-tu pour modifier la recette afin d'obtenir seulement 12 carrés ayant exactement le même goût que si tu avais fait la recette originale?

Exemple 1

Pour assurer la lubrification d'un moteur à deux temps, il faut mélanger l'essence et l'huile. Un bûcheron travaillant sur un site d'exploitation forestière doit remplir un bidon d'essence pour sa scie à chaîne. Le mélange d'essence et d'huile qu'il utilise doit contenir 40 parts d'essence pour 1 part d'huile. Son bidon d'essence peut contenir 8 litres d'essence. Quelle quantité d'huile doit-il ajouter s'il veut obtenir le bon rapport?

SOLUTION

Exprime le rapport entre le nombre de litres d'essence et d'huile ainsi $\frac{40}{1}$.

Utilise x pour exprimer la quantité d'huile nécessaire.

Tu peux exprimer le problème sous forme de proportion.

$$\frac{40}{1} = \frac{8}{x}$$

La proportion forme donc une équation comportant des fractions. Pour résoudre cette équation, tu peux simplifier l'équation en éliminant les dénominateurs. Pour ce faire, multiplie les deux côtés de l'équation par le dénominateur commun.

$$\frac{40}{1}(x) = \frac{8}{x}(x)$$

Multiplie les deux côtés de l'équation par le dénominateur commun.

Le dénominateur commun de $\frac{40}{1}$ et de $\frac{8}{x}$ est x.

$$\frac{40(x)}{1} = \frac{8(x)}{x}$$

Ce bûcheron utilise une scie à chaîne sur un site d'exploitation forestière en Colombie-Britannique.

$40x = 8$	En simplifiant le rapport $\frac{8(x)}{x}$ tu obtiens 8, puisque $\frac{x}{x} = 1$.
$\frac{40x}{40} = \frac{8}{40}$	Pour isoler la variable, divise-la par son coefficient. Puisque le coefficient de x est 40, divise les deux côtés de l'équation par 40.
$x = \frac{8}{40}$	Le rapport $\frac{40x}{40}$ égale x, puisque $\frac{40}{40} = 1$.

Ensuite, pour simplifier la réponse, tu divises le numérateur et le dénominateur par 8, ce qui donnerait $\frac{1}{5}$.

Pour exprimer la réponse sous forme décimale, on divise 8 par 40, ce qui donne 0,2.

Le bûcheron devra donc ajouter 0,2 litre d'huile au bidon d'essence.

Autre solution

$$\frac{40}{1} = \frac{8}{x}$$

Le bûcheron déduit qu'il peut diviser le numérateur, 40, par 5 pour obtenir 8. Afin de conserver l'équilibre des fractions, il doit diviser aussi le dénominateur, 1, par 5 afin de trouver la valeur de x.

Le bûcheron doit donc ajouter $\frac{1}{5}$ de litre d'huile au bidon d'essence.

Exemple 2

Jean-Luc, un constructeur de bâtiments, a déterminé qu'il obtient une disposition optimale des postes de travail de ses employés dans une pièce dont le rapport entre la longueur et la largeur est de 3 : 2. Si sa pièce mesure 6 mètres de long, quelle devrait en être la largeur?

Solution

Le rapport entre la longueur et la largeur en mètres est de $\frac{3}{2}$.

Utilise l pour exprimer la largeur de la pièce.

Les deux rapports peuvent s'exprimer par la proportion suivante.

$$\frac{3}{2} = \frac{6}{l}$$

La proportion forme donc une équation comportant des fractions. Pour résoudre cette équation, tu peux simplifier l'équation en éliminant les dénominateurs. Pour ce faire, multiplie les deux côtés de l'équation par le dénominateur commun.

$$2l\left(\frac{3}{2}\right) = \left(\frac{6}{l}\right)2l$$

Multiplie les deux côtés de l'équation par le dénominateur commun. Le dénominateur commun de $\frac{3}{2}$ et de $\frac{6}{l}$ est $2l$.

$$\frac{6l}{2} = \frac{12l}{l}$$

Simplifie les deux côtés de l'équation.

$$3l = 12$$

$$\frac{3l}{3} = \frac{12}{3}$$

Pour isoler la variable, divise-la par son coefficient. Puisque le coefficient de l est 3, divise les deux côtés de l'équation par 3.

$$l = 4$$

La largeur de la pièce devrait donc être de 4 mètres.

AUTRE SOLUTION

Le constructeur de bâtiments pourrait aussi déduire que, puisque le numérateur, 6, est le double de 3, l vaudra le double de 2, soit 4 mètres.

ACTIVITÉ 1.1
VISUALISATION D'UNE PROPORTION

Pour créer un triangle rectangle, on trace deux segments de droite formant un angle de 90° l'un par rapport à l'autre, comme dans l'exemple ci-dessous.

1. Recopie le triangle illustré ci-dessous sur une feuille de papier quadrillé 0,5 cm.

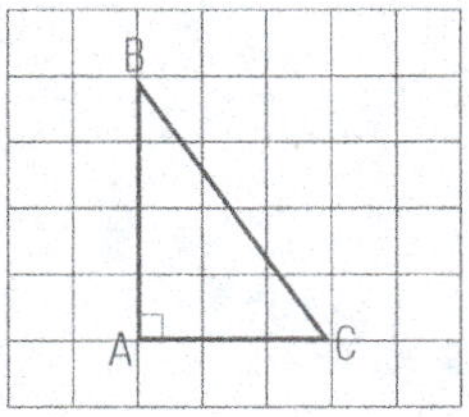

2. Pour chaque élément, dessine la nouvelle figure et détermine si elle est proportionnelle ou déformée par rapport à la figure originale.
   a) Double la longueur des segments de droite AB et AC.
   b) Prolonge les deux segments de droite de 3 carrés sur ton papier quadrillé.
   c) Enlève 2 carrés à la longueur de chacun de ces segments de droite.
   d) Divise la longueur de chacun de ces segments de droite par 2.
3. Quelles conclusions peux-tu tirer de tes résultats?

ACTIVITÉ 1.2
LE GOÛTEUR DE BOISSON AUX FRUITS

Tu fais partie d'une équipe de goûteurs travaillant pour le compte d'une entreprise de produits santé. Ton équipe crée de nouvelles boissons qu'elle s'apprête à mettre en marché. Le jus d'orange concentré qu'elle fabrique sera vendu en format de 1 tasse. Les acheteurs devront mélanger le jus concentré avec de l'eau, mais pour cela, il faut encore déterminer la meilleure proportion de jus concentré et d'eau.

L'entreprise étudie deux recettes différentes. Ton équipe a pour mandat de comparer les recettes et de produire un rapport de goûteur.

Recette 1
3 tasses de jus concentré
7 tasses d'eau

Recette 2
2 tasses de jus concentré
5 tasses d'eau

Remplis un tableau comme celui-ci pour l'entreprise. Une portion correspond à une recette.

MÉLANGE DU JUS CONCENTRÉ

	Recette 1		**Recette 2**	
Portions	*Jus d'orange concentré (tasses)*	*Eau (tasses)*	*Jus d'orange concentré (tasses)*	*Eau (tasses)*
1				
2				
3				
5				
10				

1. À l'aide des régularités présentés dans le tableau ci-dessus, détermine combien de tasses de jus d'orange concentré il faudrait pour obtenir 100 portions de boisson à l'orange fabriquée selon la recette 1.
2. Examine les données brutes figurant au tableau. Selon toi, laquelle des deux recettes goûte le plus l'orange? Justifie mathématiquement ta réponse.
3. Imagine que tu n'as qu'une tasse de jus concentré. Combien de tasses d'eau utiliserais-tu pour faire la recette 2? Établis une proportion et résous la question.
4. Tu désires faire seulement 8 tasses de la recette 1. Quelle quantité de jus concentré et quelle quantité d'eau utiliseras-tu? Explique ta réponse.
5. On te donne la recette d'une toute nouvelle boisson aux fruits. Cette recette compte 3 ingrédients, dont voici la liste :

Recette de boisson aux fruits

2 tasses de jus d'ananas
3 tasses de jus de canneberge
5 tasses de jus de citron

Pour réaliser le test de dégustation, tu dois faire 4 tasses de jus. De quelle quantité de chaque ingrédient auras-tu besoin? Explique ta réponse.

SUGGESTION

À la question 5, additionne le nombre de tasses utilisées dans la recette. Tu pourras ensuite exprimer chaque sorte de jus sous forme de fraction de la recette totale.

EXPLORE LES MATHÉMATIQUES

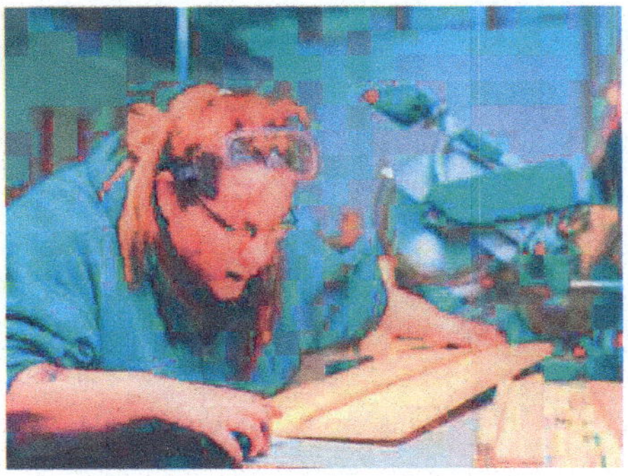

Cette charpentière prend des mesures.

Le **taux** ressemble au rapport, sauf qu'il compare deux nombres exprimés par des unités différentes. Voici quelques exemples de taux :

- le nombre de mots que tu peux taper par minute;
- le nombre de hamburgers vendus chaque jour au comptoir d'un restaurant;
- le prix du bois d'œuvre par pied linéaire;
- le prix de la pierre par kilogramme.

taux : comparaison entre deux nombres exprimés par des unités différentes

Tu peux exprimer un taux à l'aide de la même notation qu'un rapport. Il faut toutefois utiliser les unités, puisqu'elles sont différentes pour les deux termes. Par exemple, pour du saumon vendu 1,89 $ les 100 grammes, tu peux écrire le taux des façons suivantes :

1,89 $: 100 g

1,89 $ / 100 g

$$\frac{1{,}89\ \$}{100\ \text{g}}$$

Une proportion est un énoncé équivalent entre deux rapports. Tu peux également considérer une proportion comme un énoncé équivalent entre deux taux.

DISCUSSION DES IDÉES

CINDY KLASSEN, PATINEUSE DE VITESSE

Cindy Klassen

Aux Jeux olympiques d'hiver de 2006, à Turin, Cindy Klassen, originaire de Winnipeg, est devenue la première athlète canadienne à remporter cinq médailles au cours d'une seule édition des Jeux d'hiver. Elle a gagné l'or au 1 500 mètres, l'argent au 1 000 mètres, l'argent à l'épreuve de poursuite par équipes, le bronze au 5 000 mètres et le bronze au 3 000 mètres. Compte tenu de la médaille de bronze qu'elle a obtenue aux Jeux d'hiver de 2002, Cindy est la première Canadienne à avoir remporté six médailles olympiques.

Cindy a parcouru l'épreuve du 1 500 mètres en 1 minute 55 secondes et 27 centièmes, soit 115,27 secondes. Comment t'y prendrais-tu pour calculer sa vitesse moyenne?

Exemple 1

Si 100 g de saumon coûtent 1,89 $, combien en coûtent 250 g?

SOLUTION

Utilise c pour exprimer le coût de 250 g de saumon.

Tu peux exprimer le problème sous forme de proportion.

$$\frac{1{,}89}{100} = \frac{c}{250}$$

La proportion forme donc une équation comportant des fractions. Pour résoudre cette équation, tu peux simplifier l'équation en éliminant les dénominateurs. Pour ce faire, multiplie les deux côtés de l'équation par le dénominateur commun.

$$\frac{1{,}89}{100}(25\,000) = \frac{c}{250}(25\,000)$$

Multiplie les deux côtés de l'équation par le dénominateur commun. L'un des dénominateurs communs de 100 et de 250 est 25 000.

$$\frac{(1{,}89)(25\,000)}{100} = \frac{25\,000c}{250}$$

Simplifie les deux côtés de l'équation.

$$472{,}5 = 100c$$

Le coefficient de la variable est 100 parce que 25 000 divisé par 250 égale 100.

$$\frac{472{,}5}{100} = \frac{100c}{100}$$

Pour isoler la variable, divise-la par son coefficient. Puisque le coefficient de c est 100, divise les deux côtés de l'équation par 100.

$$4{,}725 = c$$

Puisque c représente une valeur en dollars, il faut l'arrondir au centième près.

Donc, 250 g de saumon coûtent 4,73 $.

AUTRE SOLUTION 1

Puisque 250 g correspondent à 2,5 fois 100 g, le coût de 250 g de saumon sera de 2,5 fois celui de 100 g de saumon.

$(1{,}89)(2{,}5) = 4{,}725$

Arrondis la réponse au centième près puisqu'il s'agit d'un coût en dollars.

Donc, 250 g de saumon coûtent 4,73 $.

AUTRE SOLUTION 2

Coût de 250 g de saumon.

100 g + 100 g + 50 g = 250 g

$1{,}89\ \$ + 1{,}89\ \$ + \frac{1{,}89\ \$}{2} = 4{,}73\ \$$

Donc, 250 g de saumon coûtent 4,73 $.

SUGGESTIONS

1. Assure-toi de comparer des unités équivalentes lorsque tu établis une proportion.
2. Pour trouver un dénominateur commun, tu peux multiplier ensemble les dénominateurs indiqués. Dans l'exemple, on a obtenu 25 000 en multipliant 100 par 250.
   - Aurais-tu pu utiliser d'autres dénominateurs communs?
   - Si tu utilisais 500 comme dénominateur commun, comment cela modifierait-il tes calculs?
   - Le plus petit dénominateur commun est le plus petit nombre par lequel on peut diviser tous les dénominateurs donnés et obtenir un nombre entier comme résultat.

SUGGESTION

Pour simplifier une équation comportant des fractions, multiplie les deux côtés de l'équation par un dénominateur commun. Tu obtiendras ainsi une équation équivalente ne comportant plus de fractions.

Exemple 2

Dans un magasin d'articles de plomberie, on vend 100 courroies pour tuyau cuivré au prix de 4,97 $. Selon tes estimations, tu auras besoin de 75 courroies. Combien payeras-tu pour les 75 courroies?

Solution

$$\frac{4{,}97}{100} = \frac{x}{75}$$

Utilise x pour exprimer le prix de 75 courroies et créer une proportion. La proportion forme donc une équation comportant des fractions. Pour résoudre cette équation, tu peux simplifier l'équation en éliminant les dénominateurs. Pour ce faire, multiplie les deux côtés de l'équation par le dénominateur commun.

$$\frac{4{,}97}{100}(7\,500) = \frac{x}{75}(7\,500)$$

Multiplie les deux côtés de l'équation par un dénominateur commun. L'un des dénominateurs communs de 100 et de 75 est 7 500.

$$\frac{(4{,}97)(7\,500)}{100} = \frac{7\,500x}{75}$$

$$372{,}75 = 100x$$

Le coefficient de la variable est 100 parce que 7 500 divisé par 75 égale 100.

$$\frac{372{,}75}{100} = \frac{100x}{100}$$

Pour isoler la variable, divise-la par son coefficient. Puisque le coefficient de x est 100, divise les deux côtés de l'équation par 100.

$$3{,}7275 = x$$

Puisque x représente une valeur en dollars, il faut l'arrondir au centième près.

75 courroies pour tuyau coûtent 3,73 $.

Autre solution

Puisque 75 représente $\frac{3}{4}$ de 100, tu peux trouver le prix de 75 courroies en multipliant le prix de 100 courroies par $\frac{3}{4}$.

$$(4{,}97)\left(\frac{3}{4}\right) = 3{,}73$$

75 courroies pour tuyau coûtent 3,73 $.

Calcul mental et estimation

Dans l'exemple ci-dessus, une courroie pour tuyau coûte 0,0497 $. Quel serait le prix approximatif de 50 courroies pour tuyau?

CONSTRUIS TES HABILETÉS

1. Une technicienne en réparation d'ordinateurs répare huit imprimantes pour chaque deux ordinateurs qu'elle répare. Quelle est la forme la plus simple de ce rapport? Quelles sont les deux façons d'écrire ce rapport?
2. Si une secrétaire tape 55 mots à la minute, combien de temps lui faudra-t-il pour taper un rapport de direction qui compte 2 000 mots?
3. Un apprenti mécanicien fait la rotation des 4 pneus d'une camionnette en 15 minutes. En combien de temps pourrait-il faire la rotation des pneus de 5 camionnettes? En combien de temps l'apprenti ferait-il la rotation de 2 pneus?
4. Un vendeur de voitures d'Edmonton a vendu 4 voitures le jeudi, 6 le vendredi, et le même nombre le samedi que le dimanche. Au total, en 4 jours, il a vendu 36 voitures. Combien a-t-il respectivement vendu de voitures le samedi et le dimanche? Quelle est la proportion des ventes totales réalisées le samedi?

L'hybride ci-dessus fonctionne à l'essence ou à l'électricité.

5. Le rapport entre la taille de Siu et celle de son frère Tai est de 5 : 6. Si Tai mesure 145 cm, combien mesure Siu (au centimètre le plus près)?
6. Si le magasin de musique Do Ré Mi réalise un profit de 2 550,00 $ pour la vente de 200 DVD, quel est le profit du magasin pour la vente de 50 DVD? Et pour la vente de 900 DVD?
7. Si un restaurateur achète un pot d'olives de 5 kg auprès d'un grossiste pour 15,00 $, combien de kilogrammes obtiendra-t-il pour 75,00 $? Combien lui coûteront 20 kilogrammes d'olives?
8. Un menuisier veut une nuance de teinture pour les armoires de cuisine qu'il fabrique. Le rapport à respecter pour obtenir la nuance désirée est de 3 parties de chêne écarlate pour 4 parties d'acajou. Si le menuisier a besoin de 12 litres de teinture au total, combien de litres de chaque teinture lui faut-il?

Le train japonais à haute vitesse Shinkansen relie les grandes villes de l'île de Honshu par un réseau.

Approfondis ta réflexion

9. Selon Keiko, le train Shinkansen japonais met environ 6 minutes pour parcourir 30 km. Yuki affirme qu'à ce rythme, le train pourrait faire le tour du monde, sur l'équateur, en moins de 8 jours. Keiko n'est pas d'accord; elle croit que ce sera plus long. Qui a raison? Justifie ta réponse. La circonférence de la Terre à l'équateur est d'environ 40 074 km.

RÉSOUS LE PROBLÈME

PROPORTIONS MAGIQUES

L'objectif du problème illustré ci-contre consiste à remplir un carré de 3 unités sur 3 unités avec les chiffres de 0 à 8 (en utilisant chacun d'eux qu'une seule fois), de sorte que les sommes respectives des chiffres de chacune des rangées, de la première à la troisième, donnent une proportion de 1 : 2 : 3. La proportion doit être la même pour les première, deuxième et troisième colonnes.

L'une des solutions possibles est la suivante :

1	0	5
2	4	6
3	8	7

Peux-tu en trouver d'autres? Quelle stratégie as-tu employée pour y parvenir?

1.2 Prix unitaire

Linda vend ses fruits et légumes frais à un comptoir saisonnier et à des marchés fermiers.

LES MATHÉMATIQUES *AU TRAVAIL*

Linda Fogarty est agricultrice biologique et serriste, et est travailleuse autonome. Elle a obtenu un diplôme en technologie de l'horticulture à l'université polytechnique Kwantlen de Langley, en Colombie-Britannique.

Linda exploite une ferme de 3,5 hectares nommée « The Green Room » à Upper Gibsons, C.-B. Tout au long de l'année, elle cultive des poivrons, des tomates, des concombres, des carottes et bien d'autres produits. Au travail, elle utilise les mathématiques de toutes sortes de façons : pour calculer la densité des semis, pour déterminer ses statistiques de production, pour calculer ses recettes et ses dépenses, et pour gérer ses transactions de vente.

Linda souhaite acheter une variété de semis de tomates auprès d'un grossiste. L'entreprise A offre 20 plants au prix de 45,95 $. L'entreprise B offre 24 plants au prix de 48,50 $. Quel est le prix unitaire de chaque grossiste? Quel est la différence de prix unitaire entre les deux entreprises? Quels facteurs, outre le prix, Linda devra-t-elle prendre en considération?

EXPLORE LES MATHÉMATIQUES

On emballe et vend les produits sous divers formats. Le lait, par exemple, est vendu sous format d'un litre, de deux litres ou de quatre litres. Comment peux-tu déterminer quel est le choix le plus économique? Le format des emballages varie d'une marque à l'autre. On peut vendre la viande de marque A sous un emballage de 250 g alors que la viande de marque B se vend sous un emballage de 375 g. Lequel de ces deux emballages représente le meilleur achat? En trouvant le **prix unitaire**, tu pourras comparer les prix et ainsi déterminer quel emballage est le plus économique.

prix unitaire : prix d'une unité; taux exprimé en fraction dans laquelle le dénominateur est 1

taux unitaire : taux ou prix par article ou par unité

Les biens de consommation comme les crayons ou les rouleaux de papier de toilette sont souvent mis en paquet et vendus en gros. Ainsi, pour comparer le prix de deux biens lorsque ceux-ci ne sont pas vendus dans un emballage de même format, il peut être utile d'examiner le prix unitaire d'un seul article. Si tu possèdes une entreprise, tu peux acheter des articles en gros et les vendre ensuite à tes clients, à l'unité. Pour ce faire, tu dois également calculer le prix d'un article.

SUGGESTION

Souvent, pour déterminer quel produit, quelle marque ou quelle quantité représente le meilleur achat, les consommateurs comparent le prix unitaire d'un même produit offert dans différentes marques ou en différents formats.

Le prix unitaire est le coût par unité d'un produit ou d'un bien. On parle parfois de **taux unitaire**. Pour calculer un prix unitaire, tu peux te servir d'une proportion dans laquelle le deuxième prix a un dénominateur de 1. Par exemple, si tu achètes un paquet de quatre rouleaux de papier de toilette écologique pour 2,68 $, tu peux calculer le prix d'un seul rouleau à l'aide de la proportion suivante :

$$\frac{2{,}68\ \$}{4\ \text{rouleaux}} = \frac{x}{1\ \text{rouleau}}$$

On obtient le dénominateur 1 du deuxième prix en divisant le dénominateur du premier prix par 4. Ainsi, pour connaître la valeur de x, tu dois également diviser le numérateur par 4.

2,68 \$ ÷ 4 = 0,67 \$

Un rouleau de papier de toilette coûte donc 0,67 \$ ou 67 ¢. On peut donc déterminer le prix unitaire, ou coût par unité, en divisant le prix d'un produit par le nombre d'unités que contient l'emballage.

En comparant les prix unitaires, tu peux économiser à la maison et au travail. Le prix unitaire n'est cependant pas le seul facteur à considérer. Il se peut que tu préfères la qualité d'un produit plutôt que celle d'un autre. Peut-être te rendras-tu compte aussi qu'un emballage de gros format contient plus d'articles qu'il ne t'en faut. Dans ce cas, il serait peut-être plus judicieux de payer un prix unitaire plus élevé et de n'acheter que la quantité dont tu as besoin.

Exemple 1

Rosa achète des articles pour le bureau d'Arviat, un hameau au Nunavut, où elle travaille comme commis. Elle souhaite acheter des stylos. Le fournisseur vend une boîte de 12 stylos pour 6,25 \$. Calcule le prix unitaire d'un stylo.

Solution

Dans ce cas, l'unité est 1 stylo. Comme il en coûte 6,25 \$ pour 12 stylos, combien coûte 1 stylo?

6,25 \$ ÷ 12 stylos = 0,52 \$/stylo, arrondi au centième près

Remarque que l'on peut également écrire la réponse d'une autre façon, c'est-à-dire 52 ¢.

Exemple 2

Tu peux économiser de l'argent en cueillant toi-même tes fruits.

Claire cueille des fraises dans une ferme de Portage-la-Prairie, au Manitoba. Si elle remplit de fraises un panier d'une chopine (0,550 6 litre), elle devra payer 1,50 \$. Par ailleurs, il lui en coûtera 9,00 \$ pour remplir de fraises un contenant de crème glacée de 4 litres. Lequel des deux récipients représente le meilleur achat pour Claire?

Solution

Assure-toi de comparer des unités équivalentes. Souviens-toi que un panier d'une chopine correspond à 0,550 6 litre.

En divisant le prix par le volume, calcule le prix par litre que devra payer Claire si elle choisit le panier :

1,50 \$ ÷ 0,5506 L = 2,724 \$/L, soit 2,72 \$ arrondi au centième près.

Ensuite, calcule le prix par litre qu'elle devra payer si elle choisit le contenant de crème glacée.

9,00 $ ÷ 4 L = 2,25 $/L

L'achat le plus économique pour Claire est le contenant de crème glacée, car il présente le prix par litre le plus bas. Toutefois, Claire doit déterminer si elle pourra manger 4 litres de fraises.

ACTIVITÉ 1.3
QUEL EST LE MEILLEUR PRIX?

Un partenaire et toi possédez un service de conciergerie. Votre service de conciergerie achète des produits de nettoyage destinés aux immeubles à bureaux que tu entretiens. Avant de faire les achats, tu vérifies les prix auprès des détaillants locaux ou sur Internet afin de déterminer et de comparer le prix unitaire de chaque article. Tu pourrais consigner le résultat de tes recherches dans un tableau comme l'un de ceux-ci.

Liste d'achats

Ampoules électriques
Essuie-tout
Sacs poubelles
Éponges pour nettoyer
Essuie-mains en papier
Mouchoirs
Papier de toilette
Linges à vaisselle
Gants en caoutchouc
Autres?

Partie A

Tu pourrais devoir comparer le prix unitaire que facturent les différentes entreprises pour un emballage de format semblable. Pour chaque article dans le tableau, calcule le prix unitaire et inscris-le dans ton cahier.

COMPARER DIFFÉRENTES MARQUES – MÊME FORMAT

Article	*Articles par emballage*	*Marque A*	*Prix unitaire*	*Marque B*	*Prix unitaire*
Ampoules électriques	4	2,29 $		2,99 $	
Essuie-tout	6	6,49 $		9,29 $	
Sacs poubelles	20	8,79 $		7,48 $	
Éponges	5	7,95 $		7,69 $	

EXEMPLE

Partie B

Parfois, tu pourrais devoir comparer le prix unitaire d'emballages de formats différents. Pour chaque article dans le tableau, compare le prix unitaire de deux emballages de formats différents. Inscris dans ton cahier le format dont le prix unitaire est le plus bas.

COMPARER DIFFÉRENTS FORMATS – MÊME MARQUE

Article	*Petit format*	*Prix*	*Prix unitaire*	*Grand format*	*Prix*	*Prix unitaire*
Ampoules électriques	3	2,49 $		6	4,49 $	
Essuie-tout	3	3,69 $		6	6,49 $	
Sacs poubelles	20	8,79 $		30	9,99 $	
Éponges	5	7,95 $		8	11,99 $	

Discute des questions suivantes avec ton partenaire.

1. Pour chaque article, quelle marque et quel format d'emballage représentent le meilleur achat pour votre service de conciergerie? Pourquoi?
2. Pourquoi le prix unitaire d'un emballage de 20 sacs poubelles peut-il être inférieur à celui d'un emballage de 30 sacs de la même marque? Lequel de ces deux emballages représente le meilleur achat?
3. Pourquoi quelqu'un voudrait-il acheter le produit dont le prix unitaire n'est pas le plus bas?

CONSTRUIS TES HABILETÉS

Ce technicien en horticulture tond la pelouse avant de la fertiliser.

1. Vikram achète 12 éviers pour son entreprise de plomberie au prix de gros de 1 053,00 $. Il veut vendre chacun des éviers à un client différent. Quel est le prix unitaire d'un seul évier?
2. Une technicienne en horticulture achète de l'engrais de pelouse pour plusieurs clients. Elle trouve les prix suivants : 7 kg pour 19,99 $, 14 kg pour 35,95 $ et 21 kg pour 50,99 $. Quel format présente le prix unitaire le plus bas?
3. Un serrurier de Winkler, au Manitoba, achète des serrures pour un nouvel immeuble d'appartements. Un fournisseur vend 4 serrures pour 120,00 $. Un autre propose 6 serrures pour 192,00 $. Quel fournisseur offre le prix le plus bas pour une serrure? Quels autres facteurs devrais-tu prendre en compte lorsque tu choisis une serrure?

4. Joël est vendeur dans un grand magasin où il vend des t-shirts à l'unité et en emballages de 2 ou 3. Un t-shirt se vend 9,98 $, un emballage de 2 t-shirts se vend 15,49 $ et un emballage de 3 t-shirts se vend 22,99 $.

   a) Calcule le prix unitaire des t-shirts vendus en emballage de 2. Quel est le prix unitaire des t-shirts vendus en emballage de 3?

   b) Suppose qu'un client veut acheter 7 t-shirts. Quelle combinaison d'emballages sera la moins coûteuse?

5. Au comptoir des viandes d'un supermarché, on trouve des steaks désossés à 7,50 $ pour 500 g, à 12,50 $ pour 1 kg et à 19,50 $ pour 1,5 kg. Lequel de ces formats a le prix unitaire le plus bas? Si un client a besoin de 2,5 kg de steak désossé, quelle combinaison de formats doit-il acheter pour obtenir le meilleur prix sans toutefois qu'il n'ait de restes de viande?

6. Un autre supermarché vend des steaks désossés à 4,25 $ pour 250 g, à 7,95 $ pour 500 g et à 29,50 $ pour 2 kg. Lequel de ces formats offre le prix unitaire le plus bas? Comment ces prix se comparent-ils à ceux indiqués à la question 5?

Approfondis ta réflexion

7. Une entreprise minière d'uranium installée dans le nord de la Saskatchewan achète des trousses de premiers soins industrielles en gros. Ces trousses de premiers soins sont offertes en différentes combinaisons. Une petite trousse coûte 42,50 $ et contient assez d'articles pour répondre aux besoins de 1 à 9 travailleurs. Une moyenne trousse coûte 58,25 $ et conviendra à un groupe de 10 à 40 travailleurs. Une grande trousse coûte 70,50 $ et conviendra à un groupe de 41 à 75 travailleurs. Jason, l'acheteur, a besoin de trousses pour un groupe de 250 travailleurs. Quelle combinaison de trousses sera la moins coûteuse? Quel sera le prix total de ces trousses sans les taxes?

1.3 Fixer un prix

LES MATHÉMATIQUES *AU TRAVAIL*

Maurice est évaluateur des coûts pour une entreprise de construction située à Gravelbourg, en Saskatchewan. Il met au point l'information sur les coûts dont la direction de l'entreprise a besoin pour répondre à un appel d'offres. D'abord, il réunit des renseignements concernant le site et le projet, et il prépare ensuite la description des coûts pour l'ensemble du projet. Il tient compte des coûts liés à la main-d'œuvre, aux outils, aux plans d'architecte, aux matériaux et aux sous-traitants, en plus des coûts indirects, des taxes, de l'assurance, de la marge brute, ainsi que de tout autre coût susceptible d'affecter le projet. Il présente le coût final de différentes façons, comme le coût par pied carré ou le coût de la main-d'œuvre par heure.

Maurice estime le coût de l'application d'un revêtement de stuc sur une maison. Après avoir calculé que la superficie des murs extérieurs était de 3 600 pieds carrés, il détermine le coût du treillis, du papier, du ciment et de la main-d'œuvre. Le coût total de ce travail est de 30 600,00 $. Quel est le prix au pied carré pour poser du stuc?

Pour estimer les coûts de construction, il faut rechercher les prix de nombreux matériaux.

EXPLORE LES MATHÉMATIQUES

marge brute : différence entre le montant auquel un marchand vend un produit et le montant qu'il a payé pour ce produit

pourcent : veut dire « sur 100 »; proportion dans laquelle le dénominateur correspond à 100

Le prix de vente des biens et des services a des répercussions sur toi, que tu sois consommateur ou que tu travailles dans une entreprise.

Les prix augmentent et baissent selon l'offre et la demande. Si la demande augmente, les fournisseurs peuvent exiger un prix plus élevé. Si la demande diminue, ou s'il y a une grande quantité d'un produit, les prix peuvent baisser.

Les prix augmentent et diminuent également en fonction du coût des matériaux et de la main-d'œuvre nécessaires pour créer un produit ou un service. On ajoute ensuite un montant supplémentaire, appelé **marge brute**, pour pouvoir réaliser un profit. Par exemple, lorsque le propriétaire d'un magasin de détail achète des articles pour les revendre, il les achète au prix de gros. Ce prix est ensuite augmenté, et l'article est vendu à un prix de détail plus élevé. La marge brute constitue généralement un certain **pourcentage** du prix de gros.

Lorsqu'elles fixent les prix des biens et des services, les entreprises tiennent compte des facteurs psychologiques qui ont des répercussions sur les acheteurs, ainsi que du coût de leurs produits. T'es-tu déjà demandé pourquoi un produit coûtait 39,95 $ au lieu de 40,00 $? Si tu vends un produit dans ton magasin pour 39,95 $ au lieu de 40,00 $, la différence de prix, bien qu'elle soit petite, peut avoir des répercussions importantes sur les ventes parce que le produit a l'air moins cher. Si tu es boucher, tu peux afficher une viande au prix de 2,39 $ / 100 g, ce qui donnera l'impression aux clients que c'est moins cher que 23,90 $/kg, même si ces prix s'équivalent.

Rappelle-toi que dans de nombreux cas, on ajoute des taxes pour obtenir le prix total. Les taxes sont calculées comme un pourcentage du prix payé. Au Canada, l'ensemble de la population paie la taxe fédérale sur les produits et services (TPS), laquelle était de 5 % au moment de la parution (2010). De plus, la plupart des provinces exigent aussi une taxe de vente provinciale (TVP), comme dans le tableau ci-dessous. Les territoires du nord ne facturent pas de taxe territoriale. Recopie ce tableau dans ton cahier pour que tu puisses le consulter lorsque tu devras résoudre des problèmes où il sera question de taxes. Quels sont les pourcentages en vigueur aujourd'hui?

FIGURE 1.1

Taux de la taxe de vente provinciale

	TVP
Alberta	0 %
Colombie-Britannique	7 %
Manitoba	7 %
Saskatchewan	5 %

DISCUSSION DES IDÉES

L'ORGANISATEUR DE CONCERTS

Ce concert francophone est un événement annuel.

Imagine que tu es organisateur de concerts. Tu es chargé de promouvoir les concerts de nouveaux groupes musicaux et de vendre des billets. Pour le prochain concert, tu as fixé le prix des billets en fonction du montant que tu devras débourser pour organiser le concert et réaliser un profit de 30 %.

Examine les situations suivantes.

1. Si les billets se vendent très rapidement, que feras-tu?
2. Si les billets ne se vendent pas très bien, que feras-tu?
3. Dans quelles circonstances envisageras-tu de vendre des billets à un prix qui ne permettrait pas de couvrir les coûts du concert?

SUGGESTIONS

1. Pour convertir en fraction un nombre exprimé en pourcentage, écris le nombre sur 100.
2. Pour convertir une fraction en nombre décimal, divise le numérateur par le dénominateur.
3. Puisqu'un pourcentage est une fraction sur 100, tu peux le convertir en valeur décimale en divisant le pourcentage par 100.

Exemple 1

Arlène achète du tissu au prix de gros pour son entreprise de couture sur mesure située à Dawson City, au Yukon. Elle paye 46,00 $ par mètre. Elle ajoute une marge brute de 20 % sur le tissu. Combien Arlène demandera-t-elle à ses clients par mètre de tissu?

SOLUTION

Lorsque tu travailles avec des pourcentages, il est souvent plus simple de les utiliser sous leur forme décimale. Pour calculer une marge brute de 20 %, remplace 20 % par 0,2. Ensuite, effectue la multiplication suivante.

46,00 $/m × 0,2 = 9,20 $

Additionne le montant correspondant à la marge brute à l'augmentation de prix.

46,00 $/m + 9,20 $ = 55,20 $/m

Arlène demandera à ses clients de payer 55,20 $/m.

AUTRE SOLUTION

Tu peux également trouver le prix majoré en multipliant 46,00 $/m par 1,20. Tu as peut-être remarqué que le nouveau prix de 55,20 $/m comprend 100 % du prix original en plus de la marge brute de 20 %, soit 120 %. Pour calculer le prix, convertis le pourcentage en valeur décimale, soit 1,20, et multiplie le prix par cette valeur. Cela te donnera le prix majoré.

Exemple 2

Un magasin de meubles de Saskatoon vend un mobilier de chambre à coucher. Le prix courant du mobilier est de 1 599,00 $. Quel sera le prix total du mobilier avec la TPS et la TVP?

SOLUTION

Pour obtenir le prix total, ajoute la TPS et la TVP, que tu dois calculer à l'aide de pourcentages.

En Saskatchewan, la TVP est de 5 %.

1 599,00 $ × 0,05 = 79,95 $

La TPS est également de 5 %.

1 599,00 $ × 0,05 = 79,95 $

Trouve le prix total.

1 599,00 $ + 79,95 $ + 79,95 $ = 1 758,90 $

Autre solution

Une autre façon de calculer le prix total consiste à additionner les deux taxes afin d'obtenir 10 %, puis à ajouter ce taux à celui de 100 % du prix courant. Convertis ce pourcentage en valeur décimale et multiplie le résultat par le prix pour trouver le prix taxes comprises.

1 599,00 $ × 1,10 = 1 758,90 $

Bien qu'il existe plusieurs façon de calculer le prix final, un magasin doit se tenir au courant des montants de la TPS et de la TVP.

DISCUSSION DES IDÉES

SAISONS ET FÊTES

Pour de nombreux biens et services, la demande varie selon les saisons. Par conséquent, le prix de ces biens et services varie également. Prenons par exemple l'été et l'hiver, dans les différentes régions du pays. Peux-tu nommer certains biens ou services dont les prix sont plus élevés en été ou en hiver?

Dans bien des cultures, il est courant d'offrir des fleurs en cadeau à des occasions particulières.

La demande pour de nombreux produits augmente également à l'approche de fêtes, ce qui peut entraîner une hausse des prix. En petits groupes, discute des questions suivantes.

1. Pense au prix des roses. À quelle période de l'année le prix des roses est-il le plus élevé? Pourquoi?
2. Pense au prix d'un litre d'essence. À quelle période de l'année le prix de l'essence est-il le plus élevé? Pourquoi?
3. Nomme deux ou trois autres biens ou services dont le prix est plus élevé à certaines périodes de l'année. Pourquoi ces prix varient-ils?
4. Nomme deux ou trois produits dont les prix sont plus élevés parce qu'ils sont rares ou uniques.
5. Trouve deux exemples où les prix sont annoncés de façon à faire paraître l'article moins cher. Présente tes exemples à tes camarades de classe.

Calcul mental et estimation

Supposons que tu fixes le prix d'un casque de vélo à 49,95 $ et que tu vends 25 casques. Combien ton magasin gagnera-t-il de moins que si tu vendais le même nombre de casques à 54,95 $ l'unité?

CONSTRUIS TES HABILETÉS

Cette pelle à benne traînante est située dans les sables bitumineux de l'Alberta.

1. Max possède un magasin de vêtements. Il passe une commande de chemises à 22,75 $ la chemise. Afin de réaliser un profit, il veut augmenter le prix des chemises de 60 %. Quel sera le prix courant des chemises pour les clients?

2. Dans un magasin de Fort McMurray, en Alberta, on vend des casques de protection en aluminium à 49,95 $ et des bottes de travail à embouts d'acier à 129,95 $. Si tu achètes un casque de protection et 2 paires de bottes, quel est le prix total, taxes incluses? Quel est le total de la TPS que tu payeras sur ces 3 articles?

3. Si le propriétaire du magasin de la question 2 ouvre un autre magasin à Axe Lake, en Saskatchewan, où il se fait de l'exploration pétrolière, il peut vendre des casques de protection et des bottes de travail 10 % plus cher qu'à Fort McMurray (voir la question 2). Combien payerais-tu un casque de protection et une paire de bottes à embouts d'acier en Saskatchewan, dans la mesure où une TVP de 5 % s'applique?

4. Roberta travaille dans une quincaillerie située à Dauphin, au Manitoba. Elle achète 3 éviers à 89,95 $ chacun, 2 baignoires à 639,95 $ chacune, et 2 robinets à 74,95 $ chacun. Elle vend 1 évier, 1 baignoire, et 2 robinets à un client, et la marge brute est de 25 %. Quel montant Roberta demandera-t-elle à son client?

5. Parminder exploite une ferme de bleuets biologiques dans la vallée du Fraser, en Colombie-Britannique. Elle vend ses produits de trois façons : directement aux clients qui viennent à la ferme, à 3,50 $ la pinte, au marché fermier local, à 3,99 $ la pinte, et aux magasins d'alimentation biologique, au prix de gros de 2,00 $ la pinte.

   a) Si elle vend 50 pintes à 3,50 $ chacune, 175 pintes à 3,99 $ chacune et 250 pintes à 2,00 $ chacune, à combien son revenu total s'élève t-il?

   b) Compare son revenu pour 100 pintes vendues directement à la ferme avec son revenu pour 100 pintes vendues à un grossiste. Quelle est la différence entre ces revenus? Pourquoi vendrait-elle ses produits à un grossiste?

6. Lorsque Julie a terminé le programme d'apprentissage en boulangerie et pâtisserie, elle a lancé sa propre entreprise de fabrication de gâteaux. Sa première commande consistait à préparer des gâteaux pour 100 personnes dans le cadre d'un déjeuner d'affaires. Après avoir calculé le coût du matériel et des ingrédients requis, le temps dont elle aurait besoin ainsi que le coût de l'essence nécessaire pour la livraison des gâteaux, Julie a constaté que le prix qu'elle avait fixé pour une portion, soit 2,50 $, ne permettait pas de couvrir ces coûts.
   a) Si elle augmente de 15 % le prix par portion, quel sera le nouveau prix unitaire?
   b) Combien de plus toucherait-elle en vendant 100 portions au prix le plus élevé?
   c) Si Julie estime que les clients refuseraient que le prix soit augmenté de 15 %, comment pourrait-elle réduire ses coûts?

Cette apprentie suit une formation en boulangerie et pâtisserie.

7. À la fin de l'été, Marie se retrouve avec un lot de camisoles à 29,99 $ invendues dans sa boutique de Grande Prairie. Elle décide donc de les solder. Quel pourrait être le prix de solde? Comment ses profits totaux seront-ils touchés par cette vente? Pour quelles raisons Marie ferait-elle cela?

Approfondis ta réflexion

8. Tu prévois vendre du fromage importé dans ta boucherie et tu dois fixer un prix. Au prix de gros, tu payes une meule de 10 kg de gouda hollandais 175 $. Quel est le prix d'une portion de 250 g si tu vends le fromage au prix qu'il t'as coûté?
   a) Quels facteurs prendras-tu en considération pour établir le prix de détail?
   b) Si tu fixes la marge brute à 40 %, combien coûteront 250 g de fromage?
   c) Si tu constates que tu as trop de gouda en stock pour la demande, tu peux décider d'offrir une réduction de 15 % sur le prix courant. Combien un client payerait-il maintenant 250 g de fromage?
   d) Le prix réduit (de 15 %) te permettrait-il quand même de réaliser un profit? Explique ton raisonnement.

1.4 En solde!

LES MATHÉMATIQUES *AU TRAVAIL*

Daniel est le propriétaire d'une entreprise située à Brandon, au Manitoba. L'entreprise se spécialise dans la pose de carreaux de céramique, de marbre, d'ardoise, de terrazzo et de granit sur les murs intérieurs et extérieurs, sur les planchers et sur d'autres surfaces. Comme le début du printemps constitue une période tranquille dans ce domaine, l'entreprise de Daniel offre une réduction sur le prix des matériaux de l'année dernière qui n'ont pas été vendus. Afin que cette **promotion** soit la plus rentable possible, Daniel doit calculer le pourcentage de réduction qu'il peut offrir sur chaque type de matériau, en tenant compte des coûts engagés et de la quantité qui reste en stock. Il peut également offrir diverses réductions en fonction de la quantité de matériaux achetée.

L'an dernier, un carreau d'ardoise de couleur grès de 12 pouces sur 12 pouces se vendait 6,99 $ le pied carré. Si Daniel propose une réduction de 15 %, à combien se vendront 50 pieds carrés d'ardoise, avant les taxes?

Le sol de ce vestibule est couvert de tuiles en céramique.

EXPLORE LES MATHÉMATIQUES

promotion : une activité qui attire l'attention sur un produit ou qui attire les consommateurs

Au magasin, tu peux souvent remarquer que des articles sont en solde ou vendus à prix réduit. Ces réductions sont fréquemment exprimées sous forme de pourcentage. Ainsi, un magasin de vêtements peut vendre des articles avec un rabais de 20 % ou de 50 %. Peut-être que ces vêtements sont en fin de saison ou démodés, ou bien que le propriétaire du magasin en avait commandé plus qu'il n'a pu en vendre.

Les entreprises peuvent aussi attirer la clientèle au moyen d'autres promotions. Des coupons peuvent te donner droit à une réduction, par exemple de 25 ¢ ou de 1,00 $, sur le prix de détail. Souvent, les entreprises se servent des coupons pour attirer les consommateurs et ainsi leur faire essayer de nouveaux produits. De plus en plus, elles encouragent la fidélité de leurs clients à l'aide de systèmes de points ou de cartes privatives donnant droit à des réductions ou à des récompenses. Participes-tu à l'un de ces programmes de récompenses?

En tant que consommateur, tu dois toujours tenir compte des taxes à payer en plus du prix courant avant de décider de faire un achat.

Exemple 1

Jonas doit s'acheter un nouveau manteau d'hiver. Il a attendu que des soldes soient en vigueur, et il a trouvé un manteau dont le prix courant de 249,95 $ est réduit de 20 %. Combien coûtera ce manteau si Jonas habite au Nunavut, où il n'y a pas de TVP?

Solution

Remarque que la TPS (et la TVP, s'il y a lieu) s'applique au prix de vente et non au prix courant. Ainsi, tu dois d'abord trouver le prix réduit.

Trouve d'abord le montant de la réduction.

249,95 $ × 0,20 = 49,99 $

Pour trouver le prix de vente, soustrais la réduction du prix courant.

249,95 $ – 49,99 $ = 199,96 $

Tu aurais aussi pu calculer cette réduction en considérant que si cette dernière est de 20 %, Jonas doit payer 80 % du prix courant.

249,95 $ × 0,80 = 199,96 $

Toutefois, le magasin aurait alors besoin de connaître la valeur en dollars de la réduction.

Détermine la TPS sur 199,96 $.

199,96 $ × 0,05 = 10,00 $ (réponse arrondie au centième près)

Ajoute les taxes au prix réduit pour déterminer le prix total.

199,96 $ + 10,00 $ = 209,96 $

Jonas devra payer son manteau 209,96 $.

Exemple 2

Le samedi et le dimanche, au quai de Steveston, en Colombie-Britannique, un pêcheur vend du saumon frais, des crabes vivants et des crevettes directement aux consommateurs. Lorsque la fin de semaine tire à sa fin, il doit vendre sa marchandise, sans quoi elle se gâtera. Il liquide sa marchandise en offrant 20 % de réduction sur tous ses produits.

Au prix courant, le saumon se vend 18,50 $/kg, et les crevettes, 34,50 $/kg. Après une réduction de 20 %, combien coûte un saumon de 3 kg? Combien coûtent 500 g de crevettes?

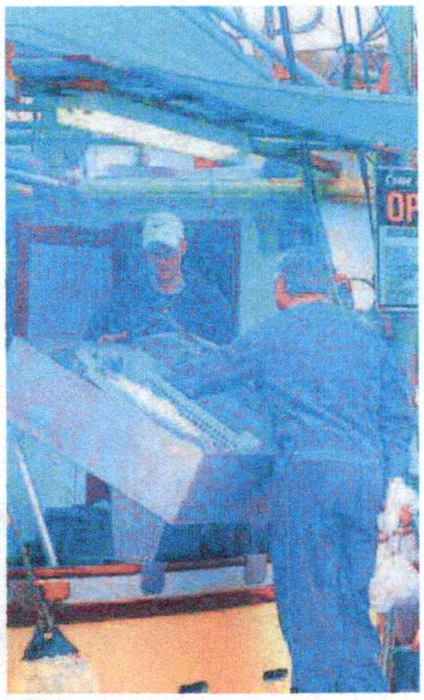

À Steveston, en Colombie-Britannique, les consommateurs peuvent acheter du poisson directement des bateaux de pêche.

Solution

Calcule le montant de la réduction par kg de saumon.

18,50 $ × 0,20 = réduction de 3,70 $

Calcule ensuite le prix réduit de 1 kg de saumon.

18,50 $ – 3,70 $ = 14,80 $

Le prix réduit est de 14,80 $/kg.

Enfin, calcule le prix de 3 kg de saumon.

14,80 $ × 3 = 44,40 $

Pour calculer le prix des crevettes, utilise une autre méthode de calcul du prix réduit :

100 % – 20 % = 80 %

Calcule ensuite le prix réduit par kg.

34,50 $ × 0,80 = 27,60 $

Convertis 500 g en kg.

500 g = 0,5 kg

Trouve le prix de 0,5 kg.

27,60 $ × 0,5 = 13,80 $

Après une réduction de 20 %, un saumon de 3 kg coûterait 44,40 $, et 500 g de crevettes, 13,80 $.

Calcul mental et estimation

Tu es au centre commercial et tu vois un barbecue de 995,00 $ dont le prix est réduit de 20 %. À combien estimes-tu le prix de vente sans les taxes?

ACTIVITÉ 1.4
PROFITER DES PROMOTIONS

Tu viens d'emménager dans ton premier appartement et tu planifies une pendaison de crémaillère. Tu dois acheter une nouvelle chaîne stéréo, un divan et deux chaises pour permettre à tes invités de s'asseoir, de même que des boissons pour leur servir à boire. Tu décides de voir si des magasins offrent des promotions sur ces produits.

Lorsque tu t'installeras dans ton premier appartement, tu devras rechercher des meubles au meilleur prix possible.

1. Dans des journaux locaux, des circulaires ou sur Internet, cherche des annonces de promotions s'appliquant à chacun des produits dont tu as besoin.
2. Inscris le nom du magasin, le produit, le texte publicitaire, le prix courant, et le prix réduit ou le pourcentage de réduction dans un tableau comme celui de la page suivante.

ÉVALUATION DES PROMOTIONS						
Article	*Nom du magasin*	*Produit*	*Texte publicitaire*	*Prix courant*	*Prix réduit*	*Pourcentage de réduction*
Chaîne stéréo						
Divan						

EXEMPLE

3. L'annonce présente-t-elle le pourcentage de la réduction du prix ou la valeur intégrale de celle-ci? Calcule le pourcentage ou le montant de la réduction pour chaque produit, selon celui qui n'est *pas* indiqué.

4. Y a-t-il des promotions trompeuses? Si oui, pourquoi?

5. Compare tes données avec les données d'un partenaire. Lequel de vous deux a-t-il trouvé la meilleure offre?

CONSTRUIS TES HABILETÉS

1. Dans un supermarché, le prix courant d'une boîte de pizzas repliées est de 5,89 $. Pendant un solde, ce supermarché annonce la promotion suivante : « Achetez une boîte au prix courant et obtenez-en une à moitié prix. »

   a) Si Marylyn achète deux boîtes, combien paiera-t-elle?

   b) Quel pourcentage approximatif Marylyn économisera-t-elle pendant ce solde? Explique ton raisonnement.

2. Ross travaille dans un magasin d'articles de sports de Saint-Albert, en Alberta, où le prix courant d'une raquette de tennis est de 49,95 $. Son ami Al travaille chez un concurrent, où le prix courant d'une raquette semblable est de 55,95 $, mais ce prix est réduit de 15 %. Selon Al, son magasin offre le meilleur prix.

   a) Calcule le prix total de la raquette dans chaque magasin, TPS comprise.

   b) Al a-t-il raison? Explique ta réponse.

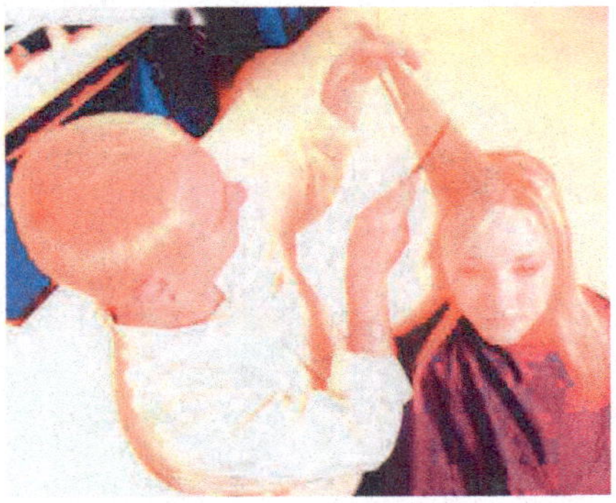

Cet apprenti-coiffeur apprend à couper et à coiffer les cheveux dans un collège communautaire.

3. Un coiffeur au salon Bonne Coupe prépare une promotion. Le prix courant de la coloration de mèches est de 55,00 $. Pour attirer des clients en début de journée, le coiffeur offre 15 % de réduction à ceux ayant pris rendez-vous avant 10 h. Puisqu'il y a également peu de clients le mercredi et le jeudi en milieu d'après-midi, il offre un coupon-rabais de 5,00 $ à ceux qui ont pris rendez-vous durant cette période.

   a) À quelle heure dois-tu prendre rendez-vous pour obtenir le prix le plus bas?

   b) Selon toi, quelle promotion intéressera le plus de personnes, les coupons ou la réduction en pourcentage? Explique ton raisonnement.

4. Un couvreur de Mission, en Colombie-Britannique achète une couverture métallique. Il a droit à un rabais d'entrepreneur de 20 %. Le prix de détail est de 27,50 $ par mètre carré. Si le toit de ta maison a une superficie de 74 mètres carrés et que le couvreur te donne 50 % de sa réduction, combien te coûteront les matériaux? Habituellement, le couvreur demande 36,00 $ l'heure pour la main-d'œuvre. S'il t'offre une réduction de 5 %, combien économiseras-tu sur la main-d'œuvre si le travail prend 16 heures? Ne tiens pas compte des taxes dans tes calculs.

5. Les ventilateurs industriels sont en solde chez deux grossistes de Cochrane, en Alberta. Un électricien doit installer 20 ventilateurs dans un édifice à bureaux. Le premier grossiste offre une réduction de 5 % sur le prix courant de 157,00 $. Chez le deuxième grossiste, les ventilateurs se vendent 165,00 $ chacun, mais 149,00 $ si l'on en achète 10 ou plus. La TPS s'applique.

   a) Pour chacun des grossistes, calcule le prix total de 20 ventilateurs.

   b) Quel grossiste offre le meilleur achat?

6. Dans le cadre d'une importante liquidation, un magasin de Yellowknife annonce les soldes suivants :

   Une chemise valant 31,99 $, en solde à 19,99 $

   Des shorts valant 24,95 $, en solde à 16,95 $

   Un manteau valant 49,99 $, en solde à 24,99 $

   a) Calcule le pourcentage de réduction pour chacun de ces articles.

   b) Au total, combien économiserait un client qui achèterait ces 3 articles? Quel article représente l'économie la plus importante?

Approfondis ta réflexion

La peinture de maison est un travail que les élèves du secondaire et les étudiants des collèges peuvent effectuer durant les mois d'été.

7. À Swift Current, en Saskatchewan, un peintre de maisons offre une promotion. Si tu signes un contrat afin de faire repeindre ta maison et que tu arrives à convaincre un voisin ou un ami de signer un contrat au même moment, vous obtenez tous deux un rabais de 5 % sur la main-d'œuvre, qui coûte 26,00 $ l'heure. La TPS et la TVP s'appliquent.

   a) S'il faut 55 heures pour peindre ta maison, combien t'en coûterait-il au prix courant et au prix réduit? Combien économises-tu?

   b) S'il faut 60 heures pour peindre la maison de l'autre personne, combien celle-ci économiserait-elle de plus que toi?

UNE RECHERCHE SUR TES IDÉES

Un peu plus tôt, tu as commencé à organiser une fête. Il est maintenant temps de mettre tes plans sur papier et de calculer les prix.

- Écris une description de la fête et explique pourquoi ce serait une occasion amusante pour toi et tes amis.
- Explique comment tu t'y prendras afin de connaître les allergies ou toute autre restriction qui pourraient s'appliquer à tes invités. Explique comment tu modifieras l'organisation de la fête pour que ça ne cause pas de problèmes.
- Crée le modèle d'invitation qui sera envoyée aux invités. Ajoutes-y tous les détails nécessaires, comme l'heure, la date, l'endroit et tout autre information importante.

Ces membres d'un club d'art dramatique répètent une pièce de théâtre.

T

- Dresse une liste semblable à l'échantillon ci-dessous ou sers-toi d'un tableur pour faire une liste de toutes les choses dont tu auras besoin. Inscris-y les prix unitaires, le nombre d'articles dont tu as besoin, la TPS et la TPV (s'il y a lieu) et les totaux. Ajoute autant de colonnes et de lignes que tu en as besoin pour planifier ta fête.
- Quand tu as calculé le prix total de la fête, sois certain que cela respecte ton budget. Si le prix total dépasse ton budget, tu devras peut-être changer ton plan initial et recalculer les prix. Si cela t'arrive, garde le plan initial et le plan après changement et rédige un petit texte qui résume les raisons pour lesquelles tu as changé ton plan initial.

ARTICLES DE FÊTE

Achats	*Nom du magasin (inscrire l'adresse du site Web pour un achat fait en ligne)*	*Prix unitaire*	*Nombre d'articles nécessaires*	*Taxes (TPS et TVP)*	*Prix total*
Invitations					
Activités					
Décorations					
Collations					
Boissons					
				Prix total	$
				Prix/invité	$

EXEMPLE

LES RACINES DES MATHÉMATIQUES

DEVISE CANADIENNE

Des symboles haïdas couvrent le billet de 20,00 $ canadien de 2004. De nos jours, ce billet de 20,00 $ peut être échangé contre quelque chose, comme des produits alimentaires ou une coupe de cheveux. Les Haïdas et les autres communautés autochtones avaient également un système d'échange des devises qu'ils utilisaient entre les différentes communautés, entre les membres d'une même communauté et avec les marchands européens.

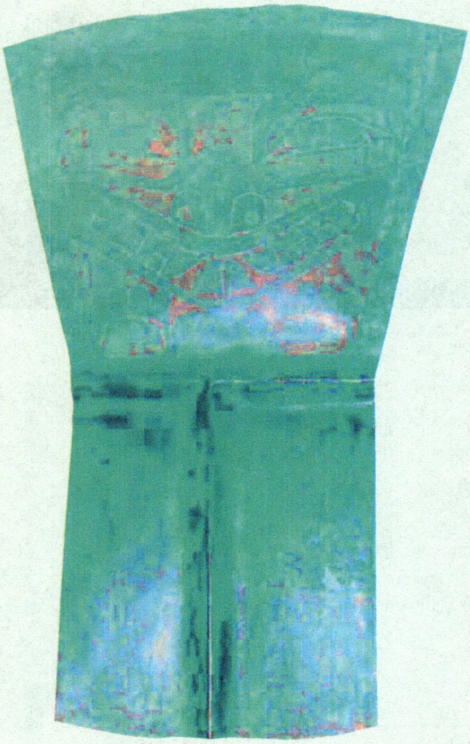

Ce bouclier de cuivre était un symbole de richesse pour la nation Haïda.

En Colombie-Britannique, les fouilles archéologiques ont révélé que le commerce intensif d'obsidienne (une forme de verre volcanique avec lequel on faisait des lames tranchantes ou des têtes de flèches) se faisait déjà il y a 9 500 ans. Les chercheurs ont également pu déterminer que voilà 4 000 ou 3 500 ans, les peuples des côtes avaient élaboré des systèmes d'échange beaucoup plus complexes que le simple troc ou le partage. Les fouilles ont également permis de déduire que les Premières nations des côtes recouraient à un système de rangs sociaux (certains membres et certaines nations étaient plus « riches » en biens). Par ailleurs, les chercheurs ont pu conclure que des sculptures élaborées, en bois, en corne, en pierre à savon, et tout autre objet décoratif, étaient distribués ou échangés durant les cérémonies du potlatch. Des colliers en coquillages, considérés comme des signes de richesse, étaient également échangés.

À l'arrivée des Européens, les Haïdas ont échangé des fourrures contre des vêtements, des outils et des objets décoratifs comme des perles de verre, des coquilles d'ormeau et des métaux, qui servaient notamment à la fabrication de bracelets de fer et de boucliers de cuivre. Ces derniers étaient des symboles de richesse et étaient échangés durant les cérémonie du potlatch. Les grands chefs possédaient souvent de nombreux boucliers.

Dans l'Est du Canada, les Iroquois et les Hurons utilisaient souvent le wampum comme monnaie d'échange. Wampum est un mot européen dérivé du mot algonquin *wampompeag*. Le wampum était souvent composé de petites perles faites de coquillages blancs ou mauves, mais on utilisait également des épines de porcs-épics et des poils d'animaux épais.

Traditionnellement, le wampum était utilisé dans diverses situations. Il permettait de consigner des renseignements divers et de conserver les événements historiques importants, comme les traités de paix et les accords d'échanges faits entre les peuples autochtones. On l'utilisait également comme décoration personnelle. Le wampum est devenu la devise pour le commerce des fourrures entre les peuples autochtones et les Européens après l'arrivée de ces derniers. En Nouvelle-Angleterre, par exemple, le wampum avait cours légal. Huit perles blanches ou quatre perles mauves représentaient un penny.

1. Connais-tu d'autres objets dont se servaient les peuples autochtones pour faire du commerce ou du troc?
2. As-tu déjà échangé un objet (comme un CD dont tu ne voulais plus) ou un service (comme tondre la pelouse) avec une autre personne contre quelque chose que tu voulais, sans qu'il y ait échange d'argent? Comment as-tu déterminé la valeur de l'objet ou du service?
3. Pourquoi est-ce que 5,00 $ vaut 5,00 $? Qu'est-ce qui fait que l'argent a de la valeur?

1.5 Conversion des devises

Les pommes de terre ne sont qu'un des nombreux produits agricoles que le Canada exporte vers d'autres pays.

LES MATHÉMATIQUES *AU TRAVAIL*

Naomi Coates travaille pour un producteur de pommes de terre à Sherwood Park, en Alberta. Ce producteur vend une variété de pommes de terre de semence aux États-Unis et de pommes de terre de consommation au Mexique. Les prix sont négociés en fonction de la liste de prix des producteurs de pommes de terre de l'Alberta. Naomi négocie des contrats pluriannuels, en devises étrangères, avec des acheteurs qui souhaitent se procurer une quantité importante de pommes de terre. Elle doit obtenir les prix des entreprises de transport, dans la devise du pays de destination, et les comparer.

Naomi doit payer la facture mensuelle d'une entreprise de transport qui se trouve en Idaho. Elle a 30 jours pour effectuer le paiement. Puisque le taux de change varie chaque jour, le montant qu'elle paie (en dollars canadiens, convertis en dollars américains) dépendra du jour où elle convertit l'argent en dollars américains. Quelles stratégies Naomi peut-elle utiliser pour obtenir le meilleur taux possible?

EXPLORE LES MATHÉMATIQUES

Certaines personnes font des voyages d'affaires, d'autres voyagent pour le plaisir. Des biens et des services sont également échangés entre les pays. Puisque les pays ont des **devises** différentes, le commerce international a besoin d'un système bien organisé pour l'échange d'argent.

Le devises sont converties par les banques, les bureaux de change et des entreprises comme les agences de voyages. Les différentes devises ne sont pas disponibles partout. Si la devise que tu veux n'est pas souvent demandée, il faudra peut-être que tu la commandes d'avance. Obtenir une devise peut prendre du temps, alors mieux vaut prévoir d'avance. Puisque les banques et les bureaux de change n'offrent pas ce service gratuitement, il est dans ton intérêt d'évaluer les différents prix afin de faire le meilleur choix.

Si une entreprise canadienne veut acheter des produits faits au Japon, elle doit convertir ses dollars canadiens en yen avant de pouvoir faire l'achat. Le **taux de change** entre les deux devises est utilisé pour calculer le nombre de dollars que l'entreprise doit convertir en yen.

Le taux de change fluctue chaque jour, d'une devise à l'autre. Les bureaux de change fixent un taux de change vendeur et un taux de change acheteur pour la conversion des devises, et ces taux varient en fonction de la devise. Si tu penses aller en Italie et que tu dois obtenir des euros de la banque, tu vas devoir payer un taux de change vendeur (la banque te vend les euros). S'il te reste des euros à

taux de change acheteur : le taux auquel un bureau de change achète l'argent de ses clients

devise : le type de monnaie utilisé dans un pays

taux de change : le prix de la devise d'un pays par rapport à la devise d'un autre pays

taux de change vendeur : le taux auquel un bureau de change vend de l'argent à ses clients

SUGGESTION

Quand tu travailles avec une devise étrangère, c'est souvent utile de commencer par une estimation.

ton retour au Canada, le taux de change acheteur s'appliquera lorsque tes euros seront reconvertis en dollars canadiens (la banque te les achète). Tu paies plus cher pour acheter une devise étrangère de la banque que la banque te paie pour te les racheter.

Lorsque tu voyages dans un pays étranger, il est souvent utile d'estimer le prix d'un article dans ta propre devise. Cette estimation peut t'aider à comparer les prix.

Calcul mental et estimation

Si le taux de change de l'euro est de 1,644 814 $CAN et que ton séjour dans un hôtel de Paris coûte 95,00 €, quel est l'équivalent en dollars canadiens?

ACTIVITÉ 1.5
SONDAGE : QUELLE EST TA VOITURE?

Cette Peugeot 308 SW vaut environ 220 000,00 € en France.

Le plus récent numéro du magazine *Quelle est ta voiture?* présente un article sur la scène automobile internationale. Des véhicules de cinq pays y sont décrits. Le tableau ci-dessous liste les véhicules, leur pays d'origine et leur prix en devise locale. Tu dois trouver le prix de chaque véhicule en dollars canadiens selon les taux de change actuels.

T 1. Sers-toi d'Internet pour trouver l'information sur la conversion des devises. Tu peux aller sur le site Web de la Banque du Canada (www.bank-banque-canada.ca) et choisir le « convertisseur de devises ». Crée ensuite un tableau, comme celui ci-dessous, pour y inscrire le taux de change et le prix en dollars canadiens de chaque véhicule.

COMPARAISON DE VOITURES

Nom du pays	*Marque et modèle du véhicule*	*Nom de la devise*	*Taux de change*	*Montant étranger*	*Montant canadien*
France	Fiat 500	euro		10 900,00 €	
Inde	Maruti Gypsy King	roupie		537 921,07 Rs	
Angleterre	Mini Cooper S	livre		16 245,00 £	
États-Unis	Dodge Ram 3500	dollar américain		30 420,00 $US	
Japon	Daihatsu Move Latte L	yen		1 073 380,00 ¥	

2. Si tu as une connexion Internet haute vitesse, fais des recherches sur chaque véhicule du tableau et choisis lequel tu préférerais acheter. Si tu n'as pas accès à Internet, choisis le véhicule de la liste que tu voudrais acheter.
3. Tu devras acheter un mandat pour l'envoyer au vendeur (pour l'instant, ne tiens pas compte des frais d'expédition internationaux, des tarifs d'importation et des tarifs douaniers).
   a) Utilise le convertisseur de devises du site Web de la Banque Royale du Canada (www.rbcbanqueroyale.com) pour trouver le taux de change vendeur et calculer le montant que tu devras payer pour acheter ton véhicule.
   b) Tu as peut-être remarqué que le taux de change n'est pas le même que celui que tu avais trouvé sur le site Web de la Banque du Canada (www.bank-banque-canada.ca). Pourquoi?
4. En revenant de la banque, tu découvres qu'un vendeur d'automobiles annonce ton véhicule en solde. En considérant les frais d'expédition internationaux, les tarifs d'importation et les tarifs douaniers que tu auras à payer, tu constates qu'il serait plus avantageux d'acheter le véhicule auprès d'un vendeur local. Tu décides donc de convertir ton mandat en dollars canadiens.
   a) Sur le site Web de la banque, tu te rends compte que le taux de change affiché est différent du taux qui a été utilisé lorsque tu as acheté ton mandat. Pourquoi?
   b) Utilise la calculatrice de change du site Web de la Banque Royale du Canada (www.rbcbanqueroyale.com) pour trouver le taux de change acheteur et calculer la valeur totale en dollars canadiens de ton mandat. Quelle est la différence entre le taux de change acheteur et le taux de change vendeur de la devise que tu as convertie?

Exemple 1

Tu souhaites échanger 500,00 $CAN en couronnes danoises. Le taux de change vendeur est de 0,221 778 par rapport au dollar canadien. Combien recevras-tu de couronnes?

SUGGESTION

La couronne est la devise du Danemark.

Solution

1 couronne danoise vaut 0,221 778 $CAN. Ce taux de change peut être représenté sous la forme d'une fraction où le numérateur représente les couronnes danoises et le dénominateur représente les dollars canadiens.

$$\frac{1,00}{0,221\ 778}$$

SUGGESTION

Puisque le taux de change t'indique le prix de la monnaie d'un pays par rapport à celle d'un autre, tu peux te servir des proportions pour déterminer la valeur du montant échangé.

Le x représente le nombre de couronnes que tu recevras pour 500 \$CAN.

$$\frac{1{,}00}{0{,}221\ 778} = \frac{x}{500{,}00}$$

La proportion forme donc une équation comportant des fractions. Pour simplifier l'équation, multiplie les deux côtés de l'équation par un dénominateur commun.

$$\frac{1{,}00}{0{,}221\ 778}(110{,}889) = \frac{x}{500{,}00}(110{,}889)$$

Le dénominateur commun est (0,221 778)(500,00) ce qui donne 110,889.

$$\frac{110{,}889}{0{,}221\ 778} = \frac{110{,}889x}{500{,}00}$$

Simplifie les deux côtés de l'équation.

$$500{,}00 = 0{,}221\ 778x$$

Pour isoler la variable, divise-la par son coefficient. Puisque le coefficient de x est 0,221 778, divise les deux côtés de l'équation par 0,221 778.

$$\frac{500{,}00}{0{,}221\ 778} = \frac{0{,}221\ 778x}{0{,}221\ 778}$$

Simplifie les deux côtés de l'équation.

$$2\ 254{,}506\ 759 = x$$

Tu dois arrondir le résultat puisqu'il représente le nombre de couronnes que tu as reçues.

Tu recevras 2 255,00 couronnes pour 500,00 dollars canadiens.

AUTRE SOLUTION

Le taux de change précise que 1,00 couronne équivaut à 0,221 778 \$CAN.

1,00 couronne = 0,221 778 \$CAN

$$\frac{1{,}00}{0{,}221\ 778}\text{ couronnes} = \frac{0{,}221\ 778\ \$CAN}{0{,}221\ 778\ \$CAN}$$

Divise les deux côtés de l'équation par 0,221 778 pour obtenir le nombre de couronnes équivalant à 1,00 \$CAN.

4,509 01 couronnes = 1,00 \$CAN

Puisque 1,00 \$CAN égale 4,509 01 couronnes, alors 500,00 \$CAN vaut (500,00)(4,509 01) ou 2 255,00 couronnes.

Tu recevras 2 255,00 couronnes pour 500,00 dollars canadiens.

FIGURE 1.2

Taux de change par rapport au dollar canadien

Taux de change acheteur des banques	*Pays*	*Devise*	*Taux de change vendeur des banques*
0,950 964	Australie	dollar	1,006 964
1,580 814	Autriche	euro	1,644 814
1,580 814	Belgique	euro	1,644 814
0,534 900	Brésil	réal	0,697 000
0,127 100	Chine	yuan	0,162 600
0,210 778	Danemark	couronne	0,221 778
1,996 146	Angleterre	livre	2,060 146
0,159 300	Égypte	livre	0,217 300
1,580 814	Communauté européenne	euro	1,644 814
1,580 814	Finlande	euro	1,644 814
1,580 814	France	euro	1,644 814
1,580 814	Allemagne	euro	1,644 814
1,580 814	Grèce	euro	1,644 814
0,128 451	Hong Kong	dollar	0,133 451
1,580 814	Italie	euro	1,644 814
0,009 295	Japon	yen	0,009 855
0,012 510	Kenya	shilling	0,017 300
0,083 443	Mexique	peso	0,108 443
1,580 814	Hollande	euro	1,644 814
0,748 264	Nouvelle-Zélande	dollar	0,798 264
1,996 146	Irlande du Nord	livre	2,060 146
0,194 863	Norvège	couronne	0,205 863
0,012 360	Pakistan	roupie	0,019 360
1,580 814	Portugal	euro	1,644 814
1,580 814	République d'Irlande	euro	1,644 814
1,996 146	Écosse	livre	2,060 146
0,737 280	Singapour	dollar	0,762 280
1,580 814	Espagne	euro	1,644 814
0,165 558	Suède	couronne	0,175 558
0,982 007	Suisse	franc	1,017 007
0,026 550	Thaïlande	baht	0,035 120
1,004 350	États-Unis	dollar	1,038 650

Exemple 2

Le même jour qu'à l'exemple 1, le taux de change vendeur des couronnes était de 0,210 778. Si, après avoir acheté tes couronnes, tu décides de ne pas aller au Danemark et que tu revends tes couronnes à la banque, combien d'argent perdras-tu?

Solution

Tu as maintenant 2 255,00 couronnes. Le taux est de 1 couronne : 0,210 778 $CAN.

Le y représente le nombre de dollars canadiens que tu recevras.

$y = 2\ 255{,}00 \times 0{,}210\ 778$

$y = 475{,}30$

Tu recevrais donc 475,30 $CAN de la banque.

500,00 $ – 475,30 $ = 24,70 $

Ainsi, le montant que tu aurais perdu dans cette transaction serait de 24,70 $.

ACTIVITÉ 1.6
CALCULS RELATIFS À LA CONVERSION DE DEVISES

Tu désires acheter quelques pièces d'équipement. Au cours de cette activité, tu compareras les prix canadiens et étrangers pour un même produit.

1. Choisis deux produits que tu aimerais acheter. Par exemple, une console de jeu vidéo, une caméra, de l'équipement sportif, ou tout autre produit de ton choix.

T 2. Utilise Internet pour trouver les prix de ces produits en devise étrangère. Calcule le montant que coûterait ces produits en dollars canadiens. Inscris cette information dans ton cahier de notes ou dans un tableur.

3. Trouve un fournisseur canadien et note les prix, taxes incluses.

4. Qui a le meilleur prix? Le fournisseur local ou le fournisseur étranger?

5. Quels facteurs, à part le prix, seraient à considérer dans ton choix de fournisseur?

On trouve des fabricants de planches à neige dans plusieurs pays, y compris au Canada.

CONSTRUIS TES HABILETÉS

Consulte le tableau de la page 45 pour répondre aux questions suivantes.

La Suisse utilise encore le franc plutôt que l'euro.

1. Combien cela coûterait-il, en dollars canadiens, d'acheter les devises suivantes à la banque?
   a) euro
   b) dollar de Hong Kong
   c) roupie pakistanaise
2. Tu possèdes les devises suivantes. Quel taux utiliseras-tu pour les revendre à la banque?
   a) yen japonais
   b) dollar australien
   c) dollar américain
3. Calcule le montant que tu recevrais en dollars canadiens si tu échangeais les sommes suivantes à une banque.
   a) 4 500,00 pesos
   b) 25 000,00 dollars de Hong Kong
   c) 2 200,00 euros
   d) 8 545,00 livres écossaises
4. Megan participe à une exposition commerciale de trois jours en Allemagne. Elle a droit à 1 200,00 $CAN pour son voyage. Combien d'argent en devise locale aura-t-elle pour ses dépenses en Allemagne?
5. Opal prépare un voyage en Europe. Elle souhaite acheter l'équivalent de 650,00 $ canadiens de chacune des devises suivantes. De quel montant disposera-t-elle dans chacune des devises?
   a) euro
   b) francs suisses
   c) couronnes suédoises
   d) Si Opal décide d'annuler son voyage en Suède et reconvertit ses couronnes en dollars canadiens, quel montant recevra-t-elle? Pourquoi a-t-elle reçu un montant inférieur en dollars canadiens au montant qu'elle a tout d'abord payé?

6. Chris organise un voyage de golf. Il jouera au golf sur cinq terrains de golf reconnus mondialement. Il évalue la somme d'argent dont il aura besoin dans chacune des devises. Calcule combien il lui faudra en dollars canadiens ($CAN) pour chacun des pays visités. Quel est le montant total qu'il lui faudra en argent canadien?

VACANCES DE GOLF

Pays	*Terrain de golf*	*Prévision des fonds nécessaires*	*Prévision des fonds nécessaires en $CAN*
États-Unis	Pebble Beach	5 000,00 $US	
Écosse	St. Andrew's	8 500,00 £	EXEMPLE
Chine	Spring City Golf & Lake Resort	26 600,00 ¥	
Singapour	SAFRA Resort & Country Club	15 000,00 $S	
Autriche	Leopoldsdorf	4 000,00 €	

Approfondis ta réflexion

T 7. Tu travailles pour une entreprise qui vend du vinaigre artisanal. Au Canada, chaque bouteille de vinaigre se vend 8,95 $ avant les taxes. Ton entreprise songe à prendre de l'expansion et à vendre ses produits aux États-Unis et en Australie.

a) Quel serait le prix équivalent pour une bouteille de vinaigre en dollars américains et australiens? Utilise le site Web www.rbcbanqueroyale.com ou tout autre site Web semblable pour effectuer ta conversion.

b) Les frais d'expédition et d'exportation sont de 1,00 $ par bouteille pour les État-Unis et de 2,00 $ par bouteille pour l'Australie. Quel sera le prix au détail aux États-Unis et en Australie si tu ajoutes les frais d'expédition et que tu établis le prix afin que le revenu par bouteille soit égal au revenu par bouteille de 8,95 $CAN avant les taxes?

PROJET– ORGANISATION D'UNE FÊTE

FAIRE UNE PRÉSENTATION

Ces élèves préparent une fête de fin d'année pour leur club de débat.

T

Tu es maintenant prêt à présenter le plan de ta fête aux membres de ton équipe, club ou comité pour qu'ils l'approuvent. Utilise toute l'information que tu as amassée au cours de ce projet.

Les présentations se font souvent à l'aide d'affiches et de documents à distribuer accompagnés d'explications orales. On peut aussi se servir de logiciels de présentation. Utilise les objets suivants pour préparer ta présentation :

- Une affiche qui montre l'endroit et les décorations que tu as choisis. Sois créatif, mets-y des images! Dresse une liste de toutes les activités et des divertissements planifiés;
- un exemple d'invitation;
- une liste, un tableau ou un tableur détaillé de tous les articles et du prix final.

Sois prêt à expliquer pourquoi la fête que tu as planifiée serait la meilleure fête de fin d'année de tous les temps!

- Finalement, évalue ton travail sur ce projet.

RÉFLEXIONS SUR L'APPRENTISSAGE

PRIX UNITAIRE ET CONVERSION DES DEVISES

Maintenant que tu as terminé ce chapitre, tu devrais être en mesure :

- ❒ d'appliquer tes connaissances des taux et des rapports dans de nouveaux contextes;
- ❒ d'apprécier la façon dont on se sert du raisonnement proportionnel dans plusieurs emplois;
- ❒ de calculer le prix unitaire et d'utiliser tes connaissances pour déterminer le meilleur achat;
- ❒ de comprendre certains facteurs qui influencent la façon dont les prix sont établis;
- ❒ de prévoir l'impact des promotions sur les prix;
- ❒ de considérer d'autres facteurs, comme la qualité et tes besoins, quand vient le temps d'acheter des choses, à la maison ou au travail;
- ❒ de comprendre la façon dont les devises étrangères sont achetées et vendues.

De plus, tu as réalisé un projet qui t'a permis d'appliquer tes nouvelles habiletés dans un contexte pratique.

MISE EN PRATIQUE DES NOUVELLES HABILETÉS

1. Utilise le calcul mental pour résoudre ces problèmes.

   a) Si la limite de vitesse est de 80 km/h, quelle distance parcourras-tu en une demi-heure? En deux heures et demie?

   b) Si le taux de change pour 1 euro est de 1,59 $CAN, combien de dollars canadiens peux-tu acheter avec 10 euros?

2. Si le rapport de pains blancs vendus contre le nombre de pains de blé entier vendus est de 3 : 1, et qu'une boulangerie vend 100 pains de blé entier en un jour, combien de pains blancs a-t-elle vendus le même jour?

3. Calcule le taux unitaire pour chacun des éléments suivants. Inclus les unités appropriées dans chacune de tes réponses.

   a) 30 mètres en quatre secondes

   b) 2,80 $ pour une douzaine d'œufs

4. Les formats standards de photographies sont de 4 po × 6 po, 5 po × 7 po, et 8 po × 10 po. Peux-tu agrandir une photo de 4 po × 6 po vers un autre format standard au moyen d'un photocopieur? Explique ta réponse. Si tu réduis une photo de 8 po × 10 po, quels formats peux-tu faire?

5. Au marché fermier de Saint-Norbert, à Winnipeg, un sac de pommes de terre de 5 lb se vend 1,89 $ et un sac de 20 lb 5,99 $.

   a) Calcule le prix unitaire pour chacun des formats. Lequel de ces deux emballages représente le meilleur achat?

   b) Nomme deux choses, autres que le prix, dont tu devrais tenir compte lorsque tu achètes des pommes de terre.

   c) Au marché fermier, tu rencontres un vendeur qui vient d'Altona. Il te confie qu'il pourrait te vendre un sac de pommes de terre de 75 lb pour 15,00 $. Accepterais-tu de les acheter? Explique ta réponse.

Au marché fermier de Saint-Norbert, les vendeurs offrent une variété de produits comme des fruits et légumes, des pâtisseries et de l'artisanat.

6. Pendant les soldes d'après Noël à Edmonton, en Alberta, Krazy Krazy Televisions fait la promotion d'une télévision à écran plat de 42 pouces dont le prix est réduit de 300,00 $ et ils se « chargeront de la TPS » alors que Too Good To Be True Electronics offre une réduction sur la même télévision de 30 %. Si le prix courant de la télévision dans les deux magasins était de 1 299,99 $, quel magasin offre le meilleur achat?

7. Dans une recette, on exige $2\frac{1}{2}$ tasses de farine pour $\frac{1}{2}$ tasse de sucre.

   a) Combien de tasses de farine utiliserais-tu pour 1 tasse de sucre?

   b) Cette recette donne 12 biscuits, mais tu n'en veux que 8. Quelle quantité de farine et de sucre dois-tu utiliser?

8. Glynis veut acheter 500,00 euros pour son voyage d'affaire en Autriche. Le taux de change est de 1,00 euro pour 1,59 $CAN.

   a) Combien devra-t-elle payer en dollars canadiens pour acheter les euros?

   b) Son institution financière demande des frais de traitement de 0,5 % pour la conversion des devises. Les frais de traitement sont prélevés du montant en dollars canadiens. Quel est le prix total?

9. Karisha s'est rendue à Milan pendant une fin de semaine. Elle y a acheté du tissu pour son entreprise de vêtements pour enfants. Elle a acheté 15 mètres de coton haute couture peint à la main pour 28,92 €/m et 40 mètres de molleton réversible pour 9,95 €/m. Combien lui ont coûté les tissus en dollars canadiens si 1,00 $CAN vaut 0,6478 euros?

10. Natalia gagne 28,50 $ pour garder un enfant pendant 3 heures.

   a) En te servant du calcul mental, calcule le montant qu'elle gagne en une heure.

   b) Copie le tableau suivant ou sers-toi d'un tableur pour faire un tableau qui montre le nombre d'heures et le nombre de dollars gagnés.

CALCULER LES GAINS

Heures	*Nombre de dollars gagnés*
0	
1	
2	
3	
4	
5	

EXEMPLE

   c) Utilise un tableur ou du papier et un crayon pour faire un graphique des gains de Natalia. Le graphique doit aller jusqu'à 15 heures de travail.

   d) À l'aide de ton graphique, estime le montant que Natalia gagnerait pour 3,5 heures de travail. Pour 12,5 heures?

Cette gardienne de la réserve indienne de St. Mary's à Cranbrook, en Colombie-Britannique, aimerait calculer ses gains.

Chapitre 2

Toucher un salaire

OBJECTIFS

Lorsque tu commenceras à travailler, tu toucheras un salaire. Dans ce chapitre, tu en apprendras davantage sur les diverses méthodes utilisées par les employeurs, ou par toi-même si tu es travailleur autonome, pour calculer et verser le salaire des employés. Tu apprendras quelles sont les retenues salariales qui peuvent réduire ton salaire, comme les impôts et les programmes d'avantages sociaux offerts par le gouvernement et l'industrie. Tu utiliseras certains des concepts mathématiques que tu connais déjà, comme les fractions, les pourcentages et les taux, afin de faire des calculs relativement à la rémunération. Ces concepts mathématiques te serviront à :

- calculer quel sera ton salaire en fonction de ton taux de rémunération et du nombre d'heures travaillées;
- en apprendre davantage sur différents types de rémunération, lesquels varient d'un employeur à l'autre et d'un secteur à l'autre;
- calculer les retenues salariales et déterminer ton salaire net.

TERMES IMPORTANTS

- avantages sociaux
- commission
- contrat
- fiche de paie
- heures supplémentaires
- pourboire
- prime
- prime de quart
- retenues salariales
- revenu imposable
- salaire brut
- salaire fixe
- salaire horaire
- salaire minimum
- salaire net
- travail à la pièce
- travail indépendant

PROJET – PLAN DE GESTION DES SALAIRES POUR UNE COMPAGNIE D'ÉTÉ

COMMENCER L'ORGANISATION

APERÇU DU PROJET

As-tu déjà songé à devenir devenir entrepreneur? Le projet du chapitre consiste à imaginer que tu as lancé une petite compagnie qui emploie des élèves pendant les mois d'été pour faire des travaux d'entretien extérieur dans ta communauté, comme la tonte du gazon et le jardinage. À titre de propriétaire, tu devras tenir le journal des salaires (la liste des employés et du salaire qu'ils toucheront) et prendre des décisions au sujet des politiques relatives à la paie.

Ces élèves de Victoria, en Colombie-Britannique, effectuent des travaux d'entretien extérieur pendant l'été pour gagner de l'argent.

POUR COMMENCER

Pour commencer ton projet, tu devras prendre des décisions, examiner les options qui s'offrent à toi et recueillir des renseignements. Lorsque tu auras étudié toutes les questions qui se trouvent ci-dessous, inscris tes réponses dans ton dossier de projet. Rédige un paragraphe qui décrit les grandes lignes de ton plan.

- Décide du nombre d'employés qui travailleront pour ta compagnie pendant les mois de juillet et d'août. Pense à la quantité de travail que tu seras capable de trouver. Pense aussi au nombre de personnes que tu auras le temps de gérer.
- Emploieras-tu des employés à temps partiel? Emploieras-tu des travailleurs sur demande qui travailleront seulement au besoin?
- Quelles habiletés ou qualités tes employés devront-ils avoir?
- Détermine les heures de travail normales pour la journée et la semaine. Y aura-t-il du travail la fin de semaine? Et pendant les jours fériés?
- Effectue des recherches pour déterminer le salaire minimum dans ta province ou ton territoire (consulte la p. 55 pour obtenir plus de renseignements sur le salaire minimum). Dans le cadre de ce projet, tu devras verser à tes employés d'été le salaire minimum en vigueur dans ta province ou ton territoire.
- Offriras-tu des avantages à tes employés s'ils travaillent pour toi tout l'été (une prime, par exemple)?

LISTE DE CONTRÔLE POUR LA PRÉSENTATION FINALE

Tu devras présenter ton plan de gestion des salaires de manière professionnelle dans un dossier ou un classeur. Tu peux également créer un diaporama à l'aide d'un logiciel de présentation. Ton plan de gestion des salaires devra comprendre les éléments suivants :

- un paragraphe qui décrit les grandes lignes de ton plan;
- T un tableur ou un tableau qui comprend la liste des postes, le salaire brut, les retenues salariales et le salaire net en plus du total pour chaque période de paie;
- une équation qui décrit les coûts des salaires hebdomadaires normaux;
- un exemple de fiche de paie pour un employé, la liste des montants des retenues salariales et une fiche du salaire net;
- un mémo sur les politiques relatives à la paie à l'intention de tes employés.

2.1 Salaire et rémunération

LES MATHÉMATIQUES *AU TRAVAIL*

Joseph Galloway habite dans un foyer de groupe pour les hommes souffrant de schizophrénie. Le foyer est situé à North Battleford, en Saskatchewan. Il a récemment obtenu son diplôme d'études secondaires; il a suivi des cours offerts aux adultes qui souffrent d'une maladie mentale au Saskatchewan Hospital, où il était un patient externe.

Joseph occupe quatre emplois à temps partiel afin de gagner l'argent dont il a besoin pour ses dépenses. Il effectue un quart de travail de quatre heures par semaine au McDonald's, où il travaille comme cuisinier de casse-croûte. Il travaille également quatre heures par semaine à la cantine du Saskatchewan Hospital, où il vend des boissons et des collations. Il effectue un quart de travail de huit heures par semaine au sein d'une équipe de travail formée par l'hôpital. Cette équipe aide les personnes âgées qui habitent à North Battleford à effectuer des corvées comme le pelletage de la neige ou la tonte du gazon. De mai à octobre, Joseph effectue deux quarts de trois heures chaque semaine au terrain de golf local; il vend des balles de golf et d'autres accessoires. Joseph touche le **salaire minimum** pour son travail à la cantine, au sein de l'équipe de travail et au terrain de golf. En Saskatchewan, le salaire minimum est de 8,60 $ l'heure. Au McDonald's, Joseph a récemment obtenu une augmentation de salaire; il gagne maintenant 8,75 $ l'heure. Combien gagne Joseph chaque semaine pendant les mois d'hiver? Et pendant la saison du golf?

Joseph Galloway travaille sur ce terrain de golf, qui est situé en Saskatchewan, pendant les mois d'été.

EXPLORE LES MATHÉMATIQUES

salaire minimum : montant minimum que doit recevoir un travailleur pour une heure de travail; le taux varie selon la province ou le territoire où tu habites

salaire brut : montant total d'argent gagné, également appelé revenu brut

As-tu déjà occupé un emploi pour lequel tu as gagné de l'argent? Touchais-tu un salaire fixe horaire ou hebdomadaire? De nombreux gens de métier et de nombreuses personnes qui travaillent dans le secteur des services touchent un salaire qui est calculé ainsi. Les autres personnes touchent un salaire dit annuel, mais qui est versé chaque mois, deux fois par mois ou toutes les deux semaines. Peux-tu nommer quelques professions pour lesquelles les gens touchent un salaire annuel?

Le montant total qu'une personne gagne est appelé le **salaire brut**. Tu en apprendras davantage sur les retenues qui sont prélevées sur le salaire brut plus loin dans ce chapitre.

Il peut arriver, dans certaines situations, qu'un employeur demande à une personne de travailler plus que ses heures normales. Dans quelles situations un employé peut-il être appelé à faire des **heures supplémentaires**? Selon toi, à quel montant correspond une augmentation raisonnable du taux de rémunération pour des heures supplémentaires?

ACTIVITÉ 2.1
INTERPRÉTATION DES FICHES DE PAIE

Travaillez en petits groupes pour effectuer cette activité. Votre amie Jolie a commencé à travailler comme apprentie réparatrice d'ascenceurs. Étudiez d'abord sa première **fiche de paie**, qui se trouve ci-dessous. Les fiches de paie sont fournies par l'employeur.

fiche de paie : formulaire donné à un employé par son employeur et sur lequel figurent le salaire et les retenues salariales de l'employé pour une période de paie définie

Nom de l'employé : Jolie			
Compagnie :		**Date de début de paie :**	2010-10-13
Dépannage ascenseur inc.		**Date de fin de paie :**	2010-10-19
Renseignements généraux			
Matricule de l'employé :	999999	**Titre du poste :**	Apprentie réparatrice d'ascenceurs
Adresse :		**Taux de rémunération : Annuel :**	19,00 $/h

Heures de travail et rémunération			
Description	**Taux**	**Heures**	**Salaire brut**
Heures normales	19,00 $/h		712,50 $

1. Combien de jours la période de paie couvre-t-elle?
2. Si le salaire brut de Jolie est de 712,50 $, combien d'heures a-t-elle effectuées?
3. Le salaire qu'elle a gagné est-il plus élevé ou moins élevé que le salaire minimum en vigueur dans votre province ou votre territoire?
4. Élaborez une formule que Jolie pourrait utiliser pour calculer son salaire pour une période de paie donnée.

DISCUSSION DES IDÉES

TYPES DE RÉMUNÉRATION

En équipe de deux, discutez des questions suivantes :

1. Les gens peuvent être payés de différentes façons. Dressez la liste de ces façons.
2. Donnez quelques exemples des différents métiers qui entrent dans chaque catégorie de rémunération.
3. Est-il plus avantageux d'être payé une fois par semaine plutôt qu'une fois par mois? Selon vous, pourquoi la majorité des travailleurs ne sont-ils pas payés à la semaine?
4. Si vous occupez un emploi pour lequel vous gagnez un salaire annuel qui vous est versé chaque mois et que vous effectuez plus de 40 heures de travail pendant une semaine, de quelle façon pouvez-vous être rémunérés pour vos heures supplémentaires?

Exemple 1

Chaque été, Rick travaille comme préposé de terrain de stationnement pour le Centre des congrès de Vancouver. Cette année, son salaire s'élève à 9,76 $ l'heure et le nombre d'heures qu'il effectue varie d'une semaine à l'autre. Il a travaillé 25 heures pendant la semaine du 14 au 20 août et 35 heures pendant la semaine du 21 au 27 août.

La fiche de paie de Rick est présentée ci-dessous. Assure-toi qu'elle est exacte et corrige les erreurs au besoin.

Nom de l'employé : Rick			
Compagnie :		**Date de début de paie :**	2010-08-14
Centre des congrès		**Date de fin de paie :**	2010-08-27
Renseignements généraux			
Matricule de l'employé :	999999	**Titre du poste :**	Préposé de terrain de stationnement
Adresse :		**Taux de rémunération : Annuel :**	9,76 $/h
Heures de travail et rémunération			
Description	**Taux**	**Heures**	**Salaire brut**
Heures normales	8,76 $/h	60	525,60 $

SOLUTION

Le taux de rémunération qui figure sur la fiche de paie est de 8,76 $ l'heure alors qu'il devrait être de 9,76 $ l'heure. Son salaire brut devrait s'élever à 585,60 $ et non à 525,60 $.

Calcul mental et estimation

Combien d'heures compte une semaine de travail de cinq jours à raison de 7,5 heures par jour? Combien d'heures cela représente-t-il dans une année?

Exemple 2

Zhong a été embauché à titre de commis de bureau pour une compagnie d'assurances. Son salaire annuel sera de 34 756,00 $.

a) Pourquoi Zhong n'est-il pas payé une fois par année pour son travail?

b) Sa paie par période de paie serait-elle plus élevée s'il était payé **deux fois par mois** ou **toutes les deux semaines**?

bimensuel : deux fois par mois

aux deux semaines : toutes les deux semaines

Solution

a) Si Zhong était payé une fois par année, il se retrouverait dans une situation difficile parce qu'il serait obligé de travailler une année entière avant de toucher son salaire. La plupart des personnes préfèrent recevoir une paie régulière, ce qui leur permet d'établir des budgets mensuels pour rembourser leurs dépenses et élaborer des plans en vue d'économiser.

b) $12 \times 2 = 24$ — Pour trouver le nombre de paies que recevra dans une année une personne qui touche son salaire deux fois par mois, multiplie le nombre de mois que compte une année par 2.

$52 \div 2 = 26$ — Pour trouver le nombre de paies que recevra une personne au cours d'une même année, si elle touche son salaire toutes les deux semaines, divise le nombre de semaines que compte une année par 2.

Le même salaire annuel serait versé en 26 périodes de paie si Zhong était payé toutes les deux semaines tandis qu'il serait versé en 24 périodes de paie s'il était payé deux fois par mois; par conséquent, ses paies seraient plus élevées s'il était payé deux fois par mois. Cependant, il recevrait deux chèques de paie supplémentaires s'il était payé toutes les deux semaines.

Autre solution

Pour déterminer si les paies de Zhong seraient plus élevées pour chaque période de paie s'il était payé deux fois par mois ou toutes les deux semaines, calcule le salaire brut qu'il toucherait s'il était payé deux fois par mois et celui qu'il toucherait s'il était payé toutes les deux semaines.

34 756,00 \$ ÷ 24 = 1 448,17 \$ — Divise le salaire annuel de Zhong par 24 périodes de paie pour connaître le salaire qu'il toucherait s'il était payé deux fois par mois.

34 756,00 \$ ÷ 26 = 1 336,77 \$ — Divise le salaire annuel de Zhong par 26 périodes de paie pour connaître le salaire qu'il toucherait s'il était payé toutes les deux semaines.

Zhong toucherait plus pour chaque période de paie s'il était payé deux fois par mois.

Exemple 3

Le taux normal de Laura pour son travail dans un entrepôt est de 9,86 \$ l'heure. Elle travaille 8 heures par jour. Elle doit effectuer un quart de travail supplémentaire pendant un jour férié, et le taux pour les heures supplémentaires correspond à une fois et demie son salaire.

a) Quel sera le salaire brut de Laura pour ce jour férié?

b) Quel sera son taux horaire pour ce jour férié?

Laura touche un salaire horaire plus élevé lorsqu'elle travaille à l'entrepôt pendant un jour férié.

Solution

a) Trouve le taux quotidien normal de Laura. Pourquoi est-ce que la réponse est en dollars?

9,86 $/h × 8 h = 78,88 $

78,88 $ × 1,5 = 118,32 $ — Multiplie le taux quotidien normal de Laura par « une fois et demie », ou 1,5.

Le salaire brut de Laura pour ce jour férié est de 118,32 $.

b) 118,32 $ ÷ 8 = 14,79 $ — Divise le salaire brut qu'elle touchera pour ce jour férié par le nombre d'heures que compte un jour de travail.

Le taux horaire de Laura pour le jour férié sera de 14,79 $.

SUGGESTION

Pour calculer les heures supplémentaires, convertis le taux en nombre décimal. Par exemple, le taux double correspond à 2,0 ou deux fois le taux de rémunération.

Autre solution

Trouve la solution au point b) en établissant le taux horaire de Laura pour ses heures supplémentaires.

9,86 $ × 1,5 = 14,79 $ — Multiplie le taux horaire normal de Laura par 1,5.

Trouve ensuite la solution au point a).

14,79 $ × 8 = 118,32 $ — Multiplie le taux horaire des heures supplémentaires par le nombre d'heures d'un jour de travail.

Le salaire brut de Laura pour ce jour férié est de 118,32 $.

Exemple 4

Gregor travaille comme vitrier, c'est-à-dire une personne qui taille et pose les vitres, pour un fabricant de vitres à Steinbach, au Manitoba. Il gagne 19,99 $ l'heure et travaille 37,5 heures par semaine. Il touche une fois et demie son salaire pour toute heure supplémentaire. Gregor examine l'horaire de la semaine à venir, qui se trouve ci-dessous.

HORAIRE HEBDOMADAIRE

Nom de l'employé	*Jour*	*Heure d'arrivée*	*Heure de départ*
Gregor	Dimanche		
	Lundi	8 h	16 h
	Mardi	8 h 15	16 h
	Mercredi	8 h	15 h 30
	Jeudi	8 h	16 h
	Vendredi	9 h	16 h 15
	Samedi	8 h 30	18 h 30

a) Décrit la stratégie que tu utiliseras pour déterminer le nombre d'heures que Gregor effectuera chaque jour. Exprime ces chiffres sous forme de nombres décimaux.

b) Combien d'heures supplémentaires effectuera-t-il?

Un vitrier utilise un niveau pour s'assurer que la fenêtre sera droite.

Solution

a) Pour calculer le nombre d'heures et de minutes pendant lesquelles Gregor travaillera chaque jour, tu dois soustraire son heure de départ de son heure d'arrivée.

Convertis d'abord l'heure à laquelle il commencera à travailler et l'heure à laquelle il terminera de travailler en nombres décimaux. Par exemple :

8 h 15 = 8,25 heures

15 h 30 = 15,5 heures

Ensuite, soustrais l'heure à laquelle il commencera à travailler de l'heure à laquelle il terminera de travailler. Ainsi, lundi on aura 16 h - 8 h = 8 heures, mardi 16 h - 8h 15 (ou 8,25) = 7,75 heures, et ainsi de suite.

Tu peux ajouter une autre colonne au tableau afin d'y inscrire le nombre d'heures travaillées, tel qu'il est présenté dans le tableau ci-dessous.

HORAIRE HEBDOMADAIRE

Nom de l'employé	*Jour*	*Heure d'arrivée*	*Heure de départ*	*Heures travaillées*
Gregor	Dimanche			
	Lundi	8 h	16 h	8,0
	Mardi	8 h 15	16 h	7,75
	Mercredi	8 h	15 h 30	7,5
	Jeudi	8 h	16 h	8,0
	Vendredi	9 h	16 h 15	7,25
	Samedi	8 h 30	18 h 30	10,0

b) Calcule le nombre total d'heures que Gregor effectuera.

8,0 + 7,75 + 7,5 + 8,0 + 7,25 + 10,0 = 48,5 heures

Puis, trouve le nombre d'heures supplémentaires qu'il effectuera.

48,5 - 37,5 = 11 Soustrais le nombre d'heures hebdomadaires normales du total des heures.

Gregor effectuera 11 heures supplémentaires.

ACTIVITÉ 2.2 – ÉLABORER DES SCHÉMAS CONCEPTUELS POUR LES MÉTIERS

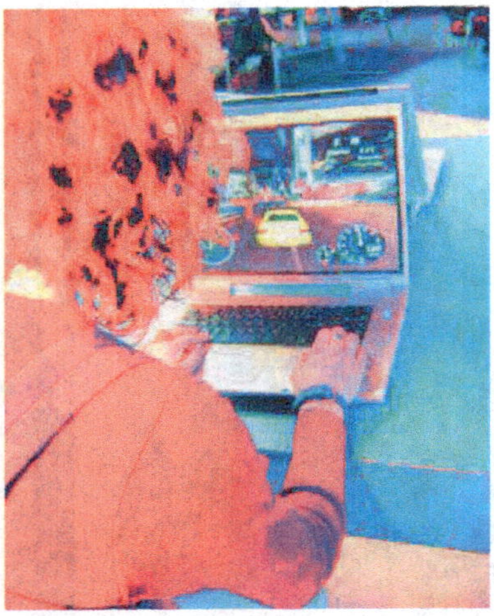

Ceux qui travaillent dans l'industrie des jeux vidéo utilisent les mathématiques dans le cadre de leur travail.

En petits groupes, dessinez des schémas conceptuels qui démontrent de quelle façon vous utiliseriez les mathématiques dans trois métiers. Discutez ensuite des questions suivantes en groupe.

1. Les types de mathématiques utilisés dans différents métiers se retrouvent-ils dans plus d'un métier?
2. Avez-vous déjà occupé un emploi ou fait des corvées domestiques qui nécessitaient que vous utilisiez les mathématiques? Si oui, donnez quelques exemples.

Calcul mental et estimation

Un aide de bureau qui gagne 10,00 $ l'heure a touché un salaire de 120,00 $ pour 10 heures de travail. Comment est-ce possible?

CONSTRUIS TES HABILETÉS

1. Rachel travaille 40 heures par semaine comme compagne imprimeuse. Elle gagne 23,68 $ l'heure.
   a) Quel est son salaire hebdomadaire brut?
   b) Si elle travaille 49 semaines par année et qu'elle a trois semaines de vacances payées, quel est son salaire annuel brut?
2. Quelle est la différence entre des paies versées toutes les deux semaines et des paies versées deux fois par mois? Quels sont les avantages d'une méthode par rapport à l'autre?
3. Luc gagne 497,12 $ par mois et travaille 12 heures par semaine. Explique comment tu calculerais son taux horaire. (Conseil : 10,36 $ l'heure n'est pas la bonne réponse.)
4. Ton emploi d'été consiste à tondre le gazon. Un client te donne le choix d'être payé 11,00 $ l'heure ou de toucher un salaire fixe de 35,00 $ chaque fois que tu tonds son gazon. De quels facteurs tiendras-tu compte pour choisir la meilleure option?
5. Si Arielle gagne 9,56 $ l'heure comme maître nageuse et qu'elle travaille 12 heures par semaine, quel est son salaire mensuel moyen? Si elle demande que son salaire soit augmenté et qu'il passe à 12,50 $ l'heure, son salaire mensuel augmentera-t-il de plus de 100,00 $ ou de moins de 100,00 $?

6. Brandon touche 150 % de son taux horaire normal pour des heures supplémentaires. Il touche 45,00 $ l'heure pour ses heures supplémentaires. Quel est son taux horaire normal?

7. Sholeh travaille comme soudeuse dans une bijouterie. Chaque année, elle reçoit une augmentation de salaire qui correspond à la hausse du coût de la vie. Avant qu'il soit augmenté, son salaire était de 29 535,00 $.
   a) Une année, Sholeh reçoit une augmentation de salaire de 3,4 % pour compenser la hausse du coût de la vie. Quel est son nouveau salaire?
   b) Si, pour compenser la hausse du coût de la vie, Sholeh reçoit une augmentation de salaire de 2,8 % l'année suivante et de 3,2 % l'année d'après, quel sera son salaire après ces trois augmentations?

8. Examine le tableau ci-dessous, sur lequel figurent les heures travaillées par une employée qui utilise une carte à perforer pour enregistrer ses heures.
   a) Combien d'heures et de minutes cette employée a-t-elle travaillées chaque jour?
   b) Quels sont ces montants en nombres décimaux?
   c) Si son taux de rémunération est de 9,60 $ l'heure, combien cette employée a-t-elle touché pour cette semaine?
   d) Pourquoi est-il préférable de commencer et de terminer sa journée de travail aux heures précisées dans le cadre d'un emploi où les heures d'entrée sont enregistrées à la minute près?

SUGGESTION

Les employeurs ne paient généralement pas pour chaque minute. Arrondis les heures au quart d'heure le plus près, puis calcule le salaire.

Fiche de présence

Matricule de l'employé : 67891	Approbation : *N. Kooner*
Nom de l'employé : Navreet Kooner	
Pour la semaine se terminant le : 2010-11-19	

Date	**Avant-midi**		**Après-midi**		**Heures supplémentaires**		**Heures**		**Heures totales :**
	Entrée	Sortie	Entrée	Sortie	Entrée	Sortie	RÉG.	SUPP.	
15 nov.	9 h 03	12 h 05							
16 nov.			16 h 02	21 h 06					
17 nov.	8 h 58	12 h							
18 nov.			16 h 30	22 h 01					
19 nov.	8 h 32	12 h							

9. Examine les fiches de paie ci-après.
   a) Franco a travaillé 5 jours, de 18 h à 1 h. Il a eu une pause-repas non rémunérée de 30 minutes chaque jour. Il touche 8,95 $ l'heure. Corrige les erreurs qui figurent sur sa fiche de paie.

Nom de l'employé : Franco			
Compagnie :		**Date de début de paie :**	2010-05-21
Moustiquaire plus		**Date de fin de paie :**	2010-05-15
Renseignements généraux			
Matricule de l'employé :	999999	**Titre du poste :**	Préposé de théâtre
Adresse :		**Taux de rémunération :** **Annuel :**	8,95 $/h
Heures de travail et rémunération			
Description	**Taux**	**Heures**	**Salaire brut**
Heures normales	8,95 $/h	30	268,50 $

b) En une semaine, Christine a effectué trois quarts de travail de 4 heures, un quart de travail de 5 heures et un de 6,5 heures. Elle gagne 9,54 $ l'heure. Corrige les erreurs qui figurent sur sa fiche de paie.

Nom de l'employé : Christine			
Compagnie :		**Date de début de paie :**	2010-07-14
Eco-jardin		**Date de fin de paie :**	2010-07-20
Renseignements généraux			
Matricule de l'employé :	999999	**Titre du poste :**	Caissière
Adresse :		**Taux de rémunération :** **Annuel :**	9,45 $/h
Heures de travail et rémunération			
Description	**Taux**	**Heures**	**Salaire brut**
Heures normales	9,54 $/h	23,5	222,08 $

c) Si tu te rendais compte que ta fiche de paie comportait une erreur, que ferais-tu?

Approfondis ta réflexion

10. Tu compares deux emplois d'été. L'un des emplois est un poste de conseiller dans un camp d'été destiné à des enfants de 10 ans. Ce camp se déroulera au centre communautaire local. Le salaire est de 240,00 $ par semaine pour une période de six semaines. L'autre option est un emploi de peintre de maisons. Cet emploi t'obligerait à faire la navette entre différents endroits et offre un salaire de 11,50 $ l'heure. Tu pourrais travailler pendant 8,5 semaines.

a) De quels facteurs devras-tu tenir compte pour choisir entre les deux emplois?

b) De quels renseignements supplémentaires auras-tu besoin pour calculer ton salaire pour chacun des emplois?

c) Lequel des deux emplois pourrait nécessiter que tu fasses des heures supplémentaires? Explique pourquoi.

d) Dans quels cas le fait d'effectuer des heures supplémentaires pourrait t'intéresser? Pourquoi choisirais-tu de ne pas faire d'heures supplémentaires?

LES RACINES DES MATHÉMATIQUES

LE SALAIRE MINIMUM AU CANADA

Au Canada, un salaire minimum garantit un niveau de revenu minimum aux employés. Le salaire minimum est établi par les provinces et les territoires et varie d'une province ou d'un territoire à l'autre. Même si le salaire minimum est conçu pour garantir un salaire vital de base aux personnes qui occupent des emplois non spécialisés, il est la norme dans plusieurs secteurs de l'économie, comme le secteur des services, et ce, peu importe l'expérience des individus. Le salaire minimum est utilisé comme point de référence pour les autres salaires. Lorsque le salaire minimum augmente en réaction à la hausse du coût de la vie, les autres salaires augmentent aussi.

En 1919, plus de 30 000 travailleurs ont pris part à la grève générale de Winnipeg pour protester contre les conditions de travail médiocres, le manque de pouvoir de négociation et les salaires peu élevés.

Jusqu'au 20e siècle, il n'y avait pas de norme en matière de salaire minimum au Canada. Les employeurs pouvaient décider du montant du salaire qu'ils donnaient à leurs employés. De nombreuses personnes qui travaillaient dans des usines ou dans le secteur des services recevaient un salaire très bas et devaient travailler de très longues heures pour gagner suffisamment d'argent pour survivre.

Faire adopter des lois qui obligeaient les employeurs à verser un salaire minimum était le travail des gens de métier qui ont uni leurs forces et formé des organisations syndicales à la fin du 19e siècle. Ils ont travaillé ensemble à améliorer leurs conditions de travail et leur taux de rémunération. En 1912, 160 000 Canadiens et Canadiennes faisaient partie de syndicats. La première loi sur le salaire minimum a été adoptée en Colombie-Britannique et au Manitoba en 1918, et c'est en 1920 que l'Ontario, le Québec, la Nouvelle-Écosse et la Saskatchewan ont adopté des lois sur le salaire minimum. Peu à peu, toutes les provinces et tous les territoires ont adopté des lois sur le salaire minimum. L'Île-du-Prince-Édouard a été la dernière province, en 1960, à adopter une telle loi.

Bien que la majorité des provinces et des territoires aient établi leur salaire minimum selon un taux horaire, il existe aussi des salaires minimums hebdomadaires et mensuels. En Alberta, par exemple, il existe une norme en matière de salaire minimum hebdomadaire et mensuel. Ces salaires s'appliquent à certains types de travailleurs, comme les vendeurs et les travailleurs domestiques.

- Quel est le salaire minimum dans ta province ou ton territoire? Comment ce salaire se compare-t-il à celui des autres provinces et territoires?
- Quel sera le salaire annuel, dans ta province ou ton territoire, d'une personne qui gagne le salaire minimum et qui travaille 40 heures par semaine?
- Crois-tu qu'il est sensé que des lois régissent les salaires minimums?

2.2 Différentes façons de gagner de l'argent

LES MATHÉMATIQUES *AU TRAVAIL*

Carl Howard est un charpentier qui a reçu la certification Sceau rouge, ce qui signifie qu'il peut travailler partout au Canada. Il travaille comme installateur d'armoires de cuisine dans la région de la Sunshine Coast, en Colombie-Britannique. Il est un travailleur **indépendant**, et les compagnies pour lesquelles il travaille lui donnent un salaire **à la pièce**.

Selon l'un des systèmes de rémunération à la pièce utilisé par une des compagnies, chaque armoire installée vaut des points. Une armoire régulière, par exemple, vaut un point. L'installation comprend l'accrochage de l'armoire et l'installation de la porte et de la quinquaillerie, comme les charnières et les poignées. Les grandes armoires, comme un garde-manger, valent deux points. Chaque coup-de-pied installé au bas des armoires et chaque moulure couronnée installée au haut des armoires vaut $\frac{1}{2}$ point. Pour cette compagnie, chaque point vaut 16,00 $. Le salaire pour l'installation complète d'une cuisine est calculé en additionnant le nombre de points et en multipliant le résultat par la valeur en dollars d'un point.

Si Carl installe six armoires régulières supérieures avec des moulures couronnées, un garde-manger avec une moulure couronnée et un coup-de-pied et cinq armoires régulières inférieures avec des coups-de-pied, quel sera son salaire pour l'installation de cette cuisine?

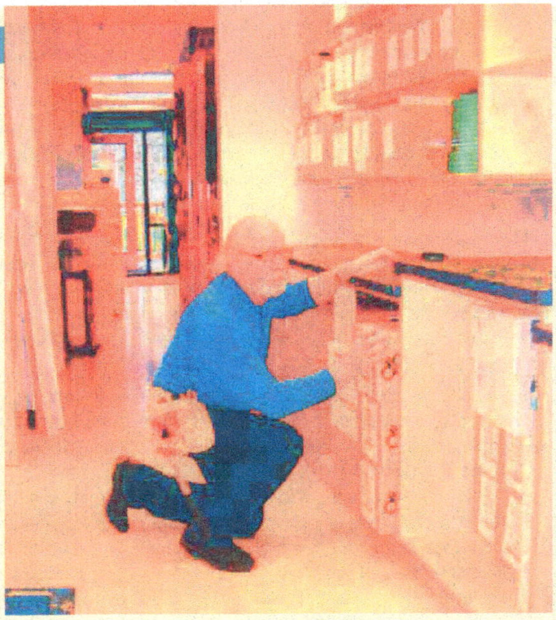

Carl doit conserver un registre précis de son travail pour s'assurer d'être payé correctement.

travailleur autonome : personne qui travaille à son compte plutôt que pour le compte d'un employeur

travail à la pièce : type de travail pour lequel une personne touche un taux défini pour chaque pièce produite

commission : montant, généralement en pourcentage, versé à une personne pour une opération commerciale

contrat : accord juridique dans lequel sont inscrites les modalités du travail à effectuer et le salaire qui sera versé au travailleur

EXPLORE LES MATHÉMATIQUES

Ce ne sont pas tous les travailleurs qui touchent un salaire. Selon toi, quels types de travailleurs sont payés de chacune des façons suivantes :

- moyennant une **commission**?
- moyennant une commission en plus d'un salaire de base?
- à la **pièce**?
- par l'intermédiaire d'un **contrat**?

Les personnes qui travaillent à la pièce sont payées en fonction du nombre de pièces qu'elles produisent ou d'opérations qu'elles exécutent. Par exemple, une personne qui distribue des circulaires et qui touche cinq sous par circulaire, ou encore un cueilleur de baies qui cueille des framboises biologiques et qui touche 0,65 $ la livre. Le nombre de pièces que peut produire un travailleur en une heure déterminera le montant horaire qu'il touchera.

Un contrat est une entente conclue entre deux parties et dans lequel figurent le montant qui sera versé et la description du travail qui sera effectué. Un calendrier des paiements est généralement établi, et un paiement est effectué pour chaque étape du travail achevée. Lorsque tu as conclu un contrat, tu reçois le même montant, peu importe le nombre d'heures que nécessite le travail. Peux-tu penser à une situation dans laquelle tu préférerais recevoir un montant fixé par contrat plutôt que de recevoir un salaire horaire?

Les travailleurs autonomes sont souvent sous contrat avec leurs clients, et ils peuvent diriger leurs propres affaires. Quels sont certains des avantages et des inconvénients à être propriétaire de ta propre compagnie?

ACTIVITÉ 2.3 – TRAVAIL À LA PIÈCE PAR OPPOSITION À TAUX HORAIRES

Travaillez en petits groupes. Votre compagnie de distribution de circulaires offre aux magasins locaux un contrat pour la distribution de circulaires à un nombre précis de résidences. Quatre magasins vous donnent 0,08 $ par circulaire pour distribuer des circulaires chaque semaine, et vous embauchez deux personnes pour travailler avec vous.

1. Quelle méthode de rémunération offrirez-vous à vos employés?
2. Comment ferez-vous pour déterminer lequel du taux à la pièce ou du taux horaire diminuerait vos coûts?
3. Écrivez une équation algébrique que vous pourriez utiliser pour calculer le montant que vous donneront les quatre magasins.

DISCUSSION DES IDÉES

CONTRATS DE RÉNOVATION RÉSIDENTIELLE

Tu possèdes une compagnie de rénovation résidentielle qui se spécialise dans l'adaptation de maisons existantes pour les personnes handicapées.

1. Comment détermineras-tu le montant que tu devrais demander aux clients pour effectuer leurs rénovations?
2. Si tu présentes une proposition de contrat qui s'élève à 14 500,00 $ et que ton client potentiel te demande une réduction de 8 % pour correspondre à une proposition moins élevée, quelle sera ta nouvelle proposition?
3. Accepteras-tu de faire cette réduction? Explique ta réponse. De quels facteurs tiendras-tu compte?

Le fait d'installer des rampes facilite l'accès aux maisons pour les personnes qui ont un fauteuil roulant.

4. Quel sera ton calendrier des paiements? Quel est ton raisonnement?
5. Selon toi, pourquoi le propriétaire de la maison préférera-t-il que tu sois sous contrat plutôt que tu sois payé à l'heure?

DISCUSSION DES IDÉES

TRAVAIL EXÉCUTÉ SUR COMMANDE

Les artisans, qui se spécialisent dans les arts décoratifs comme le tissage et la poterie, sont souvent des travailleurs autonomes. Ils gagnent de l'argent en vendant leurs objets d'artisanat, y compris des travaux exécutés sur commande. Il y a travail exécuté sur commande lorsqu'un client embauche un artisant pour fabriquer une pièce unique à un prix convenu.

Ceinture fléchée métisse tissée à la main

Une ceinture fléchée métisse 100 % laine tissée à la main est l'un de ces objets qui peuvent être faits sur mesure par un artisan. Le Manitoba, la Saskatchewan, l'Alberta et la Colombie-Britannique ont créé l'Ordre de la ceinture fléchée, laquelle reconnaît les membres de la communauté métisse de même que les non-Métis qui ont contribué au peuple métis sur les plans culturel, politique et social. Des ceintures fléchées de cérémonie uniques sont données aux récipiendaires avec leur prix.

1. Si un tisseur reçoit une commande pour cinq ceintures fléchées sur mesure de 196 cm qui coûtent 95,00 $ et deux ceintures fléchées sur mesure de 224 cm qui coûtent 125,00 $, combien touchera le tisseur, sans les taxes?
2. Si tu compares le prix des ceintures les plus longues au prix des ceintures les plus courtes, quelles ceintures rapportent le plus d'argent au tisseur, selon toi? De quels renseignements supplémentaires as-tu besoin pour répondre correctement à cette question?
3. Si un client commande une pièce et qu'il refuse d'acheter le produit fini, l'artisan peut décider de vendre cette pièce à rabais. Évalue le prix d'une ceinture fléchée de 224 cm vendue avec un rabais de 15 %.

Exemple 1

Manjit est une esthéticienne qui travaille à son compte. Elle offre des soins du visage européens à 85,00 $ chacun. Elle vend des produits pour la peau à ses clients et profite d'une marge brute moyenne de 45 %. Les clients qui achètent pour plus de 95,00 $ de toniques pour la peau, de crèmes protectives, de masques et d'autres produits semblables reçoivent un rabais de 20 % sur le soin du visage et sur les produits pour le soin de la peau.

a) Combien a touché Manjit en une demi-journée si elle a donné trois soins du visage et qu'elle a vendu pour 125,00 $ de produits hydratants et de crèmes pour la peau à un client? Calcule son salaire brut, sans tenir compte de ses frais.

b) Combien a rapporté à Manjit la vente de crèmes pour la peau au cours de cette demi-journée?

c) Si tous les clients avaient payé le plein tarif pour les mêmes produits et les mêmes services, combien Manjit aurait-elle touché? Conseillerais-tu à Manjit d'offrir le rabais de 20 %? Explique ta réponse.

Solution

a) Calcule le montant que versera à Manjit le client qui profite du rabais.

$$85{,}00\ \$ \times 0{,}80 = 68{,}00\ \$$$

$$125{,}00\ \$ \times 0{,}80 = 100{,}00\ \$$$

$$68{,}00\ \$ + 100{,}00\ \$ = 168{,}00\ \$$$

Additionne le revenu provenant des trois clients.

$85{,}00\ \$ + 85{,}00\ \$ + 168{,}00\ \$ = 338{,}00\ \$$

Manjit a gagné 338,00 \$ au cours de cette demi-journée.

b) $\dfrac{125{,}00\ \$}{1{,}45} = \dfrac{x}{1}$ Calcule le prix de gros.

$x = 86{,}21\ \$$

$100{,}00\ \$ - 86{,}21\ \$ = 13{,}79\ \$$ Soustrais le prix de gros du prix de solde.

Manjit a fait un profit de 13,79 \$ provenant de la vente des produits pour le soin de la peau.

c) $(85{,}00\ \$ \times 3) + 125{,}00\ \$ = 380{,}00\ \$$ Calcule le montant qu'aurait touché Manjit si tous les clients avaient payé le plein tarif.

$380{,}00\ \$ - 338{,}00\ \$ = 42{,}00\ \$$ Soustrais le taux actualisé du plein tarif.

Manjit aurait touché 42,00 \$ de plus si elle n'avait offert aucun rabais. Il est probablement avantageux d'offrir le rabais parce que les clients sont plus susceptibles d'acheter des produits pour le soin de la peau s'ils peuvent les avoir au rabais. De plus, la marge brute est suffisamment élevée pour que Manjit fasse du profit, même après avoir offert un rabais de 20 %.

Exemple 2

Gwen travaille comme vendeuse dans magasin de vêtements. Elle touche un salaire de base de 8,00 \$ l'heure en plus d'une commission de 15 % sur le prix avant les taxes de chaque article qu'elle vend. Elle travaille huit heures par jour. Un jour, Gwen a vendu un tailleur à 625,00 \$, un chandail à 95,00 \$, trois t-shirts à 45,00 \$ chacun et un imperméable à 225,00 \$. Combien a-t-elle gagné cette journée-là?

Solution

8 h × 8,00 $/h = 64,00 $ — Calcule d'abord le salaire de base de Gwen.

625,00 $ × 0,15 = 93,75 $ — Calcule ensuite la commission pour chaque article vendu. Convertis le taux de la commission en nombre décimal.

95,00 $ × 0,15 = 14,25 $

45,00 $ × 0,15 × 3 = 20,25 $

225,00 $ × 0,15 = 33,75 $

Additionne les montants de la commission au salaire de base pour trouver le montant qu'elle a gagné au total pour la journée.

64,00 $ + 93,75 $ + 14,25 $ + 20,25 $ + 33,75 $ = 226,00 $

Gwen a gagné 226,00 $ ce jour-là.

Autre solution

Tu pourrais aussi additionner le prix de tous les articles, multiplier ce montant par 0,15 et additionner le résultat au salaire de base.

Exemple 3

Hien est un entrepreneur en peinture. Il négocie un contrat avec le propriétaire d'une maison afin de peindre le revêtement extérieur de la maison à un taux de 30,00 $ l'heure en plus du coût du matériel. Il a fallu à Hien six jours de travail de huit heures pour préparer et peindre le revêtement de la maison. Il a utilisé 15 gallons de peinture dont le coût s'élève à 45,00 $ chacun. Quelle est la valeur totale du contrat?

Solution

Calcule d'abord la valeur du temps de Hien.

6 × 8 × 30,00 $ = 1 440,00 $ — Multiplie le nombre de jours par le nombre d'heures, puis par le taux horaire.

Le temps qu'a consacré Hien à ce contrat vaut 1 440,00 $.

Calcule ensuite le coût du matériel.

15 × 45,00 $ = 675,00 $ — Multiplie le nombre de gallons de peinture par le prix d'un gallon.

Le coût du matériel s'élève à 675,00 $.

Additionne les deux montants pour trouver le coût total.

1 440,00 $ + 675,00 $ = 2 115,00 $

Le valeur totale du contrat est de 2 115,00 $.

Calcul mental et estimation

Jagdish gagne 800,00 $ par semaine pour son travail comme technicien en débosselage d'automobiles. Il travaille 40 heures par semaine. S'il effectue seulement 35 heures au cours d'une semaine, combien sera-t-il payé?

CONSTRUIS TES HABILETÉS

1. Nomme deux avantages dont peuvent bénéficier les travailleurs autonomes. Nomme deux inconvénients associés au travail autonome. Tout bien considéré, préférerais-tu être travailleur autonome? Explique ta réponse.
2. Ginpon, un transformateur d'aluminium situé à Richmond, en Colombie-Britannique, accepte un contrat de 500,00 $ pour fabriquer une porte en aluminium.
   a) Si les coûts pour le matériel et la main-d'œuvre s'élèvent à 425,00 $, quel sera le montant du profit qu'il fera?
   b) À quoi correspond ce montant en pourcentage du contrat?
   c) Si le coût du matériel augmentait après la signature du contrat, Ginpon pourrait-il ajuster le prix? Explique ton raisonnement.
3. Leo est un plombier qui travaille à son compte. Au cours d'un même mois, sa compagnie de plomberie a eu trois contrats. Un de 2 500,00 $, un autre de 7 000,00 $ et un dernier de 275,00 $. Le coût des dépenses de Leo et du matériel nécessaire à l'exécution de ces contrats s'élevait à 7 200,00 $.
   a) Quel était le taux horaire de Leo en fonction d'une semaine de travail de 40 heures?
   b) Propose deux moyens que Leo pourrait utiliser pour augmenter son taux horaire et le faire passer à 20,00 $.
4. Ling travaille comme assistante pour un fleuriste. Elle peut toucher 2,75 $ pour chaque arrangement ou 13,25 $ l'heure. Ling estime qu'elle pourrait créer environ cinq arrangements par heure. Quelle méthode de rémunération lui recommanderais-tu, et pourquoi?

L'une des tâches du plombier consiste à retirer les racines qui obstruent les drains à l'aide d'un furet.

Les concepteurs de Web travaillent souvent à contrat.

5. Marlene est une conceptrice de site Web. En janvier, elle a créé un site Web pour un nouveau client et a demandé 13 000,00 $. Marlene a présenté une proposition pour un contrat d'entretien et a obtenu le contrat pour le reste de l'année. Ce contrat lui rapportera 200,00 $ par mois à compter de février.
   a) Combien lui rapportera le contrat d'entretien?
   b) Combien d'heures devrait consacrer Marlene à l'entretien du site Web chaque mois étant donné la valeur du contrat?
   c) Quel montant ce client aura-t-il versé à Marlene cette année?

6. William est vendeur pour une compagnie d'accessoires électriques. Il touche un salaire de base de 24 000,00 $ par année plus une commission de 12 % sur les accessoires électriques comme les fils, les interrupteurs et les luminaires. Si William souhaite gagner 32 000,00 $ au total au cours d'une année, quel est le montant qu'il doit vendre en accessoires électriques?

7. Dorothy, une installatrice d'armoires, touche un salaire à la pièce. Lorsqu'elle doit retourner à la résidence d'un client à la suite d'un appel de service pour effectuer des modifications ou des réparations, elle touche un salaire horaire. Le taux pour un appel de service est de 30,00 $ l'heure.
   a) Si Dorothy installe six armoires supérieures à 15,00 $ chacune et six armoires inférieures à 15,00 $ chacune, qu'elle retourne chez ce client à deux reprises pour des appels de service et que ces visites durent chaque fois trois heures, combien ce travail lui rapportera-t-il?
   b) Nomme deux avantages qu'offre à un travailleur le travail à la pièce.
   c) Quels sont les avantages et les inconvénients du travail à la pièce pour un employeur?

Approfondis ta réflexion

8. Tu es un entrepreneur en peinture et on t'a demandé de donner un prix pour peindre le salon de la maison d'un client. La pièce possède un foyer et une porte panoramique en verre. Le foyer et le manteau de foyer en marbre mesurent 1,75 m de large et sont aussi hauts que la pièce. La porte panoramique mesure 3,5 m de large et couvre le mur du plancher au plafond.
   a) Quelles sont les mesures que tu devrais prendre?
   b) Quels sont les autres calculs que tu dois faire avant de proposer un prix?
   c) Écris deux formules, une pour calculer les coûts totaux et l'autre pour calculer le pourcentage de profit.

RÉSOUS LE PROBLÈME

UN ÉTRANGE TESTAMENT

Un riche avocat possédait 11 voitures de luxe. À sa mort, il a laissé un étrange testament. Il a demandé que ses 11 voitures soient réparties parmi ses trois fils d'une façon particulière. La moitié des voitures devaient revenir à l'aîné, le quart au cadet et le sixième au plus jeune.

La professeure a utilisé sa voiture sport et ses connaissances en mathématiques pour aider les trois fils.

Tout le monde était perplexe. Comment 11 voitures pouvaient-elles être ainsi divisées?

Pendant que les fils de l'avocat discutaient sur la façon de procéder, une professeur de mathématiques est arrivée dans sa toute nouvelle voiture sport.

« Puis-je vous aider? », a-t-elle demandé.

Après avoir entendu l'explication des fils concernant le testament, elle a stationné sa voiture sport près des 11 voitures de l'avocat et en est sortie rapidement. « Combien y a-t-il de voitures maintenant? » Les fils en ont compté 12.

Elle a ensuite repris les conditions du testament. Elle a donné la moitié des voitures, c'est-à-dire 6, à l'aîné. Le cadet a reçu le quart des 12 voitures, soit 3. Le plus jeune a quant à lui reçu le sixième des 12 voitures, soit 2.

« 6 plus 3 plus 2 donne 11. Donc, il reste une voiture. Et c'est la mienne. »

Elle a sauté dans sa voiture sport et a quitté les lieux. « Ce fut un plaisir de vous aider! »

Peux-tu résoudre le même problème pour 17 voitures?

2.3 Revenu supplémentaire

LES MATHÉMATIQUES *AU TRAVAIL*

Emiko travaille pour une galerie d'art et vends des objets d'art comme des sculptures, des peintures, des photographies et des gravures. Il est également possible pour des compagnies ou des individus de louer des œuvres pour décorer leur bureau ou leur résidence. Emiko a suivi un cours en administration des affaires dans un collège, et elle s'est spécialisée en commercialisation.

Emiko informe les compagnies et les clients privés sur la location d'objets d'art et fait la promotion de la collection de la galerie d'art. Elle maintient à jour la biographique des artistes dans une base de données informatisée. Cette base contient aussi les œuvres que garde la galerie pour la vente et la location.

Emiko gagne un salaire de base de 26 000,00 $ par année, mais elle peut toucher plus d'argent lorsqu'elle effectue des ventes. Pour chaque nouveau client signant une location à long terme, son employeur lui verse une **prime** de 15 % calculé sur les frais de location du premier mois. Elle reçoit aussi une prime de 3 % du prix de vente lorsqu'un objet loué est vendu à un client.

Si Emiko loue une sculpture sur pierre inuite à un nouveau client et que le taux de location est de 60,00 $ par mois, à combien s'élèvera sa prime? Si le client décide d'acheter la sculpture pour 4 250,00 $, à combien s'élèvera la prime d'Emiko?

Ces bélugas en albâtre ont été sculptés par Joe et Sam Ashoona, des sculpteurs inuits qui habitent à Yellowknife.

prime : revenu supplémentaire versé lorsque certaines conditions d'emploi sont atteintes ou dépassées

prime de quart : paiement supplémentaire versé en raison d'un horaire de travail non conventionnel

EXPLORE LES MATHÉMATIQUES

Pour certains emplois, les travailleurs gagnent de l'argent en plus de leur salaire horaire de base ou de leur salaire fixe. Peut-être as-tu déjà contribué à ce revenu supplémentaire. Lorsque tu commandes une pizza, donnes-tu un pourboire au livreur? Lorsque tu es satisfait de ta nouvelle coupe de cheveux, donnes-tu un pourboire au coiffeur pour lui témoigner ta satisfaction? Il est courant que les personnes qui travaillent dans le secteur des services reçoivent des pourboires des clients satisfaits.

Une autre forme de revenu supplémentaire lié au rendement au travail est la prime. Par exemple, les employeurs peuvent donner des primes aux employés qui ont dépassé les objectifs de vente ou qui ont conclu des ententes avec de nouveaux clients.

Certaines personnes touchent des gains supplémentaires en fonction de leur environnement de travail ou de leur horaire de travail. Les personnes qui travaillent dans des régions éloignées peuvent toucher une allocation d'isolement. Celles qui travaillent dans des situations susceptibles de présenter un danger, comme les membres des forces armées, peuvent recevoir une prime de risque. Si ton horaire de travail est non conventionnel, ton employeur peut te verser une **prime de quart**. Selon toi, à quoi correspond un horaire de travail non conventionnel? Peux-tu nommer des emplois pour lesquels des primes de quart peuvent être versées? De quelles autres façons les employés peuvent-ils gagner de l'argent en plus de leur salaire de base?

ACTIVITÉ 2.4
UN SERVICE DE GARDIENNAGE D'ENFANTS

Tu as décidé de travailler pour un service de gardiennage d'enfants du voisinage pendant l'été. Le service exige que tu aies réussi le cours Gardiens avertis de la Croix-Rouge et que tu aies ton propre moyen de transport pour te rendre chez les clients. Lorsque tu travailles entre 8 h et 17 h, tu gagnes 10,00 $ l'heure. Tu reçois une prime de quart de 1,50 $ l'heure pour chaque heure travaillée en dehors des heures normales de travail. Tu peux également toucher une prime de 7,00 $ par quart de travail si tu t'assures que la maison de ton client est bien rangée avant de quitter les lieux.

Tu peux travailler jusqu'à 10 heures par jour. Tu peux faire deux quarts de travail dans la même journée, mais uniquement si tu as une pause d'une heure entre les deux quarts. Les heures supplémentaires ne sont pas payées.

HORAIRE HEBDOMADAIRE

Client	*Lundi*	*Mardi*	*Mercredi*	*Jeudi*	*Vendredi*
Bains	12 h – 16 h	8 h – 12 h	8 h – 12 h	8 h – 12 h	8 h – 12 h
Mitchel	10 h – 14 h	10 h – 16 h	10 h – 14 h	9 h – 15 h	10 h – 14 h
St. Germaine			16 h – 18 h	8 h – 18 h	
Longriver	8 h 30 – 16 h 30	8 h 30 – 16 h 30	8 h 30 – 16 h 30	8 h 30 – 16 h 30	8 h 30 – 16 h 30
Lee	7 h – 11 h	15 h – 17 h	7 h – 11 h	7 h – 11 h	

1. Quel est le montant maximum que tu peux gagner si tu travailles un lundi?
2. Quel est le montant maximum que tu peux gagner au cours d'une semaine?
3. Si tu voulais effectuer seulement 20 heures de travail dans une semaine, quels quarts de travail choisirais-tu? Quel montant gagnerais-tu pour ces quarts de travail?
4. Pour quelles dépenses pourrais-tu demander un remboursement au service de gardiennage?
5. Le mercredi, tu as gagné 68,50 $. Tu as effectué une heure de travail en dehors des heures normales et tu as touché une prime de quart. Quels quarts de travail pourrais-tu avoir faits?

DISCUSSION DES IDÉES

RECEVOIR DES POURBOIRES

Les serveurs partagent souvent les pourboires avec le personnel de cuisine.

Les personnes qui travaillent dans les restaurants touchent généralement une partie de leur revenu sous forme de pourboires, lesquels sont souvent reçus en plus du salaire minimum. Puisque le premier emploi de bon nombre de personnes est un emploi de serveur, il est important de bien comprendre ce type de revenu. De nombreuses personnes font également carrière dans l'industrie de la restauration. Examine les questions suivantes, lesquelles portent sur le revenu qui provient des pourboires.

1. Ton restaurant donne 5 % des pourboires reçus au cours d'un quart de travail aux employés qui travaillent dans la cuisine. Si les pourboires s'élèvent à 2 100,00 $ et que 5 personnes travaillent dans la cuisine, combien chaque personne touchera-t-elle?
2. Tu as effectué un quart de travail de 4 heures en tant que serveur, et le total des factures de tes clients s'élève à 2 500,00 $ avant les pourboires. Ton taux de rémunération est de 8,75 $ l'heure.
   a) Si tous tes clients t'ont donné un pourboire correspondant à 10 % de leur facture, quel montant as-tu touché par heure si tu comptes ton salaire et tes pourboires?
   b) Si tous tes clients t'ont donné un pourboire correspondant à 15 % de leur facture, quel montant as-tu touché par heure si tu comptes ton salaire et tes pourboires?
   c) Si tous tes clients t'ont donné un pourboire correspondant à 20 % de leur facture, quel montant as-tu touché par heure si tu comptes ton salaire et tes pourboires?
3. Crois-tu qu'il y a des heures de travail pendant lesquelles tu pourrais recevoir plus de pourboires? Quelles sont ces heures? Pourquoi?

Exemple 1

Kyle vend des livres dans une librairie. Il vend aussi des cartes de fidélité aux clients. Ces cartes, au coût de 30,00 $, permettent aux clients d'obtenir un rabais sur leurs prochains achats. Son employeur lui verse une prime correspondant à 10 % du prix des cartes s'il vend plus de 20 cartes au cours du même mois. Si son salaire régulier s'élève à 1 883,77 $ et qu'il vend 27 cartes au cours d'un même mois, quel sera le salaire de Kyle avec sa prime?

SOLUTION

Trouve le montant de la prime.

30,00 $ × 27 = 810,00 $	Multiplie le prix d'une carte par le nombre de cartes vendues.
810,00 $ × 0,10 = 81,00 $	Trouve à quoi correspond 10 % du montant total des ventes.

81,00 $ + 1 883,77 $ = 1 964,77 $
Kyle gagnera 1 964,77 $.

Exemple 2

Jacob travaille comme commis aux stocks dans une épicerie située à Moose Jaw, en Saskatchewan. Son salaire régulier est de 12,00 $ l'heure, mais il touche une prime de quart de 2,00 $ supplémentaires l'heure lorsqu'il travaille entre 17 h et 8 h. Jacob touche également une fois et demie son salaire lorsqu'il travaille plus de 35 heures par semaine. Sa feuille de temps est présentée ci-dessous.

Un commis aux stocks remplit les tablettes des épiceries avec des produits frais, au besoin.

a) Quel pourcentage des heures de travail hebdomadaires de Jacob sont des heures normales?

b) Quel pourcentage de son salaire hebdomadaire est payé selon son taux de rémunération normal?

Lundi	*Mardi*	*Mercredi*	*Jeudi*	*Vendredi*	*Samedi*
0 h – 8 h	0 h – 8 h	16 h – 0 h	6 h – 11 h	6 h – 11 h	8 h – 15 h

SOLUTION

a) Calcule le pourcentage des heures normales de Jacob.

8 h ÷ 41 h = 0,195 — Divise le nombre d'heures normales par le nombre total d'heures travaillées.

19,5 % des heures de travail de Jacob sont payés au taux de rémunération normal.

b) Calcule d'abord le pourcentage du salaire de Jacob qui a été payé au taux normal.

8 h × 12,00 $/h = 96,00 $ — Calcule le salaire normal de Jacob.

6 h × 18,00 $/h = 108,00 $ — Calcule le salaire qu'il touchera pour ses heures supplémentaires.

27 h × 14,00 $/h = 378,00 $ — Calcule ses primes de quart.

96,00 $ + 108,00 $ + 378,00 $ = 582,00 $

96,00 $ ÷ 582,00 $ = 0,165 — Divise le montant que Jacob a gagné à son taux normal par sa rémunération totale.

16,5 % du salaire hebdomadaire de Jacob est payé au taux normal.

Selon toi, pourquoi le pourcentage de son salaire normal est-il différent du pourcentage des heures normales qu'il a effectuées?

Autre solution

Calcule les pourcentages en les illustrant dans des diagrammes circulaires.

Heures de travail de Jacob pour la semaine

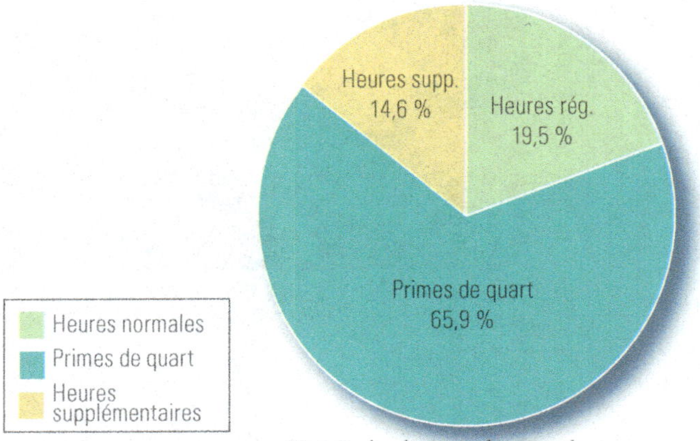

19,5 % des heures de travail de Jacob sont payés au taux de rémunération normal.

Salaire de Jacob pour la semaine

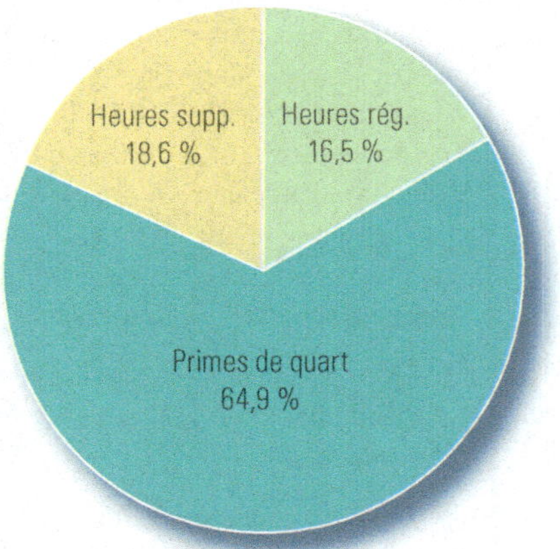

16,5 % du salaire hebdomadaire de Jacob est payé au taux normal.

CONSTRUIS TES HABILETÉS

1. Julia a participé au Programme d'emploi pour jeunes Autochtones RAVEN offert par le ministère de la Défense nationale. Elle occupe maintenant un poste de technicienne d'armement naval pour les Forces canadiennes. Julia a été affectée à une zone de guerre et touchera 1 900,00 $ par mois à titre de prime de risque en plus de son salaire annuel de 51 250,00 $.
   a) Quel sera son salaire annuel avec la prime de risque?
   b) Quel sera son salaire mensuel?
2. David travaille comme plongeur de vaisselle dans un club privé. Il touche 1 % des pourboires reçus dans le club pendant son quart de travail. Si le total des pourboires recueillis s'élève à 760,00 $, quel sera le montant que touchera David?
3. Tristan travaille comme serveur dans un restaurant. Il touche 8,50 $ l'heure et fait des quarts de travail de 5 heures, à raison de 4 jours par semaine. Au cours d'une journée normale, les factures de ses clients totalisent 650,00 $ avant les pourboires, et pratiquement tous les clients lui ont donné un pourboire correspondant à 15 % de leur facture. Évalue le montant que Tristan gagnera en 4 semaines si tu comptes son salaire et ses pourboires.
4. Layla sert des cafés dans un restaurant de cafés spécialisés. Elle touche le salaire minimum, lequel correspond à 8,00 $ l'heure. Le pourboire que les clients laissent dans un bocal qui se trouve près de la caisse est séparé en parts égales entre les employés.

a) Élabore une formule pour trouver le salaire brut de Layla avec les pourboires.

b) Au cours d'un quart de travail de 6 heures, le total en pourboires s'élèvait à 53,62 $. Trois personnes travaillaient à ce moment-là. Layla a déterminé qu'elle a gagné 68,21 $ pour ce quart de travail. A-t-elle raison?

5. Ivan obtient une prime annuelle qui correspond à 15 % de son salaire de base s'il dépasse les quotas de ventes de 10 000,00 $. Si son salaire de base est de 42 000,00 $ et qu'il dépasse les quotas de ventes du montant nécessaire, à combien s'élèvera sa prime? Quel sera son salaire total cette année-là?

6. Francis postule un poste d'inspecteur du transport commercial à Tête Jaune, en Colombie-Britannique. Il reçoit un salaire de départ de 38 901,76 $ en plus d'une allocation d'isolement. Si Francis gagne 41 610,52 $ pour l'année, à combien s'élève son allocation d'isolement mensuelle?

7. Rishma occupe un poste d'agente de sécurité à l'aéroport de Watson Lake, au Yukon. Son horaire de travail régulier est de 15 h à 23 h. À cet aéroport, une prime de quart de 2,00 $ l'heure est versée pour toute heure travaillée entre 17 h et 8 h.

a) Pour combien d'heures Rishma reçoit-elle une prime de quart au cours d'un quart de travail?

b) Si le taux horaire normal de Rishma est de 17,36 $, à combien s'élève son salaire brut pour un quart de travail?

c) Si Rishma travaille 5 jours par semaine, quel pourcentage de son salaire hebdomadaire est payé au taux de la prime de quart?

d) Quel pourcentage de son horaire hebdomadaire sont des heures normales?

Approfondis ta réflexion

8. Rosa est une infirmière qui veille au bien-être communautaire à Fort Simpson, dans les Territoires du Nord-Ouest. Elle se rend à une réunion de l'Administration des services de santé et des services sociaux du Deh Cho à Fort Providence. Pour s'y rendre, elle utilise sa voiture et parcourt 325,3 km. Son employeur lui remboursera le kilométrage, à raison de 0,605 $ par kilomètre.

a) Quel montant Rosa recevra-t-elle à titre de remboursement pour son voyage?

b) S'agit-il d'une juste indemnité pour l'utilisation de ta propre voiture pour le travail? Explique ta réponse. De quels facteurs tiendrais-tu compte?

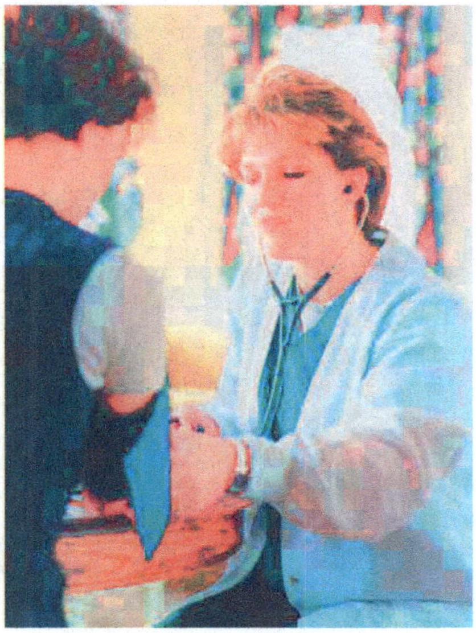

Cette infirmière offre des soins à domicile à ses patients. Elle doit conserver un registre de ses déplacements afin de pouvoir demander un remboursement à son employeur.

PROJET – PLAN DE GESTION DES SALAIRES POUR UNE COMPAGNIE D'ÉTÉ

PRÉPARER UNE POLITIQUE RELATIVE À LA PAIE

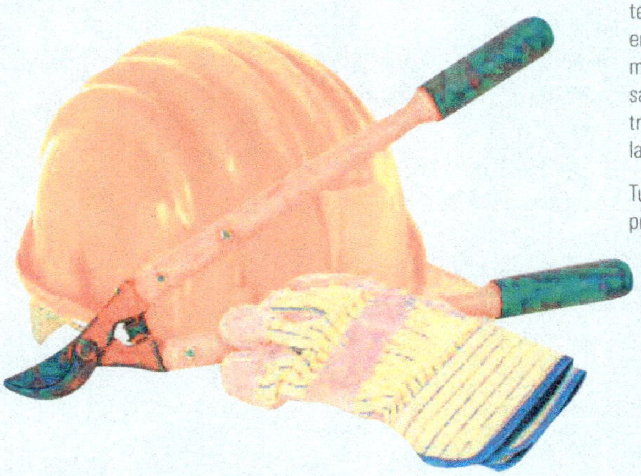

Peut-être devras-tu fournir à tes employés un équipement ou des outils de sécurité.

Un peu plus tôt, tu as rédigé un paragraphe dans lequel tu décrivais tes plans relativement au nombre d'employés que tu prévois embaucher et au salaire que tu leur verseras. Tu en connais maintenant davantage au sujet de la façon dont est calculé un salaire et des paiements supplémentaires que peuvent toucher les travailleurs. Veux-tu apporter des modifications à ton paragraphe, à la lumière de ce que tu as appris?

Tu ajouteras maintenant quelques renseignements à ton dossier de projet.

- Élabore une formule qui décrit tes coûts salariaux réguliers pour une semaine. Si tu as décidé d'embaucher une personne qui travaillera sur demande, n'inscris pas son salaire puisque ses heures varieront.
- Rédige un court mémo destiné à tes employés afin qu'ils sachent quel sera leur salaire, quels avantages tu offriras, s'il y a lieu, et si le taux de rémunération variera s'ils travaillent la fin de semaine ou s'ils font des heures supplémentaires. Inscris-y les éléments suivants :
    - les heures de travail normales qu'ils feront chaque jour ainsi que les jours où ils travailleront;
    - le taux horaire normal (le salaire minimum en vigueur dans ta province ou ton territoire);
    - le taux des heures supplémentaires, s'il y a lieu, et les heures pour lesquelles ce taux sera versé;
    - la liste des avantages que tu offriras.

Retenues et salaire net 2.4

Eric doit calculer différents types de retenues sur les salaires des mineurs, y compris les cotisations syndicales.

LES MATHÉMATIQUES *AU TRAVAIL*

Eric travaille à titre d'adjoint administratif pour une compagnie minière. Il a suivi un cours en administration des affaires dans un collège. Au travail, Eric s'occupe de différentes opérations financières, dont la gestion des salaires des employés de la compagnie. Eric doit calculer le salaire brut de chaque employé, puis en soustraire les retenues pour les programmes gouvernementaux comme l'impôt sur le revenu, le Régime de pensions du Canada et l'Assurance-emploi ainsi que pour les programmes de la compagnie comme le régime de soins dentaires. Eric se base sur les directives de l'Agence du revenu du Canada pour calculer ces montants.

Eric doit également déduire les cotisations syndicales des chèques de paie des employés. Si un employé gagne 32,50 $ l'heure, qu'il travaille 40 heures par semaine, qu'il verse 2,4 % de son salaire en cotisations syndicales et qu'il est payé chaque semaine, à combien s'élèveront les cotisations syndicales chaque semaine? Quel est le taux horaire?

EXPLORE LES MATHÉMATIQUES

Comme tu l'as appris plus tôt, le montant total d'argent gagné par une personne pour son travail est son salaire brut. Cependant, les travailleurs ne touchent généralement pas leur salaire brut. Le montant qu'ils reçoivent est leur **salaire net**. Le salaire net est le montant d'argent que touche un travailleur après que l'employeur a fait certaines retenues salariales.

salaire net : somme d'argent versée à un employé après retenues, souvent appelé rémunération nette

Examine la fiche de paie qui figure ci-dessous. Quelles sont les catégories de retenues qui sont faites sur le salaire brut?

Nom de l'employé : Hermione		
Compagnie :	Date de début de paie : 2010-08-09	Salaire net :
	Date de fin de paie : 2010-08-15	Date du chèque : 2010-08-16

Renseignements généraux	
Matricule de l'employé :	Titre du poste : apprentie commis à la réparation d'appareils ménagers
Adresse : 123, rue Principale Dawson City (Yukon)	Taux de rémunération : 650,00 $/semaine Annuel : 33 800,00 $

Données aux fins d'impôts	
Description	Fédéral
Code de demande	1

Heures de travail et rémunération		
	Courant	
Description	**Taux**	**Salaire brut**
Heures normales	650,00 $/ semaine	650,00 $

Avant retenue d'impôt	
Description	**Montant**
Cotisations syndicales	14,10 $
Pension	20,50 $
Total	34,60 $

Impôts	
Description	**Montant**
Fédéral	61,15 $
Provincial	28,70 $
RPC	28,43 $
AE	11,25 $
Total	129,53 $

Selon les montants retenus pour les cotisations syndicales et les cotisations au régime de pension, quel pourcentage du salaire brut d'Hermione sont des cotisations syndicales et quel pourcentage sont des cotisations au régime de pension?

Selon toi, les retenues salariales sont-elles les mêmes pour tout le monde? Explique ta réponse.

Examine la partie de la fiche de paie intitulée Impôts. Que signifient les sigles RPC et AE? Selon toi, pourquoi la plupart des travailleurs canadiens contribuent-ils à ces régimes?

Les retenues d'impôt fédéral et provincial sur la fiche de paie sont des versements d'impôt sur le revenu. Le montant que tu paies pour l'impôt sur le revenu varie selon ta situation personnelle et la province ou le territoire où tu habites.

Lorsque tu commences un nouvel emploi, ton employeur te demande de remplir un formulaire TD1 (Déclaration des crédits d'impôt personnels) pour déterminer le montant d'impôt sur le revenu que tu devras payer. À partir de tes demandes d'exemption TD1, tu dois déterminer ton code de demande, lequel sera utilisé par ton employeur pour calculer le montant de tes retenues d'impôt à la source. De nombreuses personnes n'ont droit qu'à l'exemption personnelle de base, qui correspond au code de demande 1.

avantages sociaux : différents types de programmes dont les employés tirent avantage; ces programmes varient selon l'employeur

En plus de payer des impôts, de nombreuses personnes versent une partie de leur salaire brut pour une grande variété d'**avantages sociaux** et d'autres programmes, comme des régimes de soins dentaires et des régimes d'épargne.

Quels sont les avantages et les inconvénients d'avoir de telles retenues effectuées directement sur ton chèque de paie?

Une fois toutes les retenues prélevées, le montant qui reste, c'est-à-dire le salaire net, est versé à l'employé.

DISCUSSION DES IDÉES

AVANTAGES SOCIAUX

Parfois, les gens choisissent leur emploi en fonction des avantages sociaux qu'ils trouvent attirants.

Certains employeurs offrent des avantages sociaux à leurs employés. Ces avantages sont liés à la nature de leur compagnie ou de leur organisation. Par exemple, un établissement d'enseignement peut payer les frais de scolarité des employés qui suivent des cours dans son établissement. Quels autres avantages sociaux pourraient être offerts à des employés d'un centre de ski ou d'un terrain de golf, par exemple?

Tu as obtenu un contrat de 16 semaines en tant qu'opérateur de remontée mécanique au Marmot Basin, à Jasper, et tu travailleras de 12 à 20 heures par semaine. Ton employeur t'offre de choisir de quelle façon tu seras rémunéré : tu peux toucher un salaire régulier de 10,50 $ l'heure ou un salaire de 8,50 $ l'heure en plus d'une carte d'abonnement qui te permet de faire du ski les jours de semaine. La valeur de la carte est de 679,00 $. Quelle forme de rémunération choisirais-tu? De quels facteurs tiendrais-tu compte?

ACTIVITÉ 2.5 – AVANTAGES ET INCONVÉNIENTS DES RETENUES

En équipe de deux, effectue cette activité. Si tous les travailleurs recevaient leur salaire brut sans que des retenues soient prélevées, quelles seraient les conséquences? Dessinez un tableau dans lequel vous indiquerez les avantages et les inconvénients du Régime de pensions du Canada et du régime d'Assurance-emploi. Vous devrez également indiquer les avantages et les inconvénients des impôts fédéraux, provinciaux et territoriaux.

Exemple 1

Tu dois calculer le montant qui sera retenu sur la paie d'Amanda pour le Régime de pensions du Canada. La fiche de paie d'Amanda est présentée ci-dessous. En 2008, le taux de cotisation au Régime de pensions du Canada représentait 4,95 % des salaires bruts supérieurs à 3 500,00 $.

Nom de l'employé : Amanda		
Compagnie :	Date de début de paie : 2008-08-17	Salaire net :
	Date de fin de paie : 2008-08-23	Date du chèque :

Renseignements généraux	
Matricule de l'employé :	Titre du poste :
Adresse : 123, rue Principale Cochrane (Alberta)	Taux de rémunération : 500,00 $/semaine Annuel : 26 000 $

Données aux fins d'impôts	
Description	Fédéral
Code de demande	1

Heures de travail et rémunération		
	Courant	
Description	**Taux**	**Salaire brut**
Heures normales	500,00 $/semaine	500,00 $

Avant retenue d'impôt	
Description	**Montant**
Cotisations syndicales	
Pension	
Total	

Impôts	
Description	**Montant**
Fédéral	
Provincial	
RPC	?
AE	
Total	

SOLUTION

D'abord, trouve l'exemption de période de paie de base qui s'applique au cas présent.

3 500,00 $ ÷ 52 semaines = 67,31 $

500,00 $ – 67,31 $ = 432,69 $ Soustrais l'exemption de base du salaire brut.

432,69 $ × 0,0495 = 21,42 $ Multiplie par le taux de cotisation au Régime de pensions du Canada.

La somme retenue pour le Régime de pensions du Canada est de 21,42 $.

Autres solutions

Il y a plusieurs autres façons de trouver le montant de la cotisation au Régime de pensions du Canada. L'Agence du revenu du Canada met une calculatrice en ligne à la disposition des employeurs. Elle publie également une série de Tables de retenues sur la paie que les employeurs peuvent consulter, en version électronique ou en version papier. Les employeurs peuvent aussi utiliser un logiciel informatique spécialisé qui possède des formules de retenues intégrées qui calculent les retenues automatiquement une fois l'exemption de base et les processus de paie entrés.

Exemple 2

Réfère-toi à la fiche de paie d'Amanda qui se trouve à la page 73 et calcule la cotisation d'Assurance-emploi qui sera retenue sur sa paie hebdomadaire. En 2008, le taux de cotisation d'Assurance-emploi représentait 1,73 % du salaire brut.

Solution

500,00 \$ × 0,0173 = 8,65 \$	Multiplie la rémunération assurable par le taux de cotisation d'Assurance-emploi.

La cotisation d'Assurance-emploi s'élèvera à 8,65 \$.

Autres solutions

Tel qu'il est expliqué dans l'exemple 1, l'Agence de revenu du Canada offre plusieurs outils qui peuvent aider les employeurs à trouver la somme des retenues. Tu trouveras des renseignements supplémentaires sur les méthodes de calcul de la cotisation d'Assurance-emploi à l'adresse www.cra-arc.gc.ca/tx/bsnss/tpcs/pyrll/clcltng/ei/menu-fra.html.

Exemple 3

SUGGESTION

N'oublie pas que tu dois choisir les tables d'impôt de la province ou du territoire dont il est question dans chaque problème.

Tu trouveras le site Web de l'Agence du revenu du Canada à l'adresse http://www.cra-arc.gc.ca/

Clique sur Retenues sur la paie, sous l'onglet Entreprises, puis sur Calculateur en direct de retenues sur la paie.

a) Calcule le montant qui sera retenu à titre d'impôt sur le revenu sur le chèque de paie d'Amanda. Son code de demande TD1 est le 1, et elle habite en Alberta.

b) Calcule son salaire net.

c) Inscris sur sa fiche de paie toutes les retenues salariales qui seront prélevées.

Solution

a) D'abord, trouve les Tables de retenues sur la paie pour ta province ou ton territoire sur le site Web de l'Agence du revenu du Canada. Pour cet exemple, nous utiliserons les Tables de retenues sur la paie de l'Alberta qui sont entrées en vigueur le 1er janvier 2008.

b) Examine deux montants dans les tables, soit le montant fédéral et le montant provincial. Sers-toi du montant (500,00 $), de la période de paie (hebdomadaire), et du code de demande TD1 (1) pour trouver le montant des impôts qui sera prélevé.

Le montant à payer pour l'impôt fédéral est de 40,15 $.

Le montant à payer pour l'impôt provincial est de 15,90 $.

Soustrais du salaire brut les cotisations au Régime de pensions du Canada et au régime d'Assurance-emploi ainsi que les retenues d'impôt provincial et fédéral.

500,00 – 21,42 $ – 8,65 $ – 40,15 $ – 15,90 $ = 413,88 $

Le salaire net d'Amanda sera de 413,88 $.

c)

Nom de l'employé : Amanda		
Compagnie :	Date de début de paie : 2008-08-17	Salaire net : 413,88 $
	Date de fin de paie : 2008-08-23	Date du chèque : 2008-08-23

Renseignements généraux	
Matricule de l'employé :	Titre du poste :
Adresse : 123, rue Principale Cochrane (Alberta)	Taux de rémunération : 500,00 $/semaine Annuel : 26 000,00 $

Données aux fins d'impôts	
Description	Fédéral
Code de demande	1

Heures de travail et rémunération		
	Courant	
Description	**Taux**	**Salaire brut**
Heures normales	500,00 $/semaine	500,00 $

Impôts	
Description	**Montant**
Fédéral	40,15 $
Provincial	15,90 $
RPC	21,42 $
AE	8,65 $
Total	86,12 $

Autres solutions

Tu peux aussi calculer le montant des retenues d'impôt fédéral, provincial et territorial manuellement, en trouvant les pourcentages dans les tables d'impôt et en les multipliant par le revenu. Tu peux également trouver une calculatrice sur le site de l'Agence du revenu du Canada, à l'adresse www.cra-arc.gc.ca/esrvc-srvce/tx/bsnss/pdoc-fra.html. De nombreuses compagnies utilisent des logiciels qui calculent automatiquement les retenues gouvernementales.

Calcul mental et estimation

Tu sais que toutes tes retenues totalisent ensemble environ 38 % de ton salaire brut, et tu gagnes 950,00 $ par semaine. Estime le montant de ton salaire net.

ACTIVITÉ 2.6
COMPARER LES RETENUES

Cette personne prépare des desserts pour une équipe de travail.

Francine, une cuisinière qui travaillait dans un petit restaurant à Aubigny, au Manitoba, a déménagé à Fort McMurray, en Alberta, pour travailler en tant que cuisinière dans une installation de forage pétrolier. À Aubigny, elle gagnait 427,00 $ par semaine. À Fort McMurray, elle gagne 2 300,00 $ par mois. Comme lorsqu'elle travaillait à Aubigny, elle reçoit sa paie deux fois par mois.

a) Pour chaque emploi, calcule son salaire brut pour chaque période de paie. Ensuite, sers-toi du Calculateur en direct de retenues sur la paie pour déterminer le montant des impôts fédéraux et provinciaux de même que les sommes retenues pour le Régime de pensions du Canada et l'Assurance-emploi. Quel était son salaire net pour chacun de ses deux emplois?

b) Sur deux fiches de paie vierges, inscris tous les renseignements pertinents pour les deux emplois : le salaire brut, toutes les retenues et le salaire net.

c) Quelle est la différence entre le montant des impôts que Francine paie pour son emploi en Alberta et celui qu'elle payait pour son emploi au Manitoba?

Exemple 4

revenu imposable : revenu sur lequel un impôt fédéral, provincial ou territorial doit être payé

Certaines retenues pour les avantages sociaux ne sont pas imposables. Par exemple, les cotisations syndicales et les cotisations à un régime de retraite ne sont pas des **revenus imposables**.

a) Dans la fiche de paie qui figure à la page 77, quel est le revenu imposable?

b) Quel sera le montant de l'impôt sur le revenu?

c) À l'aide des sommes retenues pour le Régime de pensions du Canada et l'Assurance-emploi aux exemples 1 et 2 et du montant de l'impôt sur le revenu de cet exemple, trouve le salaire net. Suppose que le code de demande TD1 est le 1, que la province est la Colombie-Britannique et que les tables d'impôts étaient celles de janvier 2008.

Nom de l'employé :			
Compagnie :	Date de début de paie :	2008-08-17	Salaire net : 413,88 $
	Date de fin de paie :	2008-08-23	Date du chèque : 2008-08-23

Renseignements généraux	
Matricule de l'employé :	Titre du poste :
Adresse :	Taux de rémunération : 500,00 $/semaine Annuel : 26 000,00 $

Données aux fins d'impôts	
Description	Fédéral
Code de demande	1

Heures de travail et rémunération		
	Courant	
Description	**Taux**	**Salaire brut**
Heures normales	500,00 $/ semaine	500,00 $

Avant retenue d'impôt	
Description	**Montant**
Cotisations syndicales	1,38 $
Pension	43,00 $
Total	?

Impôts	
Description	**Montant**
Fédéral	?
Provincial	?
RPC	?
AE	?
Total	?

Résumé du chèque de paie				
Salaire brut	Revenu brut imposable	Total impôts, RPC, AE	Total des retenues	Salaire net
500,00 $	?	?	?	?

Solution

a) 500,00 $ – 1,38 $ – 43,00 $ = 455,62 $ Soustrais les retenues pour les avantages sociaux du salaire brut.

Le revenu imposable s'élève à 455,62 $.

b) Trouve le revenu imposable dans les tables d'impôt fédéral et provincial (souviens-toi d'utiliser les tables d'impôt de la Colombie-Britannique pour cet exemple).

Le montant de l'impôt fédéral est de 33,40 $.

Le montant de l'impôt provincial est de 10,40 $.

c) Pour trouver le salaire net, soustrais du revenu imposable les retenues pour le Régime de pensions du Canada et pour l'Assurance-emploi ainsi que le montant de l'impôt sur le revenu.

455,62 $ – 2,42 $ – 8,65 $ – 33,40 $ – 10,40 $ = 400,75 $

Le salaire net est de 400,75 $.

Autres solutions

Comme tu l'as vu dans les autres exemples de cette section, l'Agence du revenu du Canada offre un certain nombre d'outils qui peuvent aider les gens à calculer les retenues gouvernementales.

PROJET – PLAN DE GESTION DES SALAIRES POUR UNE COMPAGNIE D'ÉTÉ

CRÉER UNE FICHE DE PAIE

Il est maintenant temps de calculer les retenues salariales qui réduiront le salaire brut hebdomadaire de tes employés.

Inscris tes calculs dans un tableur ou un tableau que tu ajouteras à ton dossier de projet. Suppose que le code de demande TD1 de tes employés, qui sont probablement des camarades de classe, est le 1.

Inscris les éléments suivants :

- le salaire brut de chaque employé;
- le montant des cotisations au Régime de pensions du Canada et à l'Assurance-emploi ainsi que le montant de l'impôt sur le revenu;
- le salaire net;
- une colonne des totaux pour chaque catégorie de retenues.

Maintenant, crée un exemple de fiche de paie hebdomadaire qui comprend le salaire brut, le montant des retenues et le salaire net. Tu peux utiliser un tableur ou tout autre logiciel de mise en page pour créer cette fiche.

Nom de l'employé :		
Compagnie :	Date de début de paie :	Salaire net :
	Date de fin de paie :	Date du chèque :

Renseignements généraux	
Matricule de l'employé :	Titre du poste :
Adresse :	Taux de rémunération : Annuel :

Impôts	
Description	**Montant**
Fédéral	
Provincial	
RPC	
AE	
Total	

Heures de travail et rémunération			
Description	**Taux**	**Heures**	**Salaire brut**

EXEMPLE

Résumé du chèque de paie			
	Salaire brut	Total des retenues	Salaire net

CONSTRUIS TES HABILETÉS

1. Quelle est la différence entre le revenu imposable et le revenu brut?
2. Deux de tes amis occupent des emplois semblables, mais ils travaillent pour deux compagnies différentes. L'un touche un salaire de 1 458,00 $ deux fois par mois tandis que l'autre est payé 1 346,00 $ à toutes les deux semaines.
   a) Qui touche le salaire annuel le plus élevé?
   b) Quelles seraient les différences entre leurs retenues salariales?
3. Lianne touche 750,00 $ toutes les deux semaines pour son emploi d'assistante dentaire à temps partiel. Comment vas-tu t'y prendre pour déterminer sa cotisation d'Assurance-emploi?
4. Helen touche 3 170,06 $ deux fois par mois. Elle paie 17,12 $ pour sa cotisation syndicale et 126,40 $ pour sa cotisation au régime de pension de la compagnie.
   a) Quel est son revenu imposable?
   b) Lequel, de son revenu imposable ou de son salaire net, est le plus élevé?
5. Amber travaille comme caissière, et elle touche 960,00 $ toutes les deux semaines. Chaque période de paie, son employeur prélève 69,50 $ pour l'impôt fédéral, 21,91 $ pour l'impôt provincial et 1,73 % de son salaire pour la cotisation d'Assurance-emploi. Le taux de cotisation au Régime de pensions du Canada est de 4,95 %, et l'exemption annuelle du Régime de pensions du Canada est de 3 500,00 $. Quel est le salaire net d'Amber?

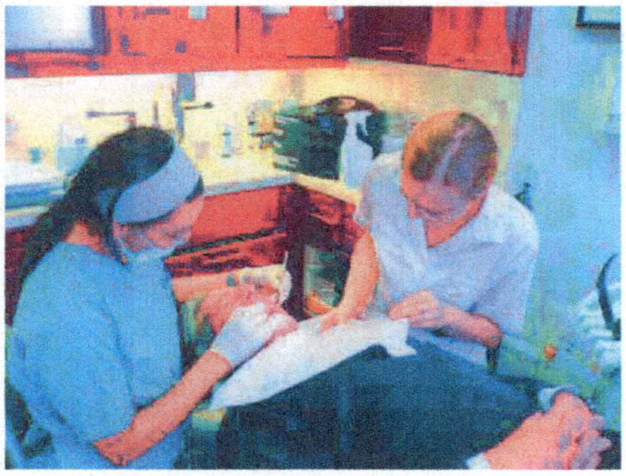

Certains assistants dentaires travaillent à temps partiel.

6. Ruaridgh vend des bateaux. Il travaille à temps partiel dans une marina à Prince Rupert, en Colombie-Britannique, où il gagne 2 500,00 $ par mois. Sa paie lui est versée chaque mois. Il a un second emploi à temps partiel dans une autre marina située tout près, à la rivière Skeena, où il gagne 2 500,00 $ par mois. Sa paie lui est versée deux fois par mois. Son code de demande TD1 est le 1 (consulte la rubrique Suggestion à la page 74.)
   a) Quel sera le montant de la cotisation mensuelle de Ruaridgh au Régime de pensions du Canada pour chacun de ses emplois?
   b) Quel sera le montant de sa cotisation mensuelle d'Assurance-emploi?
   c) Quel montant sera prélevé chaque mois sur les deux salaires de Ruaridgh à titre d'impôt sur le revenu?
   d) Quel est son salaire net mensuel?
7. Pierre gagne 3 461,54 $ par mois, et sa paie lui est versée deux fois par mois. Chaque période de paie, son employeur prélève 172,98 $ pour l'impôt fédéral, 69,82 $ pour l'impôt territorial, 78,45 $ pour sa cotisation au Régime de pensions du Canada et 1,73 % de son salaire pour sa cotisation d'Assurance-emploi. Puisque Pierre se rend au travail avec sa voiture, il a acheté un permis annuel au coût de 750,00 $ pour utiliser le stationnement réservé au personnel. Un certain montant est prélevé à la fin de chaque mois pour son permis de stationnement.

a) Le 15 du mois dernier, Pierre a touché un salaire net de 1 379,58 $. A-t-il reçu le bon montant? Justifie ta réponse.

b) Le 31 du mois dernier, Pierre a touché un salaire net de 1 254,58 $. A-t-il reçu le bon montant? Justifie ta réponse.

Approfondis ta réflexion

8. L'employeur de Gerry offre une assurance soins dentaires à ses employés. Cette assurance couvre Gerry, sa femme et leur enfant. L'assurance soins dentaires paiera 100 % du prix des examens de routine, des nettoyages et des interventions de base comme les plombages. L'assurance paiera également 70 % du prix des couronnes et 65 % du prix des appareils orthodontiques. Une année, les membres de la famille ont reçu les traitements suivants :
   - chaque membre de la famille a eu un examen de routine et un nettoyage qui ont coûté 165,00 $ par personne;
   - Gerry a eu une couronne au coût de 900,00 $;
   - son enfant a eu un plombage qui a coûté 125,00 $ et un appareil orthodontique qui a coûté 4 250,00 $.

   a) À combien s'élève la facture totale?

   b) Quel sera le montant payé par la compagnie d'assurance?

PROJET – PLAN DE GESTION DES SALAIRES POUR UNE COMPAGNIE D'ÉTÉ

FAIRE UNE PRÉSENTATION

Cet élève aura beaucoup de travail cet été.

Tu es maintenant prêt à rassembler tes données et tes documents et à préparer une présentation finale.

T Tu devras réunir les renseignements que tu as recueillis de manière professionnelle dans un dossier ou un classeur. Tu peux également créer un diaporama à l'aide d'un logiciel de présentation. Assure-toi d'y inclure les éléments suivants :

- un paragraphe qui décrit les grandes lignes de ton plan;
- T un tableur ou un tableau qui comprend la liste des postes, le salaire brut de chaque employé, les retenues salariales et le salaire net en plus du total des salaires pour la période de paie;
- une équation qui décrit tes coûts salariaux réguliers pour une semaine;
- un exemple de fiche de paie pour un employé, la liste des montants des retenues salariales et une fiche du salaire net;
- un mémo sur les politiques relatives à la paie à l'intention de tes employés.

RÉFLEXIONS SUR L'APPRENTISSAGE

TOUCHER UN SALAIRE

Maintenant que tu as terminé ce chapitre, tu devrais être en mesure :

❒ de calculer le salaire brut en fonction d'un taux de rémunération donné et du nombre d'heures travaillées;

❒ de calculer le temps total travaillé à partir d'un horaire de travail hebdomadaire;

❒ de décrire les différentes méthodes qui permettent de toucher un salaire, et de donner des exemples d'emplois qui entrent dans les différentes catégories;

❒ de calculer un salaire qui comprend des commissions, des primes et des pourboires en plus du salaire de base;

❒ de calculer un salaire à la pièce;

❒ de décrire les avantages et les inconvénients d'une méthode de rémunération donnée, comme le travail à contrat, le travail à la pièce, le salaire ou les commissions;

❒ de déterminer les retenues qui seront prélevées sur un salaire brut donné pour le Régime de pensions du Canada et pour l'Assurance-emploi de même que pour l'impôt sur le revenu, et de calculer le salaire net.

De plus, tu as réalisé un projet dans le cadre duquel tu as produit des fiches de paie et prélevé des retenues salariales pour une compagnie d'été.

MISE EN PRATIQUE DES NOUVELLES HABILETÉS

1. Tiffany travaille pour une boutique de vêtements à Calgary. Son salaire brut s'élève à environ 1 454,88 $ par mois. Si elle travaille 40 heures par semaine, quel est son taux horaire?
2. Le jeudi soir, 5 serveurs travaillent à la salle à manger du cercle des professeurs de l'Université de la Saskatchewan, à Saskatoon, tandis que 6 serveurs travaillent le vendredi soir. Leur salaire horaire s'élève à 9,50 $, et ils effectuent un quart de travail de 7 heures le jeudi et de 6 heures le vendredi. Si le total des pourboires s'élève à 225,50 $ le jeudi et à 310,00 $ le vendredi, quelle soirée a rapporté le plus d'argent aux serveurs? Explique les étapes de ta réponse.
3. Alex travaille comme opérateur de grue à Langley, en Colombie-Britannique. Son taux horaire est de 21,00 $, et il travaille normalement 40 heures par semaine.
   a) S'il effectue un quart de travail supplémentaire de 8 heures le jour de la fête du Canada, et que son taux pour les heures supplémentaires correspond à une fois et demie son salaire, quel sera son salaire brut pour ce jour férié?
   b) Quel est l'écart entre ce montant et le salaire qu'Alex gagne pendant un jour normal?

4. Henri est un briqueteur qui travaille à son compte. En un mois, il a eu quatre contrats de 1 100,00 $, 4 500,00 $, 2 600,00 $ et 925,00 $. Le coût des matériaux était de 3 850,00 $, et son salaire ainsi que celui de son assistant à temps partiel totalisaient 3 200,00 $.

   a) Combien d'argent a gagné l'entreprise d'Henri pendant le mois?

   b) À quoi correspondent ces gains en pourcentage du total des contrats?

   c) Avec un tel pourcentage de revenu, est-ce que Henri a des chances de réussir comme briqueteur à son compte? Explique ta réponse.

5. Pierrette travaille comme vendeuse pour un concessionnaire d'automobiles à Kelowna, en Colombie-Britannique. Elle touche un salaire de base en plus d'une commission sur chaque véhicule qu'elle vend. La commission correspond à 25 % du profit que fait la compagnie sur la vente. Pierrette vend un véhicule neuf, dont la marge brute était de 3 500,00 $, à un client qui négocie le prix et obtient une réduction de 1 500,00 $ du prix courant. À combien s'élèvera la commission de Pierrette?

6. De quels renseignements as-tu besoin pour calculer le salaire net d'une personne? De quels outils ou de quel matériel as-tu besoin pour faire ces calculs?

7. Utilise les extraits des tables de retenues d'impôt fédéral et provincial qui figurent ci-dessous pour répondre aux questions suivantes.

Retenues d'impôt fédéral
En vigueur le 1er janvier 2008
Aux deux semaines (26 périodes de paie par année)
Cherchez aussi les retenues d'impôt dans la table provinciale

Pay Rémunération			Federal claim codes/Codes de dem						
			0	1	2	3	4	5	6
From De		Less than Moins de	Deduct from each pay Retenez sur chaque paie						
1088	-	1104	148.55	93.15	87.60	76.50	65.40	54.30	4
1104	-	1120	150.80	95.40	89.85	78.75	67.65	56.55	4
1312	-	1328	179.90	124.50	118.95	107.85	96.75	85.65	7
1328	-	1344	182.15	126.75	121.20	110.10	99.00	87.90	7
1344	-	1360	184.35	129.00	123.45	112.35	101.25	90.15	7
1360	-	1376	186.60	131.25	125.70	114.60	103.50	92.40	8
1376	-	1392	188.85	133.45	127.90	116.80	105.70	94.60	8
1392	-	1408	191.10	135.70	130.15	119.05	107.95	96.85	[illegible]
1408	-	1424	193.35	137.95	132.40	121.30	110.20	99.10	[illegible]
1424	-	1440	195.55	140.20	134.65	123.55	112.45	101.35	[illegible]
1440	-	1456	197.80	142.45	136.90	125.80	114.70	103.60	9
1456	-	1472	200.55	145.15	139.60	128.50	117.40	106.30	9
1472	-	1488	203.90	148.50	142.95	131.85	120.75	109.65	9

Retenues d'impôt provincial de l'Alberta
En vigueur le 1er janvier 2008
Aux deux semaines (26 périodes de paie par année)
Cherchez aussi les retenues d'impôt dans la table fédérale

Pay / Rémunération		Provincial claim codes/Codes de der					
From / De	Less than / Moins de	0	1	2	3	4	5
		Deduct from each pay / Retenez sur chaque pai					
1316	1332	124.20	62.05	57.50	48.45	39.35	30.25
1332	1348	125.70	63.55	59.00	49.90	40.85	31.75
1348	1364	127.20	65.05	60.50	51.40	42.30	33.25
1364	1380	128.70	66.55	62.00	52.90	43.80	34.70
1380	1396	130.20	68.05	63.50	54.40	45.30	36.20
1396	1412	131.70	69.55	65.00	55.90	46.80	37.70
1412	1428	133.20	71.00	66.50	57.40	48.30	39.20
1428	1444	134.65	72.50	67.95	58.90	49.80	40.70
1444	1460	136.15	74.00	69.45	60.35	51.30	42.20
1460	1476	137.65	75.50	70.95	61.85	52.75	43.70
1476	1492	139.15	77.00	72.45	63.35	54.25	45.15
1492	1508	140.65	78.50	73.95	64.85	55.75	46.65
1508	1524	142.15	80.00	75.45	66.35	57.25	48.15
1524	1540	143.65	81.50	76.95	67.85	58.75	49.65
1540	1556	145.15	82.95	78.40	69.35	60.25	51.15

a) Si un commis aux réservations d'un hôtel de Banff, en Alberta, touche 1 392,00 $ toutes les deux semaines et que son code de demande TD1 est le 2, quel montant sera retenu sur chaque paie à titre d'impôt fédéral?

b) Quel sera le montant retenu sur chaque paie à titre d'impôt provincial?

c) Si ce travailleur gagnait le même salaire à Fernie, en Colombie-Britannique, de quels renseignements aurais-tu besoin pour déterminer la différence (s'il y en avait une) entre le montant des retenues?

8. Chandra travaille comme agente de régulation des vols à l'aéroport de Calgary. Son salaire annuel est de 37 000,00 $, et son code de demande TD1 est le 2.

a) Calcule le salaire brut qu'elle touche toutes les deux semaines.

b) Quel montant sera prélevé sur sa paie pour le Régime de pensions du Canada, l'Assurance-emploi et l'impôt sur le revenu pour chaque période de paie? Utilise les tables d'impôt fédéral et provincial qui figurent ci-dessus.

c) Quel sera son salaire net?

9. Préférerais-tu toucher un salaire et des commissions ou seulement des commissions? Pourquoi? Quels sont les avantages et les inconvénients de chacune de ces méthodes?

Chapitre 3

Longueur, aire et volume

OBJECTIFS

La mesure est une habileté essentielle que tout le monde utilise au quotidien pour comprendre l'environnement physique. Au travail, tu devras savoir comment prendre des mesures exactes et comment estimer certaines mesures. Dans ce chapitre, tu utiliseras ta connaissance des fractions, des nombres décimaux, des rapports et de l'estimation pour apprendre comment mesurer à la fois à l'aide du système international d'unités (SI) et du système impérial. Tu apprendras comment faire ce qui suit :

- convertir des unités SI en unités impériales et vice-versa;
- calculer le périmètre, la circonférence et l'aire en unités impériales;
- calculer l'aire totale et le volume d'objets à trois dimensions en unités impériales.

TERMES IMPORTANTS

- aire totale
- capacité
- développement
- facteur de conversion
- mille (mi)
- pied (pi)
- pouce (po)
- référent
- système impérial
- système international d'unités (SI)
- unité de mesure de base
- verge (vg)
- volume

PROJET – CONCEVOIR UN ABRI DE PÊCHE SUR LA GLACE

COMMENCER L'ORGANISATION

APERÇU DU PROJET

Es-tu déjà allé à la pêche sur la glace ou as-tu déjà vu un abri de pêche sur la glace? Imagine comment ce serait d'essayer de pêcher sur la glace pendant des heures sans abri pour te protéger du froid. Dans ce chapitre, ton projet consistera à concevoir un abri de pêche sur la glace et à estimer son coût de construction.

Tu concevras un petit abri de pêche sur la glace dans lequel deux ou trois personnes peuvent s'asseoir. Ton abri sera recouvert de contreplaqué et devra avoir une porte, au moins une fenêtre, un appareil de chauffage au propane portatif, un toit plat, deux ou trois trous pour la pêche, des sièges à l'intérieur et un extérieur peint.

Cet abri de pêche sur la glace peut accueillir deux personnes assises et comporte un poêle à bois.

POUR COMMENCER

Pour commencer ton projet, planifie la conception de ton abri. Tu peux utiliser Internet et des livres sur la construction pour faire des recherches sur les abris de pêche sur la glace et d'autres types d'abris comparables. Dresse une liste de toutes les choses auxquelles tu devras penser. Par exemple :

- Quelles dimensions doit avoir ton abri pour pouvoir accueillir deux ou trois personnes?
- Quelle doit être la taille du radiateur dont tu as besoin pour ton abri?
- Comment concevras-tu les sièges?
- Où perceras-tu les trous dans le plancher?
- Quelles seront les dimensions de la porte et de la fenêtre?

Visualise ton abri et dresse une liste des matériaux qu'il te faudra pour le construire. Comment fixeras-tu les panneaux de contreplaqué? Comment fixeras-tu la porte? De quels autres outils et matériaux auras-tu besoin?

LISTE DE CONTRÔLE POUR LA PRÉSENTATION FINALE

Lorsque tu auras terminé ce projet, tu devras faire une présentation finale. Ta présentation devra comprendre ce qui suit :

- une description des matériaux, des quantités et des coûts;
- un plan d'étage à deux dimensions précis;
- une maquette à trois dimensions faite à l'échelle.

3.1 Systèmes de mesure

LES MATHÉMATIQUES *AU TRAVAIL*

Stéphanie Klassen est technologue en santé animale au Central Animal Hospital à Saskatoon, en Saskatchewan. Après avoir terminé ses études à l'École régionale Saint-Jean-Baptiste à Saint-Jean-Baptiste, au Manitoba, elle a obtenu un diplôme en techniques de santé animale du Red River College à Winnipeg. À titre de technologue en santé animale, Stéphanie sait comment manipuler et retenir les animaux, effectuer des procédures d'examen initial et déceler les blessures et les signes d'abus éventuels. Elle connaît la nutrition et les maladies animales. Elle prend des radiographies, met les animaux sous anesthésie générale, fait passer des tests sanguins et aide le vétérinaire à effectuer des examens aux ultrasons. Elle est renseignée sur la vaccination et la nutrition animales, et elle peut réaliser des chirurgies simples, telles que la stérilisation des chats et l'extraction de dents.

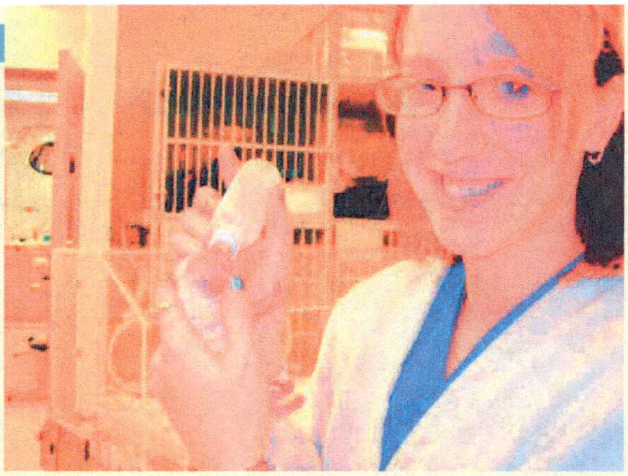

Ce chiot shih tzu nouveau-né doit être nourri six fois par jour. La compréhension des besoins nutritionnels des animaux est l'une des habiletés importantes d'un technologue en santé animale.

Une des tâches que Stéphanie effectue chaque jour est nourrir les animaux. Stéphanie doit calculer quelle quantité d'aliments pour chien elle doit donner à un chien husky adulte. Elle sait que le husky a besoin de 1 250 kilocalories (kcal) d'énergie alimentaire par jour. Les aliments pour chien contiennent 254 kcal par 250 mL. Combien de millilitres d'aliments pour chien Stéphanie doit-elle donner au husky en une journée? Arrondis ta réponse au millilitre près.

EXPLORE LES MATHÉMATIQUES

unité de base : unité de mesure sur laquelle les autres unités sont fondées

volume : quantité d'espace qu'occupe un solide

Au Canada, nous utilisons deux systèmes de mesure : le système international d'unités (SI) et le système impérial. Bien que nous utilisions le SI la plupart du temps dans nos activités quotidiennes, le système impérial est utilisé dans de nombreux métiers. Par exemple, les plombiers et les menuisiers prennent généralement des mesures en pouces et en pieds, qui sont des unités impériales. Pour exercer certains métiers, tu dois connaître à la fois le SI et le système impérial.

Dans le SI, l'**unité de base** servant à mesurer la longueur est le mètre (m). L'unité de base servant à mesurer le **volume** est le litre (L).

Le SI est un système décimal parce qu'il est fondé sur des multiples de 10. Toute mesure indiquée en unité SI peut être convertie en une autre unité SI en multipliant ou en divisant par un multiple de 10. Les multiples des unités de base sont désignés par les préfixes SI. Par exemple, le préfixe « centi » signifie centième, donc un centimètre équivaut à un centième de mètre. Le préfixe « kilo » signifie 1 000, donc un kilomètre équivaut à 1 000 mètres. Quels autres préfixes SI connais-tu?

Dans le système impérial, l'unité de base servant à mesurer la longueur est le pied, et l'unité de base servant à mesurer le volume est la chopine.

Le système impérial n'est pas un système décimal. Étant donné que les unités impériales ont été créées à différents moments pour répondre à différents besoins, chaque groupe d'unités a une relation particulière. Par exemple, il y a 12 pouces dans 1 pied, et il y a 3 pieds dans 1 verge. La figure 3.1 présente les unités impériales les plus couramment utilisées.

FIGURE 3.1

Certaines unités impériales

Longueur

Unité	*Abréviation*
pouce	po
pied	pi
verge	vg
mille	mi

Afin de résoudre un problème portant sur des mesures impériales, tu devras peut-être convertir les mesures données en unités courantes. Pour convertir une unité impériale en une autre, utilise un **facteur de conversion** d'unités. Un facteur de conversion d'unités est une fraction égale à 1. Le numérateur de la fraction comprend les unités vers lesquelles tu veux convertir tes mesures. Le dénominateur de la fraction est indiqué en unités originales, dans lesquelles la mesure a été prise. Quel serait le facteur de conversion des pieds en pouces?

facteur de conversion : nombre par lequel une quantité exprimée en une unité donnée doit être multipliée pour être convertie en une autre unité

DISCUSSION DES IDÉES

EICC

L'Équipe d'intervention en cas de catastrophe (EICC) est formée de 200 membres des Forces canadiennes qui fournissent de l'aide aux populations touchées par des catastrophes partout dans le monde. En plus de fournir une assistance médicale de base, l'objectif principal de l'EICC consiste à assurer l'accès à de l'eau potable.

1. Le système de purification d'eau de l'EICC peut purifier 150 000 litres d'eau par jour. Si l'EICC effectue une mission d'aide de trois semaines dans une zone sinistrée, combien de litres d'eau peut-elle purifier?
2. Un adulte a besoin d'au moins quatre litres d'eau par jour pour boire, préparer la nourriture et se laver. Combien de jours l'EICC doit-elle rester sur le site pour produire assez d'eau potable pour approvisionner une communauté de 7 000 personnes pendant trois semaines? Quelles hypothèses as-tu avancées pour en arriver à ta réponse? Le lieu où habite la communauté ou le type de catastrophe modifierait-il ta réponse?

3. Dans le problème qui précède, si l'EICC ne pouvait rester sur les lieux du sinistre que pendant trois jours, combien de temps la communauté aurait-elle pour faire fonctionner de nouveau son propre réseau d'aqueduc (ou rétablir son accès à l'eau potable)?

ACTIVITÉ 3.1 – **EXPLORONS LE SYSTÈME IMPÉRIAL**

Dans cette activité, tu travailleras avec un camarade pour prendre des mesures impériales et créer une table de conversion impériale.

1. Avant de commencer à mesurer, observe les marqueurs de division sur tes outils de mesure impériaux. Les règles et les rubans à mesurer du système impérial sont divisés en fractions d'un pouce. Quelle est la plus petite fraction indiquée sur chacun de tes outils de mesure?
2. En équipe de deux, choisissez neuf objets et distances à mesurer :
   - trois objets que vous pouvez tenir dans la main;
   - trois objets plus gros qu'un pupitre;
   - trois distances plus longues que la salle de classe et qui se trouvent à l'extérieur de celle-ci.
3. Mesurez chacun des objets et des distances que vous avez choisis, et inscrivez vos réponses. Prenez autant de mesures qu'il vous faut pour établir les dimensions des objets. Comment avez-vous déterminé quel outil de mesure vous deviez utiliser pour prendre chacune de vos mesures? Inscrivez vos mesures dans un tableau comme celui présenté ci-dessous.
4. Comment pourriez-vous estimer ces mesures si vous n'aviez ni règle, ni ruban à mesurer, ni aucun autre outil? Un référent est un objet qui représente environ une unité de mesure. Par exemple, un objet qui mesure environ un pouce pourrait être utilisé comme référent pour estimer les pouces. Individuellement, trouve des référents que tu pourrais utiliser pour estimer un pouce, un pied et une verge. Inscris le référent que tu as utilisé et sa longueur approximative. Compare tes référents à ceux de ton camarade et explique pourquoi tu as choisi chacun d'eux.

MESURES IMPÉRIALES

Objet ou distance	*Dimensions (unités impériales)*	*Estimation à l'aide du référent*	*Différence*

EXEMPLE

5. Utilise tes référents pour estimer les dimensions des objets et des distances que tu as choisis à la question 2. Inscris tes estimations.
6. Compare tes estimations à celles de ton camarade. Calcule et inscris les différences entre tes estimations et les véritables mesures impériales. Quelles estimations étaient les plus justes, les tiennes ou celles de ton camarade? Quels référents étaient les plus précis?
7. Copie le tableau suivant dans ton cahier et inscris les renseignements manquants afin de créer une table de conversion impériale.

TABLE DE CONVERSION DES UNITÉS IMPÉRIALES
1 pied = ______ pouces
1 verge = ______ pieds = ______ pouces
1 mille = 1 760 verges = ______ pieds

Exemple 1

Maxime est menuisier. Il remplace les moulures autour d'une porte-fenêtre double et les plinthes qui longent les quatre murs d'un salon. Le salon rectangulaire mesure 20 pi × 15 pi. La porte-fenêtre est située sur un des murs de 20 pi, et le cadre de porte a 72 po de largeur et 84 po de hauteur. Les moulures coûtent 9,50 $ du pied linéaire, et les plinthes coûtent 4,50 $ du pied linéaire. Ces matériaux doivent être achetés au pied. Si les frais de main-d'œuvre de Maxime sont de 8,50 $ du pied linéaire, quel sera le coût total de ces travaux?

SUGGESTION

Le numérateur du facteur de conversion correspond à l'unité vers laquelle tu veux convertir ta mesure. Le dénominateur est indiqué en unités originales dans lesquelles la mesure a été prise.

SOLUTION

20 pi + 20 pi + 15 pi + 15 pi = 70 pi   Calcule le périmètre de la pièce.

Aucune plinthe ne sera installée devant la porte-fenêtre. La largeur de la porte-fenêtre doit donc être soustraite du périmètre afin de trouver le nombre de pieds linéaires de plinthes nécessaires.

$72 \text{ po} \times \frac{1 \text{ pi}}{12 \text{ po}} = 6 \text{ pi}$ Convertis en pieds la largeur de la porte, qui est indiquée en pouces.

70 pi – 6 pi = 64 pi   Maxime aura besoin de 64 pi de plinthes.

Les moulures seront installées le long du haut et des deux côtés du cadre de porte.

72 po + 84 po + 84 po = 240 po

$240 \text{ po} \times \frac{1 \text{ pi}}{12 \text{ po}} = 20 \text{ pi}$ Convertis 240 po en pieds pour trouver le nombre de pieds linéaires de moulures.

Maxime installera 64 pi de plinthes et 20 pi de moulures. Ses frais de main-d'œuvre sont de 8,50 $ du pied linéaire. Calcule le coût de la main-d'œuvre.

$$64 \text{ pi} + 20 \text{ pi} = 84 \text{ pi}$$

$$84 \text{ pi} \times 8{,}50 \text{ \$/pied} = 714{,}00 \text{ \$}$$

Le coût de la main-d'œuvre est de 714,00 $.

Calcule le coût des plinthes et des moulures, et additionne-le au coût de la main-d'œuvre.

$$4{,}50 \text{ \$/pied} \times 64 \text{ pi} = 288{,}00 \text{ \$}$$

$$9{,}50 \text{ \$/pied} \times 20 \text{ pi} = 190{,}00 \text{ \$}$$

$$714{,}00 \text{ \$} + 288{,}00 \text{ \$} + 190{,}00 \text{ \$} = 1\,192{,}00 \text{ \$}$$

Le coût total de ces travaux est de 1 192,00 $.

AUTRE SOLUTION

Les conversions peuvent également être faites à l'aide d'une division.

$72 \text{ po} \div 12 = 6 \text{ pi}$ — Convertis en pieds la largeur de la porte, qui est indiquée en pouces, en divisant par 12.

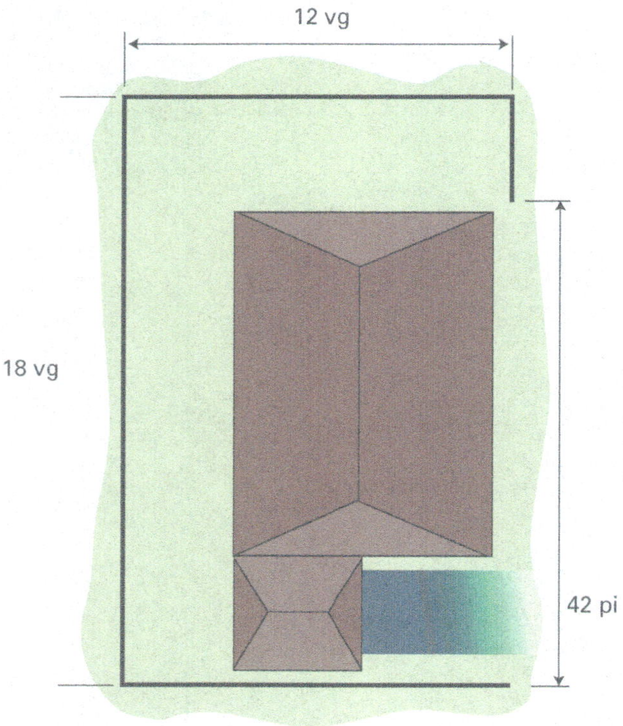

Exemple 2

Kiri doit remplacer la clôture en bois qui entoure son terrain. Elle a mesuré sa propriété, laquelle a 18 verges de large et 12 verges de profond. Il n'y a pas de clôture à l'avant de la maison, et la partie du terrain qui n'est pas clôturée a 42 pieds de long, tel qu'il est indiqué sur l'illustration ci-contre. Kiri prévoit remplacer les piquets de clôture existants par des planches en cèdre de 5 pieds de long qui seront placées à la verticale. Les planches mesurent $5\frac{1}{2}$ pouces de large et seront espacées de $\frac{1}{4}$ de pouce.
Elle a commandé 275 planches.
En a-t-elle commandé suffisamment?

SOLUTION

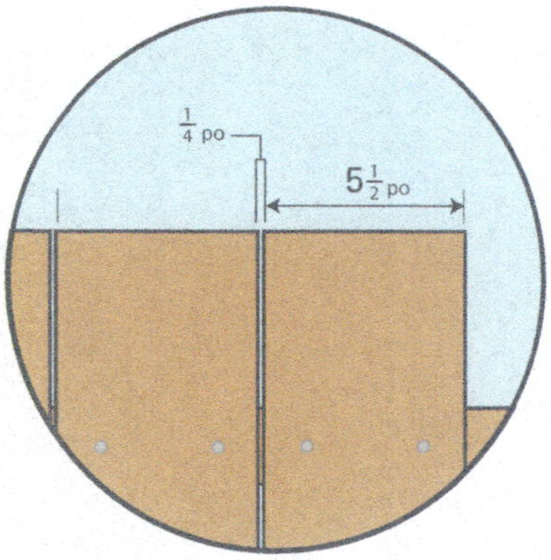

Les planches de la clôture seront espacées de $\frac{1}{4}$ de pouce. Modifie $5\frac{1}{2}$ par $5\frac{2}{4}$.

$5\frac{2}{4} + \frac{1}{4} = 5\frac{3}{4}$ — L'écart de $\frac{1}{4}$ de pouce doit être additionné à la largeur d'une planche afin de trouver l'espace total nécessaire à l'installation de chaque planche.

Kiri doit prévoir un espace de $5\frac{3}{4}$ po, ou 5,75 po, pour chaque planche.

Trouve la longueur totale de la clôture en verges.

L'avant de la propriété n'est pas clôturé sur une longueur de 42 pieds.

$42 \times \frac{1}{3} = 14$ — Convertis 42 pieds en verges à l'aide du facteur de conversion $\frac{1 \text{ verge}}{3 \text{ pieds}}$

L'espace non clôturé a 14 verges de long.

$18 - 14 = 4$ — Soustrais la longueur de l'espace non clôturé de la largeur de la propriété.

À l'avant de la propriété, la clôture mesure 4 verges de long.

$18 + 12 + 12 + 4 = 46$ — Calcule la longueur totale de la clôture.

La clôture mesure 46 verges au total.

Pour trouver le nombre de planches nécessaires, convertis d'abord 46 verges en pouces. Tu peux faire la conversion en deux étapes.

$$46 \text{ verges} \times \frac{3 \text{ pieds}}{1 \text{ verge}} = 138 \text{ pieds}$$

$$138 \text{ pieds} \times \frac{12 \text{ pouces}}{1 \text{ pied}} = 1\,656 \text{ pouces}$$

$\frac{1\,656}{5{,}75} = 288$ — Divise 1 656 pouces par l'espace nécessaire pour une planche pour trouver le nombre total de planches dont Kiri a besoin.

Kiri aura besoin d'environ 288 planches. Elle n'en a donc pas commandé suffisamment.

AUTRE SOLUTION

Tu peux également trouver le nombre de planches dont Kiri aura besoin en convertissant la largeur d'une planche en verges.

L'espace total nécessaire par planche est de $5\frac{3}{4}$ pouces, ou 5,75 pouces.

5,75 ÷ 36 = 0,16	Convertis 5,75 pouces en verges en divisant 5,75 par le nombre de pouces que compte 1 verge.

L'espace total nécessaire par planche est de 0,16 verge.

$\frac{46 \text{ verges}}{0{,}16 \text{ verge}} = 287{,}5$	Divise la longueur de la clôture par l'espace nécessaire pour une planche pour trouver le nombre total de planches dont Kiri a besoin.

Kiri aura besoin d'environ 288 planches. Elle n'en a donc pas commandé suffisamment.

Exemple 3

Les boulangers-pâtissiers ont besoin des mathématiques pour créer des gâteaux élaborés.

Julie est une boulangère-pâtissière qui se spécialise dans la confection de gâteaux de mariage. Elle voudrait calculer combien lui coûtera la décoration d'un gâteau circulaire à 3 étages; elle veut placer des fleurs fraîches autour de la base de chaque étage. L'étage du bas a un diamètre de 14 po, l'étage du milieu a un diamètre de 10 po et l'étage du haut a un diamètre de 6 po. Les trois étages du gâteau sont placés les uns sur les autres sans séparateurs. Si le prix d'une rose rouge de $1\frac{1}{2}$ po de large est de 0,99 $ et que le prix d'une rose rouge de $2\frac{1}{2}$ po de large est de 1,49 $, quelle grosseur de rose Julie devrait-elle utiliser pour que son client paie le meilleur prix?

Solution

D'abord, trouve la circonférence de chaque étage du gâteau.

$C = \pi d$	Sers-toi de la formule de circonférence d'un cercle.
$C = \pi(6 \text{ po})$	Calcule la circonférence de l'étage du haut.
$C = 18{,}85$, arrondi à 19 po	Julie arrondirait le résultat au nombre entier supérieur pour s'assurer de commander suffisamment de fleurs.
$C = \pi(10 \text{ po})$	Calcule la circonférence de l'étage du milieu.
$C = 31{,}42$ po, arrondi à 32 po	
$C = \pi(14 \text{ po})$	Calcule la circonférence de l'étage du bas.
$C = 43{,}98$ po, arrondi à 44 po	
19 + 32 + 44 = 95	La circonférence totale du gâteau est de 95 po.

Trouve le nombre de roses nécessaires en divisant la circonférence par la largeur d'une rose.

$\frac{95}{1,5} = 63,33$, arrondi à 64	Julie aurait besoin de 64 roses de 1,5 po de large pour entourer le gâteau.
$64 \times 0,99$ \$ = 63,36 \$	Les roses de 1,5 po coûteraient 63,36 \$.
$\frac{95}{2,5} = 38$	Julie aurait besoin de 38 roses de 2,5 po de large pour entourer le gâteau.
$38 \times 1,49$ \$ = 56,62 \$	Les roses de 2,5 po coûteraient 56,62 \$.

Julie devrait décorer le gâteau avec des roses de 2,5 po.

ACTIVITÉ 3.2 VISUALISATION D'UNE MESURE

Tu as confectionné un gâteau rectangulaire qui mesure 9 po × 13 po. Tu dois couper 5 grosses parts (4 po × 3 po) et au moins 12 petites parts (2 po × 2 po) pour tes invités (des parts entières seulement).

1. En équipe de deux, utilisez une règle (unités impériales) et une feuille de papier de 11 po × 17 po pour déterminer la meilleure façon de couper le gâteau. Avez-vous suffisamment de gâteau pour vos invités? Justifiez votre réponse à l'aide d'un dessin à l'échelle.
2. Pouvez-vous couper le gâteau de plus d'une façon? Justifiez votre réponse à l'aide d'un dessin à l'échelle.

ACTIVITÉ 3.3 – CONCEVOIR LE SCHÉMA POUR LA FABRICATION DE BOÎTES DE CONSERVE

Les boîtes de conserve cylindriques sont fabriquées à partir de feuilles de fer-blanc. Le côté de la boîte est découpé dans une feuille de fer-blanc tandis que le couvercle et le fond sont découpés dans une autre feuille. Une fois les pièces découpées et formées, la boîte est assemblée et les joints du couvercle, du fond et du côté de la boîte sont scellés.

Tu as été embauché pour concevoir le schéma pour la fabrication de boîtes de conserve dont le diamètre est de 2,5 po et la hauteur de 4,5 po. Les feuilles de fer-blanc mesurent $2\frac{1}{2}$ verges sur $1\frac{1}{2}$ verge. Une feuille de fer-blanc est utilisée pour les couvercles et les fonds tandis que deux feuilles sont utilisées pour les côtés. Trois joints sont appliqués sur chaque boîte. Le coût d'une feuille de fer-blanc est de 13,20 $ et celui d'un joint est de 0,28 $.

Travaillez en petits groupes et utilisez une règle, un compas et une grande feuille de papier pour répondre aux questions suivantes.

1. Combien de boîtes de conserve peuvent être fabriquées à partir de 3 feuilles de fer-blanc? Illustrez votre réponse à l'aide d'un schéma. Décrivez les stratégies que vous avez utilisées pour arriver à votre réponse.
2. Quel est le coût d'une boîte de conserve?

Calcul mental et estimation

Dans la Ligue canadienne de football, le record du plus long placement est détenu par Paul McCallum. En 2001, alors qu'il jouait pour les Roughriders de la Saskatchewan, il a effectué un placement de 62 verges. À quoi correspond cette distance en pieds?

CONSTRUIS TES HABILETÉS

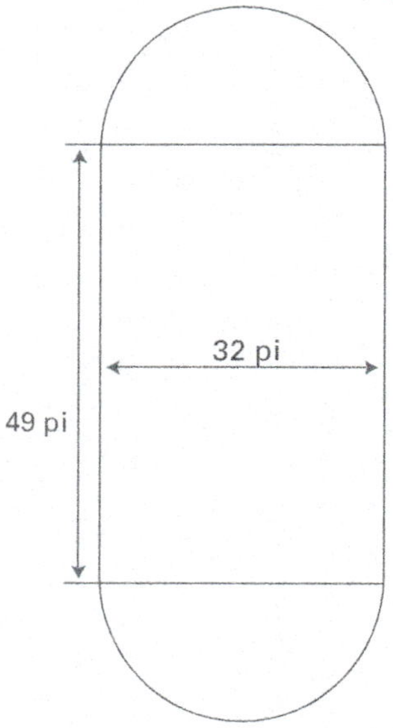

1. Effectue la conversion des mesures suivantes.
   a) Convertis 3 520 verges en milles.
   b) Convertis 10 pi $\frac{3}{16}$ po en pouces.
   c) Convertis $8\frac{3}{4}$ verges en pieds.
2. René est fleuriste. Il utilise 10 pouces de ruban pour attacher chaque bouquet qu'il crée. Son rouleau de ruban mesure 100 verges de long. Combien de bouquets peut-il faire avec son rouleau de ruban (en supposant qu'il n'y a aucune perte)?
3. Calm Air acceptera les bagages à main dont la longueur, la largeur et la hauteur totalisent 46 pouces ou moins. Les dimensions du sac de Beverly sont les suivantes : 2 pieds de long, 1 pied 4 pouces de large et 9 pouces de haut. Calm Air lui permettra-t-elle d'apporter son sac à bord?
4. Tu as décidé de construire une petite patinoire dans ta cour, tel qu'il est indiqué sur le schéma ci-contre. Tu veux utiliser du contreplaqué pour construire les bandes de la patinoire, lesquelles mesurent 48 po de haut. Le contreplaqué extérieur de $\frac{1}{2}$ po est vendu sous forme de feuilles de 4 pi × 8 pi qui coûtent 14,15 $ chacune.
   a) De combien de feuilles de contreplaqué auras-tu besoin pour entourer la patinoire?
   b) Combien coûtera le contreplaqué avant les taxes?

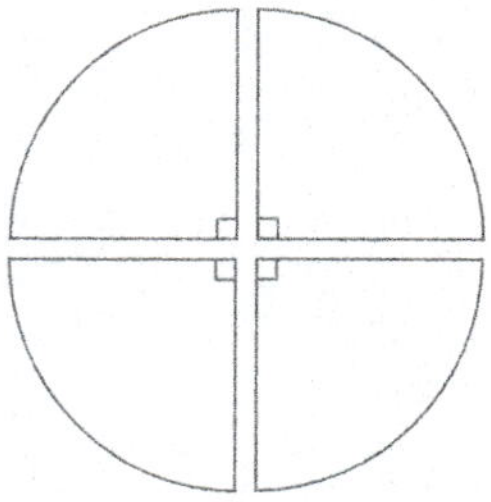

5. Un jardinier-paysagiste a conçu un jardin d'herbes qui comprend 4 sections, tel qu'il est illustré sur le schéma ci-contre. Le rayon d'une section mesure 4 pi 3 po. Chaque section sera entourée d'une bordure d'isolement en plastique, laquelle est vendue sous forme de rouleaux de 20 pi qui coûtent 9,99 $ chacun. À combien s'élèvera le coût de la bordure d'isolement pour l'ensemble du jardin d'herbes? Suppose que tu peux uniquement acheter des rouleaux entiers.

6. Dans les théâtres professionnels, une passerelle, appelée passerelle de service, longe les quatre murs au-dessus de la scène. Les machinistes prennent place sur la passerelle pour descendre le décor sur la scène et le remonter. On a demandé à une charpentière en acier de remplacer la barre de sécurité intérieure d'une passerelle de service. La passerelle mesure 109 pi 6 po de long et 48 pi 9po de large. La passerelle mesure $2\frac{1}{2}$ pi de large. Si la charpentière utilise des barres qui ont 20 pieds de long, de combien de barres aura-t-elle besoin?

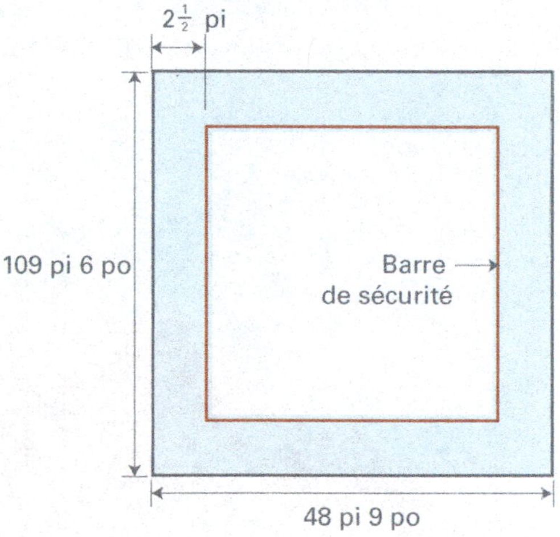

7. Noah fabrique de nouveaux rideaux pour la fenêtre du salon de son client. La fenêtre mesure 9 pi de large sur 4 pi de haut. Les rideaux seront constitués de deux panneaux, ce qui permettra au client de les ouvrir au centre. Les rideaux seront deux fois plus larges que la fenêtre et mesureront 6 pi de long. Le tissu utilisé pour fabriquer les rideaux a 60 po de large.

   a) Combien de verges de tissu Noah doit-il acheter pour fabriquer ces rideaux? Ne tiens pas compte des ourlets et des réserves pour la couture dans tes calculs.

   b) Combien les rideaux coûteront-ils si le prix du tissu s'élève à 15,00 $ la verge?

8. Un menuisier travaille sur un projet de rénovation résidentielle partielle, et le propriétaire de la maison lui a demandé combien lui coûterait le remplacement des plinthes dans la salle de bain. Le plan d'étage de la salle de bain figure ci-contre. Le menuisier demande 45,00 $ l'heure et facture une marge brute de 15 % sur les matériaux. Les plinthes coûtent 6,50 $ le pied linéaire et le menuisier estime qu'il lui faudra 2 heures et demie pour les installer. Quel prix demandera-t-il au propriétaire de la maison? Indique les hypothèses que tu as envisagées pour faire tes calculs.

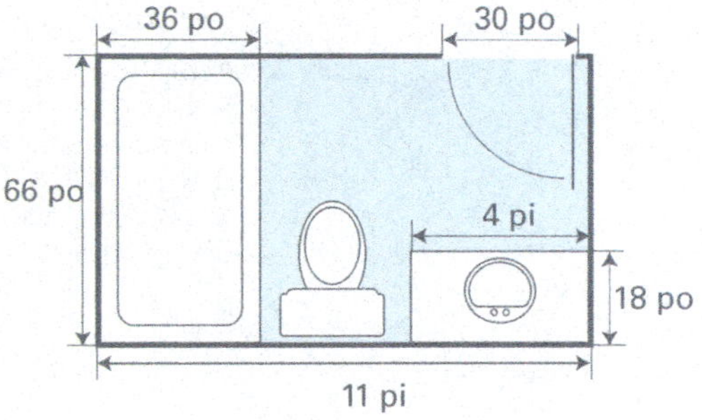

Approfondis ta réflexion

9. Une spécialiste de l'isolation thermique a décroché un contrat pour isoler un garage résidentiel qui mesure 24 pi × 24 pi. Les murs intérieurs mesurent 8 pi de haut, la porte du garage mesure 16 pi de large sur 7 pi de haut et la porte qui se trouve sur le mur opposé à la porte de garage mesure 36 po de large sur 80 po de haut. La charpente du garage est faite de poteaux muraux qui sont espacés de 16 po. La spécialiste de l'isolation thermique utilise un isolant en fibre de verre vendu sous forme de panneaux de 16 po de large sur 47 po de long. Si un paquet contient 18 panneaux, de combien de paquets aura-t-elle besoin?

LES RACINES DES MATHÉMATIQUES

L'ORIGINE DES UNITÉS DE MESURE NORMALISÉES

La coudée est l'unité de mesure que les anciens Égyptiens ont utilisé pour construire les pyramides.

L'homme a toujours eu besoin de se servir d'unités de mesure pour faire des comparaisons et pour accomplir des tâches comme la construction d'abris ou l'échange de biens. Toutefois, il n'y a pas eu de système de mesure universel pendant des milliers d'années. Les unités de mesure se sont plutôt développées en fonction de la coutume et de l'usage.

Les premières unités de mesure étaient fondées sur les dimensions du corps humain. Les gens utilisaient leurs bras, leurs mains et leurs doigts pour mesurer les longueurs. Par exemple, les anciens Égyptiens utilisaient une unité de mesure appelée coudée. Une coudée correspondait à la distance entre le coude d'une personne et l'extrémité de son majeur. Lorsque les gens avaient besoin d'une unité de mesure plus petite, ils utilisaient le doigt (la largeur d'un doigt) et la paume (la largeur d'une main).

Le système impérial que nous utilisons aujourd'hui tire également son origine des unités de mesure fondées sur le corps humain. En Angleterre, au Moyen Âge, les unités de mesure utilisées étaient le pouce, le pied, l'aune et la brasse. Le pouce correspondait à la largeur d'un pouce et le pied correspondait à la largeur d'un pied humain. Une aune correspondait à la distance entre le bout du nez d'une personne et l'extrémité du majeur de son bras tendu. Une brasse correspondait à la longueur des bras tendus d'une personne, du bout des doigts d'une main au bout des doigts de l'autre main.

De toute évidence, les résultats de ce type d'unités de mesure variaient selon la personne qui prenait les mesures. Parfois, cela n'avait pas d'importance. Une personne qui fabriquait une table pour son usage personnel pouvait utiliser ses mains et ses bras pour prendre les mesures. Mais que se passait-il si cette personne était embauchée pour fabriquer une table pour quelqu'un d'autre qui voulait que sa table mesure 8 pieds de long? Quel « pied » utilisait la personne pour prendre les mesures?

Au 13e siècle, le roi Édouard Ier d'Angleterre a décidé que son pays avait besoin d'unités de mesure normalisées. Il a décrété que 1 pouce était égal à la longueur de 3 grains d'orge, que 12 pouces correspondaient à 1 pied et que 3 pieds correspondaient à 1 aune. Il a créé un modèle d'aune en fer qui devait servir de norme dans l'ensemble du pays.

Certaines des unités de mesure fondées sur le corps humain sont encore utilisées aujourd'hui. La hauteur d'un cheval est mesurée en mains, qui ont été normalisées à 4 pouces. Les marins utilisent toujours la brasse de 6 pieds pour mesurer la profondeur de l'eau. Bien que, de nos jours, nous utilisions le terme verge plutôt que le terme aune, les rapports entre le pouce, le pied et la verge établis par le roi Édouard demeurent la base du système impérial.

1. Pourquoi avons-nous besoin d'unités de mesure normalisées?
2. Quels avantages y a-t-il à utiliser des unités de mesure non normalisées pour décrire quelque chose?

PROJET – CONCEVOIR UN ABRI DE PÊCHE SUR LA GLACE

DESSINER UN PLAN D'ÉTAGE

Un peu plus tôt, tu as planifié la conception de ton abri de pêche sur la glace. Il est maintenant temps de mettre tes plans sur papier et de dessiner l'ébauche d'un plan d'étage.

- Rédige la description de ton abri de pêche sur la glace. Décris l'extérieur de l'abri ainsi que tous les éléments qui se retrouveront à l'intérieur.
- Dessine une ébauche du plan d'étage de ton abri de pêche. Ton abri est-il assez grand pour que deux ou trois personnes puissent s'asseoir? L'abri est-il assez petit pour qu'on puisse le déménager au lieu où tu pêcheras?
- Dessine un plan d'étage précis de l'abri en utilisant ton ébauche pour te guider. Indique toutes les dimensions des ouvertures pour le plancher, la porte et la fenêtre en unités impériales. Indique ton échelle.

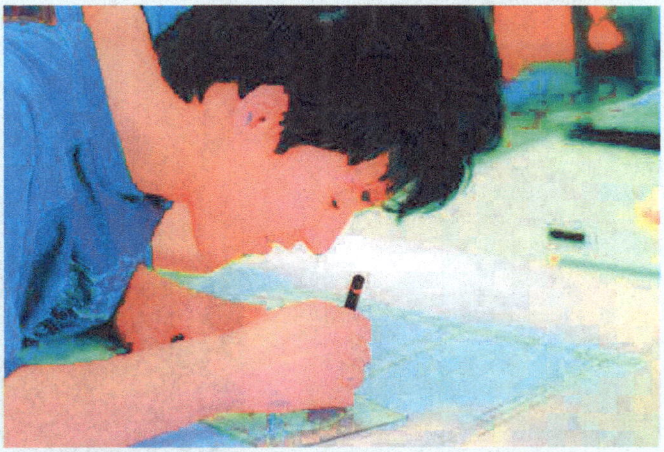

Lorsque tu dessines un plan d'étage à l'échelle, tes mesures doivent être précises.

3.2 La conversion des unités de mesure

LES MATHÉMATIQUES *AU TRAVAIL*

Manuel Marques est technicien à l'entretien et à la réparation d'automobiles et propriétaire de l'entreprise Lube King Service Centre à Winnipeg. Il inspecte, répare et entretient les systèmes mécanique et électrique des véhicules, en plus de déceler les problèmes. En tant que propriétaire de l'entreprise, Manuel supervise les employés et les apprentis techniciens. Il utilise les mathématiques pour calculer la résistance et la tension lorsqu'il travaille avec des composants électroniques. Il convertit également les unités impériales et les unités SI lorsqu'il effectue l'entretien de véhicules américains ou lorsqu'il utilise des appareils, comme son appareil de récupération des réfrigérants de climatisation, qui ont été fabriqués aux États-Unis.

Manuel se sert des mathématiques chaque fois qu'il répare un véhicule.

Manuel doit commander des colliers de durite ayant un diamètre minimum de 32 mm. Il a trouvé sur Internet un fournisseur de pièces d'automobiles aux États-Unis qui vend des colliers de durite ayant un diamètre maximum de $\frac{7}{8}$ de pouce. Le diamètre des colliers de durite vendus par le fournisseur américain convient-il?

EXPLORE LES MATHÉMATIQUES

En 1983, un Boeing 767 a manqué de carburant pendant un vol entre Montréal et Edmonton. L'avion a pu planer pour arriver à se poser en toute sécurité à Gimli, au Manitoba, et personne n'a été blessé. Une enquête a révélé que l'avion avait manqué de carburant parce que le personnel de piste avait utilisé le mauvais facteur de conversion pour convertir les gallons en litres. En raison de cette erreur, le pilote a décollé de Montréal avec 12 598 litres de carburant plutôt que les 27 770 litres dont il avait besoin pour atteindre Edmonton.

Les erreurs de conversion n'entraînent pas toutes des conséquences possibles aussi graves; toutefois, dans le cadre de nombreux emplois, il faut savoir comment convertir des unités SI en unités impériales. Par exemple, les États-Unis, le plus important partenaire commercial du Canada, utilise les unités impériales. Si tu fais des affaires avec une entreprise américaine, tu dois connaître les équivalents impériaux des unités SI.

Dans cette section, tu appliqueras le raisonnement proportionnel et les facteurs de conversion pour convertir les unités SI et les unités impériales.

ACTIVITÉ 3.4 – CONVERSION ENTRE LES UNITÉS SI ET LES UNITÉS IMPÉRIALES

Dans cette activité, tu travailleras avec un camarade pour créer une table de conversion que vous utiliserez pour convertir les unités linéaires SI et les unités linéaires impériales. Vous aurez besoin d'une règle et d'un mètre ou d'une verge à mesurer.

1. Comparez les unités SI et les unités impériales sur votre règle. Un pouce correspond à environ combien de centimètres?
2. Comparez les unités SI et les unités impériales sur votre mètre ou votre verge à mesurer. Lequel, d'une verge ou d'un mètre, est le plus long? Un mètre correspond à environ combien de pouces? Un mètre correspond à environ combien de pieds?
3. Vous pouvez appliquer le raisonnement proportionnel pour convertir en unités SI une mesure indiquée en unités impériales. Dans un tableau semblable à celui qui se trouve ci-dessous, inscrivez les renseignements manquants afin de créer une table de conversion des unités impériales et des unités SI.

CONVERSION ENTRE LES UNITÉS SI ET LES UNITÉS IMPÉRIALES

Conversion des unités Si en unités impériales	*Conversion des unités impériales en unités SI*
1 mm = ____ po	1 po = ____ mm
1 cm = ____ po	1 po = 2,54 cm
1 m = ____ pi	1 pi = ____ m
1 m = 1,0936 vg	1 vg = ____ m
1 km = ____ mi	1 mi = 1,6093 km

DISCUSSION DES IDÉES

INSTALLATION D'UN LUSTRE

Yori a été embauché pour installer un lustre dans le vestibule d'une maison. Le plafond du vestibule mesure 9 pieds de haut. Le propriétaire de la maison, qui mesure 180 cm, n'arrive pas à se décider sur la longueur du lustre qu'il souhaite suspendre.

1. Calcule quelques longueurs possibles pour le lustre.
2. De quels facteurs le propriétaire de la maison devrait-il tenir compte pour décider de la longueur du lustre?

Exemple 1

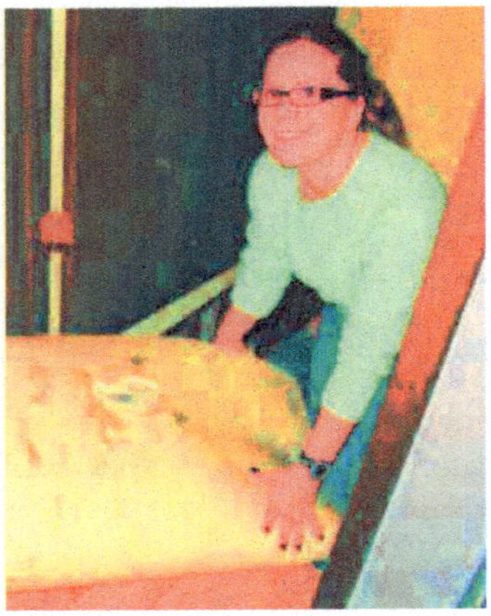

Giselle enlève l'ancien revêtement avant d'installer un nouveau tapis.

Giselle voudrait remplacer le tapis qui se trouve dans son salon. Elle a utilisé un ruban à mesurer dont les valeurs sont indiquées en unités impériales pour prendre les dimensions de la pièce, laquelle mesure 12 pi sur 15 pi. Lorsqu'elle s'est rendue au magasin de tapis, elle a découvert que le prix du tapis s'élevait à 24,99 $/m^2 (taxes comprises). Elle ne peut commander moins d'un mètre carré complet de tapis.

a) Quelle quantité de tapis devrait-elle commander?

b) Combien coûtera le tapis?

Solution

a) Convertis en unités SI les dimensions de la pièce, qui sont indiquées en unités impériales. Puisqu'un mètre est égal à 3,2808 pieds, le facteur de conversion utilisé pour convertir les pieds en mètres est $\frac{1}{3{,}2808}$.

$\frac{1}{3{,}2808} = \frac{x}{12}$ — Utilise le facteur de conversion pour convertir en mètres la largeur de la pièce, qui est indiquée en pieds.

$12\left(\frac{1}{3{,}2808}\right) = 12\left(\frac{x}{12}\right)$ — Multiplie chaque côté de l'équation par 12 pour isoler x.

$3{,}658 = x$

La pièce mesure 3,658 mètres de large.

$\frac{1}{3{,}2808} = \frac{x}{15}$ — Convertis en mètres la longueur de la pièce, qui est indiquée en pieds.

$15\left(\frac{1}{3{,}2808}\right) = 15\left(\frac{x}{15}\right)$ — Multiplie chaque côté de l'équation par 15 pour isoler x.

$4{,}572 \text{ m} = x$

La pièce mesure 4,572 mètres de long.

$3{,}658 \times 4{,}572 = 16{,}724$ — Pour trouver le nombre de mètres carrés de tapis que Giselle doit commander, trouve l'aire du salon.

L'aire de la pièce est de 16,724 m^2. Giselle doit commander des mètres carrés complets de tapis. Par conséquent, elle devrait commander 17 m^2.

b) $17 \text{ m}^2 \times 24{,}99 \text{ \$/m}^2 = 424{,}83 \text{ \$}$ — Trouve le prix de 17 m^2 de tapis.

Sa commande coûtera 424,83 $.

Exemple 2

Samir est évaluateur des coûts pour une entreprise d'aménagement paysager. Il doit calculer la quantité de matériel nécessaire pour construire une terrasse circulaire avec des dalles. Le diamètre de la terrasse est de 13 m. Un paquet de dalles couvre 116 pi^2. Samir a commandé 11 paquets de dalles. A-t-il commandé suffisamment de dalles?

Une fois terminée, la terrasse ressemblera à ce modèle.

Solution

Convertis en pieds le diamètre de la terrasse, qui est indiqué en mètres, à l'aide du raisonnement proportionnel et du facteur de conversion suivant : 1 pied est égal à 0,3048 m.

$$\left(\frac{1 \text{ pi}}{0{,}3048 \text{ m}}\right) = \left(\frac{x \text{ pi}}{13 \text{ m}}\right)$$

$$13\left(\frac{1}{0{,}3048}\right) = x$$

Multiplie les deux côtés de l'équation par 13 pour isoler x.

$$42{,}6509 \text{ pi} = x$$

Lorsque tu estimes la quantité de matériaux dont tu as besoin, il vaut mieux arrondir au nombre entier supérieur pour t'assurer que tu en achètes suffisamment.

Le diamètre de la terrasse est d'environ 43 pi.

Utilise la formule de l'aire d'un cercle pour trouver l'aire de la terrasse.

$$A = \pi r^2$$

$$A = \pi(21{,}5)^2$$

Le rayon est de 21,5 pieds puisque le diamètre est de 43 pieds.

$$A = 1\,452{,}20$$

L'aire de la terrasse est de 1 452,20 pi^2.

$$\left(\frac{1452{,}20}{116}\right) = 12{,}5$$

Divise l'aire de la terrasse par la surface couverte par 1 paquet de dalles.

Samir a commandé 11 paquets; il n'a donc pas commandé suffisamment de dalles.

ACTIVITÉ 3.5
CONCEPTION D'UN LOGO POUR UN TERRAIN DE LA LCF

Les règles du football canadien sont différentes de celles du football américain, mais on utilise le même système de mesure dans les deux cas.

Le logo et le nom de la plupart des équipes de football sont peints sur la surface de leur terrain. Imagine que ton école secondaire a été choisie pour créer les logos qui seront peints sur le terrain où aura lieu le prochain championnat de la Coupe Grey de la Ligue canadienne de football (LCF). En équipe de deux, vous concevrez les logos qui seront peints sur le terrain d'une équipe de la LCF et vous ferez un dessin à l'échelle.

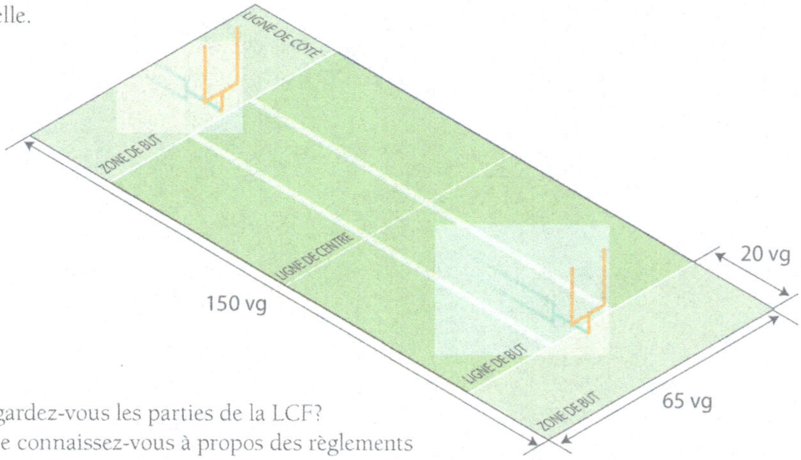

1. Regardez-vous les parties de la LCF? Que connaissez-vous à propos des règlements du jeu? Quel système de mesure est utilisé dans les parties de la LCF?
2. Pourquoi croyez-vous que la LCF n'a pas converti en unités SI les unités de mesure qui figurent dans ses règlements? Établissez la liste des répercussions qu'aurait sur le jeu la conversion en unités SI des unités de mesure qui figurent dans les règlements de la LCF.
3. Le terrain de jeu de la LCF est un rectangle qui mesure 150 verges sur 65 verges. À chacune des extrémités se trouve une zone de but ainsi qu'une ligne de but, laquelle est située à 20 verges de l'extrémité du terrain. Combien mesure en verges le terrain de jeu qui se trouve entre les deux lignes de but? Combien y a-t-il de verges entre la ligne de but et la ligne de centre?
4. Dessinez un schéma à l'échelle du terrain de la LCF sur du papier quadrillé de 1 pouce. Indiquez l'échelle que vous avez utilisée.
5. Dessinez vos logos et placez-les sur votre schéma à l'échelle en respectant les spécifications de conception suivantes :
   a) 2 logos pour les zones de but, chacun mesurant 10 verges × 35 verges.
   b) 2 gros logos pour le terrain de jeu, chacun mesurant 10 verges × 10 verges.
   c) 2 petits logos pour le terrain de jeu, chacun mesurant 5 verges × 10 verges.
   d) 1 logo pour le centre du terrain; le logo doit être centré sur la ligne des 55 verges et son rayon maximal doit être de 5 verges.
6. Calculez la quantité de peinture qui sera nécessaire pour peindre vos logos si un contenant de peinture de 3,8 litres peut couvrir 37 m^2.

DISCUSSION DES IDÉES

LE LAC WINNIPEG

Le lac Winnipeg est l'un des dix lacs d'eau douce les plus grands au monde. En 1999, les chercheurs ont commencé à étudier les répercussions de la prolifération des algues bleues causée par l'excédent d'azote, de phosphore et d'autres agents polluants dans le lac. Les chercheurs analysent des échantillons d'eau, observent la couleur du lac et consignent des renseignements sur les espèces marines afin de détecter tout changement à la toxicité du lac. Pour faire certains calculs, les chercheurs doivent connaître l'aire du lac; toutefois, l'aire ne peut être calculée à l'aide d'une formule type puisque la forme du lac est irrégulière.

Voici une carte du lac Winnipeg : quelles stratégies pourrais-tu utiliser pour trouver la superficie approximative du lac en km^2 et en mi^2?

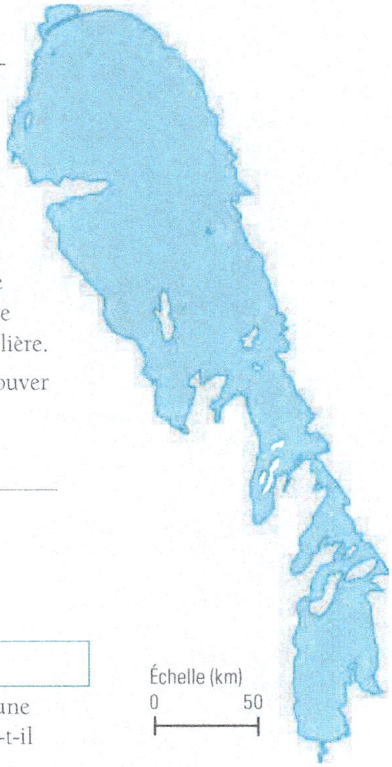

Cette carte du lac Winnipeg montre sa forme irrégulière.

Calcul mental et estimation

Un avion parcourt une distance d'environ 277 km entre Calgary et Edmonton. Estime la distance en milles.

CONSTRUIS TES HABILETÉS

1. Sur un pont bas, il est indiqué que les véhicules qui passent doivent avoir une hauteur maximale de 7 pi 6 po. Ton camion mesure 2,3 m de haut. Pourra-t-il passer sous le pont?
2. David travaille pour une entreprise qui conçoit un altimètre de grande précision pour les parachutistes sportifs qui mesurent et consignent leur vitesse et d'autres données au cours d'un saut. L'appareil conçu utilise le système international (SI). David doit se rendre à San Francisco pour faire une présentation sur l'appareil et présenter les données que l'entreprise a obtenues au cours de plusieurs sauts faits à une altitude de 4 200 mètres. À combien de pieds correspond cette altitude?
3. Valerie veut présenter une demande pour obtenir son permis de conduire. Sur la demande, elle doit indiquer sa taille en cm. Valerie mesure 5 pi 8 po. Quelle est sa taille en cm?
4. On a demandé à Sandy d'estimer le coût du remplacement du comptoir dans la cuisine d'un client. Le comptoir mesure 2 pi × 6 pi, et le client veut que Sandy installe des tuiles qui mesurent 4 po × 4 po. Les tuiles coûtent 3,50 $ chacune. Sandy a estimé que le coût de la main-d'œuvre s'élèverait à 350,00 $. Quel serait le coût total des tuiles et de la main-d'œuvre?
5. Le Vancouver Parks Board veut installer du gazon précultivé sur un terrain de jeux qui mesure 20 m × 40 m. Deux entreprises ont présenté une soumission. La soumission de l'entreprise A était la suivante : 4,00 $ la verge carrée, installation comprise. La soumission de l'entreprise B était la suivante : 2,50 $ le mètre carré plus 2 000 $ pour l'installation. En fonction de la meilleure offre, quelle entreprise devrait obtenir le contrat?

6. Shelley tente de décider si elle posera un revêtement de sol en bois dur ou du tapis sur le plancher de son salon. La pièce mesure 22 pi sur 16 pi. Le revêtement de sol en bois dur coûte 18,99 $/m^2 et les frais d'installation s'élèvent à 1 500,00 $. Le tapis coûte 21,95 $/vg^2 et les frais d'installation s'élèvent à 1 350,00 $. Quel type de revêtement de sol coûte le moins cher?

7. Irina a acheté une ferme en Saskatchewan. Elle veut planter des semis de sapin baumier et elle a estimé que son terrain mesurait 72 verges sur 65 verges. Le responsable de la pépinière lui a indiqué que chaque semis avait besoin d'un espace de 64 pi^2 pour croître correctement. Les semis coûtent 0,65 $ chacun. La pépinière les vend en paquets de 20, et Irina doit acheter des paquets complets.

   a) Combien de semis Irina peut-elle planter sur son acre de terrain?

   b) Combien coûteront les semis?

8. Dejan a été embauché pour poser un revêtement vinylique dans la cuisine, la salle de réunion et le vestibule du Centre d'amitié local. Il a utilisé les mesures qui figurent sur le schéma ci-dessous pour estimer le coût du travail. Le revêtement est offert en rouleaux de 10 pi de large et il est vendu au pied linéaire. Dejan doit acheter suffisamment de revêtement pour s'assurer que les motifs correspondent dans les trois pièces. Il ajoutera également 15 % à sa commande pour compenser les pertes. Un pied linéaire de revêtement vinylique coûte 12,50 $. Dejan estime que le coût de la main-d'œuvre sera de 560,00 $. Quel est le montant total de l'estimation pour le revêtement vinylique et la main-d'œuvre?

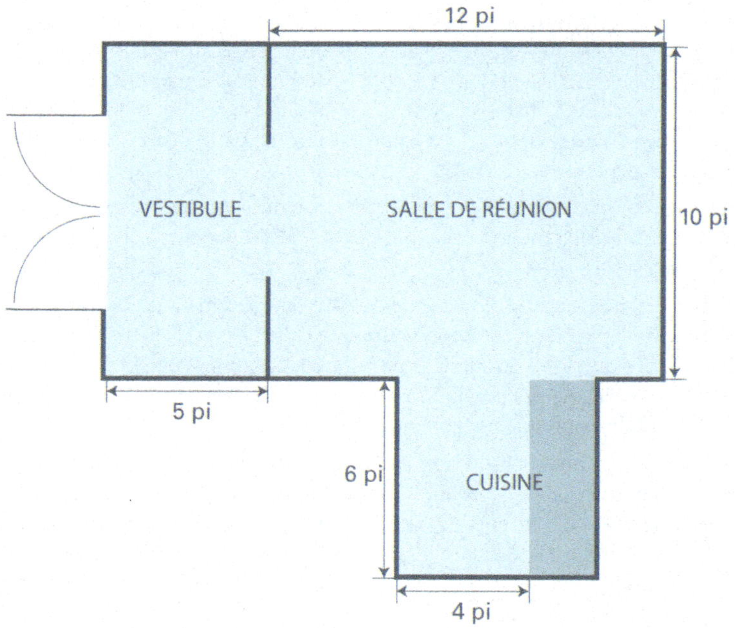

Approfondis ta réflexion

9. Lesa prévoit poser un tapis intérieur/extérieur dans son solarium. Elle a pris les dimensions de la pièce et a fait un schéma, lequel figure ci-dessous. Lorsqu'elle est allée au magasin, elle a découvert que les rouleaux de tapis ont 12 pieds de large et qu'une verge carrée coûte 22,95 $. Le tapis sera fixé au moyen de ruban adhésif double face qui sera installé autour du périmètre et le long de tous les joints. Un rouleau de ruban adhésif double face de 30 pieds coûte 4,85 $. Lesa veut poser le tapis de façon à ce que les poils soient tous dans la même direction et qu'il y ait le moins de joints possible. Combien coûteront le ruban et le tapis au total?

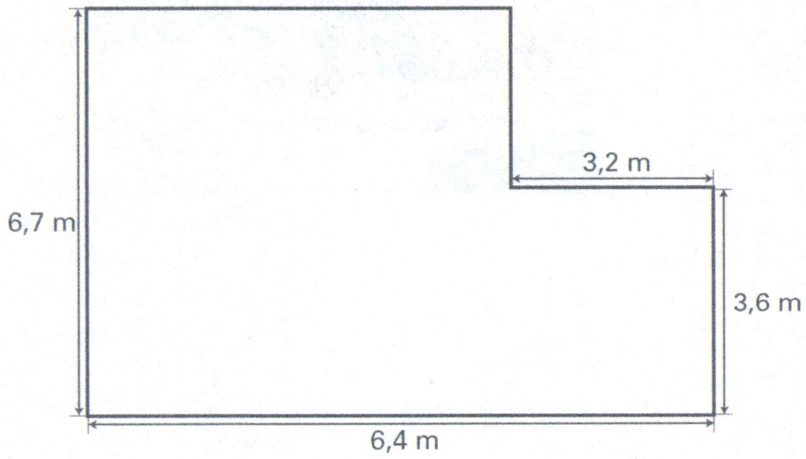

PROJET – CONCEVOIR UN ABRI DE PÊCHE SUR LA GLACE

ESTIMATION DES MATÉRIAUX ET DES COÛTS

T Dans la première partie du projet, tu as établi la liste des matériaux dont tu aurais besoin pour construire ton abri de pêche sur la glace. Dans cette activité de projet, tu estimeras les quantités de matériaux dont tu auras besoin ainsi que leur coût. Consigne tes calculs et tes recherches dans un tableau semblable à ceux qui se trouvent ci-dessous. Tu peux utiliser un tableur pour organiser tes renseignements.

Sers-toi de ton plan d'étage pour calculer la quantité de peinture et le nombre de feuilles de contreplaqué dont tu auras besoin.

1. D'abord, examine ta liste pour t'assurer que tu y as inscrit tous les matériaux dont tu auras besoin. Y a-t-il quelque chose qui t'est venu à l'esprit lorsque tu as dessiné ton plan d'étage?
2. L'extérieur, le toit et le plancher de ton abri seront recouverts de contreplaqué. Le contreplaqué est vendu en feuilles de 4 pi sur 8 pi. Évalue le nombre de feuilles de contreplaqué dont tu auras besoin.
3. Un contenant de peinture d'un litre couvre 100 pi^2. Évalue le nombre de litres de peinture dont tu auras besoin pour appliquer une couche de peinture à l'extérieur de ton abri. Peindras-tu la porte?
4. À l'aide d'Internet, des journaux locaux ou de circulaires, trouve le coût de tes matériaux. Combien coûtera la construction de ton abri? Existe-t-il des moyens d'économiser de l'argent?

DIMENSIONS DE L'ABRI

	Longueur	*Largeur*	*Aire*
Mur 1			
Mur 2			
Mur 3			
Mur 4			
Plancher			
Toit			
Porte			
Fenêtre(s)			

EXEMPLE

MATÉRIAUX ET PRIX

Matériaux	*Quantité nécessaire*	*Prix unitaire*	*Prix avant les taxes*	*Taxes (TPS et TVP)*	*Prix total*
Peinture					
Contreplaqué					
Appareil de chauffage au propane					
Fenêtre					

EXEMPLE

3.3 Aire totale

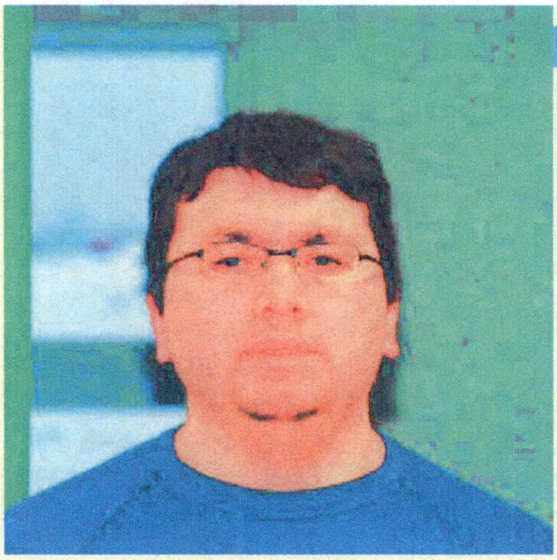

David Kattegatsiak utilise les mathématiques dans le cadre de son travail, notamment lorsqu'il doit prendre des mesures et établir un budget.

LES MATHÉMATIQUES *AU TRAVAIL*

David Kattegatsiak est l'agent de développement économique de la communauté de Chesterfield Inlet, au Nunavut. Il donne des renseignements à la communauté à propos des ressources gouvernementales et il élabore des projets d'entreprise pour les membres de la communauté locale. Il aide les gestionnaires à remplir les demandes de subventions et il assure la liaison entre la communauté, le gouvernement municipal et divers conseillers. David aide à planifier et à simplifier les réunions du conseil de hameau, établit des budgets et analyse les états financiers pour le flux de trésorerie. L'une des tâches de David consiste à élaborer le programme préliminaire des travaux avec les arpenteurs, les architectes et les ingénieurs pour les projets de construction mis en œuvre dans la communauté. Pour recevoir des subventions de l'État pour la construction ou la rénovation d'un immeuble, David doit prendre des mesures sur les lieux, calculer la quantité de matériaux ou de terre de remblai qui sera nécessaire et établir un budget pour le projet.

David établit un budget pour un projet de rénovation. Il doit calculer la quantité de peinture qu'il faudra acheter pour peindre les murs de la salle de classe d'une école. La salle de classe mesure 32 pieds de long, 25 pieds de large et 10 pieds de haut. La peinture est vendue au litre. Un litre de peinture couvre 12 mètres carrés. Environ combien de litres seront nécessaires pour appliquer une couche de peinture?

EXPLORE LES MATHÉMATIQUES

As-tu déjà remarqué les nombreux types d'emballages utilisés pour conserver les objets ménagers? Les céréales, le détergent et les papiers-mouchoirs sont vendus dans des boîtes rectangulaires. La soupe et le thon sont vendus dans des boîtes métalliques cylindriques. Quelles autres formes d'emballage connais-tu? Pourquoi crois-tu que les fabricants choisissent différentes formes pour les emballages de leurs produits?

Pour connaître la quantité de matériel d'emballage nécessaire pour un produit, il faut calculer l'**aire totale** de l'objet. Les gens de métier comme les usineurs doivent également calculer l'aire totale pour déterminer la quantité de matériel nécessaire à la fabrication des pièces.

L'une des méthodes utilisées pour trouver l'aire totale d'un objet à trois dimensions consiste à créer un **développement**. Tu peux créer un développement en imaginant que tu découpes un objet à trois dimensions et que tu le déplies pour obtenir une figure à deux dimensions. Tu peux ensuite trouver l'aire totale en additionnant l'aire de chacun des côtés, ou des faces, du développement à deux dimensions.

aire totale : la somme des aires des faces d'un objet à trois dimensions

développement : un modèle à deux dimensions utilisé pour construire des formes à trois dimensions

DISCUSSION DES IDÉES

FACTEUR D'ÉCHELLE

facteur d'échelle : le rapport des longueurs des côtés correspondants de deux polygones

Sarita fabrique des caisses en carton. Un de ses clients voudrait qu'elle double les dimensions d'une boîte qui a actuellement 3 po de long, 2 po de large et 1 po de haut.

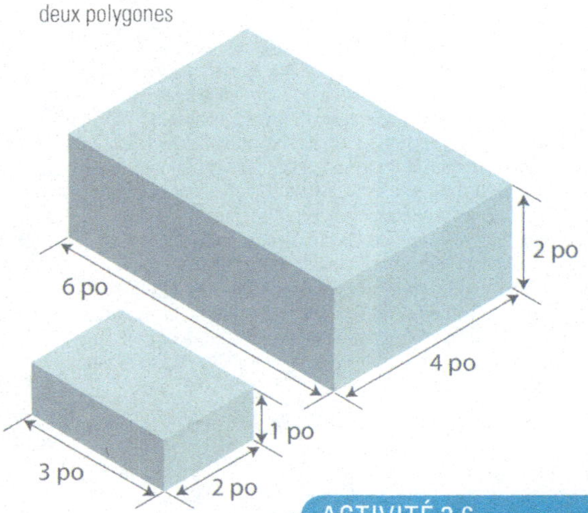

1. Quel **facteur d'échelle** Sarita utilisera-t-elle pour créer la nouvelle boîte?
2. Quelle sera l'aire totale de la nouvelle boîte?
3. Quelles répercussions aura le doublage des dimensions sur l'aire totale de la boîte?
4. Quelles répercussions aurait le triplement des dimensions sur l'aire totale de la boîte? Et si les dimensions étaient quadruplées?
5. Écris une formule que tu peux utiliser pour trouver l'aire totale d'un objet proportionné lorsque tu connais l'aire totale initiale et le facteur d'échelle.

ACTIVITÉ 3.6
CONCEPTION D'UN COFFRE À OUTILS

Un soudeur doit fabriquer un coffre à outils rectangulaire en aluminium pour la plate-forme d'une camionnette. Les dimensions intérieures de la plate-forme sont les suivantes : $78\frac{5}{8}$ po de long × $62\frac{3}{8}$ po de large × 21 po de haut.

a) En équipe de trois, concevez un coffre à outils pour la plate-forme de la camionnette. Quels facteurs ont influencé votre conception?

b) Dessinez le plan de votre coffre à outils et inscrivez ses dimensions.

c) De combien de pieds carrés d'aluminium auriez-vous besoin pour fabriquer votre coffre à outils? Quelle formule avez-vous utilisée pour en arriver à votre réponse?

ACTIVITÉ 3.7
FORMULES POUR CALCULER L'AIRE TOTALE

Dans cette activité, ton camarade et toi examinerez les développements de formes communes à trois dimensions et vous élaborerez des formules pour trouver l'aire totale. Votre enseignant vous fournira les développements dont vous aurez besoin.

1. Découpez les développements du prisme rectangulaire, du prisme triangulaire, du cylindre et du cône. Décrivez les développements. Combien y a-t-il de faces identiques sur chaque développement? Inscrivez vos réponses dans un tableau similaire à celui présenté ci-dessous.

DÉCRIRE DES DÉVELOPPEMENTS

Description	*Prisme rectangulaire*	*Prisme triangulaire*	*Cylindre*	*Cône*
Nombre total de faces				
Nombre de chaque type de face				
Aire de chaque type de face		EXEMPLE		
Aire totale				
Formule pour trouver l'aire totale				$\pi ra + \pi r^2$

2. Mesurez les développements avec une règle (unités impériales) et calculez l'aire de chacune des faces. Comment pouvez-vous utiliser l'aire des faces pour trouver l'aire totale de l'objet? Calculez l'aire totale de chacune des formes et inscrivez les résultats dans votre tableau.
3. Assemblez les développements à l'aide de ruban adhésif. Écrivez une formule que vous pouvez utiliser pour trouver l'aire totale d'un prisme rectangulaire, d'un prisme triangulaire et d'un cylindre.
4. Une pyramide triangulaire, ou tétraèdre, est une pyramide dont la base est triangulaire, tel qu'il est illustré sur la figure ci-contre.

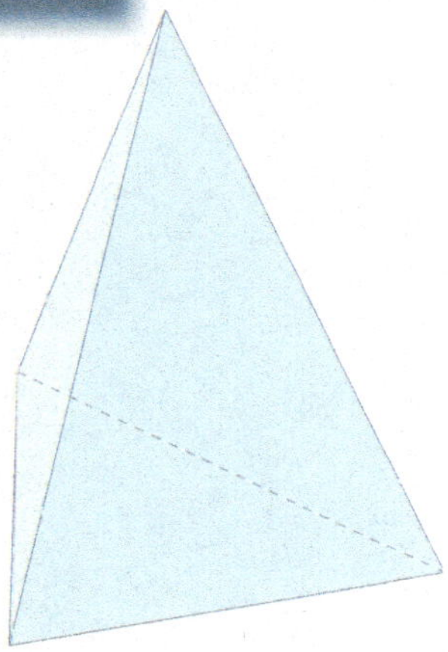

   a) Parmi les développements ci-dessous, lesquels sont les développements d'une pyramide triangulaire (ce sont tous des triangles congruents)?

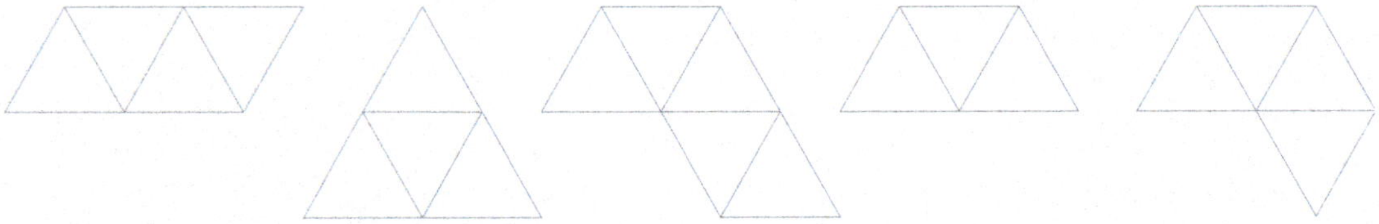

   b) Si l'aire de l'une des faces de la pyramide triangulaire est de 8 po², quelle est l'aire totale de la pyramide triangulaire?

Exemple 1

Une conserverie a modifié la taille de la boîte pour le saumon en conserves. Le diamètre de la nouvelle boîte est de 4 po et sa hauteur est de 5,5 po. Quelle quantité de fer-blanc sera nécessaire pour fabriquer une boîte?

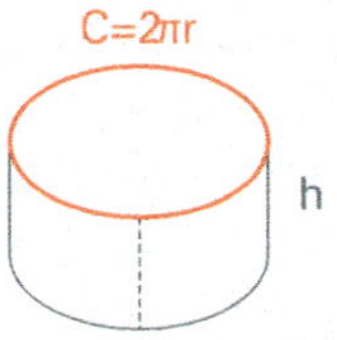

Solution

Une boîte de conserve est un cylindre. Pour trouver la quantité de fer-blanc nécessaire, tu dois trouver l'aire totale du cylindre.

$A = \pi r^2$	Utilise la formule de l'aire d'un cercle pour trouver l'aire du dessus de la boîte.
$A = \pi(2)^2$	Le rayon correspond à la moitié du diamètre. Puisque le diamètre de la boîte est de 4 po, le rayon est de 2 po.
$A = 12{,}57$ po^2	
$2(12{,}57) = 25{,}14$ po^2	Multiplie le résultat par 2 pour trouver l'aire totale du dessus et du dessous de la boîte de conserve.

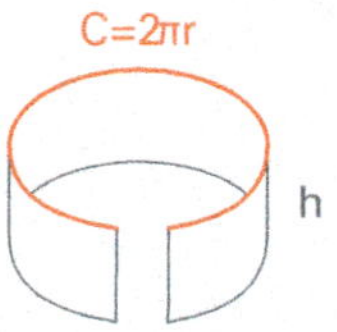

Le côté d'un cylindre est un rectangle. La longueur du rectangle est égale à la circonférence du dessus du cylindre.

$C = 2\pi r$	Utilise la formule de la circonférence d'un cercle pour trouver la longueur du rectangle.
$C = 12{,}57$ po	Le rectangle a 12,57 po de long.
$A = 12{,}57 \times 5{,}5$	Utilise la formule pour l'aire d'un rectangle pour trouver l'aire du côté de la boîte de conserve.
$A = 69{,}14$ po^2	
$25{,}14 + 69{,}14 = 94{,}28$	Trouve la somme des aires du dessus, du dessous et du côté du cylindre.

Il faut 94,28 po^2 de fer-blanc pour fabriquer une boîte de conserve.

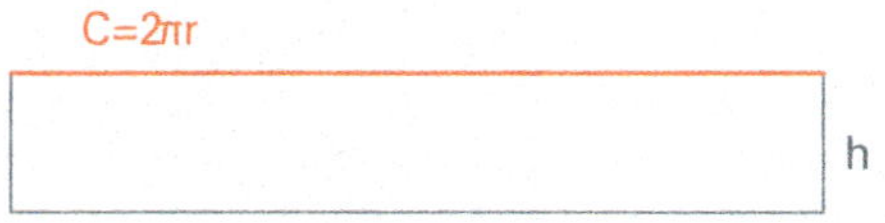

Exemple 2

Taizo fabrique et vend du matériel agricole à Winkler, au Manitoba. L'un des appareils qu'il vend est un épandeur porté 3 points qu'on fixe à un tracteur pour répandre des graines de graminées, des grains de blé ou de l'engrais. La trémie de l'épandeur est un cône dont le diamètre est de 40 po et l'apothème de 45 po. Combien de pieds carrés de plastique sont nécessaires pour fabriquer une trémie?

Ancien modèle de trémie fabriqué en métal plutôt qu'en plastique.

SOLUTION

Une trémie est un cône qui ne comporte pas de base; pour calculer la quantité de plastique nécessaire, tu devras donc calculer l'aire totale du côté du cône. La formule pour trouver l'aire totale du côté d'un cône est la suivante : $A = \pi ra$. Dans cette formule, r est le rayon de la base et a est l'apothème, ou la longueur du côté.

Convertis en pieds les dimensions de la trémie, qui sont indiquées en pouces, à l'aide du facteur de conversion $\frac{1 \text{ pi}}{12 \text{ po}}$.

$\frac{1 \text{ pi}}{12 \text{ po}} = \frac{x \text{ pi}}{20 \text{ po}}$ — Convertis en pieds le rayon, qui est indiqué en pouces. Le diamètre de la trémie est de 40 po. Le rayon est donc de 20 po.

$20\left(\frac{1}{12}\right) = 20\left(\frac{x}{20}\right)$ — Multiplie les deux côtés de l'équation par 20 pour isoler x.

$1{,}67 = x$ — Le rayon de la trémie est de 1,67 pi.

$\frac{1}{12} = \left(\frac{x}{45}\right)$ — Convertis en pieds l'apothème, qui est indiqué en pouces.

$45\left(\frac{1}{12}\right) = 45\left(\frac{x}{45}\right)$

$3{,}75 = x$ — L'apothème de la trémie est de 3,75 pi.

$A = \pi(1{,}67)(3{,}75)$ — Écris la formule de nouveau, cette fois en indiquant les valeurs connues, et effectue la multiplication.

$A = 19{,}67$

Il faut donc 19,67 pi^2 de plastique pour fabriquer une trémie.

ACTIVITÉ 3.8
UN PROJET DE DÉCORATION

Tu as ajouté une nouvelle salle de bain à ta maison. Le plan de cette salle de bain figure ci-dessous. Tu as installé le meuble-lavabo et la baignoire. Tu veux poser des carreaux sur le plancher avant d'installer la toilette, puis peindre les murs. Les murs et la porte mesurent 9 pieds et 7 pieds de haut, respectivement. La hauteur de la baignoire est de $1\frac{1}{2}$ pi et la hauteur du meuble-lavabo est de 36 po. En équipe de deux ou trois, répondez aux questions suivantes.

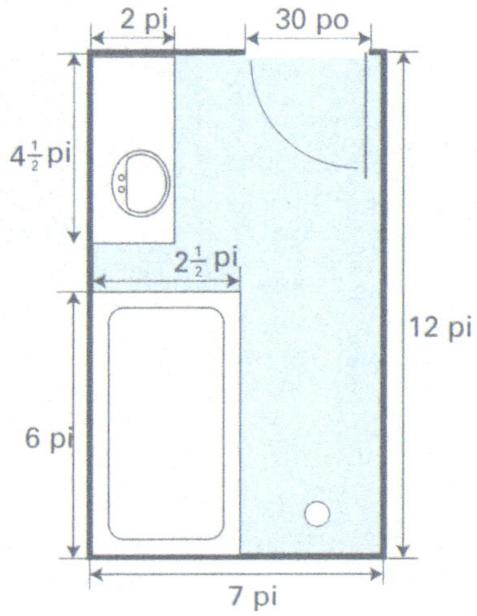

Les peintres calculent l'aire totale pour déterminer le nombre de contenants de peinture qu'ils doivent acheter.

1. Des carreaux de 12 po × 12 po seront posés sur le plancher. Aucun carreau ne sera posé sur la surface qui se trouve sous la baignoire et le meuble-lavabo. Les carreaux coûtent 6,99 $ chacun. Quel sera le coût total des carreaux?
2. La porte et les surfaces sur lesquelles sont installés la baignoire et le meuble-lavabo n'ont pas besoin d'être peints. Il faut appliquer deux couches de peinture sur les murs. La deuxième couche nécessitera $\frac{2}{3}$ de la quantité utilisée pour la première couche. Si un contenant de peinture de 4 litres couvre 400 pi^2 et coûte 46,99 $, et qu'un contenant de 1 litre couvre 100 pi^2 et coûte 17,99 $, combien de contenants de 4 litres et de contenants de 1 litre devras-tu acheter pour réduire au minimum les coûts pour peindre la salle de bain?
3. Tu disposes d'un budget de 600,00 $ pour toute la salle de bain. Après avoir ajouté les taxes (la TPS et la TPV ou la taxe de vente territoriale) au prix de tes matériaux, te reste-t-il suffisamment d'argent pour acheter un nouveau miroir pour le meuble-lavabo?

Calcul mental et estimation

L'aire totale d'un cube est de 24 pi^2. Trouve l'aire de l'une des faces et la longueur de l'un des côtés du cube.

CONSTRUIS TES HABILETÉS

1. Vedran est un paysagiste qui installe des bassins de jardin sur commande. La plupart de ses clients veulent un bassin circulaire qui a 1,5 pied de profond et 4 pieds de diamètre. Vedran recouvre le fond des bassins d'une géomembrane en caoutchouc synthétique qu'il achète en rouleaux de 10 pi × 15 pi au prix de 149,00 $.

   a) Combien de bassins peut-il faire avec un rouleau?

   b) À combien s'élève le prix de la géomembrane pour un bassin?

2. Une entreprise fabrique deux formats de canettes en aluminium. La canette A a un diamètre de 2,5 pouces et une hauteur de 4,5 pouces. La canette B a un diamètre de 3 pouces et une hauteur de 3 pouces. Quel format de canette nécessite la plus grande quantité d'aluminium?

3. Jashandeep restaure un banc de rangement pour enfants en bois. Deux options s'offrent à elle. La première option consiste à appliquer deux couches de teinture à bois sur le banc. Un contenant de teinture d'un litre coûte 12,99 $ et couvrira 15 m^2. La deuxième option consiste à appliquer deux couches de peinture au latex sur le banc. Un contenant d'un quart de litre de peinture coûte 14,99 $ et couvrira 100 pi^2. Jashandeep a fait un schéma, qui figure à droite, afin de pouvoir estimer la quantité de peinture ou de teinture dont elle aura besoin. Quelle option est la moins coûteuse?

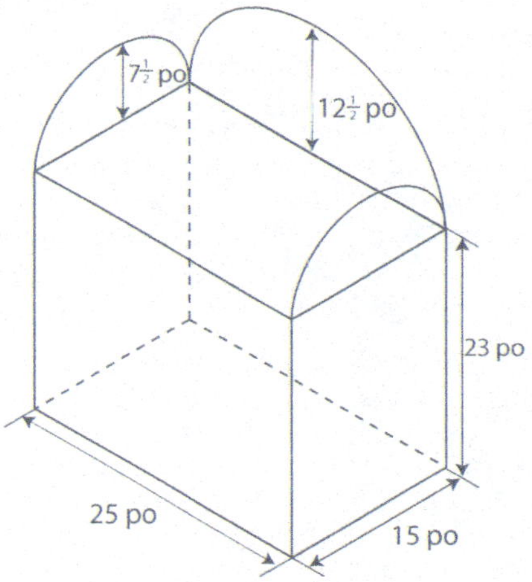

4. Une trémie des semences en forme de cylindre a un diamètre de 3,5 verges et une hauteur de 4,7 verges. Les deux extrémités du cylindre sont fermées par un cône dont l'apothème est de 2,73 verges. Trouve le nombre de verges carrées de tôle qu'il faut pour fabriquer la trémie (présume que la trémie est creuse).

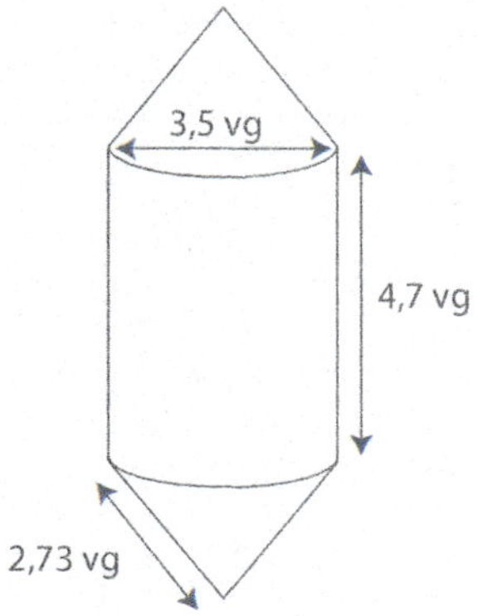

5. Francine veut construire un barbecue rectangulaire dans l'arrière-cour de ses parents. Le barbecue aura 40 po de large, 32 po de profond et 26 po de haut, et il sera ouvert à l'avant. Francine a décidé d'utiliser des briques pour les trois murs et le fond. Les briques coûtent 0,80 $ chacune. Francine a appris que les briqueteurs estiment souvent le nombre de briques dont ils ont besoin en calculant 48 briques/vg^2 puis en ajoutant 5 % pour les coupes et les bris.

a) Combien de briques Francine devrait-elle acheter?

b) Combien coûteront les briques?

6. Une entreprise d'emballage reçoit une commande spéciale; elle doit concevoir et fabriquer des boîtes qui mesurent 3 po de long, 1 po de large et 1 po de haut. Les boîtes seront découpées dans des feuilles de carton de 1 vg × 1 vg. Dessine un schéma qui illustre la façon dont tu t'y prendrais pour couper 72 boîtes dans 1 feuille de carton.

Approfondis ta réflexion

7. Benoit construit une planche à griffes élaborée pour ses chats. La planche est composée de trois poteaux de hauteur différente surmontés de plates-formes circulaires sur lesquelles les chats peuvent se coucher. Les poteaux ont 2 po de diamètre et 2 pi, 3 pi et 4 pi de haut. Chacune des plates-formes circulaires a 12 po de diamètre et 3 po de haut. À la base de la structure se trouve une maisonnette cylindrique de $1\frac{1}{2}$ pi de haut et de 12 po de diamètre. Les chats peuvent entrer dans la maisonnette par un trou de 6 po de diamètre. La base de la planche à griffes mesure 2 pi × 2 pi × 2 po. Benoit veut entièrement recouvrir la planche à griffes avec du tapis. Tous les côtés des poteaux, des plates-formes, de la maisonnette et de la base seront recouverts. Le tapis qu'il a choisi coûte 5,60 $/$pi^2$. À combien s'élèvera le coût du tapis?

PROJET – CONCEVOIR UN ABRI DE PÊCHE SUR LA GLACE

CRÉATION D'UNE MAQUETTE À TROIS DIMENSIONS

Une maquette à trois dimensions t'aidera à visualiser ton abri de pêche sur la glace. Voici une méthode qui te permettra de fabriquer une maquette sans toit (de façon à ce que tu puisses voir à l'intérieur). Tu créeras un développement à deux dimensions de ton abri de pêche sur la glace, puis tu plieras le développement pour créer une maquette à trois dimensions.

Cette élève fabrique une maquette à trois dimensions en fonction de son plan d'étage.

- Procure-toi une grande feuille de carton bristol ou de carton et prends ses dimensions.
- Choisis une échelle qui te permettra de reproduire ton plan d'étage au centre du carton bristol et dessine les quatre murs rattachés au plancher. Dessine la fenêtre et la porte. Ton dessin devrait ressembler au développement d'un prisme rectangulaire sans partie supérieure (toit).
- Découpe ton développement à deux dimensions et plie les murs pour créer une maquette à trois dimensions. À l'aide de ruban adhésif, colle les côtés.
- Qu'y a-t-il à l'intérieur de ton abri? Utilise le même facteur d'échelle pour créer les commodités qui figurent sur ton plan. Par exemple, ton modèle doit comprendre les sièges, l'appareil de chauffage et les trous dans le plancher qui te permettront de pêcher. Tu peux également ajouter des matériaux supplémentaires pour illustrer ton concept, comme des échantillons de peinture ou des photos.

3.4 Volume

LES MATHÉMATIQUES *AU TRAVAIL*

Anthony travaille comme technicien d'entrepôt pour le service des travaux publics de Yellowknife. Son travail consiste à gérer le stockage, l'expédition et l'inventaire des biens gouvernementaux comme le mobilier et les fournitures de bureau. Il inspecte les articles qui sont livrés à l'entrepôt et décide de l'endroit où ils seront entreposés. Il utilise une base de données informatisée pour connaître le nombre d'articles dans l'entrepôt et l'endroit où ils sont stockés. Afin de tirer le meilleur parti de l'aire d'entreposage, Anthony utilise les mathématiques pour prévoir comment et où il entreposera les marchandises.

Anthony doit savoir combien de boîtes il peut entreposer dans un bassin de stockage dans l'entrepôt. Le bassin de stockage mesure 24 pieds de long et 12 pieds de large. Les boîtes peuvent être empilées jusqu'à une hauteur maximale de 9 pieds. Chaque boîte mesure 24 po × 36 po × 18 po. Quel est le nombre maximal de boîtes qu'il peut entreposer dans le bassin de stockage?

Anthony doit connaître les dimensions de l'entrepôt s'il veut stocker les marchandises efficacement.

EXPLORE LES MATHÉMATIQUES

capacité : la quantité maximale que peut contenir un récipient

Dans le SI, l'unité de base servant à mesurer le volume est le litre. Le litre est également l'unité SI de base pour mesurer la **capacité**. Un litre correspond à un millième de mètre cube. Pourquoi le volume est-il mesuré en unités cubiques? Quelle est la formule pour calculer le volume?

Dans le système impérial, l'unité de base pour mesurer le volume et la capacité est la chopine, mais le volume peut également être mesuré en pouces cubes, en pieds cubes ou en verges cubes.

Au Canada, nous utilisons le système impérial anglais. Les américains utilisent un système impérial, mais la valeur de leurs unités de mesure du volume et de la capacité est différente des unités impériales anglaises. La Grande-Bretagne a redéfini ses mesures de volume après que les États-Unis furent devenus un pays indépendant établissant ses propres normes. Un gallon anglais est égal à 4,54609 litres tandis qu'un gallon américain est égal à 3,785 litres. Puisque les gallons anglais et américains sont de taille différente, les mesures de volume et de capacité le sont également. Par exemple, une chopine anglaise correspond à 20 onces liquides tandis qu'une chopine américaine correspond à 16 onces liquides.

La Figure 3.2 dresse une liste des abréviations pour certaines unités impériales courantes courantes pour le volume et la capacité.

FIGURE 3.2

Unités impériales de volume et de capacité

Unité	*Abréviation*
once	oz
once liquide	oz liq.
chopine	chop
pinte	pte
gallon	gal

Dans de nombreux secteurs, le volume et la capacité sont mesurés en unités impériales plutôt qu'en unités SI. Par exemple, dans l'industrie alimentaire, les ingrédients sont souvent mesurés en cuillerées à thé, en tasses et en onces. D'autres secteurs utilisent le système impérial et le SI. Un entrepreneur de bâtiment qui estime la quantité de béton dont il aura besoin pour exécuter un contrat peut faire affaire avec un fournisseur qui vend du béton au mètre cube et un autre qui le vend à la verge cube. L'entrepreneur doit savoir comment effectuer la conversion entre les deux systèmes pour s'assurer qu'il obtient le meilleur prix pour son client.

Dans cette section, tu découvriras des méthodes pour effectuer la conversion entre le système impérial et le SI pour les mesures du volume et de la capacité.

DISCUSSION DES IDÉES

EMBALLAGE

Au fil des ans, les entreprises qui produisent des boissons ont mis sur le marché différents formats de canettes et de bouteilles de boisson gazeuse. Au Canada, une canette de boisson gazeuse normale contient 355 mL. Selon toi, pourquoi les boissons gazeuses sont-elles vendues dans des contenants de ce format?

1. Le tableau ci-dessous montre trois des formats de canettes de boisson gazeuse qui sont vendus aux États-Unis ainsi que les formats équivalents qui sont vendus au Canada. En équipe de deux, reproduisez le tableau dans vos cahiers et inscrivez les rapports pour les trois formats de canettes.

RAPPORTS DES FORMATS DE CANETTES DE BOISSON GAZEUSE

Canette de boisson gazeuse aux États-Unis	*Canette de boisson gazeuse au Canada*	*Rapport – oz liq. : mL*
8 oz liq.	237 mL	
12 oz liq.	355 mL	
16 oz liq.	473 mL	

2. À l'aide des rapports que vous avez indiqués à la question 1, élaborez une formule qui vous permettra de convertir les mL en oz liq. américaines. À la lumière de vos résultats, pouvez-vous expliquer pourquoi le Canada vend ces formats de canettes?

3. Reproduisez le tableau ci-dessous dans vos cahiers et servez-vous des réponses que vous avez trouvées aux questions 1 et 2 pour inscrire les renseignements manquants et créer une table de conversion.

CONVERSION DES UNITÉS IMPÉRIALES EN UNITÉS SI

Unités impériales (É.-U.)	*Unités SI*
1 oz liq.	____ mL
1 chop = 16 oz liq.	____ L
1 pte = 2 chop	____ L
1 gal = 4 pte	____ L

ACTIVITÉ 3.9
CONVERSION D'UNE RECETTE

Tu cuisines du pain bannock aux raisins secs pour une fête communautaire. Ta grand-mère t'a donné sa recette, mais les ingrédients sont indiqués en unités impériales et tes instruments de mesure sont en unités SI.

1. Examineta cuillerée à thé et ta tasse à mesurer. Quelles sont les unités impériales et SI qui y sont inscrites? En équipe de deux, servez-vous de ces deux instruments pour effectuer la conversion de la recette qui figure ci-dessous.

RECETTE DE PAIN BANNOCK AUX RAISINS SECS

Unités impériales	*Ingrédients*	*Unités SI*
3 tasses	farine	____ mL
$1\frac{1}{2}$ cuillerée à thé	poudre à pâte	____ mL
$\frac{1}{2}$ cuillerée à thé	sel	____ mL
$\frac{1}{4}$ de tasse	shortening	____ mL
$1\frac{1}{4}$ tasse	eau	____ mL
1 tasse	raisins secs	____ mL

2. Reproduisez le tableau suivant dans vos cahiers et inscrivez les renseignements manquants afin de créer une table de conversion.

CONVERSION D'UNITÉS COURAMMENT UTILISÉES EN CUISINE

Unités impériales	*Unités SI*
$\frac{1}{4}$ de cuillerée à thé	____mL
$\frac{1}{2}$ cuillerée à thé	____mL
1 cuillerée à thé	____mL
1 cuillerée à soupe (3 cuillerées à thé)	____mL
1 tasse	____mL
1 chopine	568,261 4 mL
1 pinte (2 chopines)	1,136 5 L
1 gallon (4 pintes)	4,546 1 L

Exemple 1

Nigel a importé une voiture qui a été construite en Grande-Bretagne. Le réservoir d'essence a une capacité de 22 gallons. Si le prix de l'essence s'élève à 1,20 $ le litre, combien Nigel paiera-t-il pour remplir son réservoir lorsqu'il sera vide?

Nigel pourrait avoir de la difficulté à conduire sa voiture anglaise, dont le volant est situé à droite, sur les routes canadiennes.

SOLUTION

Puisque 1 gallon anglais est égal à 4,546 1 litres, le facteur de conversion utilisé pour convertir des gallons en litres est le suivant : $\frac{4,546\ 1}{1}$.

$\frac{4,546\ 1 \text{ litres}}{1 \text{ gallon anglais}} = \frac{x \text{ litres}}{22 \text{ gallons}}$ Établis une proportion.

$22\left(\frac{4,546\ 1}{1}\right) = 22\left(\frac{x}{22}\right)$ Pour isoler x, multiplie les deux côtés de l'équation par 22.

$22 \times 4,546\ 1 = x$

$100,014\ 2 = x$

Le réservoir d'essence a une capacité de 100,014 2 L.

100,014 2 × 1,20 $ = 120,02 $

Nigel paiera 120,02 $ pour remplir son réservoir d'essence.

Exemple 2

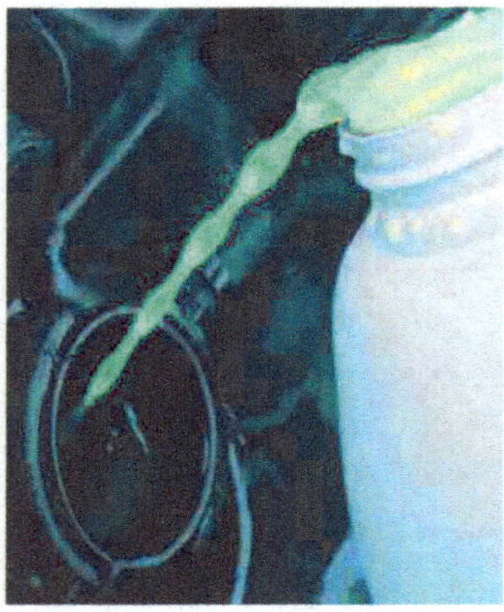

L'antigel empêche l'eau de geler et de prendre de l'expansion dans le système de refroidissement.

Le système de refroidissement du moteur à six cylindres de 250 pouces cubes d'une voiture a une capacité de $3\frac{1}{2}$ gallons. Pour protéger le moteur des températures glaciales, une solution antigel composée de $\frac{3}{8}$ d'éthylèneglycol et de $\frac{5}{8}$ d'eau est ajoutée au système de refroidissement. Si le système de refroidissement est rempli à pleine capacité avec la solution antigel, combien y a-t-il de pintes d'éthylèneglycol?

Solution

Trouve d'abord la capacité en pintes du système de refroidissement. Puisque 4 pintes sont égales à 1 gallon, le facteur de conversion est le suivant : $\frac{4 \text{ pintes}}{1 \text{ gallon}}$.

$\frac{x}{3,5} = \frac{4}{1}$ — Convertis $3\frac{1}{2}$ en nombre décimal et établis une proportion.

$\frac{x}{3,5}(3,5) = \frac{4}{1}(3,5)$ — Multiplie les deux côtés de l'équation par le dénominateur commun pour isoler la variable.

$x = 4 \times 3,5$

$x = 14$

Le système de refroidissement a une capacité de 14 pintes.

Trouve le nombre de pintes d'éthylèneglycol que contient le système de refroidissement.

$0,375 \times 14 = 5,25$ — Convertis $\frac{3}{8}$ en nombre décimal et multiplie ce nombre par la capacité du système de refroidissement.

Le système de refroidissement contient 5,25 pintes d'éthylèneglycol.

Exemple 3

Reshma construit 24 bacs à fleurs en bois pour son jardin. L'intérieur de chaque bac à fleurs mesure 4 pi de long, 2 pi de profond et $1\frac{1}{2}$ pi de large. Reshma doit commander de la terre pour remplir les bacs. La terre vendue par Terre à fleur coûte 17,00 $\$/vg^3$ tandis que celle vendue par Terre chez Robert coûte 21,50 $\$/m^3$. Où Reshma devrait-elle acheter sa terre?

Solution

Pour trouver le coût de la terre vendue par Terre à fleur, convertis en verges les dimensions d'un bac, qui sont indiquées en pieds.

$\left(\frac{x \text{ vg}}{4 \text{ pi}}\right) = \left(\frac{1 \text{ vg}}{3 \text{ pi}}\right)$ — Établis une proportion pour convertir la longueur en verges.

$4\left(\frac{x}{4}\right) = 4\left(\frac{1}{3}\right)$

$x = \left(\frac{4}{3}\right)$ — Convertis la fraction en nombre décimal.

$x = 1{,}33$ vg

$\left(\frac{x \text{ vg}}{2 \text{ pi}}\right) = \left(\frac{1 \text{ vg}}{3 \text{ pi}}\right)$ — Établis une proportion pour convertir la profondeur en verges.

$2\left(\frac{x}{2}\right) = 2\left(\frac{1}{3}\right)$

Reshma pourra ajouter une grande variété de fleurs dans ses bacs à fleurs.

$x = \frac{2}{3}$ — Convertis la fraction en nombre décimal.

$x = 0{,}67$ vg

$\left(\frac{x \text{ vg}}{1{,}5 \text{ pi}}\right) = \left(\frac{1 \text{ vg}}{3 \text{ pi}}\right)$ — Convertis la fraction en nombre décimal et établis une proportion pour convertir la largeur en verges.

$1{,}5\left(\frac{x}{1{,}5}\right) = 1{,}5\left(\frac{1}{3}\right)$

$x = 0{,}5$ vg

$V = 1{,}33 \times 0{,}67 \times 0{,}5$ — Utilise la formule du volume pour calculer le nombre de verges cubes de terre dont Reshma a besoin pour remplir un bac.

$V = 0{,}45 \text{ vg}^3$ — Il faut $0{,}45 \text{ vg}^3$ de terre pour remplir un bac à fleurs.

$24 \times 0{,}45 = 10{,}8$ — Multiplie le résultat par 24 pour trouver le nombre de verges cubes de terre dont Reshma a besoin pour remplir tous ses bacs.

Reshma aurait besoin de $10{,}8 \text{ vg}^3$ de terre.

$10{,}8 \times 17{,}00$ \$ = 183,60 \$ — La terre coûterait 183,60 \$ chez Terre à fleur.

Pour trouver le coût de la terre vendue par Terre chez Robert, convertis en mètres les dimensions d'un bac, qui sont indiquées en pieds.

$\frac{x \text{ m}}{4 \text{ pi}} = \frac{1 \text{ m}}{3{,}280\ 8 \text{ pi}}$ — Utilise le facteur de conversion 1 m = 3,280 8 pieds pour convertir en mètres la longueur des bacs.

$4\left(\frac{x}{4}\right) = 4\left(\frac{1}{3{,}280\ 8}\right)$

$x = 1{,}22$ m

$$\left(\frac{x \text{ m}}{2 \text{ pi}}\right) = \left(\frac{1 \text{ m}}{3{,}280\,8 \text{ pi}}\right)$$

Convertis la profondeur en mètres.

$$2\left(\frac{x}{2}\right) = 2\left(\frac{1}{3{,}280\,8}\right)$$

$$x = 0{,}61 \text{ m}$$

$$\left(\frac{x \text{ m}}{1{,}5 \text{ pi}}\right) = \left(\frac{1 \text{ m}}{3{,}280\,8 \text{ pi}}\right)$$

Convertis la largeur en mètres.

$$1{,}5\left(\frac{x}{1{,}5}\right) = 1{,}5\left(\frac{1}{3{,}280\,8}\right)$$

$$x = 0{,}46 \text{ m}$$

$$V = 1{,}22 \times 0{,}61 \times 0{,}46$$

Utilise la formule du volume pour calculer le nombre de mètres cubes de terre dont Reshma a besoin pour remplir un bac.

$$V = 0{,}34 \text{ m}^3$$

Il faut $0{,}34 \text{ m}^3$ de terre pour remplir un bac à fleurs.

$$24 \times 0{,}34 = 8{,}16$$

Multiplie le résultat par 24 pour trouver le nombre de mètres cubes de terre dont Reshma a besoin pour remplir tous ses bacs.

Reshma aurait besoin de $8{,}16 \text{ m}^3$ de terre.

$8{,}16 \times 21{,}50$ \$ = 175,44 \$

La terre coûterait 175,44 $ chez Terre chez Robert.

Reshma devrait acheter sa terre chez Terre chez Robert.

ACTIVITÉ 3.10
PAVAGE D'UNE ENTRÉE DE COUR

Maynard a décidé de paver son entrée de cour, laquelle mesure 74 pi × 18 pi. Il doit maintenant choisir entre le béton ou les dalles.

COÛTS DU DÉBLAIEMENT ET DU PAVAGE

Objet	*Coût*
Travaux de déblaiement et d'enlèvement de la terre	75,00 $/vg^3
Gravier	12,00 $/vg^3
Sable	30,00 $/vg^3
Béton	135,00 $/vg^3
Pierre à chaux broyée	35,00 $/vg^3
Dalles	6,50 $/vg^3

a) S'il choisit le béton, il devra verser une couche de béton de 4 pouces d'épaisseur par dessus une couche de gravier de 8 pouces d'épaisseur.

b) S'il choisit des dalles qui ont $2\frac{1}{2}$ po d'épaisseur, il aura besoin d'un sol de fondation composé de $3\frac{1}{2}$ po de sable et de 12 po de pierre à chaux broyée. Il devra également ajouter 10 % à sa commande de dalles pour compenser les bris et les coupes.

Les coûts du déblaiement et des matériaux figurent à la page précédente. En petits groupes, comparez les coûts liés au pavage de l'entrée de cour avec du béton ou des dalles. Rédigez un compte rendu comportant une analyse des coûts détaillée pour les deux options.

RÉSOUS LE PROBLÈME

LE CASSE-TÊTE DE DÉCANTATION

Tu as deux récipients vides. Le premier a une capacité de 5 unités et le deuxième a une capacité de 3 unités. Aucune unité de mesure n'est inscrite sur aucun des deux récipients. Tu dois remplir l'un des récipients avec exactement 4 unités d'eau. Tu peux remplir un récipient, vider un récipient et verser l'eau d'un récipient à l'autre, sans débordement.

Tu dois atteindre ton objectif en effectuant le moins d'opérations possible.

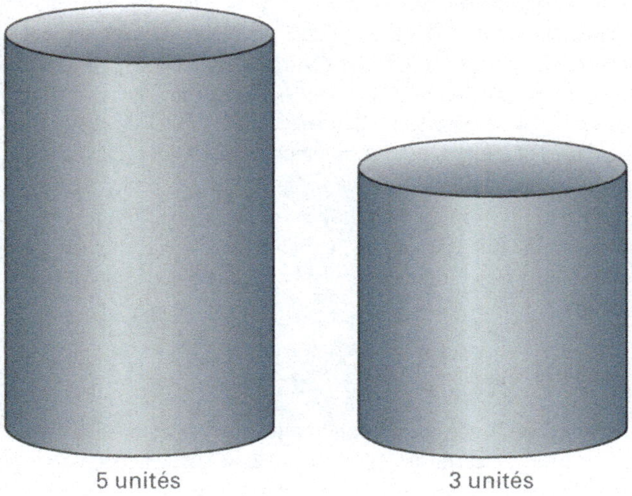

CONSTRUIS TES HABILETÉS

1. Un boulanger-pâtissier doit doubler une recette qui nécessite 3 tasses de lait, mais les instruments de mesure qu'il possède sont en unités SI. De combien de mL de lait aura-t-il besoin?
2. Aux États-Unis, un dépanneur vend 4 formats différents de barbotine : 12 oz liq. américaines, 16 oz liq. américaines, 28 oz liq. américaines et 40 oz liq. américaines. Convertis ces formats en millilitres : correspondent-ils aux formats que tu peux acheter au dépanneur près de chez toi?
3. Anne-Laure fabrique des jouets. Elle a importé des États-Unis des boîtes qui mesurent 12 po × 6 po × 8 po. Elle a besoin d'une boîte pour y placer un jeu qui mesure 20 cm × 11 cm × 16 cm. Les boîtes qu'elle a importées conviennent-elles?
4. Un touriste américain a traversé la frontière canadienne. Son véhicule a une capacité de 15 gallons et il lui reste $\frac{1}{8}$ d'essence dans son réservoir. Si le prix de l'essence s'élève à 1,10 $ le litre, combien paiera-t-il pour remplir son réservoir?
5. Everett possède et gère un atelier de réparation de véhicules automobiles. Il veut construire une plate-forme cimentée de 24 pi × 22 pi × 4 po à l'avant du garage. L'entreprise Béton J & L vend le béton au prix de 145,00 $/vg^3 tandis que Béton M & W vend le béton au prix de 165,00 $/m^3. Quel montant chacune des entreprises demandera-t-elle à Everett? Auprès de quelle entreprise Everett devrait-il acheter le béton dont il a besoin?
6. Elann se spécialise dans la réparation de ponts. Elle a besoin de calculer la quantité de béton dont elle aura besoin pour réparer des épaufrures dans le béton du tablier d'un pont. Une épaufrure est un trou peu profond duquel des fragments de béton se sont détachés en raison du gel, de l'utilisation de sel de voirie ou de l'usure. Il y a trois épaufrures sur le tablier du pont. Elles sont rectangulaires et ont chacune $2\frac{1}{2}$ po de profondeur. La première épaufrure mesure $2\frac{1}{2}$ pi sur 3 pi. La deuxième mesure 16 pi sur 6 pi. La troisième mesure quant à elle $15\frac{1}{2}$ pi sur 9 pi. Elann doit commander suffisamment de béton pour remplir les trous. Elle doit également commander $\frac{1}{2}$ vg^3 supplémentaire pour compenser les pertes. Combien de verges cubes de béton devrait-elle commander?

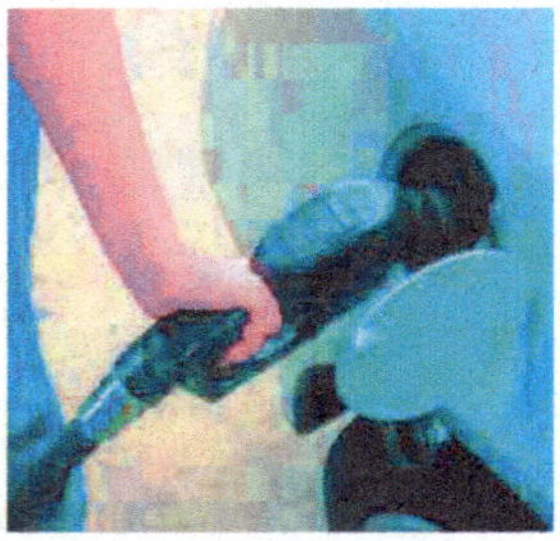

Le fait de conduire une voiture qui consomme peu d'essence est non seulement économique, mais également respectueux de l'environnement.

Approfondis ta réflexion

7. Jamal veut acheter une voiture économique. Il sait que dans les pays qui utilisent le SI, le rendement du carburant est mesuré selon le nombre de litres consommés par le véhicule sur une distance de 100 km. Jamal peut utiliser le nombre de litres par 100 km pour comparer le rendement du carburant. Le véhicule qui utilise le moins de carburant par 100 km est le plus économique. Jamal a vu une publicité pour une voiture qui consomme en moyenne 1 gallon américain par 45 milles ainsi qu'une publicité pour une fourgonnette qui consomme 10 litres par 100 km. Lequel de ces véhicules est le plus économique?

PROJET – CONCEVOIR UN ABRI DE PÊCHE SUR LA GLACE

FAIRE UNE PRÉSENTATION

T Tu es maintenant prêt à présenter ton abri de pêche sur la glace. Commence par planifier ta présentation. Quels renseignements présenteras-tu? Quelle est la meilleure façon de présenter ton abri ainsi que les renseignements que tu as recueillis? Les présentations se font souvent à l'aide d'affiches illustrées et de documents à distribuer. Tu peux également utiliser un logiciel de présentation. Assure-toi d'inclure les éléments suivants dans ta présentation :

- une description de ton matériel, des quantités et des coûts;
- un plan d'étage à deux dimensions précis;
- une maquette à trois dimensions fait à l'échelle.

Ajoute des photos de tes matériaux et des commodités que tu as choisis pour ton abri. Tu peux également expliquer pourquoi tu as choisi ces matériaux ou ces commodités.

Discute avec tes camarades de la meilleure façon de présenter ton projet.

RÉFLEXIONS SUR L'APPRENTISSAGE

LONGUEUR, AIRE ET VOLUME

Maintenant que tu as terminé ce chapitre, tu devrais être en mesure :

- ❒ de comprendre les relations entre les unités du système impérial et celles du SI;
- ❒ de convertir en unités impériales une mesure donnée exprimée en unités SI;
- ❒ de convertir en unités SI une mesure donnée exprimée en unités impériales;
- ❒ d'estimer des mesures à l'aide d'un référent;
- ❒ de calculer le périmètre, la circonférence et l'aire en unités impériales;
- ❒ de calculer l'aire totale et le volume d'objets à trois dimensions en unités impériales.

De plus, tu as réalisé un projet qui t'a permis d'appliquer tes nouvelles habiletés dans un contexte pratique.

MISE EN PRATIQUE DES NOUVELLES HABILETÉS

1. Un sentier de promenade au parc Stanley de Vancouver fait 10,8 km de long. Le conseil du parc compte installer, le long du sentier, un banc à tous les 600 m. Les bancs coûtent 350,00 $ chacun, et la main-d'œuvre, 1 500,00 $. Combien l'installation des bancs coûtera-t-elle?
2. Brenda a été embauchée pour remplacer les moulures en bois d'un cadre de fenêtre mesurant 90 po sur 48 po. La moulure coûte 3,25 $ le pied linéaire et ses frais de main-d'œuvre sont de 8,50 $ le pied linéaire. Combien en coûtera-t-il pour remplacer les moulures?
3. Une salle familiale mesure 21 pieds sur 12 pieds et les murs ont 8 pieds de haut. Il s'y trouve une porte de 30 po de large et de 7 pi de haut qui donne sur la terrasse extérieure, et deux fenêtres, qui mesurent chacune 5 pi sur 3 pi. Les murs intérieurs doivent être repeints. Le peintre demande 6,95 $/pi^2. À combien s'élèvera sa facture pour faire ce travail?
4. Antoine doit s'acheter de l'apprêt à métal pour protéger un réservoir de combustible cylindrique contre la rouille. Le réservoir mesure 15 po 6 pi de diamètre et 18 po de haut. Avec un contenant d'apprêt à métal de 3,8 L coûtant 47,13 $, il peut couvrir 40 m^2. Quel sera le coût total de l'apprêt à métal? Présumer que le bas du réservoir serait peinturé.
5. Un casse-croûte annonce sa crème glacée au moyen d'un cornet de crème glacée géant installé sur le toit de l'immeuble. Le cornet est fait d'aluminium. Il mesure 12 po de diamètre, 36 po de haut et son apothème mesure 36,50 po. Combien de pieds carrés d'aluminium a-t-il fallu utiliser pour fabriquer le cornet?

Mettre de la tourbe de mousse autour des plants de bleuets est une façon écologique de favoriser leur croissance.

6. Une touriste américaine qui vient de passer la frontière canadienne remarque une pancarte indiquant « Prochaine station-service : 227 km ». De l'autre côté de la route, devant cette pancarte, elle voit une station-service. Le réservoir d'essence de 18 gallons de sa voiture en est à moitié plein et elle sait que sa voiture fait 28 milles au gallon. Devrait-elle s'arrêter maintenant ou peut-elle faire le plein à la prochaine station-service? Explique pourquoi.
7. Les producteurs de bleuets utilisent de la tourbe de mousse en guise de paillis autour des plants de bleuets afin de conserver l'humidité et de prévenir la croissance de mauvaises herbes. Un de ces producteurs possède un champ de bleuets de 30 pi de long sur 18 pi de large. Il désire étendre une couche de paillis de 6 po dans son champ. Il peut acheter des balles de tourbe de mousse de 1 vg^3 à 39,00 $ ou de 3,8 pi^3 à 12,49 $. Quelle taille de balle devrait-il acheter s'il veut obtenir le meilleur prix au total?

8. Dawai est en train d'aménager une plate-bande fleurie autour de sa maison. La plate-bande mesurera 15 pi sur 3 pi, et il doit ajouter de la terre jusqu'à une profondeur de 12 po. La terre de jardin se vend 15,99 $/vg³ chez La terre moins chère, et 18,99 $/m³ chez Les roches et la terre.

   a) S'il peut acheter une fraction de verge cube ou de mètre cube, où devrait-il acheter sa terre?

   b) S'il doit acheter la verge cube ou le mètre cube au complet, où devrait-il acheter sa terre?

Si Dawai choisit de planter des tulipes, il devrait planter chaque bulbe à une profondeur de 8 po.

9. Steve construit un mur de soutènement de béton de 8 po d'épaisseur mesurant 75 pi de long et $2\frac{1}{2}$ pi de haut. Pour faire du béton, on mélange une part de ciment, deux parts de sable et quatre parts de gravier avec de l'eau.

   a) De combien de verges cubes des ingrédients suivants Steve aura-t-il besoin pour construire son mur?

      i) ciment

      ii) sable

      iii) gravier

   b) Le sable coûte 18,00 $/vg³, le gravier, 8,99 $/vg³, le ciment, 65,00 $/vg³, et Steve demande 1 500,00 $ pour la main-d'œuvre. Combien ce projet coûtera-t-il?

Chapitre 4

Masse, température et volume

OBJECTIFS

Le chapitre 4 porte sur les échelles de température Celsius et Fahrenheit, ainsi que sur la mesure du poids et de la masse dans le système international d'unités (SI) et le système impérial. Au quotidien et au travail, on utilise ces mesures dans une multitude de contextes, qu'il s'agisse de la cuisine, de la médecine, de l'agriculture, de la construction, etc. Dans ce chapitre, tu appliqueras donc les habiletés et connaissances mathématiques que tu as acquises pour :

- comparer des températures en degrés Celsius et Fahrenheit, et des poids et des masses en unités SI et impériales, puis convertir ces mesures d'un système à l'autre;
- examiner les différences entre la masse et le poids dans chacun des systèmes;
- effectuer d'autres conversions pouvant être importantes dans un milieu de travail, comme la conversion entre la masse et le volume.

TERMES IMPORTANTS

- Celsius (°C)
- facteur de conversion
- Fahrenheit (°F)
- gramme (g)
- kilogramme (kg)
- livre (lb)
- masse
- once (oz)
- poids
- température
- tonne américaine (ta)
- tonne métrique (t)

COMMENCER L'ORGANISATION

APERÇU DU PROJET

Tu as peut-être déjà vu à la télévision des concours de cuisine où des chefs rivalisent pour la gloire et le prestige. Peux-tu en donner des exemples? Dans ce chapitre, ton projet sera de préparer un menu qui pourrait être présenté dans le cadre d'un concours de cuisine d'envergure internationale.

T

Pour ce projet, tu devras planifier un menu comprenant un hors-d'œuvre, un plat principal et un dessert. Tu devras aussi documenter toutes tes recettes. Puisqu'il s'agit d'un concours international, tu devras indiquer les quantités d'ingrédients et les températures de cuisson en unités SI et en unités impériales. Enfin, tu devras concevoir un menu imprimé et un livret de recettes que tu présenteras à tes camarades de classe, qui joueront le rôle des « juges ».

À la cuisine!

Ces concurrents préparent le dernier service de leur repas gastronomique.

POUR COMMENCER

Pour commencer ton projet, cherche des recettes de différents pays pour voir de quelle façon on y mesure les ingrédients (à la masse? au volume? des deux façons?). Ensuite, planifie ton menu et trouve les recettes pour chaque plat. Décide du nombre de personnes que tu serviras. On t'imposera deux ingrédients que tu devras utiliser, le reste ne dépendra que de toi.

Tu peux créer tes propres recettes ou utiliser des livres de recettes, Internet ou d'autres ressources. Avant de choisir un plat ou une recette, pose-toi les questions suivantes :

- Tes plats s'accordent-ils bien ensemble? S'agit-il de plats intéressants et comprennent-ils plusieurs ingrédients? Comprennent-ils l'ingrédient thème?
- Tu devras convertir les mesures d'ingrédients et les températures de tes recettes en unités SI si elles sont en unités impériales ou vice versa. N'oublie pas de choisir entre les unités de mesure impériales américaines et britanniques, s'il y a lieu. Tes plats sont-ils assez complexes en fonction de cette dernière exigence? (Les juges chercheront à voir si tu es capable de présenter tes recettes à un public international.)

LISTE DE CONTRÔLE POUR LA PRÉSENTATION FINALE

Tu présenteras ton menu et ton livret de recettes à la classe et à ton enseignant afin qu'ils les évaluent. Chaque élève de la classe votera, en secret, pour ses trois candidats favoris. Ta présentation finale devra comprendre ce qui suit :

- un menu comprenant une courte description de chacun des plats;
- un livret de recettes comprenant :
  - la recette de chacun des plats;
  - des tables de conversion pour les divers ingrédients;
  - une liste d'achats pour tous les ingrédients comprenant les quantités converties en unités SI ou en unités impériales.

4.1 Conversion de températures

LES MATHÉMATIQUES *AU TRAVAIL*

Membre de la Première nation Musqueam, Denise Sparrow est propriétaire exploitante du service de traiteur Salishan Catering à Vancouver, en Colombie-Britannique. À ses débuts, en 1993, elle emballait et vendait du saumon. Son entreprise s'est ensuite développée et est devenue un service de traiteur offrant un croisement entre la culture et la cuisine traditionnelles Musqueam et la cuisine moderne. Elle attribue le succès de son entreprise à sa grand-mère et à sa mère, qui lui ont enseigné les façons de faire de ses ancêtres.

L'entreprise de Denise offre plusieurs services, comme des plateaux pour potlatch, des repas de style familial, des buffets ou des soupers six services, pour autant de convives que désiré. Le service peut être effectué par du personnel portant des vêtements traditionnels. Denise aime aussi se rendre dans les écoles pour y enseigner ses connaissances sur la cuisine traditionnelle.

Le service de traiteur de Denise offre des spécialités comme des œufs de saumon fumés sur bannock grillé et des bâtonnets de charqui de bison pemmican.

Denise planifie un banquet pour 400 personnes. Elle prépare des hors-d'œuvre de saumon fumé au bois d'aulne, de saucisse de bison et du bannock barbecue. Son plat principal sera composé de venaison, d'algues, de riz sauvage, d'asperge de mer et d'une salade verte. Pour terminer le repas, elle servira un dessert fouetté de baies sauvages et de pommes de savon. Habituellement, Denise travaille en degrés Fahrenheit, mais le réfrigérateur et le four du centre où aura lieu le banquet sont en degrés Celsius. Elle sait que les aliments réfrigérés doivent être conservés à moins de 40 °F et que les aliments chauds doivent l'être à plus de 140 °F. Que doit savoir Denise si elle veut convertir les degrés Fahrenheit en degrés Celsius?

EXPLORE LES MATHÉMATIQUES

On mesure la température à l'aide de thermomètres pouvant l'indiquer selon différentes échelles. Au Canada, on mesure la température en degrés Celsius, mais il arrive parfois qu'on utilise aussi les degrés Fahrenheit. Quels exemples peux-tu nommer? Si tu es déjà allé aux États-Unis, tu as probablement entendu des gens donner la température en degrés Fahrenheit. Les échelles Celsius et Fahrenheit sont celles qu'on utilise le plus couramment au quotidien et au travail. Par exemple, les gens de métier travaillant à l'extérieur doivent connaître la température qu'il fait afin de calculer le temps de prise des solvants et des adhésifs ou le temps de séchage de la peinture. Dans quels autres métiers aurais-tu besoin de mesurer la température?

Dans le SI, on mesure la température en degrés Celsius. Étant donné que cette échelle comporte 100 degrés entre le point de congélation et le point d'ébullition de l'eau, on l'appelle aussi parfois centigrade, un mot dont l'origine latine signifie justement 100 degrés.

ACTIVITÉ 4.1 – ÉLABORATION D'UN GRAPHIQUE DE LA TEMPÉRATURE

Sur l'échelle Celsius, le point de congélation se situe à 0 °, alors que sur l'échelle Fahrenheit, l'eau gèle à 32 °. Le tableau suivant présente d'autres équivalences.

ÉQUIVALENCES EN DEGRÉS FAHRENHEIT ET CELSIUS

Exemple	*°F*	*°C*
Temps très froid	–22	–30
Temps doux	59	15
Temps chaud	81	27
Température normale du corps	98,6	37
Eau bouillante	212	100

1. À l'aide des renseignements ci-dessus, trace un graphique à partir duquel tu pourras déterminer l'équivalent en degrés Fahrenheit de n'importe quelle température en degrés Celsius se trouvant entre 0 ° et 100 °.
2. Quel type de relation semble-t-il exister entre les deux échelles de température?
3. À l'aide de ton graphique, détermine l'équivalent approximatif en degrés Fahrenheit de 20 °C, de 40 °C, de 60 °C, et de 80 °C.
4. 20 °C séparent chaque température en degrés Celsius de la dernière question. Que remarques-tu à propos des différences entre leurs équivalents en degrés Fahrenheit?
5. Comment peux-tu utiliser ton graphique pour déterminer la valeur en degrés Celsius correspondant à une valeur en degrés Fahrenheit donnée?
6. À l'aide de ton graphique, détermine l'équivalent approximatif en degrés Celsius de –10 °F.

ACTIVITÉ 4.2 CRÉATION D'UNE FORMULE DE CONVERSION

1. Avec un camarade de classe, utilise les renseignements donnés à l'Activité 4.1 pour estimer les températures sécuritaires données dans la rubrique Mathématiques au travail à la page précédente.
2. En te basant sur le fait que 0 °C et 100 °C sont, respectivement, les points de congélation et d'ébullition de l'eau sur l'échelle Celsius et que les températures correspondantes sur l'échelle Fahrenheit sont de 32 °F et de 212 °F, crée une formule te permettant de convertir les degrés Fahrenheit en degrés Celsius.
3. À l'aide de ta connaissance des équations, adapte cette formule afin que tu puisses l'utiliser pour convertir directement des degrés Celsius en degrés Fahrenheit.

SUGGESTION

Lorsque tu remplaces une variable par un nombre dans une formule, place des parenthèses autour de ce dernier, en y incluant son signe, de sorte que tu ne confondras pas le symbole de l'opération et le signe du nombre.

4. Étant donné qu'il faut être prudent lorsqu'il est question d'aliments, calcule, à l'aide des formules que tu viens de créer, les valeurs exactes des températures de conservation des aliments de la rubrique Mathématiques au travail. Tes estimations d'après le graphique étaient-elles assez justes?

Calcul mental et estimation

Chez toi, le thermomètre extérieur indique 20 °F. Estime la température qu'il indiquerait s'il était gradué en degrés Celsius.

DISCUSSION DES IDÉES

SÉPARATION DU PÉTROLE BRUT

Le raffinage du pétrole brut est un processus selon lequel on le chauffe afin qu'il se sépare en différents carburants, comme l'essence, le kérosène, le diesel et le mazout. Ainsi, en chauffant, le pétrole brut s'évapore et lorsque cette vapeur refroidit, les différents carburants se condensent à une température prévisible.

Des coordonnateurs des mesures sont responsables de tenir un registre des températures au cours du processus de séparation du pétrole. Tout comme bien des gens de métier qui convertissent des mesures de façon quotidienne, les coordonnateurs des mesures utilisent souvent des formules comportant des nombres décimaux plutôt que des fractions. Sian est coordonnatrice des mesures dans une raffinerie en Saskatchewan. Récemment, elle a consulté un collègue aux États-Unis. Elle souhaite lui envoyer un rapport sur les points de condensation des carburants en lui fournissant les données en degrés Fahrenheit.

Voici les températures dont elle souhaite faire mention :

POINT DE CONDENSATION DES CARBURANTS

Carburant	*Point de condensation (°C)*
Essence	150
Kérosène	200
Diesel	300
Mazout	370

1. Réécris la formule de conversion $F = \frac{9}{5}C + 32$ sous forme décimale.
2. Convertis en degrés Fahrenheit les points de condensation des quatre carburants exprimés en degrés Celsius, en utilisant des nombres décimaux.
3. À l'aide de ta connaissance des équations, trouve l'équation permettant de résoudre C afin que Sian puisse convertir directement les degrés Fahrenheit en degrés Celsius.
4. Quel avantage y a-t-il à utiliser des nombres décimaux plutôt que des fractions dans une formule de conversion?

Exemple 1

Harpreet transporte des aliments congelés de Los Angeles à Vancouver dans un camion frigorifique. À son départ de Los Angeles, la température extérieure est de 90 °F. Il sait que pour assurer la salubrité des aliments congelés, il faut les conserver entre 0 °F et –4 °F. À son arrivée à la frontière canadienne, le garde-frontière détermine que la température à l'intérieur de la remorque est de –19 °C. Est-ce une température acceptable pour la conservation des aliments congelés? Arrondis ta réponse au demi-degré près.

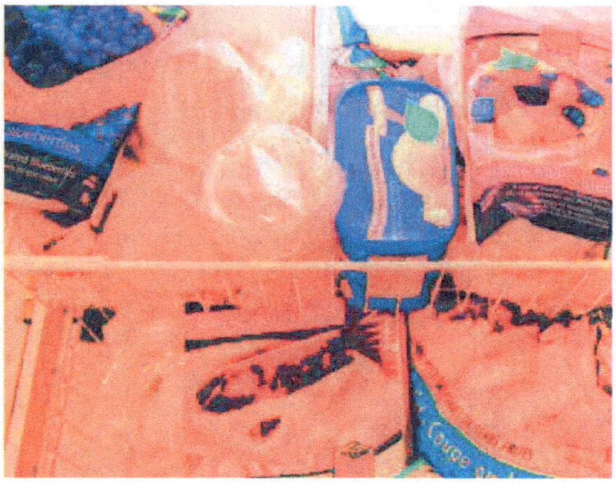

Harpreet doit veiller à ce que sa cargaison demeure congelée, sans quoi elle devient impropre à la consommation.

Solution

Utilise la formule permettant de convertir les degrés Fahrenheit en degrés Celsius.

D'abord, convertis –4 °F en degrés Celsius.

$$C = \frac{5}{9}(F - 32)$$

$$C = \frac{5}{9}[(-4) - 32] \qquad \text{Remplace } F \text{ par } -4.$$

$$C = \frac{5}{9}\left(\frac{-36}{1}\right)$$

$$C = \frac{5}{\cancel{9}_{1}} \times \frac{\cancel{-36}^{-4}}{1} \qquad \text{Simplifie.}$$

$$C = 5(-4)$$

$$C = -20$$

Par conséquent, –4 °F correspondent à –20 °C.

Ensuite, convertis 0 °F en degrés Celsius à l'aide de la même méthode.

$$C = \frac{5}{9}(F - 32)$$

$$C = \frac{5}{9}[(0) - 32]$$

$$C = \frac{5}{9}\left(\frac{-32}{1}\right)$$

$$C = \frac{-160}{9}$$

$$C \approx -17{,}78$$

Par conséquent, 0 °F correspond à –18 °C.

Le thermomètre gradué en degrés Celsius devrait donc indiquer entre –18 ° et –20 °. Puisque la température dans la remorque de Harpreet est de –19 °C, elle est dans la zone de température sécuritaire.

Exemple 2

En voyage aux États-Unis, Jennifer et Richard s'inquiètent pour leur fille Isabelle, qui fait de la fièvre : le thermomètre indique 39 °C. Ils l'emmènent donc à une clinique médicale. L'infirmière prend la température d'Isabelle en degrés Fahrenheit. Quelle sera sa température en degrés Fahrenheit?

Solution

À l'aide de la formule $F = \frac{9}{5}C + 32$ et de ta calculatrice, convertis la température d'Isabelle.

$F = \frac{9}{5}(39) + 32$ Remplace C par 39.

T

$F = 102{,}2$

La température d'Isabelle est de 102,2 °F. Par comparaison, la température normale du corps est d'environ 37 °C ou 98,6 °F.

ACTIVITÉ 4.3
LA CUISSON À HAUTE ALTITUDE

Les points de congélation et d'ébullition de l'eau ont été déterminés au niveau de la mer. Toutefois, ces points changent selon l'altitude, en raison de la variation de la pression atmosphérique. Lorsqu'on monte en altitude, le point d'ébullition de l'eau diminue. Elle peut ainsi « bouillir » sans même être assez chaude pour qu'on puisse en faire du café. La variation de la pression touche aussi la préparation des aliments.

Le col Abbot se trouve dans les Rocheuses, entre le mont Lefroy et le mont Victoria, qu'on voit sur la photo.

T Un collègue et toi avez préparé une excursion pour un groupe de huit au col Abbot, sur la frontière entre la Colombie-Britannique et l'Alberta. Vous déjeunerez dans un refuge situé à 2 925 mètres au-dessus du niveau de la mer. Cherche sur Internet comment tu devras changer la façon dont tu prépareras le déjeuner.

1. À quelle température l'eau bouillira-t-elle? Exprime ta réponse en degrés Celsius.
2. Au niveau de la mer, il faut 3 minutes pour préparer un œuf à la coque. Combien de temps faudra-t-il pour préparer un œuf à la coque au refuge du col Abbott?

CONSTRUIS TES HABILETÉS

1. Lorsqu'on fait cuire de la viande, la température interne de celle-ci doit atteindre un certain seuil, sans quoi elle est impropre à la consommation. Dans un livre de recettes, il y a une liste de températures internes recommandées, indiquées en degrés Fahrenheit.

   FIGURE 4.1
   Températures internes recommandées

Viande	*Température*
Viande hachée	160 °F
Bœuf (à point)	145 °F
Bœuf (bien cuit)	170 °F
Poulet (entier)	165 °F

   Détermine les températures correspondantes en degrés Celsius.

2. Mandy supervise une équipe de construction routière. Elle sait qu'elle doit modifier la composition du mélange bitume/agrégat que son équipe utilise si la température tombe sous les 21 °C. Quelle est cette température en degrés Fahrenheit? Quelles répercussions la température peut-elle avoir sur le mélange bitume/agrégat?

Le plus souvent, on pave les routes en été, parce que l'enrobé bitumineux ne « prend » bien que lorsqu'il fait chaud.

3. Chan travaille sur le chantier de construction d'un immeuble. Son patron lui dit qu'il n'a pas à travailler s'il fait plus de 105 °F ou moins de −15 °F. Or, son thermomètre est gradué en degrés Celsius. À quoi correspondent les limites mentionnées par son patron en degrés Celsius? Pourquoi le patron de Chan donnerait-il ces températures comme limite? Quels autres facteurs, à l'exception de la température réelle, peuvent affecter la décision de Chan ou de son patron de travailler ou non sur le chantier une journée donnée?

4. Pedro vient d'acheter une nouvelle pince à friser pour son salon de coiffure. On précise dans les instructions de la pince à friser que sa température de surface sera de (230 ± 10) °C. À quoi cette température correspond-elle en degrés Fahrenheit? Exprime ta réponse sous la forme $(T \pm t)$ °C.

5. En été, Bev utilise son climatiseur pour rafraîchir sa maison, mais l'hiver, elle la chauffe à l'aide de l'appareil de chauffage.

   a) Vérifie le thermostat chez toi pour déterminer la température. N'oublie pas de remarquer s'il est gradué en °C ou en °F. Convertis la température en degrés de l'autre échelle.

   b) Compare la température chez toi avec celle de la maison d'au moins trois autres élèves. Quelle est l'étendue de températures chez toi et chez tes amis en °C? en °F?

   c) Bev aime qu'il fasse entre 18 °C et 22 °C chez elle. À quoi correspondraient ces données en Fahrenheit? Quand Bev garde-t-elle sa maison la plus chaude, en été ou en hiver? Pourquoi?

Approfondis ta réflexion

6. Utilise les formules de conversion pour déterminer la ou les températures auxquelles les échelles Celsius et Fahrenheit sont pareilles.

LES RACINES DES MATHÉMATIQUES

LA MESURE DE LA TEMPÉRATURE

Voici un thermomètre différentiel moderne conçu d'après le modèle de thermoscope de Galilée.

La connaissance de la température – c'est-à-dire la mesure du chaud et du froid – est, depuis toujours, innée chez l'être humain. Le feu est chaud, la glace, froide! C'est toutefois lorsque les gens commencèrent à travailler avec les métaux qu'ils durent approfondir leurs connaissances de la température, puisqu'il leur fallait déterminer la température à atteindre pour les faire fondre. Il n'empêche que cette compréhension de la température est demeurée subjective pendant très longtemps. L'un des premiers instruments conçus pour montrer qu'une chose est plus chaude ou plus froide qu'une autre fut le thermoscope. En effet, le scientifique et mathématicien italien Galilée inventa, en 1592, un thermoscope pour l'air sensible aux variations de température, mais aussi aux variations de la pression atmosphérique. Autrement dit, cet appareil pouvait indiquer une variation de la température, mais il ne pouvait pas mesurer la température absolue. C'est à un autre scientifique italien, un médecin nommé Santorio Santorio, qu'on doit la première application d'une échelle graduée au thermoscope en 1612, faisant de ce dernier le premier thermomètre utile.

C'est à Amsterdam, aux Pays-Bas, que Daniel Gabriel Fahrenheit conçut le premier thermomètre à alcool en 1709 et le premier thermomètre à mercure en 1714. En 1724, il écrivit un article présentant sa nouvelle échelle de température. Bien qu'on ne sache pas avec certitude ce d'après quoi Fahrenheit établit son échelle, on pense qu'il en aurait fixé le point de départ, ou 0 °, à l'endroit où le mercure dans son tube descendait lorsqu'il le plaçait dans un mélange d'eau et de sel, ce qui aurait été, à l'époque, la plus basse température mesurable. Il aurait ensuite fixé la limite supérieure à la température normale du corps, soit 96 °, à l'aide d'une échelle à 12 degrés (semblable à une règle de 1 pied). En plaçant par la suite le thermomètre dans de l'eau en train de geler, il détermina que le point de congélation de l'eau était de 32 °. Suivant l'échelle de Fahrenheit, ses successeurs déterminèrent par après que le point d'ébullition de l'eau était de 212 °. Ils modifièrent aussi légèrement les calculs de Fahrenheit, mais conservèrent l'échelle à 12 degrés.

L'échelle Celsius, quant à elle, est une invention qu'on attribue à un Suédois d'Uppsala nommé Anders Celsius, bien qu'on pense en fait qu'elle soit le fruit d'une collaboration entre lui et un groupe de collègues. La première utilisation de cette échelle remonte à 1742. Celsius avait découvert que les points de congélation et d'ébullition de l'eau dépendaient de la pression atmosphérique. Ce sont ces températures, mesurées au niveau de la mer, qu'il fixa respectivement aux degrés 0 et 100 de son échelle. En 1954, les membres de la 10e réunion de la Conférence générale des poids et mesures (CGPM) décidèrent que ces températures devaient être prises sous la pression atmosphérique au niveau moyen de la mer à la latitude de Paris, en France, parce qu'en pratique, cette pression reflète celle de bien des villes industrielles au monde.

Sur le monument funéraire de Fahrenheit figure un exemple de son thermomètre.

1. Un degré est-il le même d'une échelle à l'autre?
2. Comment penses-tu qu'un thermomètre fonctionne? Pourquoi le liquide qui s'y trouve monte et descend-il?
3. Celsius a choisi de définir son échelle par les points d'ébullition et de congélation de l'eau. Peux-tu trouver d'autres points par lesquels ils aurait pu la définir? Peux-tu expliquer pourquoi Celsius et Fahrenheit ont utilisé deux points?

4.2 Les mesures de masse dans le système impérial

LES MATHÉMATIQUES *AU TRAVAIL*

Craig et Geneviève possèdent et exploitent un magasin d'aliments pour animaux de compagnie à Saskatoon, en Saskatchewan. Pour assurer la rentabilité de leur entreprise, ils doivent maîtriser toutes sortes d'habiletés financières et informatiques. Ils doivent par ailleurs être bien au fait des différents produits qu'ils vendent, de sorte qu'ils puissent recommander les bons produits à leurs clients.

Certains de leurs fournisseurs sont établis au Canada, mais d'autres sont aux États-Unis. Les produits provenant de ce dernier pays sont pesés en livres et en onces. On compte 16 onces dans 1 livre. Étant donné que de nombreux clients sont âgés et sont davantage à l'aise avec le système de mesure impérial, Craig et Geneviève vendent souvent leurs produits mesurés au moyen de ce système.

Ces gâteries pour chien sont vendues en vrac. Les clients payent à la livre.

Les deux propriétaires ont acheté 288 livres d'aliment pour chat à 2,50 $ la livre. Ils comptent offrir cette sorte d'aliment à leurs clients en sacs de 12 onces. Selon leurs calculs, le prix de vente doit être de 175 % du prix payé s'ils veulent couvrir leurs coûts indirects et réaliser un profit. Combien de sacs d'aliment pour chat auront-ils et à combien, sans les taxes, devront-ils les vendre?

EXPLORE LES MATHÉMATIQUES

masse : mesure de la quantité de matière constituant un objet

poids : mesure de la force exercée par la gravité sur un objet

On entend souvent les gens utiliser les termes masse et poids sans distinction. Pourtant, ces concepts sont bel et bien différents. La **masse** représente la quantité de matière constituant un objet. Pour la mesurer, on compare une quantité connue de matière avec une quantité inconnue de matière, ce qu'on fait généralement à l'aide d'une balance. Le **poids** est une mesure de la force exercée par la gravité sur un objet. Par conséquent, il s'agit d'une mesure de la pesanteur d'un corps matériel, soit la force par laquelle un corps est attiré vers un astre (comme une planète ou un satellite naturel). Il est en outre égal au produit de la masse de l'objet et de l'accélération due à la pesanteur.

Qu'est-ce que cela signifie? Tout simplement, c'est que peu importe où se trouve un objet donné, sa masse sera toujours la même. Cependant, plus cet objet s'éloigne de son centre de gravité, moins son poids sera élevé. Si tu as étudié les planètes en cours de sciences, tu sais peut-être que sur une autre planète, étant donné que la force de gravité n'est pas la même que sur la Terre, le poids d'un objet serait différent. Pense aux astronautes lorsqu'ils sont dans l'espace : ils ont la même apparence que sur Terre – ils ont la même taille, la même silhouette – et pourtant, leur poids est nul! Sur la lune, ton poids serait d'environ $\frac{1}{6}$ de ton poids sur Terre.

Dans de nombreux métiers, il est nécessaire de mesurer le poids et la masse. Par exemple, les grutiers et opérateurs de treuil pèsent les matériaux afin de déterminer s'ils peuvent les hisser en toute sécurité. Ils le font souvent en unités de mesure impériales.

Les grutiers pèsent souvent leurs chargements en unités de mesure impériales.

Dans le système impérial, l'unité de base servant à mesurer la masse est le slug, et l'unité de base servant à mesurer le poids est la livre. Or, comme on n'utilisait pas souvent le slug, la livre est devenue l'unité de base servant à mesurer la masse tout comme le poids. Malgré l'adoption au Canada du SI au lieu du système impérial dans les années 1970, de nombreuses personnes y mesurent encore le poids en livres. Certains gens de métier, comme les conducteurs de chariot élévateur et les entrepreneurs en bâtiments, procèdent encore ainsi.

Dans le système impérial, on dénombre trois unités courantes de poids : l'once, la livre et la tonne américaine. La livre est l'unité de base de la mesure du poids.

1 tonne américaine (ta) = 2 000 livres	On appelle parfois la tonne américaine tonne courte ou tonne nette. Un bison adulte peut peser 1 ta.
1 livre (lb)	Un ballon de football pèse environ 1 lb.
16 onces (oz) = 1 livre	Une tranche de pain pèse environ 1 oz.

SUGGESTION

Une livre vaut un peu moins qu'un demi-kilogramme. Cela peut t'aider lorsque tu as besoin d'estimer ou de faire un calcul mental.

C'est l'origine latine du mot livre, *libra*, qui explique l'abréviation lb. Quand au mot once, il provient d'un ancien mot italien, *onza*, d'où l'abréviation oz.

Afin de définir une livre, il faut un standard auquel on peut la comparer. La livre est la valeur arrondie de 0,453 592 37 kilogrammes.

DISCUSSION DES IDÉES

LE POIDS DES DÉCHETS

On mesure les matières recyclées en verges cubes et en livres.

Imagine que tu travailles dans une usine de gestion des déchets. Dans le service dont tu es responsable, on s'occupe de préparer les matières recyclées en vrac reçues en vue de leur expédition vers des entreprises s'occupant de leur recyclage comme tel (par exemple, celle qui fait fondre le verre afin qu'il puisse servir à faire de nouveaux produits en verre). Au moment de déterminer la façon dont tu prépareras ces matières, tu dois prendre de nombreux facteurs en considération. L'un des facteurs importants est le volume en relation avec le poids des matières de différentes formes. Tu trouveras quelques exemples à la figure 4.2.

1. Pourquoi dois-tu tenir compte du poids et du volume des matières?
2. Quels facteurs, outre leur volume, affectent le poids des matières?

FIGURE 4.2

Table de conversion des mesures de volume et de poids pour les matières recyclées

Matière	*Volume*	*Poids estimé (en livres)*
Papier à imprimante (non compacté)	1 verge^3	655
Papier à imprimante (compacté et mis en balles)	1 verge^3	1 310
Bouteilles de boisson gazeuse réutilisables	24 bouteilles	22
Bouteilles en verre (entières)	1 verge^3	de 500 à 700
Bouteilles en verre (écrasées)	1 verge^3	de 1 800 à 2 700
Boîtes de conserve (entières)	1 verge^3	150
Boîtes de conserve (compactées)	1 verge^3	850
Compost fini	1 verge^3	600
Huile pour moteur usagée	1 gallon	7

ACTIVITÉ 4.4
LE CHOIX DES UNITÉS IMPÉRIALES

Lorsqu'on pèse un objet, il est important de réfléchir aux unités à utiliser. Par exemple, si tu pèses un chargement de briques, tu utiliseras probablement la tonne américaine, puisque les briques sont très lourdes. Un adulte compte habituellement son poids en livres, alors qu'on pèse un nouveau-né en livres et en onces. Avec un camarade de classe, nomme 5 objets de la vie de tous les jours que tu pèserais en onces, 5 que tu pèserais en livres et 5 que tu pèserais en tonnes américaines. Justifie tes réponses. Peux-tu nommer d'autres choses qu'un bébé que tu pèserais en livres et en onces?

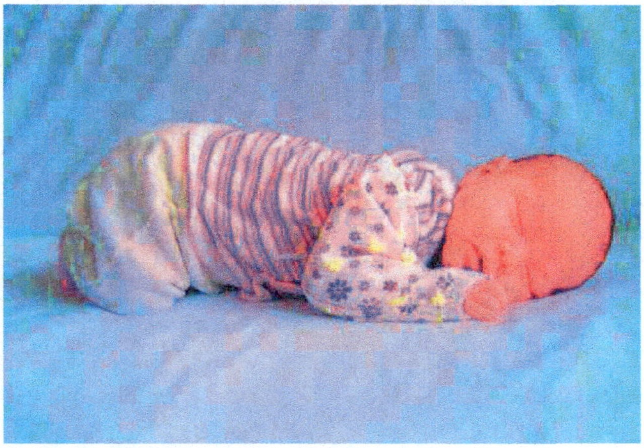

On pèse habituellement les bébés en livres et en onces.

Exemple 1

Désirant recueillir de l'eau de pluie pour arroser son jardin, Stéphan se construit une citerne d'eau rectangulaire dans un champ aux environs de Beausejour, au Manitoba. Les dimensions internes de la citerne, une fois terminée, sont de 10 pieds 8 pouces sur 8 pieds 4 pouces sur 4 pieds 6 pouces. Un pied cube d'eau pèse environ 62 livres 8 onces. Quel sera le poids en tonnes américaines de l'eau que contient la citerne si elle est pleine?

SOLUTION

Puisque 12 pouces égalent 1 pied, on peut convertir en pieds les valeurs exprimées en pouces en les divisant par 12 et en simplifiant.

$\frac{8}{12} = \frac{2}{3}$ Huit pouces représentent $\frac{2}{3}$ de pied.

$\frac{4}{12} = \frac{1}{3}$ Quatre pouces représentent $\frac{1}{3}$ de pied.

$\frac{6}{12} = \frac{1}{2}$ Six pouces représentent $\frac{1}{2}$ pied.

Par conséquent, on peut dire que la citerne mesure $10\frac{2}{3}$ pieds sur $8\frac{1}{3}$ pieds sur $4\frac{1}{2}$ pieds.

Pour calculer le volume d'un prisme rectangulaire, on multiplie sa longueur par sa largeur par sa hauteur.

$V = L \times l \times h$

Calcule le volume d'eau dans la citerne à l'aide de cette formule.

$= 10\frac{2}{3} \times 8\frac{1}{3} \times 4\frac{1}{2}$

$= \frac{32}{3} \times \frac{25}{3} \times \frac{9}{2}$

$= \frac{7200}{18}$

= 400 pieds cubes

Si 1 pied cube pèse 62 livres 8 onces, 400 pieds cubes pèsent 400 fois cette valeur.

Convertis 62 livres 8 onces en livres.

$\frac{8}{16} = \frac{1}{2}$ livre

L'eau pèse donc $62\frac{1}{2}$ livres par pied cube.

Calculer le poids de l'eau.

$$400 \text{ pi}^3 \times 62\frac{1}{2} \text{ lb/pi}^3 = 400 \times \frac{125}{2} \text{ lb} = 25\,000 \text{ lb}$$

Convertis le nombre de livres en tonnes américaines en le divisant par 2 000.

25 000 ÷ 2 000 = 12,5 tonnes américaines

Le poids de l'eau contenue dans la citerne est de $12\frac{1}{2}$ tonnes américaines.

Exemple 2

George estime que les balles de foin dans son champ pèsent en moyenne 62,5 livres. Il y a 892 balles à ramasser. Si son camion peut transporter 8 tonnes américaines, combien de voyages devra-t-il effectuer pour déplacer toutes ses balles de foin?

Afin de ne pas mettre en balle du foin trempé à cause de la rosée, les agriculteurs font ce travail au milieu de la journée.

Solution

Trouve le poids total des balles en livres en multipliant le nombre de balles par le poids par balle.

892 balles × 62,5 livres / balle = 55 750

55 750 ÷ 2 000 = 27,875 tonnes américaines

Ensuite, trouve le nombre de voyages que devra effectuer George.

27,875 ÷ 8 ≈ 3,5

George devra effectuer 4 voyages.

Calcul mental et estimation

Annalise est guide de pêche dans les Territoires du Nord-Ouest. Lors d'un récent voyage, son client a attrapé deux saumons quinnat. Le premier saumon pesait 20 lb 7 oz et le deuxième, 21 lb 9 oz. Ensemble, combien pèsent les deux saumons en livres?

Le client d'Annalise a attrapé deux saumons quinnat de taille moyenne.

CONSTRUIS TES HABILETÉS

1. Associe l'unité de mesure à l'un des trois énoncés. Quelle unité de mesure utiliserais-tu pour les autres énoncés?

   a) Environ 1 once :

   i. une coquille de beurre ii. un pain iii. un chat

   b) Environ 1 livre :

   i. un divan ii. un petit panier de framboises iii. un gallon d'eau

   c) Environ 1 tonne américaine :

   i. un réfrigérateur ii. un gros chien iii. un rorqual bleu

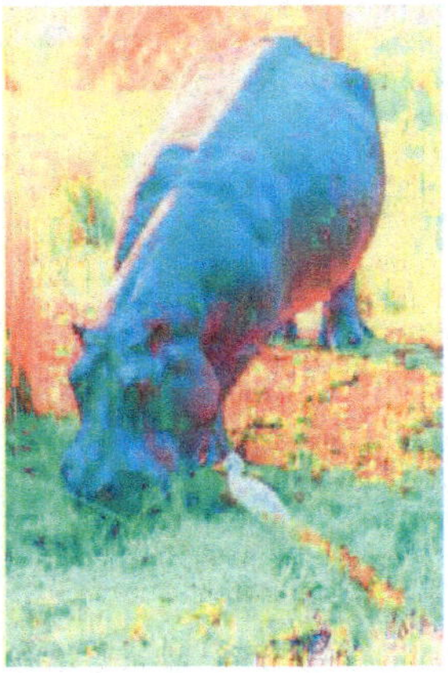

Quelle unité de mesure utiliserais-tu pour peser un hippopotame?

2. Quelle serait l'unité – l'once, la livre ou la tonne américaine – la plus appropriée à utiliser pour exprimer le poids des éléments suivants? Donne une autre possibilité, s'il y a lieu, et justifie ta réponse.
   a) une brique
   b) un écran plasma
   c) une boîte de chocolats
   d) un hippopotame
   e) un canard
   f) une caisse de livres
   g) un tracteur semi-remorque
3. À sa naissance, Johan pesait 7 livres 9 onces.
   a) Pourquoi compte-t-on le poids des nouveaux-nés en livres et en onces au lieu d'arrondir ce poids à la livre près?
   b) Quel serait le poids de Johan en onces?
   c) Pourquoi ne donne-t-on pas le poids des nouveaux-nés seulement en onces?
   d) Marc, l'infirmier de la maternité, a dit à Dawn que son bébé allait perdre environ 10 % de son poids au cours de la première semaine. Par la suite, il devrait reprendre environ 5 onces par semaine au cours des quatre semaines suivantes. Dawn veut calculer le poids qu'aura Johan à 5 semaines. Quel devrait être ce poids si le bébé pesait 7 livres 9 onces à sa naissance?
   e) Comment se compare le poids de Johan à 5 semaines par rapport à son poids à la naissance?
   f) La comparaison serait-elle différente si son poids avait été supérieur ou inférieur à la naissance?
4. Un entrepreneur construit une terrasse derrière la maison de Polli. La dalle de ciment mesurera 9 pieds 8 pouces de long, 7 pieds 3 pouces de large et 4 pouces d'épaisseur. Si un pied cube de béton pèse 150 livres, quel sera le poids du béton constituant la terrasse de Polli?
5. Le café constitue la deuxième marchandise en importance dans le commerce mondial. Hon possède un café restaurant. Il achète des grains de café équitable frais, parce qu'il sait que cela contribue à protéger le revenu des cultivateurs de café. Les grains qu'il achète pèsent 35 livres par pied cube, mais après leur torréfaction, ils ne pèsent plus que 27 livres par pied cube. Il vend son café 17,95 $ la livre.

a) D'après toi, quelle est la marchandise la plus importante dans le commerce mondial?

b) Tiens pour acquis que le cultivateur a vendu ses grains de café au prix plancher de 1,35 $ la livre. Supposons que Hon achète 25 pieds cubes de grains de café et qu'il le vend 17,95 $ la livre après l'avoir torréfié. Compare le revenu du cultivateur au prix de vente de Hon.

Les grains de café sont plus légers une fois torréfiés, parce que ce procédé leur fait perdre de l'humidité.

Approfondis ta réflexion

6. Réfléchis à la question 5 ci-dessus.

   a) D'après toi, le cultivateur a-t-il reçu un montant équitable? Pourquoi?

   b) Penses-tu que Hon a payé ses grains 1,35 $/lb? Pourquoi?

7. Le camion de Pete peut transporter jusqu'à 8 tonnes américaines. L'usine de gestion des déchets pour laquelle il travaille lui a demandé de transporter 105 verges cubes de papier à imprimante compacté jusqu'à l'usine de recyclage. Sam mesure la caisse du camion de Pete et calcule qu'elle peut contenir 24 verges cubes. Il estime donc que Pete devra faire 4,375 voyages, ayant divisé 105 vg^3 par 24 vg^3. Explique pourquoi le raisonnement de Sam est erroné et détermine le bon nombre de voyages que Pete devra effectuer.

4.3 Les mesures de masse dans le SI

LES MATHÉMATIQUES *AU TRAVAIL*

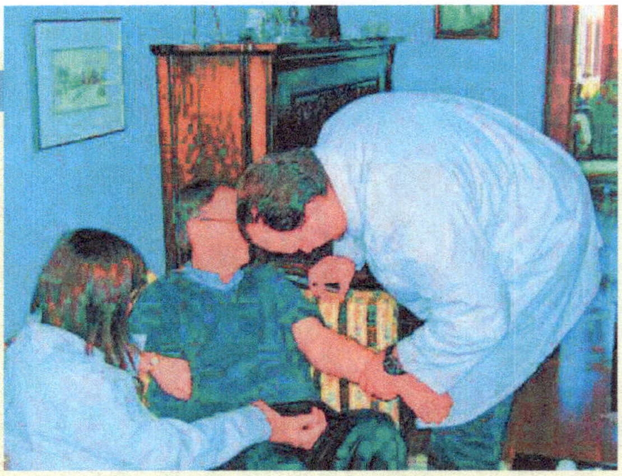

Jeff et Winona doivent connaître la masse de leur patient pour calculer la bonne dose de médicaments à administrer.

Jeff et Winona sont assistants en soins médicaux d'urgence à Whitehorse, au Yukon. En cas d'urgence, ils sont souvent les premiers arrivés sur les lieux.

Jeff et Winona ont suivi un programme de soins primaires approuvé par l'Association médicale canadienne. Ce programme comprenait des cours sur l'anatomie et les statistiques de vie, les comportements légal et éthique et le traitement des traumatismes, de même que des cours sur la conduite sécuritaire.

Lorsqu'ils interviennent dans une situation d'urgence, Jeff et Winona peuvent être appelés à administrer un traitement ou des médicaments en fonction des symptômes du patient et des tableaux de posologie. Par exemple, s'ils croient qu'un patient a subi un arrêt cardiaque (crise cardiaque), Jeff ou Winona lui administre généralement un médicament approprié. La concentration recommandée de ce médicament est de 1 : 10 000 et la dose recommandée est de 0,01 à 0,03 mg/kg de la masse de la personne.

Jeff et Winona répondent à un appel 911. Les symptômes de l'homme de 52 ans indiquent qu'il a subi un arrêt cardiaque. Selon la femme du patient, ce dernier a une masse d'environ 70 kg. Applique le raisonnement proportionnel pour calculer la bonne dose du médicament que Jeff et Winona doivent administrer au patient.

EXPLORE LES MATHÉMATIQUES

kilogramme : masse d'un litre d'eau à 4 °C

Dans la section précédente, tu as discuté des différences qui existent entre la masse et le poids et tu as déterminé qu'on a tendance à utiliser le terme « livre » – une unité de poids – dans le système de mesure impérial pour indiquer le poids et la masse. Dans le SI, on fait le contraire. Le bon terme pour décrire une unité de poids est « newton », mais on utilise le terme « **kilogramme** » – une unité de masse – pour indiquer la masse et le poids.

ACTIVITÉ 4.5
UTILISATION DES PRÉFIXES SI

Puisque le kilogramme est l'unité de masse de base dans le SI, sers-toi de tes connaissances sur les préfixes que tu connais pour déterminer :

1. le nombre de grammes dans un kilogramme;
2. le nom de la mesure SI correspondant à 1 000 kg;
3. le nom de la mesure SI correspondant à $\frac{1}{1000}$ de gramme.

ACTIVITÉ 4.6
MASSES ÉQUIVALENTES

Avec un camarade de classe, discute des deux situations suivantes. Justifie tes solutions. En règle générale, un mégagramme est aussi appelé **tonne** ou tonne métrique.

tonne : une tonne métrique; équivaut à 1 000 kg

1. À l'aide de tes connaissances sur la masse, trouve un objet de référence pour les mesures suivantes :

   a) 1 tonne (t)

   b) 1 kilogramme (kg)

   c) 1 gramme (g)

   d) 1 milligramme (mg)

2. 2,8 t, 2 800 kg et 2 800 000 g sont des masses équivalentes. Elles représentent toutes la masse d'une camionnette. Quelle unité serait-il préférable d'utiliser si tu voulais parler de la masse d'une camionnette? Pourquoi?

Il serait inusité de donner la masse d'une camionnette en grammes.

3. Lorsque tu fais la cuisine, il existe plus d'une façon de déterminer la quantité d'un ingrédient. Dans certaines recettes, les quantités sont indiquées en unités de volume alors que dans d'autres, surtout dans les recettes européennes, elles sont indiquées en unités de masse. Si tu utilises une tasse à mesurer, tu mesures le volume. Pour mesurer la masse, tu as besoin d'une balance de cuisine.

   Tu veux mesurer la quantité de farine dont tu as besoin pour faire un gâteau, mais tu as renversé de la pâte sur la recette et tu es incapable de lire l'unité de mesure. Tu peux voir le nombre 250. S'agit-il de tonnes, de kilogrammes, de grammes ou de milligrammes? Donne des exemples d'objets qui peuvent équivaloir à ces quantités. N'utilise pas les objets de référence suggérés précédemment.

Exemple 1

Tes cinq amis et toi voulez prendre ton bateau à moteur pour traverser la baie et tu es la seule personne à savoir piloter un bateau. La capacité maximale de ton bateau est de 0,55 t. Tu as une masse de 75 kg et tes amis ont une masse respectivement de 76 kg, 82 kg, 63 kg, 68 kg et 78 kg. De plus, tes provisions ont une masse de 104 kg. Combien de voyages devras-tu faire pour transporter tout le monde, y compris tes provisions, de l'autre côté de la baie en toute sécurité? Justifie ta réponse.

Solution

Convertis la capacité maximale de ton bateau à moteur en kilogrammes (0,55 t égale 550 kg). Additionne ta masse à celle de tes amis et des provisions pour trouver la masse totale.

$$75 + 76 + 82 + 63 + 68 + 78 + 104 = 546 \text{ kg}$$

À proprement parler, tu peux tout transporter sur ton bateau en un seul voyage. Cependant, puisque la masse totale est près de la capacité maximale, tu devrais envisager de faire deux voyages parce que tes vêtements ont une masse, l'eau peut être agitée, etc.

DISCUSSION DES IDÉES

POIDS NOMINAL BRUT DU VÉHICULE

SUGGESTION

Selon Transports Canada, le PNBV et le poids vide sont mesurés en utilisant l'unité de masse kilogramme au lieu de l'unité de poids newton.

Les camionneurs et les autres personnes transportant de la marchandise dans leur véhicule doivent connaître le poids nominal brut du véhicule (PNBV). Le PNBV est le poids maximum recommandé d'un véhicule incluant tout ce qu'il transporte. Il correspond au poids du véhicule, du chargement, des passagers, des autres accessoires et du carburant. Le poids à vide est le poids du véhicule lorsque le réservoir de carburant est plein. La différence entre ces deux poids est la capacité de chargement.

Ton ami et toi louez un camion ayant un poids nominal brut de 3 016 kg et un poids à vide de 2 255 kg pour aider un de vos amis à transporter un chargement de briques pour un projet de construction. La somme de ton poids, du poids de ton ami et du poids de tes accessoires est de 160 kg. Si une brique pèse 2,7 kg, combien de briques peux-tu transporter dans le camion?

ACTIVITÉ 4.7 – TENEUR EN PROTÉINES ET TENEUR EN MATIÈRES GRASSES

Tu vends diverses marques de barres énergétiques dans ton magasin de produits diététiques. Les barres ont différents formats et différentes valeurs nutritives. Les femmes de 19 à 30 ans ont besoin d'environ 0,8 gramme de protéines par kilogramme de masse corporelle et d'environ 48 grammes de matières grasses par jour.

Une femme de 24 ans ayant une masse de 55 kg te dit qu'elle aimerait consommer des barres énergétiques pour satisfaire son apport quotidien de protéines, mais elle s'inquiète sur la quantité de matières grasses que contiennent les barres.

1. De combien de grammes de protéines a-t-elle besoin par jour?
2. À l'aide d'au moins trois différents types de barres énergétiques, détermine combien de barres de chaque type elle devrait manger chaque jour pour satisfaire son besoin en protéines, et trouve la quantité de matières grasses qu'elle consommerait. Inscris tes réponses dans un tableau comme celui qui suit.

TENEUR EN PROTÉINES ET EN MATIÈRES GRASSES D'UNE BARRE ÉNERGÉTIQUE

Type de barre	*Grammes de protéines par barre*	*Grammes de matières grasses par barre*	*Nombre de barres nécessaires pour obtenir la quantité requise de protéines*	*Quantité totale de matières grasses dans les barres*
NG	2	3,4		
EM	15	4,5		
LT	15	11,1		

EXEMPLE

3. Selon tes réponses, quelle barre conseillerais-tu à ta cliente?

ACTIVITÉ 4.8
ESTIMATION DE LA MASSE

Chaque jour, on doit estimer la masse des objets. Choisis un objet que tu utilises assez souvent et qui, selon toi, a une masse d'environ 1 kg. Cet objet te servira de référence pour mesurer la masse.

1. En comparant la masse de l'objet que tu as choisi avec celui de différents objets, trouve des objets qui ont la masse suivante :
   a) 2 kg
   b) 5 kg
2. Utilise une balance pour déterminer la masse réelle de l'objet qui te sers de référence. Est-t-il plus lourd ou moins lourd que 1 kg? Par conséquent, est-ce que les objets que tu as choisis sont plus lourds ou moins lourds que ton estimation?
3. S'agirait-il d'une bonne méthode pour estimer la masse d'un objet lourd? Pourquoi?

DISCUSSION DES IDÉES

CONVERSION DES UNITÉS DE MASSE ET DE POIDS

Tu utilises tous les jours plusieurs facteurs de conversion importants. Par exemple, un peu plus tôt, tu as utilisé une formule de conversion pour convertir des degrés Celsius en degrés Fahrenheit et vice versa. Tu as également étudié le concept des conversions au chapitre 3. Réfléchis à la relation entre les livres et les kilogrammes.

1. En Europe, le terme « livre » est souvent utilisé pour désigner la moitié d'un kilogramme. Utilise-t-on ce terme adéquatement? Pourquoi? À l'aide de tes connaissances sur les livres et les kilogrammes, discute de la relation entre ceux-ci. Nomme trois objets dont la masse est parfois mesurée en livres.

La masse de certains de ces objets est mesuré en grammes, en kilogrammes ou en tonnes.

2. Dans les épiceries, le prix des légumes est parfois indiqué à la livre et au kilogramme. Si seul le prix à la livre est indiqué, comment trouverais-tu le prix au kilogramme? Explique ton raisonnement.
3. Parfois, le prix d'un article est indiqué par tranche de 100 g.
   a) Pourquoi un magasin indiquerait-il le prix des articles de cette façon plutôt que d'indiquer le prix au kilogramme?
   b) Le prix de quels types d'articles serait indiquer de cette façon?
4. Il est inscrit sur un sac de sable qu'il contient 20 kg ou 44 lb de sable. À l'aide de cette information, élabore une formule de conversion pour convertir les kilogrammes en livres et les livres en kilogrammes (arrondis les nombres au dixième près).
5. Fais des recherches sur Internet au sujet de l'utilisation appropriée de différentes unités de masse et de poids au Canada.

Calcul mental et estimation

Quel est la masse approximative :

a) d'un rôti de 5 lb en kilogrammes?

b) d'une personne ayant une masse de 62 kg en livres?

CONSTRUIS TES HABILETÉS

1. Choisis le bon article pour chacune des masses.
   a) Environ 1 g
      i. une brique   ii. une pièce d'un cent   iii. un livre
   b) Environ 1 kg
      i. ce manuel   ii. une pièce de dix cents   iii. un lecteur MP3
   c) Environ 1 g
      i. une punaise   ii. un chat   iii. une chaise
   d) Environ 1 t
      i. un taureau   ii. deux hommes   iii. un ordinateur portatif

2. Lis chacune des affirmations et détermine si l'estimation est logique. Si tu n'es pas d'accord avec l'affirmation, justifie ta solution en estimant la masse de l'objet.

   a) Un camion chargé a une masse d'environ 500 kg.

   b) Un petit garçon a une masse d'environ 100 g.

   c) Une rondelle de hockey a une masse d'environ 2 kg.

   d) Un comprimé contre le mal de tête a une masse de 1 mg.

   e) Deux pains ont une masse d'environ 1 kg.

   f) Un morceau de gomme à mâcher a une masse d'environ 1 g.

   g) Un camion de deux tonnes pèse environ 2 200 lb.

   h) Un rôti de 5 lb a pratiquement la même masse qu'un rôti de 5 kg.

3. Les médicaments ont différentes concentrations. Le médecin décide donc quelle dose il te prescrit en fonction de tes symptômes, de ton âge et de ta masse. La concentration de la pénicilline V est de 250 mg par comprimé. Le médecin t'a prescrit une dose de 0,5 g que tu dois prendre trois fois par jour pendant cinq jours.

   a) Combien de comprimés devras-tu prendre à la fois?

   b) Combien de milligrammes de médicaments auras-tu pris après cinq jours?

   c) À combien de kilogrammes correspond cette quantité?

4. Un jardiner veut fabriquer son propre engrais qui aura la concentration suivante : 6-7-5. Cela signifie que chaque tonne d'engrais contiendra 6 % d'azote, 7 % de phosphore et 5 % de potassium. Combien y aura-t-il de kilogrammes d'azote, de phosphore et de potassium dans 0,5 t d'engrais?

SUGGESTION

1 litre = 1 000 cm^3

5. On estime que l'air dans un réservoir de verre a une masse de 1,29 g par litre. Le réservoir mesure 2,5 m sur 3,4 m sur 4,1 m. Quel est la masse de l'air dans le réservoir?

6. Tu veux faire une recette de trempette au fromage et tu as besoin de $1\frac{1}{4}$ lb de fromage stilton. Le fromage est vendu en emballage de 253 g, 421 g, 97 g, 398 g et 124 g à l'épicerie. Quel format d'emballage achèteras-tu pour avoir suffisamment de fromage stilton au prix le plus bas?

7. Max doit transporter 20 panneaux de cloison sèche et 480 tuiles de 6 po sur 6 po sur un chantier de construction. Il sait que la cloison sèche pèse 1,7 lb au pied carré et que chaque panneau mesure 4 pi sur 8 pi. Les tuiles pèsent 2,4 lb au pied carré. Quelle est la masse totale de son chargement en kilogrammes?

Sur la lune, les astronautes pèsent 83,5 % moins que sur la Terre.

Approfondis ta réflexion

8. En 1969, Neil Armstrong a été le premier homme à marcher sur la lune. Il était accompagné de Buzz Aldrin, qui a lui aussi marché sur la lune, et de Michael Collins, qui est resté dans l'astronef.

   Les trois astronautes avaient la même masse sur la lune que sur la Terre, mais ils pesaient moins. Le poids que tu ressens sur une autre planète ou la lune dépend de la masse de la planète ou de la lune, de la distance qui te sépare de son centre et de ta masse. Plus la masse d'une planète est grande, plus ton poids est élevé.

   À l'aide de tes connaissances sur les planètes, détermine :

   a) sur quelle planète tu pèseras le plus;

   b) sur quelle planète tu pèseras le moins.

   T Sers-toi d'Internet pour déterminer ton poids sur les planètes où tu pèseras le plus et où tu pèseras le moins, et établis un facteur de conversion.

RÉSOUS LE PROBLÈME

LA FAUSSE PIÈCE DE MONNAIE

Tu peux te servir d'une balance pour comparer la masse de deux objets.

Tu as 12 pièces en or qui semblent identiques, mais l'une d'elles est fausse. À l'aide d'une balance, et en effectuant un maximum de trois pesées, comment peux-tu trouver quelle pièce est fausse?

CRÉER DES TABLES DE CONVERSION

De nombreux livres de recettes comprennent des tables de conversion pour les ingrédients communs.

Maintenant que tu as composé ton menu et que tu as décidé quels plats il comprendra, tu peux commencer à travailler sur d'autres éléments de ton livret de recettes.

Tu as peut-être constaté que de nombreux livres de recettes comprennent des tables de conversion pour les ingrédients courants. Crée une table de conversion pour les ingrédients de tes recettes que tu intégreras à ton livret.

Commence par dresser une liste de tous les ingrédients dont tu as besoin pour faire tes recettes. Choisis ensuite une unité de mesure normalisée (p. ex., 100 g) qui te servira de base pour faire tes conversions. Enfin, crée une table et inscris-y la quantité de chaque ingrédient. Tu devras calculer la masse et le volume de chaque ingrédient en unités SI et en unités de mesure impériales.

T Il est à noter que le facteur de conversion sera différent pour chaque ingrédient lorsque tu convertiras des unités de masse en unités de volume. Par exemple, une tasse de farine n'a pas la même masse qu'une tasse de sucre. Consulte l'Internet ou d'autres sources pour trouver les équivalences de volume et de masse de tes ingrédients. Si tu te sers d'Internet, tu peux consulter différents sites Web pour t'assurer que les mesures que tu as trouvées sont exactes.

Après avoir dressé la liste de tes ingrédients et trouvé les quantités équivalentes de chacun, convertis la quantité de chacun des ingrédients dont tu as besoin pour faire ta recette. Inscris dans un tableau les quantités indiquées dans ta recette, puis convertis les quantités. Les personnes qui voudront concocter les recettes de ton menu pourront se servir de ce tableau pour établir leur liste d'épicerie.

Tu as maintenant deux tables pour ton livret de recettes.

4.4 Les conversions

LES MATHÉMATIQUES *AU TRAVAIL*

Louise Niwa travaille comme directrice de l'exploitation pour la Niwa Ranching Company, une entreprise familiale située à Acadia Valley, en Alberta. Elle a terminé un programme en sciences à l'Université de la Saskatchewan en 2000, et elle a travaillé dans une fabrique d'aliments où elle s'occupait de la formulation d'aliments et de la nutrition avant de revenir s'installer sur la ferme familiale. Elle a déclaré ce qui suit : « J'ai dû suivre des cours de mathématiques pour obtenir mon diplôme en sciences. Depuis que je suis revenue sur la ferme, je me sers beaucoup des notions de base de l'algèbre. De plus, les conversions sont essentielles à nos activités. »

Dans son travail de directrice de l'exploitation pour la Niwa Ranching Company, Louise utilise régulièrement l'algèbre et les conversions.

Jim a acheté de l'orge aplatie de la Niwa Ranching Company pour nourrir son bétail. L'orge aplatie est une sorte d'orge qui a été traitée pour être plus facile à digérer. Au moment de l'achat, le prix de l'orge était de 3,60 $ le boisseau plus 0,22 $ le boisseau pour l'aplatissement et la livraison. La TPS de 5 % est ajoutée aux frais d'aplatissement et de livraison, mais pas au prix de l'orge. L'orge a été transférée directement d'un silo à un camion de trois tonnes. Une tonne d'orge contient 45,9 boisseaux. Une fois rempli, le camion avait une masse de 12 100 kg. La masse du camion vide était de 5 550 kg. Combien Jim paiera-t-il l'orge aplatie qu'il a achetée de la Niwa Ranching Company?

EXPLORE LES MATHÉMATIQUES

Par le passé, tu as converti différentes unités de mesure, que ce soit dans un même système de mesure ou entre le système impérial et le SI. Dans la rubrique Mathématiques au travail ci-dessus, un différent type de conversion a été effectué. Les céréales sont mesurées et vendues au boisseau, qui est une unité de volume, même si l'unité SI utilisée au Canada pour mesurer les céréales, à savoir la tonne, est une unité de masse ou de poids. Un boisseau est une unité de volume ou une capacité qui correspond à environ 2 220 po^3. Le mot « boisseau » vient du bas latin *bustia*, qui a donné en français *boiste*, puis « boîte ».

Afin de résoudre ce problème, tu dois connaître le facteur de conversion pour convertir les tonnes d'orge en boisseaux d'orge. Comme les céréales n'ont pas toutes la même masse, les agriculteurs doivent avoir le bon facteur de conversion pour convertir la masse des céréales qu'ils achètent ou qu'ils vendent. Heureusement, bon nombre de ces facteurs ont déjà été établis et se trouvent sur Internet ou dans des ouvrages de référence.

DISCUSSION DES IDÉES

FACTEURS DE CONVERSION POUR LES PRODUITS AGRICOLES

Dans le problème de la rubrique Les mathématiques au travail qui se trouve au début de cette section, tu devais savoir qu'il y a 45,9 boisseaux dans une tonne pour t'aider à trouver combien Jim a payé l'orge. Les agriculteurs cultivent de nombreux autres types de céréales, comme le blé, le lin, l'avoine et la moutarde. On a besoin d'un facteur de conversion différent pour chaque type de céréales. Explique pourquoi. Consulte Internet pour trouver des facteurs de conversion pour ces autres types de céréales.

En t'appuyant sur ton expérience quotidienne, réfléchis à d'autres situations où tu convertis des unités de volume en unités de masse et vice versa. Donne le plus d'exemples possibles et détermine le facteur de conversion si possible. Quand serait-il plus approprié d'utiliser le volume? Quand utiliserais-tu la masse?

L'orge est l'une des nombreuses céréales cultivées par les agriculteurs canadiens.

ACTIVITÉ 4.9
UTILISATION DES FACTEURS DE CONVERSION

La Niwa Ranching Company possède un vieux silo en bois de forme rectangulaire dans lequel Louise entrepose les céréales. Pour calculer le montant de l'assurance-récolte dont elle a besoin, elle doit trouver le volume d'avoine que le réservoir peut contenir. Louise a mesuré le silo et a déterminé qu'il a 15 pi de long sur 12 pi de large sur 9 pi de haut.

1. Combien de boisseaux d'avoine le silo peut-il contenir?
2. Pour transporter les céréales, Louise doit connaître la masse des grains d'avoine. Combien y a-t-il de tonnes dans le silo?

Résous le problème avec un camarade. Essayez de trouver au moins deux méthodes différentes.

Exemple 1

Rain prépare un dîner pour 20 personnes. Selon le livre de recettes qu'elle a consulté, elle aura besoin d'environ $\frac{3}{4}$ lb de bœuf par personne, et il faudra à peu près 20 minutes par livre, à une température de 350 °F, pour cuire la viande.

a) De façon approximative, combien de kilogrammes de bœuf Rain devrait-elle acheter?

b) De façon approximative, à quelle température en degrés Celsius devrait-elle faire cuire la viande?

c) De façon approximative, combien faudra-t-il de minutes par kilogramme pour faire cuire le rôti?

SUGGESTION

N'oublie pas que 1 kg correspond à environ 2,2 lb.

Solution

a) Trouve combien de livres de bœuf Rain doit acheter.

Rain doit calculer le temps et la température de cuisson de son rôti de bœuf.

$\frac{3}{4}$ lb/personne × 20 = 15 lb

1 kg correspond à environ 2,2 lb. Trouve le nombre de kilogrammes en divisant 15 lb par 2,2.

$$\frac{15}{2,2} = 6,82$$

Rain devrait acheter un rôti de près de 7 kg.

b) Convertis 350 °F en degrés Celsius.

$C = \frac{5}{9}(F - 32)$ Utilise la formule permettant de convertir les degrés Fahrenheit en degrés Celsius.

$$C = \frac{5}{9}(350 - 32)$$

$$C = \frac{5}{9}(318)$$

$$C = \frac{1590}{9}$$

$$C = 176,7$$

La température du four sera de 176,7 °C, arrondi à 180 °C.

c) Pour estimer le nombre de minutes qu'il faudra à Rain pour faire cuire le rôti, utilise le facteur de conversion approximatif 1 kg égale 2,2 lb.

$\frac{20 \text{ min}}{1 \text{ lb}} = \frac{x \text{ min}}{2,2 \text{ lb}}$ Établis une proportion.

$(2,2)\frac{20}{1} = \frac{x}{2,2}(2,2)$ Multiplie par 2,2 pour isoler la variable.

$$2,2 \times 20 = x$$

$$44 = x$$

Il faudra environ 44 minutes par kilogramme pour faire cuire le rôti.

Autre solution

a) Trouve combien de kilogrammes par personne sont nécessaires en divisant $\frac{3}{4}$ ou 0,75 par 2,2, puis en multipliant le quotient par 20 personnes.

$$0,75 \div 2,2 = 0,34$$

$$0,34 \times 20 = 6,8 \text{ kg}$$

ACTIVITÉ 4.10 – CHARGE POUVANT ÊTRE SOULEVÉE PAR UN CHARIOT ÉLÉVATEUR

T Tu travailles pour une entreprise de construction qui est sur le point de se lancer dans un nouveau projet. Ta tâche consiste à trouver quatre chariots élévateurs pour effectuer les travaux. On t'a demandé de faire des recherches pour trouver des renseignements sur plusieurs classes de chariots élévateurs ainsi que la charge qu'ils peuvent soulever, et de présenter ces renseignements. Les renseignements que tu trouveras seront remis aux gestionnaires de projets, qui ont demandé que la charge soit indiquée en tonnes américaines, en tonnes métriques, en livres et en kilogrammes. Il se peut donc que tu doives faire des conversions. Tu devras également indiquer si le chariot élévateur doit être utilisé à l'intérieur ou à l'extérieur. Fais des recherches sur Internet concernant les chariots élévateurs et remplis un tableau comme celui présenté ci-après.

Ce chariot élévateur est utilisé à l'extérieur pour transporter des charges modérées de matériaux de construction.

RECHERCHE SUR LA CHARGE MAXIMALE DES CHARIOTS ÉLÉVATEURS

Marque et modèle de chariot élévateur	*tonnes américaines*	*tonnes métriques*	*livres*	*kilogrammes*

EXEMPLE

De quels autres facteurs devrais-tu tenir compte lors de l'achat d'un chariot élévateur?

CONSTRUIS TES HABILETÉS

1. Vinny reçoit une boîte de balles de baseball à son magasin d'articles de sport. La boîte pèse 266 oz et contient 50 balles de baseball. Vinny jette la boîte, qui pèse 1 lb. Quel est la masse de chaque balle de baseball en grammes?
2. Hana utilise 25 lb de sucre par jour dans son restaurant. Elle demande à Raj, son commis à l'inventaire, de commander suffisamment de sucre pour le mois de janvier. Le sucre se vend en sacs de 10 kg. Combien de sacs de sucre Raj doit-il commander pour être certain d'en avoir assez?

3. Hong est entrepreneur en bâtiments. Selon le code du bâtiment en vigueur dans sa région, les toits doivent pouvoir supporter une masse de 30 lb par pied carré de surface plane.

   a) Combien de kilogrammes par mètre carré cela fait-il?

   b) Après une chute de neige, la neige recouvrant un toit plat pèse 18,1 lb par pied carré. Si la surface plane du toit d'une maison a 1 700 pi^2, quelle est la masse de la neige sur le toit :

      i. en livres? ii. en kilogrammes?

4. Christine empile des caisses de bouteilles d'eau de 355 mL sur une tablette. Si une caisse comprend 24 bouteilles, quelle sera la masse de 12 caisses? Ne tiens pas compte de la masse des bouteilles en plastique et de la caisse en carton.

   a) en kilogrammes?

   b) en livres?

5. Craig et Geneviève ont acheté 26 caisses de graines pour les oiseaux. Chaque caisse contient 16 boîtes et pèse 20 oz. Quelle est la masse des 26 caisses :

   a) en livres?

   b) en kilogrammes?

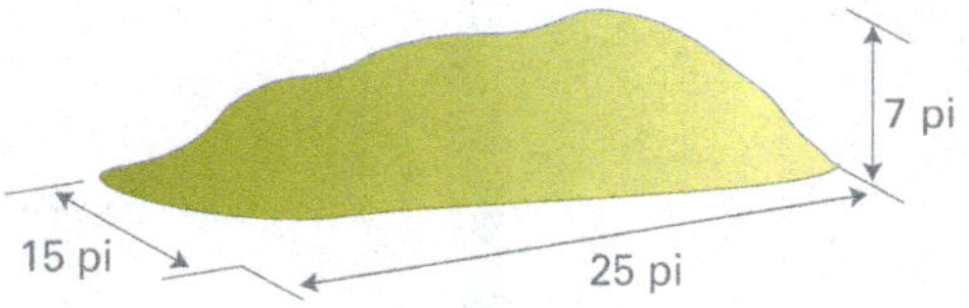

6. Le facteur de conversion pour convertir les mètres cubiques de blé en tonnes est de 0,778. On a dit à Frank qu'il peut estimer le volume des céréales déversées sur le sol à l'aide de la formule suivante : $V = l \times w \times h \times 0{,}5$. Si le tas de céréales a 25 pi de long sur 15 pi de large sur environ 7 pi de haut, combien y a-t-il de boisseaux dans la pile? (Voir le diagramme ci-contre.) (Une tonne de blé contient 36,744 boisseaux.)

7. Jason fait installer un nouvel ascenseur dans l'immeuble d'habitation de quatre étages qu'il gère. Bien que bon nombre des personnes empruntent l'escalier, Jason sait qu'il y aura par moment cinq ou six personnes dans l'ascenseur et, surtout, qu'on utilisera celui-ci pour déménager des meubles. Il estime que le meuble le plus pesant que les locataires déménageront sera un piano droit. Il s'est informé auprès de déménageurs et ceux-ci lui ont dit que les pianos ont une masse pouvant atteindre 545 kg. Il suppose qu'il faudra deux personnes robustes pour déménager un piano et que celles-ci embarqueront dans l'ascenseur avec l'instrument de musique. Par précaution, Jason estime que chaque personne aura une masse d'environ 90 kg. Les ascenseurs qu'il envisage de faire installer ont une capacité maximale de 1 000 lb, 2 000 lb, 3 000 lb, 4 000 lb, 5 000 lb et 6 000 lb. Quelle doit être la plus petite capacité maximale de l'ascenseur que Jason devrait faire installer?

Approfondis ta réflexion

8. Depuis peu, les gens se procurent des biens et des aliments produits localement qu'ils achètent directement du fabricant lorsque cela est possible. Souvent, ils parcourront au plus 100 km pour faire leurs achats. Cela signifie qu'ils doivent parfois acheter de plus grandes quantités à la fois. Par exemple, ils peuvent acheter un demi-bœuf directement d'un propriétaire de ranch, mais la viande doit quand même être correctement débitée par un boucher diplômé. Cependant, il y a beaucoup de viande dans un demi-bœuf. C'est pourquoi il arrive souvent que deux ou trois familles se partagent un demi-bœuf.

   Même si tu habites en ville, tu peux acheter des produits locaux dans des marchés comme celui de l'espace public de La Fourche, situé à Winnipeg.

   Arduk et sa famille ont partagé un demi-bœuf avec deux autres familles. Voici les quantités de viande que les familles ont reçues :

   48 lb de bœuf haché
   7 lb 9 oz de rôti de palette
   6 lb 12 oz de surlonge
   9 lb 14 oz de bifteck
   7 lb 4 oz de bifteck d'aloyau
   4 lb de viande à ragoût

   La viande coûte 1,75 $/lb plus 0,42 $/lb pour la coupe et l'emballage.

   a) Combien Arduk a-t-il payé la viande?
   b) Combien a-t-il payé par kilogramme, la coupe et l'emballage compris?
   c) Combien de kilogrammes (au dixième près) de chaque type de viande Arduk a-t-il acheté?
   d) Vérifie les prix de coupes de viande similaires à l'épicerie de ton quartier ou chez ton boucher. Combien paierais-tu la même quantité de viande à l'épicerie de ton quartier? Arduk a-t-il économisé de l'argent en achetant sa viande de cette façon plutôt qu'à l'épicerie de son quartier?
   e) Donne des exemples d'autres produits locaux que tu peux acheter directement du fabricant dans ton quartier.
   f) Quelles raisons, autres que le prix, les gens peuvent-ils avoir pour choisir d'acheter du bœuf ou d'autres biens directement de l'éleveur ou du fabricant?

RASSEMBLER LE TRAVAIL ET PRÉPARER UNE PRÉSENTATION

Avec des photos, ton livret sera davantage attrayant.

Tu devrais maintenant avoir en main les éléments suivants pour ton projet :

- un menu
- la recette de chacun des plats
- une table de conversion pour les ingrédients
- une liste de tous les ingrédients et de la quantité de chacun d'eux

Crée ton menu. Sois original! Ensuite, rassemble les trois derniers éléments de la liste ci-dessus dans un livret attrayant et pratique. Pour t'inspirer, tu pourrais d'abord prendre le temps de consulter différents livres de cuisine et en observer la mise en page. Comptes-tu mettre des photos? Comment disposeras-tu les éléments dans ton livret? Quel en sera le format et combien de pages comptera-t-il? N'oublie pas que les quantités d'ingrédients converties doivent aussi figurer dans tes recettes, pas seulement dans la table de conversion. En outre, assure-toi d'avoir bien indiqué toutes les températures de tes recettes dans les deux échelles.

Une fois ton livret terminé et imprimé, tu passes du côté des juges! À toi, donc, d'évaluer les menus et livrets de tes camarades de classe en fonction des critères d'évaluation. Que le meilleur menu gagne!

RÉFLEXIONS SUR L'APPRENTISSAGE

MASSE, TEMPÉRATURE ET VOLUME

Maintenant que tu as terminé ce chapitre, tu devrais être en mesure :

- ❒ de comprendre la différence entre les échelles de température Celsius et Fahrenheit;
- ❒ de convertir les degrés Fahrenheit en degrés Celsius et vice versa;
- ❒ de comprendre la différence entre la masse et le poids et les raisons pour lesquelles on les utilise souvent sans distinction;
- ❒ de calculer la masse et le poids dans le système impérial et dans le SI;
- ❒ de convertir la masse et le poids dans chacun des systèmes et d'un système à l'autre;
- ❒ d'utiliser un facteur de conversion pour passer du volume à la masse et vice versa.

De plus, tu as réalisé un projet qui t'a permis d'appliquer tes nouvelles habiletés dans un contexte pratique.

MISE EN PRATIQUE DES NOUVELLES HABILETÉS

1. Dans les provinces des Prairies, le climat est caractérisé par ses écarts extrêmes : des étés très chauds et des hivers très froids. C'est dans les villes de Midale et de Yellow Grass, toutes deux en Saskatchewan, qu'on a enregistré la plus haute température au Canada, le 5 juillet 1937. Il faisait 113 °F. Le 16 février de l'année précédente, on enregistrait –55°F à Midale, un record de basse température. À quoi correspondent ces températures en degrés Celsius? Que remarques-tu à propos de la différence entre ces températures?

2. La température la plus basse jamais enregistrée au Canada l'a été à Snag, au Yukon, le 3 février 1947. Les registres officiels indiquent –63 °C. Quelle est cette température en degrés Fahrenheit?

3. Ta mère t'a demandé d'arroser les plantes et t'a donné un seau d'eau de 5 gallons américains.

   a) Commence d'abord par convertir les gallons américains en litres, puis utilise tes connaissances de la masse de 1 litre d'eau pour déterminer la masse du seau d'eau de 5 gallons américains. Tu trouveras le facteur de conversion du volume à la page 127.

   b) Quelle serait la masse de 1 m^3 d'eau?

4. Afin de recueillir des fonds pour aider une école jumelle en Afrique, on a organisé une campagne de collecte de pièces de cinq cents à ton école. Une pièce de cinq cents a une masse d'environ 5 g, et un rouleau de ces pièces vaut 2,00 $. Tu as accumulé 135,65 $ en pièces de cinq cents.

   a) Quelle est la masse de toutes tes pièces?

   b) Quelle est la masse d'un rouleau de pièces de cinq cents?

   c) Combien de rouleaux faut-il pour avoir une masse de 1 kg?

5. Un menuisier installe un couvre-plancher dans une chambre à l'étage d'une maison. Il hésite entre un couvre-plancher de cerisier, pesant 35 livres par pied cube, et un couvre-plancher de liège, pesant 15 livres par pied cube. Il doit couvrir une surface de 180 pieds carrés, et le couvre-plancher a une épaisseur de $\frac{1}{2}$ pouce. Quelle est la différence de masse entre un plancher de cerisier et un plancher de liège?

6. Le propriétaire d'une pharmacie commande de l'eau de Javel en palettes. Une palette pèse environ 46,3 lb et porte 48 caisses d'eau de Javel. Chaque caisse contient six bouteilles de 5,38 litres. Si un litre d'eau de Javel a une masse d'environ 847,5 grammes, quelle est la masse de la palette chargée, en kilogrammes? en livres?

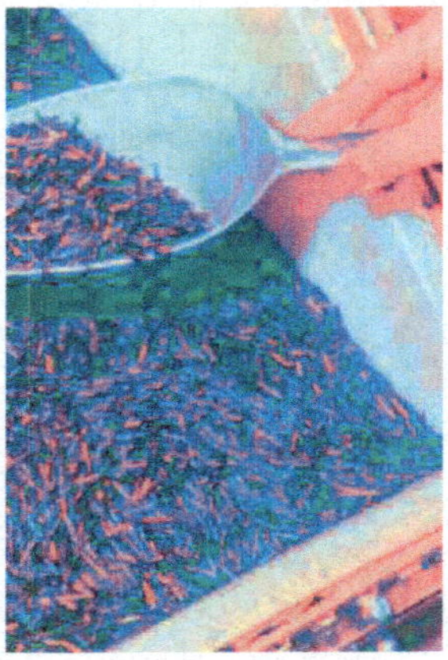

Le riz sauvage est en fait une céréale.

7. Beaucoup d'agriculteurs fertilisent leurs champs à l'aide d'ammoniac gazeux. Ce dernier est un produit chimique composé d'hydrogène et d'ammoniac. Il contient 82 % d'azote par unité de masse. Il s'agit d'un produit chimique pouvant être très dangereux qu'il faut manipuler avec précaution. Si la dose à appliquer est de 100 lb d'azote par acre, combien de tonnes métriques d'ammoniac gazeux faut-il à un agriculteur pour fertiliser 860 acres?

8. Tu travailles sur un chantier de construction et tu dois déterminer la masse des pierres qui te serviront à terminer l'entrée avant de la maison. Tu n'as pas de balance à ta disposition, mais tu as une certaine quantité de sacs de ciment ayant une masse de 20 kg chacun. Explique comment tu pourrais les utiliser pour déterminer la masse des pierres.

9. Le riz sauvage est un aliment traditionnel pour bien des peuples Autochtones dans l'ouest du Canada. De nos jours, la culture et la récolte du riz sauvage se pratiquent à différents endroits, y compris dans de nombreux lacs au nord de la Saskatchewan. Une fois récolté, on sèche le grain, on le chauffe et on en retire l'enveloppe avant de l'emballer et de le vendre. Northern Lights Foods est une entreprise que possède et exploite la bande de Lac La Ronge et qui vend du riz sauvage certifié biologique aux États-Unis, au Japon et en Europe.

   a) La production annuelle moyenne de riz sauvage en Saskatchewan est de 2,5 millions de livres et les producteurs autochtones sont à l'origine du tiers de cette récolte. Combien de kilogrammes de riz sauvage les autochtones récoltent-ils par année?

   b) Un boisseau américain de riz sauvage transformé pèse 25 lb. Si Northern Lights Foods vend 8 500 lb de riz à un client à Hawaii, combien de pieds cubes de riz s'apprête-t-elle à expédier? Un boisseau contient 1,24 pi^3.

   c) Un producteur de riz sauvage vend 600 kg de riz brut à Northern Lights Foods, qui le transforme et le vend à un client en Floride. Combien de livres de riz transformé expédiera-t-elle si 10 lb de riz brut donnent 5 lb de riz transformé?

Approfondis ta réflexion

10. Pour sa mère, le jour de la fête des Mères, Jean-Luc décide de faire une tourtière selon la recette de sa grand-mère. C'est que sa mère adorait cette recette familiale « secrète » et la façon dont les ingrédients sont en parfaite proportion les uns par rapport aux autres. En rassemblant les ingrédients sur le comptoir, il se rend toutefois compte qu'il lui manque le thym. Il a demandé à sa sœur Lucie de bien mesurer et mélanger les autres ingrédients pour faire la garniture, le temps d'aller chercher l'ingrédient manquant à l'épicerie. Jetant un coup d'œil à la recette, Lucie se dit que cela ne sera pas bien compliqué.

La tourtière est un mets canadien-français qu'on sert traditionnellement à Noël.

TOURTIÈRE
18 oz de bœuf haché
20 oz de porc haché
8 oz de pommes de terre, bouillies et mises en purée
6 oz d'oignon, haché finement
grosse pincée de thym
pâte à tarte pour croûte double

Malheureusement, Lucie commet une faute. Elle met 18 oz de porc et 20 oz de bœuf dans le bol, au lieu de l'inverse. Elle inverse aussi les quantités de pommes de terre et d'oignons, et met donc 8 oz d'oignons et 6 oz de pommes de terre. Par chance, elle se rend compte de son erreur, mais les ingrédients sont alors déjà bien mélangés et il serait plutôt difficile de les séparer.

Elle n'a donc pas le choix de corriger la recette pour que les ingrédients aient les bonnes proportions. Elle espère aussi que la garniture pourra encore tenir dans la pâte! Combien faut-il ajouter de chaque ingrédient pour que la recette retrouve ses proportions originales, tout en ajoutant le moins possible d'ingrédients?

Chapitre 5

Angles et droites parallèles

OBJECTIFS

Tous les jours, à la maison, au travail ou à l'extérieur, on peut voir des angles et des droites parallèles. Il suffit de regarder autour de soi pour les voir : immeubles, meubles, créations infographiques, aménagements urbains et bien d'autres. Dans le chapitre 5, tu apprendras comment mesurer et créer des angles dans des contextes professionnels et créer des droites parallèles et non parallèles à l'aide de séries d'angles. Tu appliqueras donc les habiletés et connaissances mathématiques que tu as acquises pour :

- mesurer, dessiner et décrire des angles;
- estimer la mesure d'angles;
- déterminer, au moyen d'angles, si deux droites sont parallèles;
- résoudre des problèmes comportant des angles, des paires d'angles, des sécantes et des droites parallèles, non parallèles et perpendiculaires.

TERMES IMPORTANTS

- angle
- mesure d'un angle
- degré
- droites parallèles
- droites perpendiculaires
- sécantes

PROJET – DESSIN EN PERSPECTIVE

COMMENCER L'ORGANISATION

APERÇU DU PROJET

On peut voir des dessins en trois dimensions (3D) dans des annonces publicitaires, des bandes dessinées, des plans architecturaux et des maquettes de films. Peux-tu donner d'autres exemples?

T Aujourd'hui, il existe des logiciels d'illustration et d'animation en 3D, mais de nombreux artistes préfèrent encore dessiner à la main afin de produire un effet qui serait difficile, voire impossible à imiter à l'aide d'un logiciel d'infographie. Au fil de ce projet, tu apprendras à dessiner des immeubles en perspective 3D.

Ton travail consistera donc à illustrer, en perspective 3D, une rue dans une ville pour la couverture d'une nouvelle bande dessinée mettant en vedette le super-héros Thêta*. Cette couverture présentera Thêta, imperturbable, au centre d'une rue bordée d'immeubles.

Exemple de couverture d'une bande dessinée comportant plusieurs points de fuite.

POUR COMMENCER

Avant de commencer, pose-toi les questions suivantes. Inscris les réponses dans ton dossier de projet.

- Sur quel support dessineras-tu? du papier? du carton?
- Quelles seront les dimensions de ton illustration?
- Quel type ou quels types de crayons ou de stylos conviennent le mieux au dessin?
- De quels outils auras-tu besoin pour dessiner des lignes droites et parallèles?

LISTE DE CONTRÔLE POUR LA PRÉSENTATION FINALE

Prépare une affiche qui te permettra de présenter les éléments suivants devant la classe :

- toutes tes esquisses et illustrations préliminaires qui auront conduit au dessin final;
- la couverture finale.

N'oublie pas de signer ton nom et celui de ton ou de tes camarades qui auront participé à ton dessin dans le coin inférieur droit de chacun de tes dessins.

* *Thêta est la lettre grecque dont on utilise souvent le symbole pour représenter les angles.*

5.1 Mesure, représentation et estimation d'angles

LES MATHÉMATIQUES *AU TRAVAIL*

Sunny (Sunje) Petersen et son mari, Werner, possèdent et dirigent l'entreprise South Nahanni Outfitters qui organise des voyages de chasse au gros gibier dans les monts Mackenzie, à Whitehorse (Yukon). Sunny a grandi dans le nord de l'Allemagne, près de la mer Baltique, et Werner a été élevé dans les Alpes autrichiennes.

Sunny aide son mari à pourvoir, à organiser et à guider des expéditions de chasse auxquelles participent des gens de partout au monde. Ainsi, elle s'occupe de la tenue des comptes, du paiement des salaires, du calcul du poids et du volume des fournitures qu'on peut charger à bord d'un avion de brousse, de l'évaluation du poids et de la quantité de carburant dont l'avion a besoin pour se rendre à destination, de la préparation de factures pour les clients et du calcul de la quantité d'aliments dont elle a besoin pour nourrir les grands groupes de chasse, tâches qui font appel à ses habiletés mathématiques. Mais c'est aussi un travail qui peut l'amener à voir de très près loups, chèvres de montagne et orignaux.

Sunny Petersen organise des voyages d'héli-randonnée dans le nord canadien pour des gens de partout dans le monde.

En outre, Sunny est aussi guide pour les héli-randonneurs (des randonneurs qu'un hélicoptère dépose dans des régions éloignées). Avant d'embarquer ces derniers pour les emmener dans la nature, Sunny et Werner tracent la route que suivra l'hélicoptère vers sa destination.

En vol, l'appareil change souvent de cap. À l'aide d'au moins cinq segments de droites, trace la route qui pourrait mener Sunny et Werner aux imposantes montagnes de granite qu'on appelle le Cirque of the Unclimbables (cirque aux parois infranchissables). Détermine la direction de chaque segment de droite qui compose ta route. Décris le cap des différentes portions de ta route selon les huit principales directions d'une boussole (nord, nord-est, est, sud-est, sud, sud-ouest, ouest et nord-ouest).

EXPLORE LES MATHÉMATIQUES

angle : deux demi-droites qui se coupent en un point appelé sommet

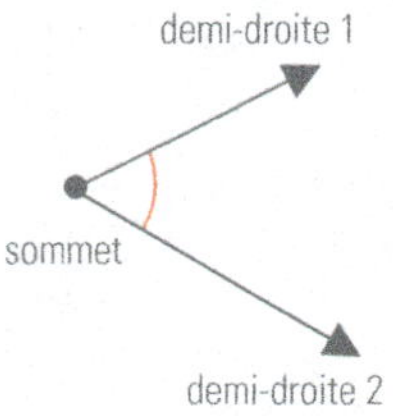

Attarde-toi quelques instants aux structures présentes dans ta classe qui contiennent des **angles**. Pense aux personnes qui ont participé à la création de ces structures, que ce soit un architecte, un designer, un arpenteur-géomètre ou un charpentier, par exemple. Mais les angles ne servent pas qu'aux personnes qui fabriquent des structures. Le pilote d'avion et le capitaine de navire s'en servent pour la navigation. L'astronome, lui, s'en sert pour trouver des objets dans le ciel.

Cela étant dit, un angle, c'est quoi au juste? Un angle existe lorsque deux demi-droites se croisent en un point qu'on appelle sommet. Pour mesurer un angle, on utilise des outils, comme le rapporteur d'angle, gradués en degrés.

Imagine un angle qui sert à exprimer une direction en navigation et en cartographie, comme l'est. Dans ce cas, on mesure l'angle par rapport au nord vrai, qui correspond à 0°, et on peut l'exprimer sous forme de relèvement. Un **relèvement vrai** correspond au nombre de degrés mesurés, dans le sens horaire, entre une ligne imaginaire pointant vers le nord vrai (nord géographique) et une autre ligne imaginaire pointant vers un cap voulu ou un chemin à suivre. En orientation et en cartographie, l'est forme un angle de 90° par rapport au nord vrai.

relèvement vrai : angle mesuré dans le sens horaire entre le nord vrai et une direction ou un cap souhaité, exprimé en degrés (on l'appelle aussi azimut)

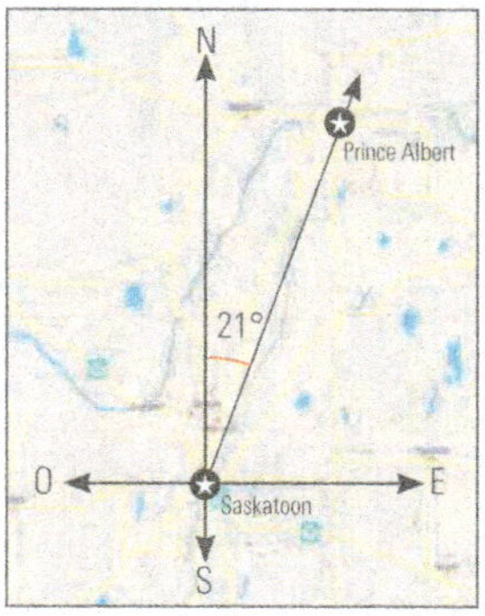

On peut estimer la **mesure d'un angle** en le comparant à un **référent**, comme 90°, 45°, 30° et 22,5°.

Comment dessiner un angle? Les outils servant à mesurer un angle peuvent aussi servir à dessiner ou à reproduire un angle de valeur donnée. Certains outils ne permettent de créer et de mesurer que des angles de valeur préétablie (une ou deux mesures), comme l'équerre à dessin avec laquelle on dessine des angles droits en dessin technique.

Tu as déjà dessiné des angles à l'aide d'une règle et d'un rapporteur d'angle. Tu peux faire de même à l'aide d'une règle et d'un compas. Cette méthode te permet aussi de reproduire n'importe quel angle.

mesure d'un angle : nombre représentant l'écart entre les deux demi-droites d'un angle, exprimé en degrés

référent (pour un angle) : un angle de valeur courante, comme 90°, 45°, 30° ou 22,5°, servant à estimer des angles

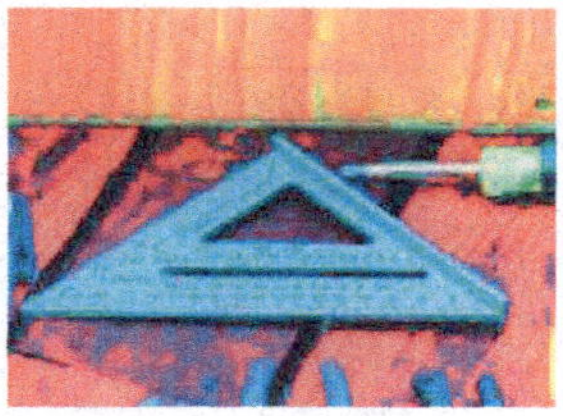

L'équerre de charpentier sert à assembler et à créer des angles droits en charpenterie.

Exemple 1

À l'aide d'une règle et d'un compas, crée les angles suivants.

a) Trace un angle de 90°.

b) Reproduis un angle existant.

Solution

a) Étapes à suivre pour tracer un angle de 90°.

Trace un segment de droite et indique l'endroit où se trouvera l'angle de 90°.

Place la pointe du compas sur la marque que tu viens de tracer. Ouvre légèrement le compas et trace deux nouvelles marques de chaque côté de la première. Elles doivent être à la même distance de la marque initiale.

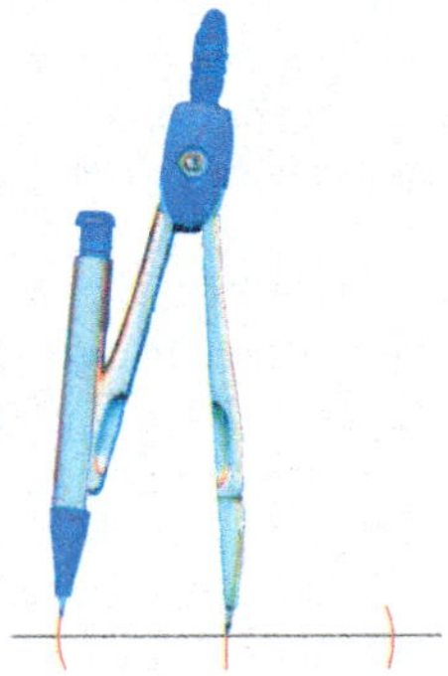

Ouvre le compas de nouveau et place la pointe sur l'une des deux nouvelles marques. Trace un petit arc, puis répète la même opération après avoir placé la pointe du compas sur la deuxième nouvelle marque. Les deux arcs doivent se croiser.

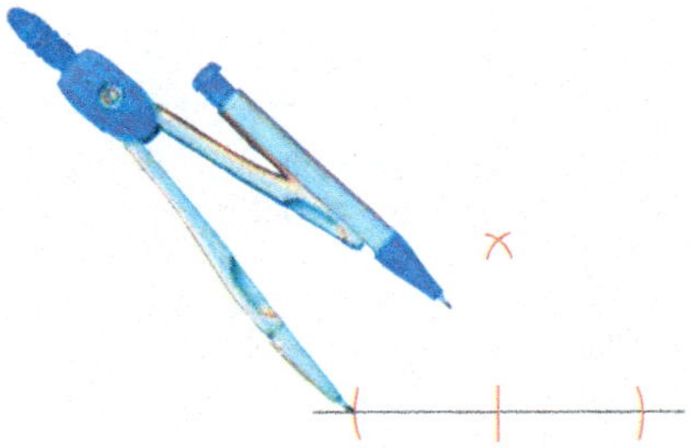

Trace un segment de droite reliant le point d'intersection des deux arcs et la première marque que tu as faite. Les deux segments de droites sont perpendiculaires. Ils forment donc un angle de 90° (angle droit).

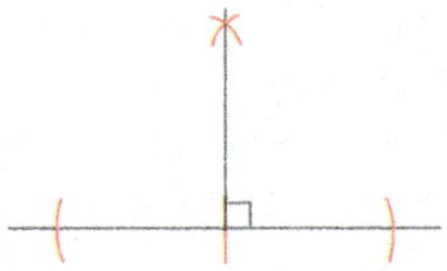

b) Étapes à suivre pour reproduire un angle existant.

Prends ton compas et trace un arc de cercle pâle dont le centre correspond au sommet de l'angle original.

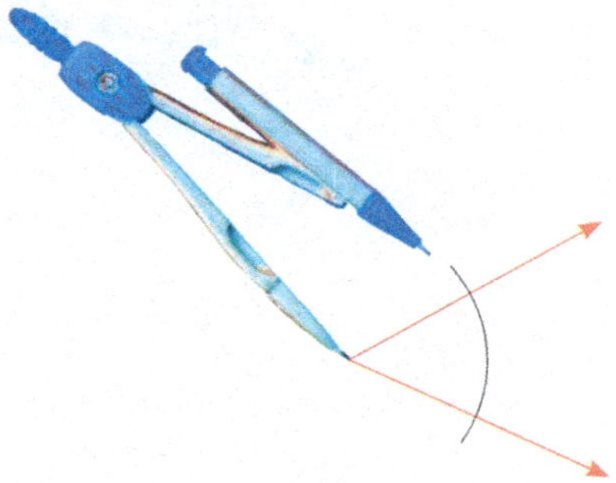

À l'aide de ta règle, trace l'un des côtés du nouvel angle et trace un arc dont le rayon et la longueur sont les mêmes que celui que tu as tracé sur l'angle original.

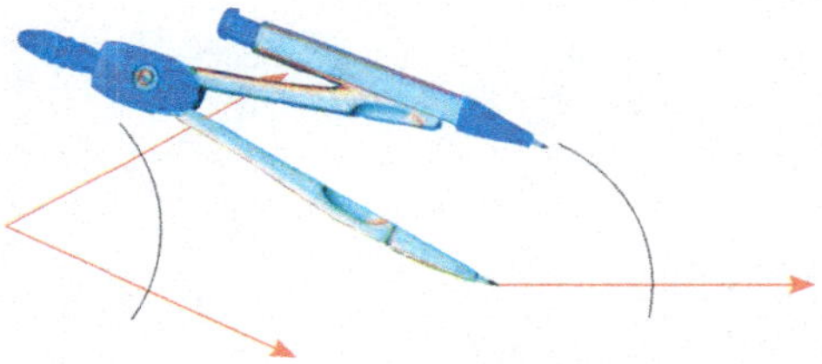

Reviens à l'angle original avec ton compas et règle-le de façon à ce que sa pointe et la mine du crayon touchent aux points où l'arc original croise les côtés de l'angle.

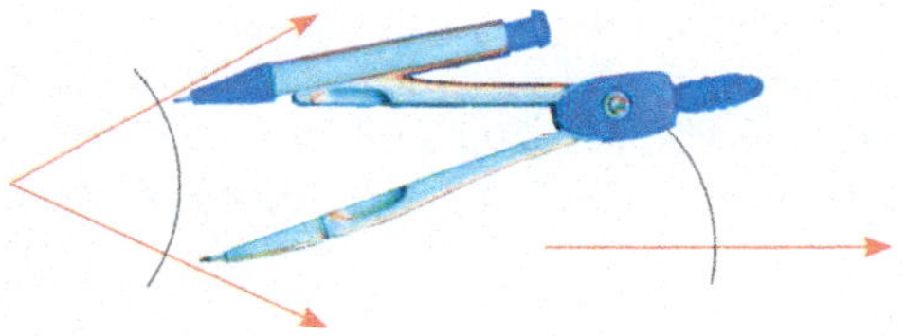

Place la pointe du compas sur le point où se croisent le côté du nouvel angle et le nouvel arc. Trace un petit arc croisant le nouvel arc.

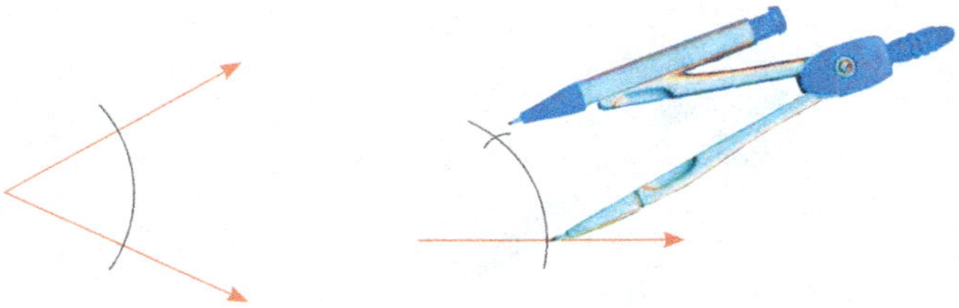

À l'aide de ta règle, trace l'autre côté du nouvel angle en reliant l'extrémité gauche du premier côté (le sommet) et le point d'intersection des deux arcs. Tu obtiendras ainsi un nouvel angle de même valeur que l'angle original.

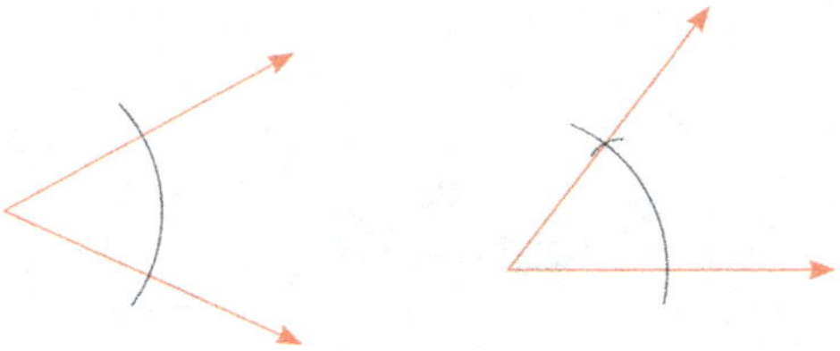

DISCUSSION DES IDÉES

ESTIMATION OU MESURE?

Un menuisier expérimenté est capable d'estimer la quantité de bois, de clous et d'étriers à solive qu'il lui faudra pour fabriquer des étagères.

Bien des gens de métier doivent construire et mesurer des angles dans le cadre de leur travail. Ainsi, les charpentiers doivent continuellement vérifier les angles, par exemple, pour faire en sorte que les fondations soient bien de niveau, qu'un poteau soit bien perpendiculaire au plancher ou qu'un escalier ait les bonnes dimensions.

1. En petits groupes, nommez cinq métiers différents dans le cadre desquels on utilise les angles. Pensez d'abord aux gens que vous connaissez et au métier qu'ils pratiquent. Ensuite, donnez un exemple illustrant comment, dans chacun des cinq métiers, on doit créer et mesurer des angles.
2. Les types d'angles que vous avez nommés doivent-ils être mesurés et créés de façon très précise? C'est le cas dans certains métiers, comme en arpentage ou en fabrication industrielle. Une estimation conviendrait-elle autant qu'en aménagement paysager, par exemple?

ACTIVITÉ 5.1
CINQ ANGLES

La mesure d'un angle peut aller de 0° à 360°. Sur une feuille de papier, trace cinq angles de valeurs différentes (compte environ 5 cm pour les demi-droites). Indique, sur chacun d'eux, les demi-droites, le sommet et l'angle.

Échange ta feuille avec celle d'un camarade. Prépare un tableau qui te servira à reproduire, à mesurer et à décrire chacun des cinq angles comme ceci :

- angle : mesure l'angle qu'on t'a donné et reproduis-le de façon à ce qu'il ait la même valeur;
- mesure de l'angle : indique la mesure de l'angle en degrés;
- type d'angle : indique s'il s'agit, par exemple, d'un angle « aigu » ou « obtus » et explique ta réponse;
- exemple : donne un exemple d'endroit où tu trouverais un angle semblable dans la vie de tous les jours, par exemple, une toiture ou un cheval de saut, en gymnastique.

Ensuite, avec ton camarade, analysez votre travail et discutez-en.

SUGGESTION

Les degrés constituent une échelle pouvant servir à mesurer des angles ou la température.

Calcul mental et estimation

Dans de nombreux métiers où l'on utilise les angles, on doit faire des estimations. Imagine que tu es l'ouvrier concerné dans les mises en situation ci-dessous et fais les estimations demandées (essaie d'estimer à 5° près).

a) un paysagiste qui doit estimer l'angle au coin d'une plate-bande

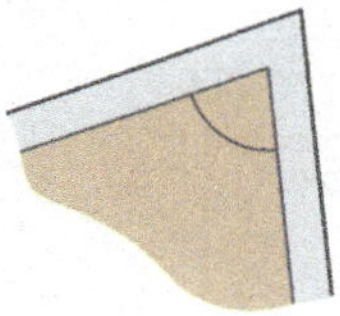

b) un arpenteur-géomètre qui doit estimer l'angle de la ligne de délimitation d'une propriété sur une carte

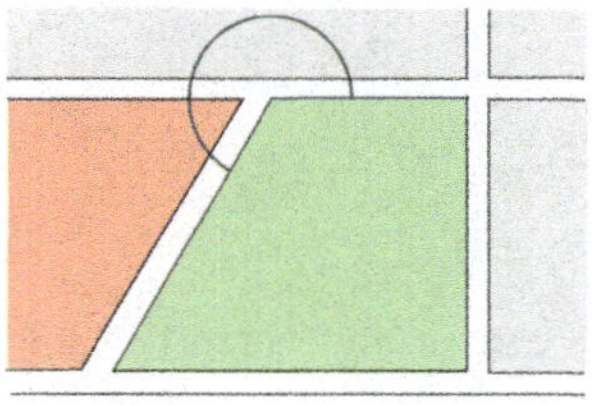

c) un couvreur qui doit estimer l'angle au faîte d'un toit

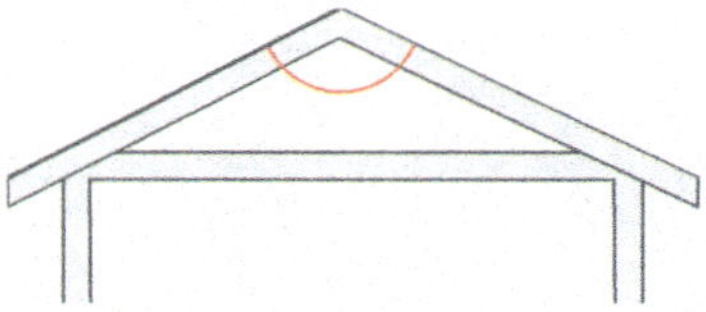

d) un ébéniste qui doit estimer l'angle de deux coins d'une tablette

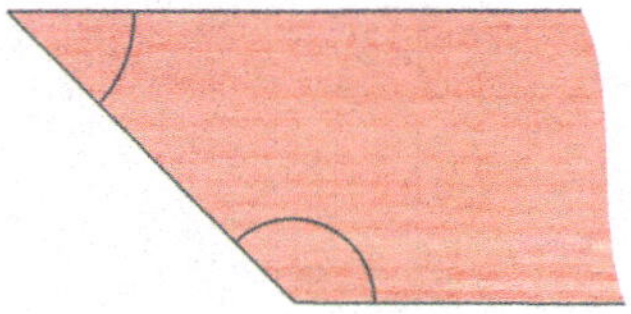

Exemple 2

Avant de construire cet escalier, l'ouvrier en a calculé l'angle d'inclinaison afin de s'assurer qu'il est bien conforme aux codes du bâtiment.

Estime la mesure de cet angle sans l'aide d'un instrument.

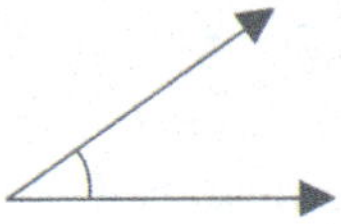

Solution

Regarde l'angle attentivement, puis fais quelques calculs mentaux. Il s'agit sans aucun doute d'un angle aigu, puisqu'il mesure moins que la moitié d'un angle droit. En gros, il mesure donc moins que la moitié de 90°, soit environ 30° ou 35°.

Autre solution

Compare l'angle à un angle physique connu que tu peux utiliser comme référent. Dans ce cas-ci, l'angle ressemble à celui d'un escalier standard. Dans ce domaine, la norme est de 33°, même si l'angle d'un escalier peut aller jusqu'à 42°. On pourrait donc estimer en gros la mesure de l'angle à 30° ou à 35°.

Exemple 3

Estime la mesure de cet angle sans l'aide d'un instrument.

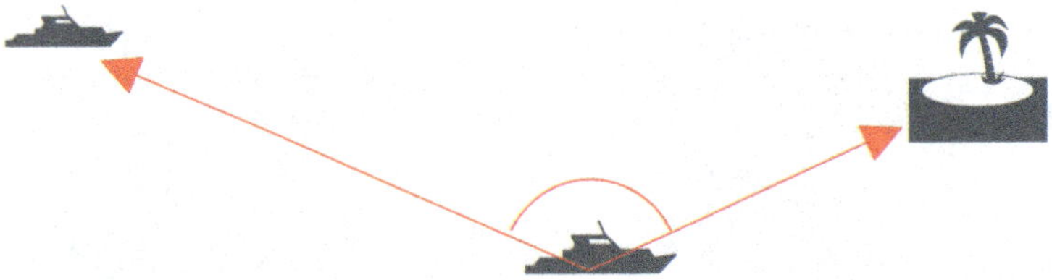

Solution

Regarde l'angle attentivement, puis fais quelques calculs mentaux. Il s'agit d'un angle obtus, puisqu'il mesure plus de 90°, mais moins de 180°. Il semble mesurer environ une fois et demie un angle droit. On pourrait donc estimer assez justement sa mesure à 135° (90° plus 45°).

ACTIVITÉ 5.2
CRÉATION D'UN DIAGRAMME DE RÉFÉRENTS POUR LES ANGLES

Le diagramme de référents pour les angles montre tous les angles de 0° à 360°.

Comme outils, il te faut un crayon, une règle et un rapporteur d'angle ou un compas. En équipe de deux, créez un diagramme de référents pour les angles.

Choisissez un angle qui pourrait vous aider à estimer la valeur d'autres angles. La valeur de cet angle doit être un nombre par lequel 360° est divisible.

Ensuite, pour créer votre diagramme de référents pour les angles, tracez une demi-droite à chaque angle qui est un multiple de votre angle en vous rendant de 0° à 360°.

SUGGESTION

Le cadran d'une horloge est un exemple de diagramme de référents pour les angles.

Exemple 4

Associe les angles suivants en paires d'**angles complémentaires** et **supplémentaires**.

$\angle 1 = 42°$	$\angle 5 = 121°$
$\angle 2 = 107°$	$\angle 6 = 31°$
$\angle 3 = 59°$	$\angle 7 = 19°$
$\angle 4 = 48°$	$\angle 8 = 73°$

angles complémentaires : deux angles dont la valeur totale est de 90°

angles supplémentaires : deux angles dont la valeur totale est de 180°

SOLUTION

En additionnant la mesure des angles 1 et 4, et celle des angles 3 et 6, on obtient 90°. Ces deux paires d'angles sont donc complémentaires.

En additionnant la mesure des angles 2 et 8, et celle des angles 3 et 5, on obtient 180°. Ces deux paires d'angles sont donc supplémentaires.

ACTIVITÉ 5.3
UTILISATION DES ANGLES EN MÉTÉOROLOGIE

La rose des vents, comme celle figurant à droite, servait d'abord à la navigation maritime. Dans ce domaine, elle est aujourd'hui remplacée par d'autres technologies, mais son usage est encore très répandu lorsque vient le temps de décrire les régimes climatiques et la direction du vent par rapport au nord vrai.

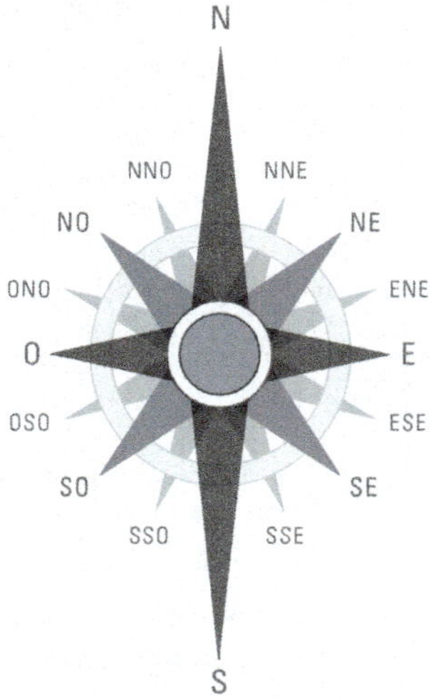

La rose des vents indique les quatre points cardinaux, soit N, E, S et O, plus douze points intercardinaux.

SUGGESTION

Le relèvement de la direction cardinale N est de 0°.

Crée un tableau montrant la direction des aires de vent et leur relèvement correspondant en degrés. Dans la première colonne, inscris les seize points cardinaux et intercardinaux. Commence par le N (nord) en suivant le sens horaire pour te rendre jusqu'au NNO. Dans la deuxième colonne, indique le relèvement vrai correspondant à chacune des directions. La différence en degrés entre un point donné et le suivant sera de $\frac{1}{16}$ de 360°.

Exemple 5

a) Détermine le relèvement vrai entre A et B.

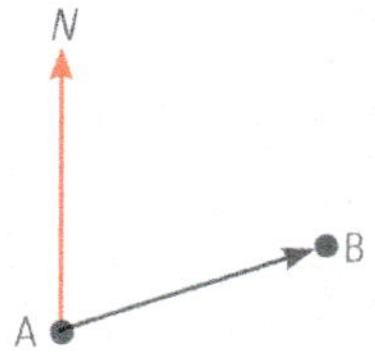

SOLUTION

SUGGESTION

Certains rapporteurs, comme les rapporteurs disque et ceux de navigation, peuvent mesurer des angles allant jusqu'à 360°.

Estime d'abord l'angle en utilisant la rose des vents ci-dessus comme guide. Le relèvement qui nous intéresse semble correspondre à ENE, soit environ 66°. À l'aide d'un rapporteur, mesure l'angle entre la direction N et la demi-droite AB. La mesure de l'angle est de 72°, donc le relèvement vrai de A à B est de 72°.

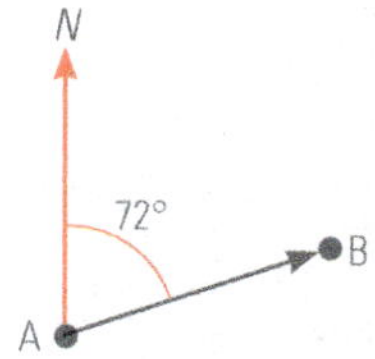

b) Détermine le relèvement vrai entre A et B.

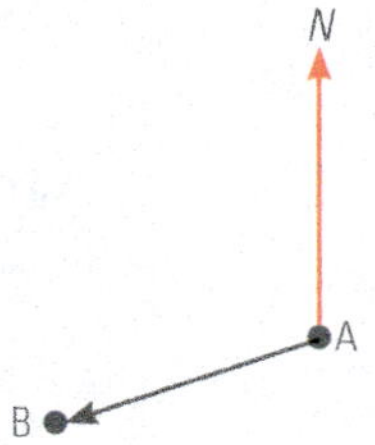

Solution

Le rapporteur courant, en forme de demi-lune, n'indique que les angles de 0° à 180°. Pour mesurer un angle de plus de 180°, tu dois donc suivre la procédure suivante.

1. Trace un angle de 180° par rapport au N.
2. Mesure l'angle entre cette demi-droite et la demi-droite AB. Cet angle vaut 72°.
3. Additionne la mesure du premier angle (180°) et du deuxième angle (72°). La somme est de 252°, donc le relèvement vrai de A à B est de 252°.

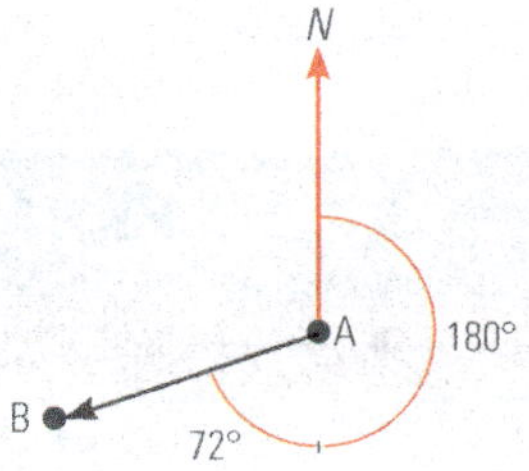

Autre solution

Le rapporteur courant possède généralement deux échelles d'angles. L'échelle intérieure se rend de 0° (du côté gauche) à 180° et l'échelle extérieure se rend de 180° (du côté gauche) à 0°.

1. À l'aide de l'échelle extérieure du rapporteur, mesure l'angle intérieur (108°).
2. Soustrais la mesure de l'angle intérieur de 360°.
3. La différence est de 252°, donc le relèvement vrai de A à B est de 252°.

CONSTRUIS TES HABILETÉS

1. Estime la mesure des angles indiqués, à 5° près.

a)

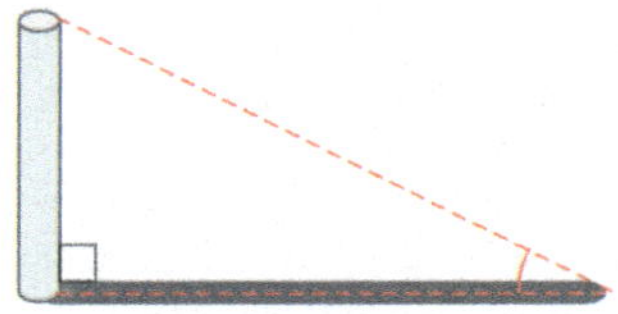

b)

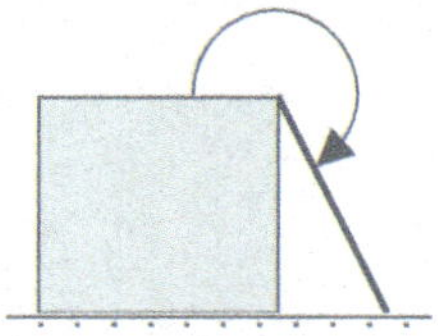

2. Analyse les angles indiqués sur cette ferme à poinçon et estime leur valeur. Ensuite, mesure-les pour confirmer tes estimations.

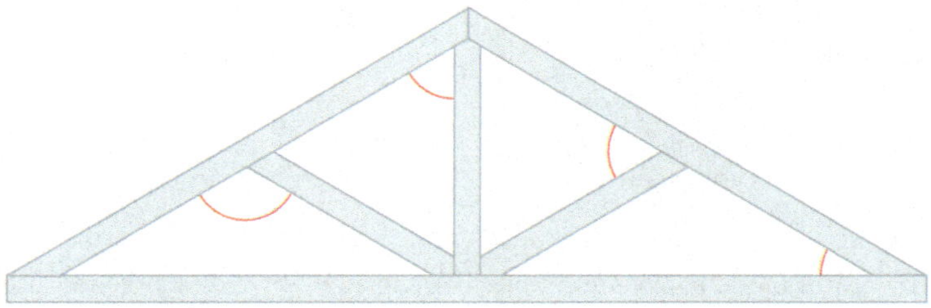

3. Atzuko fabrique un cadre en bois pour sa photo préférée, une reproduction d'une peinture abstraite de Charles Daudelin. Elle coupe la partie du bas de façon à obtenir des angles de 50°. Si elle veut que les coins de son cadre mesurent 90°, à quel angle doit-elle couper le bas de ses parties latérales?

4. On fournit à un menuisier le diagramme suivant d'un panneau octogonal qu'il devra découper dans un panneau de bois rectangulaire. À quels angles, environ, devra-t-il couper son panneau, selon qu'il coupe les côtés verticaux ou horizontaux?

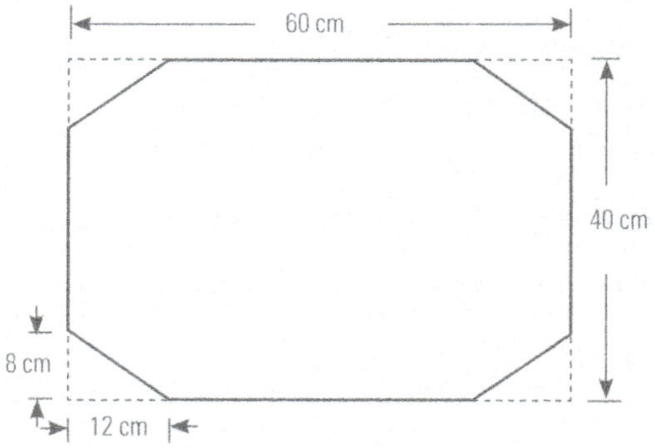

5. Dessine une demi-droite verticale pointant vers le haut et correspondant au nord (relèvement de 0°). À partir de l'extrémité de la demi-droite, trace d'autres demi-droites correspondant aux relèvements vrais suivants : 65°, 140°, 220° et 315°. (Mesure tes angles dans le sens horaire à partir du nord.)

L'aiguille d'une boussole pointe vers le nord magnétique, qui varie selon l'endroit où l'on se trouve.

6. Sans utiliser d'outils, dessine une carte qui comportera divers endroits. Tu devras donc estimer les distances et les directions. Inscris d'abord un X, qui sera ton point de référence pour les autres endroits. À partir de celui-ci, dessine les éléments suivants :

- un petit symbole représentant une maison à 2 km au SSO de X;
- une tour d'observation à 3,5 km à un relèvement vrai de 80° de X;
- une colline à 5 km au nord-ouest de X.

Dessine ta carte à l'échelle 1 cm = 1 km sur le terrain. Une fois l'exercice terminé, vérifie tes angles et tes distances en les mesurant avec un rapporteur et une règle.

Approfondis ta réflexion

7. La déclinaison magnétique est la différence entre le nord vrai (la direction du Pôle Nord) et le nord magnétique (la direction qu'indique réellement l'aiguille d'une boussole). Une conservatrice de parc possède une boussole qui ne peut pas être réglée en fonction de la déclinaison magnétique. À partir du point de départ sur sa carte, elle doit suivre un cap correspondant au relèvement vrai de 54°, puis au relèvement vrai de 195° et enfin, au relèvement vrai de 107°.

La déclinaison magnétique sur sa carte correspond à 6° à l'est du nord vrai.

Elle souhaite convertir les relèvements vrais de son chemin (établis d'après le nord vrai) en lectures que lui donneront sa boussole.

a) Comment devrait-elle s'y prendre pour calculer les lectures de sa boussole?

b) Quelle lecture de boussole correspond à chacun des relèvements vrais?

Pour voir la route de la conservatrice de parc, dessine une carte où figure la direction des trois relèvements.

PROJET – DESSIN EN PERSPECTIVE

ILLUSTRATION D'UN IMMEUBLE EN 3D

Lorsqu'on regarde un immeuble, ses arêtes verticales demeurent verticales (donc parallèles l'une par rapport à l'autre), ce qui n'est pas le cas des arêtes horizontales. Celles-ci, en effet, semblent converger vers un seul point qu'on appelle point de fuite. Lorsque tu illustres un immeuble en perspective 3D, ses arêtes horizontales semblent converger vers ce point de fuite.

Au fil de ce projet, tu devras créer une illustration en perspective centrale, c'est-à-dire à un point de fuite. Dans ce type de perspective, les arêtes horizontales des faces avant et arrière des immeubles demeurent horizontales, donc de forme rectangulaire. Les arêtes horizontales des faces gauche et droite, par contre, sont dessinées à différents angles de façon à tendre vers le point de fuite.

As-tu déjà créé des illustrations en perspective? Voici quelques étapes simples à suivre qui te permettront d'apprendre à illustrer un ou plusieurs immeubles en perspective centrale.

ÉTAPE 1 : Dessine une ligne d'horizon très pâle et marque-la d'un point de fuite. (Pour les besoins de notre projet, place ce point au centre de la ligne.)

ÉTAPE 2 : Dessine un rectangle, qui deviendra la face avant de ton immeuble.

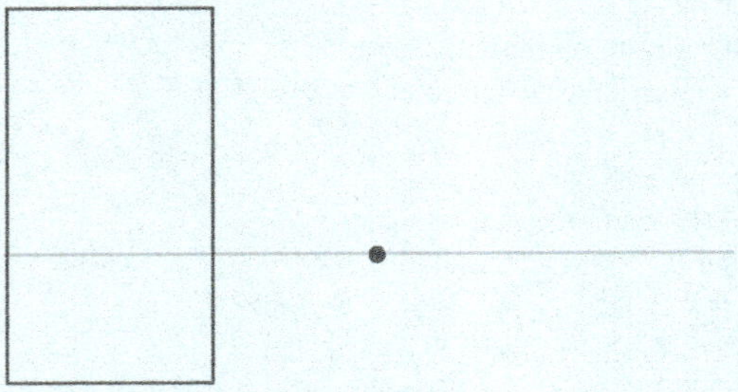

ÉTAPE 3 : Trace des lignes guides très pâles reliant les quatre coins de la face avant au point de fuite. Ces lignes sont les lignes horizontales illustrées en perspective. Elles te serviront à tracer les arêtes supérieure et inférieure des faces gauche et droite.

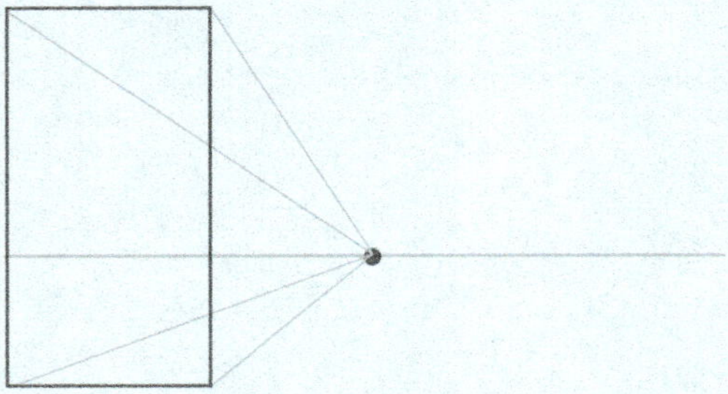

ÉTAPE 4 : Trace la ligne marquant l'arrière de l'immeuble et fonce les lignes qui en deviendront les faces. (Pour ce qui est des arêtes invisibles, utilise un trait interrompu que tu effaceras par la suite. Ce trait t'aidera à déterminer la largeur des immeubles situés derrière le premier.) Assure-toi que tes arêtes verticales sont parallèles l'une par rapport à l'autre.

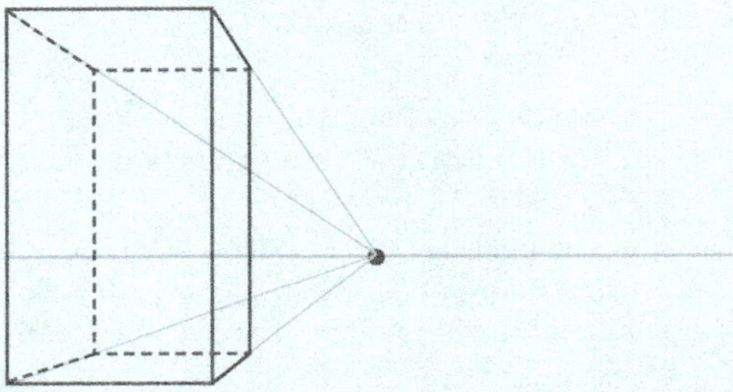

Dessine deux autres immeubles derrière le premier. Il te faudra laisser une distance entre chaque immeuble pour les rues et les trottoirs. Par ailleurs, n'oublie pas que plus un immeuble est éloigné, plus ses faces doivent être étroites. Une fois terminé, ton dessin devrait ressembler à ceci. (La hauteur de chacun de tes bâtiments peut être différente par contre.)

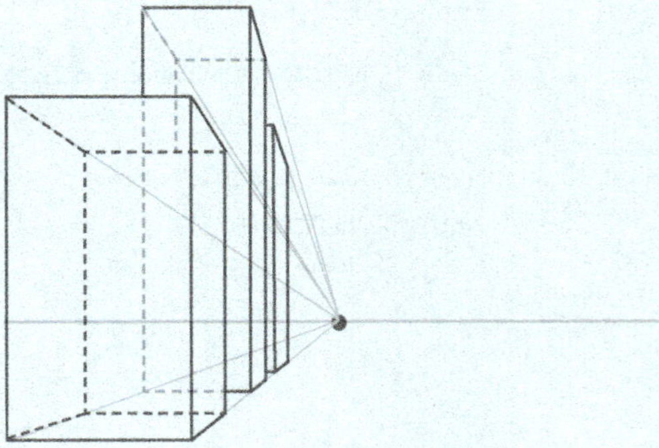

5.2 Bissectrices d'un angle et d'une droite perpendiculaire

James passe beaucoup de temps à couper des pointes de pizza.

LES MATHÉMATIQUES *AU TRAVAIL*

Yiman (James) Zhan a grandi à Beijing, en Chine. Il a étudié à l'école secondaire du district n° 58 et possède un diplôme d'études collégiales. Il habite aujourd'hui à Vancouver, en Colombie-Britannique. Sa femme, qui est boulangère-pâtissière, et lui-même sont propriétaires d'une petite pizzéria nommée Kinross Pizza où ils préparent et servent de la pizza et des desserts. Tous les jours, dans ce petit restaurant, James prépare des dizaines de pizzas dont il coupe des centaines de pointes.

Lorsqu'il coupe une pizza, James fait des pointes de taille à peu près égale, dont les angles ont essentiellement la même valeur. D'habitude, il coupe les grandes pizzas en 8 pointes et les moyennes et les petites en 6 pointes. Cependant, il arrive souvent que des clients lui demandent de couper les pointes en deux. En général, disent-ils, cela les rend plus faciles à manger pour des jeunes enfants.

Un matin, James prend une commande pour deux pizzas au pepperoni, une grande et une petite, pour une fête à une école préscolaire. On lui demande de couper des pointes deux fois moins grandes que d'habitude.

Quelle est la valeur approximative de l'angle central des pointes régulières de grande et de petite pizzas? Quelle est la valeur approximative de l'angle central des pointes des pizzas commandées pour cette fête?

EXPLORE LES MATHÉMATIQUES

Par définition, bissection signifie « division en deux parties égales ». Donc, la bissection d'un angle consiste à diviser un angle donné en deux angles de valeur égale. Par exemple, en l'appliquant à un angle de 76°, on obtient deux angles de 38°. Le segment de droite, la demi-droite ou la droite qui sépare l'angle initial en deux est la **bissectrice d'un angle**. Selon le matériau qui compose un angle, on peut en faire la bissection à l'aide d'instruments de mesure (comme un rapporteur ou un compas) ou en manipulant le matériau lui-même (en pliant le tissu ou le papier, par exemple).

bissectrice d'un angle : segment de droite, demi-droite ou droite qui sépare un angle en deux parties égales

On pourrait dire qu'un angle droit (90°) est le résultat de la bissection d'un angle plat (180°). Des droites ou des segments de droites perpendiculaires forment un angle droit à leur point d'intersection. Regarde autour de toi, sur ton bureau, dans ta classe. Peux-tu trouver des droites ou des segments de droites perpendiculaires? Tu peux sans doute trouver des objets carrés ou rectangulaires qui en contiennent.

équerre de charpentier : instrument de métal servant à assembler des angles droits

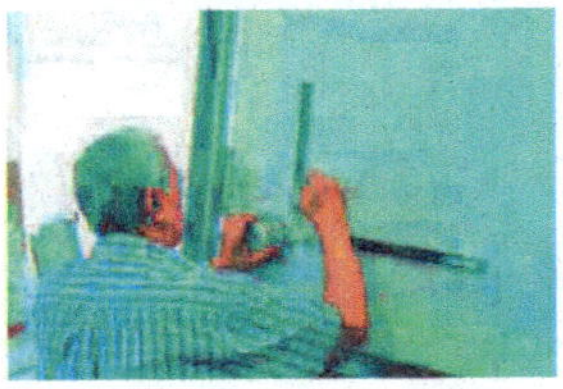

On peut trouver, à l'aide d'une équerre de charpentier, la longueur d'un chevron de toit, la pente d'un escalier ou la valeur d'un angle séparé en deux.

Une scie à onglet permet de couper des angles précis. On s'en sert souvent lorsqu'on fabrique des encadrements, des cadres de portes ou pour couper des moulures.

Lorsque deux sections d'un matériau doivent former un coin, les artisans en coupent les extrémités à 45° pour les assembler. C'est un assemblage à onglet.

Pour dessiner des droites ou des segments de droites perpendiculaires, on procède de la même façon que pour faire la bissection d'un angle. Étant donné qu'il est si fréquent d'avoir à créer des droites ou des segments de droites perpendiculaires, des outils spécialisés ont été créés au fil du temps à cette fin, comme l'**équerre de charpentier**. Il existe aussi, dans les logiciels possédant des fonctions de dessin, des outils permettant de créer des droites ou des segments de droites perpendiculaires.

Dans leur travail, les menuisiers, ébénistes et autres travailleurs du bois doivent souvent réaliser des assemblages à onglet. Il s'agit d'une méthode qui consiste à couper l'extrémité de deux pièces de bois à un angle ayant la même valeur. Une fois les extrémités assemblées, elles forment un angle droit dont l'onglet est la bissectrice. Pour réaliser un assemblage à onglet, on utilise une scie à onglets ou une scie à bras radial, qui offrent la précision nécessaire à la coupe. Quel serait le résultat si l'angle des coupes n'était pas tout à fait exact? Comment cela toucherait-il l'angle droit formé par les deux pièces de bois?

DISCUSSION DES IDÉES

MÉTHODES DE BISSECTION D'UN ANGLE

Alexandre est vitrier. Son travail l'amène à couper et à poser de la vitre. On lui a demandé de remplacer certaines fenêtres à l'école King George de Prince Albert, en Saskatchewan. À un moment donné, il doit couper un morceau de verre carré pour en faire deux triangles égaux. Pour ce faire, il doit effectuer une coupe qui correspondrait à la bissectrice des angles droits situés aux coins supérieur gauche et inférieur droit du carré. Quels indices visuels Alexandre peut-il utiliser pour diviser ces deux angles en deux parties à peu près égales? Comment pourrait-il en faire une bissection exacte? Quels instruments de mesure peut-il utiliser?

Exemple 1

Effectue la bissection exacte d'un angle comme celui-ci.

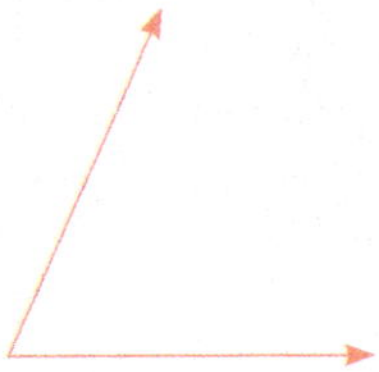

Solution

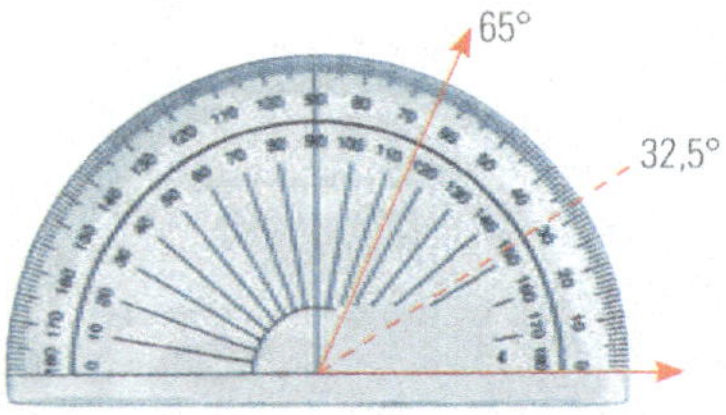

Mesure l'angle à l'aide d'un rapporteur. Divise cette valeur par 2.

L'angle mesure 65°.

$65 \div 2 = 32,5$

À l'aide d'un rapporteur, mesure un angle de 32,5° et indique son emplacement.

Dessine un segment de droite reliant le sommet à la marque que tu viens de faire.

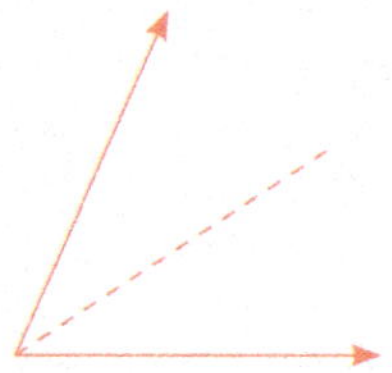

L'angle est maintenant divisé en deux parties égales.

AUTRE SOLUTION

Reproduis l'angle de la p. 188 sur une feuille de papier. Plie la feuille de façon à ce qu'un côté de l'angle se trouve par-dessus l'autre côté. Le pli doit passer par le sommet de l'angle. L'angle est maintenant divisé en deux parties égales.

AUTRE SOLUTION

Reproduis l'angle que tu as dessiné à la dernière solution. Règle ton compas de façon à ce que la distance entre la pointe et le crayon soit de quelques centimètres. Place la pointe sur le sommet. Laisse une marque de crayon sur chaque côté de l'angle.

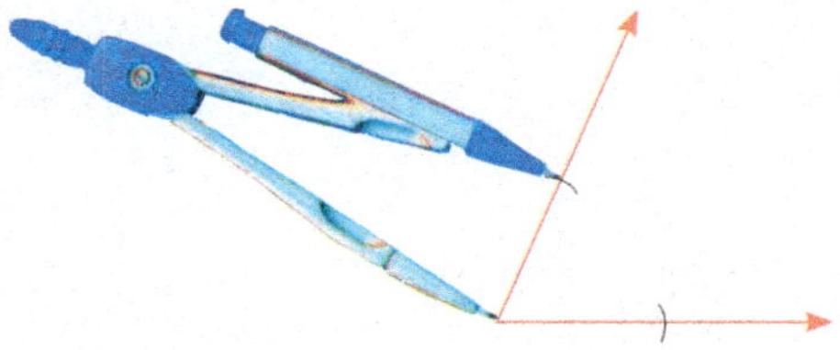

Règle ton compas de façon à ce que la distance entre la pointe et le crayon soit supérieure à la moitié de la distance entre les deux marques que tu viens de faire. Place la pointe sur l'une des marques et trace un petit arc à l'intérieur de l'angle. Place la pointe sur l'autre marque et trace, en croisant celui que tu viens de faire, un autre petit arc à l'intérieur de l'angle.

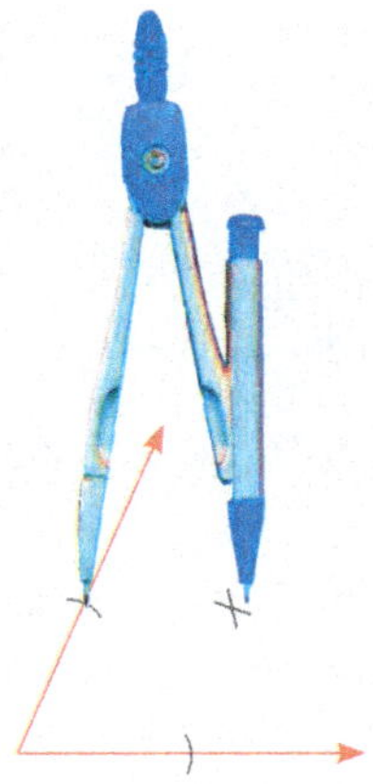

Dessine un segment de droite reliant le sommet au point d'intersection de tes deux arcs.

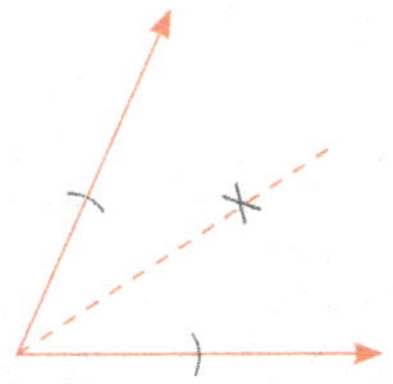

ACTIVITÉ 5.4
PLAN DE COMPTOIR DE CUISINE

On peut tailler un nouveau comptoir de cuisine aux dimensions voulues à l'aide d'une scie sauteuse. Si ce comptoir comporte un évier, il faut poser un agent d'étanchéité à base de silicone à l'endroit où il y a contact entre l'évier et le comptoir.

Il arrive souvent que les designers, charpentiers et ébénistes doivent créer des objets comportant des angles séparés en deux. Par exemple, le comptoir de la cuisine longe souvent deux, trois, voire quatre murs. Ses sections forment des angles aux coins dont l'assemblage à onglet est la bissectrice.

Dans l'activité qui suit, ton camarade et toi deviendrez designers de cuisines. Vous créerez ensemble, sur une feuille blanche ou sur du papier quadrillé, le plan du comptoir d'une cuisine dont les dimensions figurent ci-dessous, à l'échelle 1:12 (1 pouce = 1 pied). Vous indiquerez sur votre dessin les marques d'assemblage à onglet.

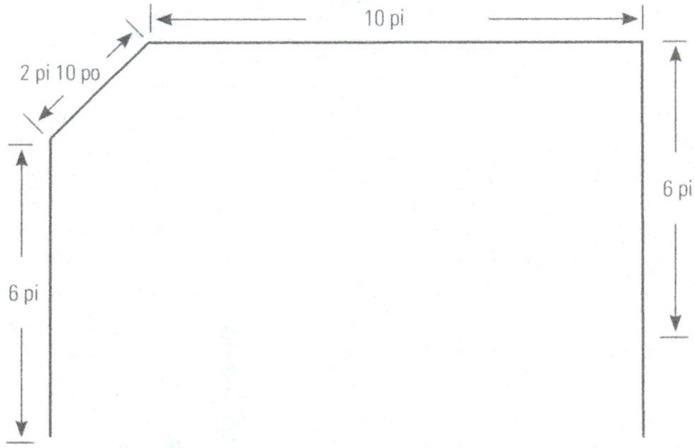

Dans cette cuisine, il y a un coin à 90° et deux coins à 135° où il faudra réaliser un assemblage à onglet. Les deux extrémités du comptoir (le début et la fin) doivent être perpendiculaires aux murs sur votre plan. La profondeur du comptoir doit être de 2 pieds partout, sauf aux endroits entourant les assemblages à onglet.

Voici les étapes à suivre pour réaliser le plan :

a) Dessinez le périmètre de la cuisine à l'échelle d'après l'illustration donnée ci-dessus.

b) Tracez, à l'échelle, une ligne perpendiculaire au mur pour marquer l'endroit où le comptoir commence et se termine.

c) À l'aide d'un rapporteur ou d'un autre instrument, séparez les trois angles formés aux coins en deux parties et tracez la bissectrice.

d) Dessinez les quatre droites parallèles aux murs représentant le comptoir.

e) Les bissectrices montrent l'endroit où on devra couper le comptoir. Écrivez la valeur de chacun des angles formés par les sections de comptoir au mur.

Le menuisier coupera les sections de comptoir d'après votre plan, en fonction des angles que vous aurez indiqués.

Une fois votre plan de comptoir terminé, vérifiez-en l'exactitude. Voici quelques points à vérifier :

- les dimensions des murs sont-elles à l'échelle?
- les extrémités du comptoir sont-elles perpendiculaires à leur mur respectif?
- les marques d'assemblage à onglet constituent-elles la bissectrice des coins?

ACTIVITÉ 5.5
CONTREVENTEMENTS EN CROIX DE SAINT-ANDRÉ ET COUTURES DE FINITION EN CROIX

Le contreventement en croix de Saint-André sert à assurer la stabilité et la sécurité d'un échafaudage. Lorsqu'ils travaillent en hauteur, les ouvriers d'un chantier de construction dépendent de la stabilité que procurent les renforts triangulaires qui servent au contreventement de l'échafaudage. Dans l'industrie du textile, on trouve souvent des coutures de finition en croix ou en carré sur des produits cousus, comme des sacs à dos, des sacs postaux, des étuis pour appareils-photo et d'autres sacs destinés à porter des articles lourds. Ces types de coutures de finition améliorent la durabilité aux endroits soumis à de fortes tensions dans plusieurs angles.

Imagine que tu es en train de concevoir un échafaudage comportant des contreventements en croix de Saint-André destiné à un chantier de construction. Travaille avec un partenaire. L'un de vous deux doit dessiner un carré sur une feuille de papier, et l'autre, un rectangle sur une autre feuille de papier. Sur ton dessin, relie les deux paires de coins opposés au moyen d'un segment de droite. Attribue un chiffre à chaque angle et inscris-le sur ton dessin. Puis, indique où se trouvent les éléments suivants :

Couture de finition en croix servant à renforcer du tissu.

1. les paires d'angles adjacents complémentaires;
2. les paires d'angles adjacents supplémentaires;
3. les paires de segments de droites perpendiculaires;
4. les segments de droites qui constituent la bissectrice d'un angle (s'il y a lieu).

Échange ton dessin avec celui de ton partenaire et vérifie les réponses qui y sont inscrites.

CONSTRUIS TES HABILETÉS

1. Luisa est poseuse de tuiles et travaille à The Pas, au Manitoba. Elle est en train de poser des tuiles dans un laboratoire de sciences au Collège universitaire du Nord. Lorsqu'elle fait son travail, elle doit couper des tuiles afin qu'elles s'insèrent bien sur la surface à couvrir. L'illustration suivante montre les angles auxquels Luisa doit couper certaines des pièces.

   Dans chacun des cas, mesure l'angle, puis détermine la valeur de chacun des nouveaux angles une fois l'angle original séparé en deux.

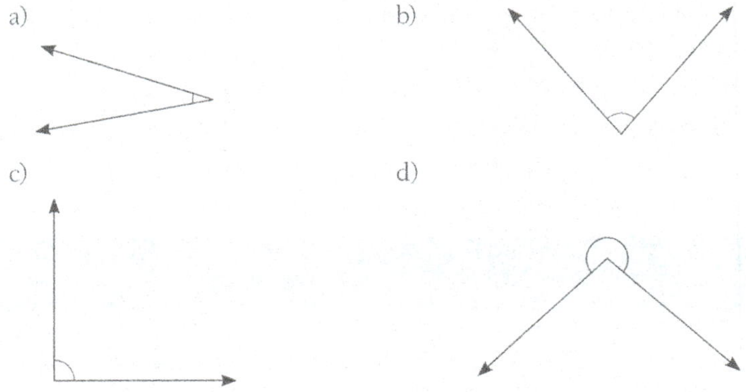

2. Jung Min exerce le métier de tôlier depuis plus de 10 ans. On lui a demandé d'installer des tables de travail dans la cuisine de l'Hôpital général Saint-Boniface. Afin de prévenir l'usure, on a prévu une bande protectrice en acier inoxydable à fixer au rebord de ces tables de travail. Ci-dessous se trouve un dessin à l'échelle (1:10) de la bande protectrice que Jung Min fixera sur le rebord d'une des tables. Elle est constituée de trois assemblages à onglet.

   a) Mesure chaque angle.
   b) Détermine la valeur des angles une fois séparés en deux.
   c) Détermine l'angle auquel couper chaque bande protectrice.

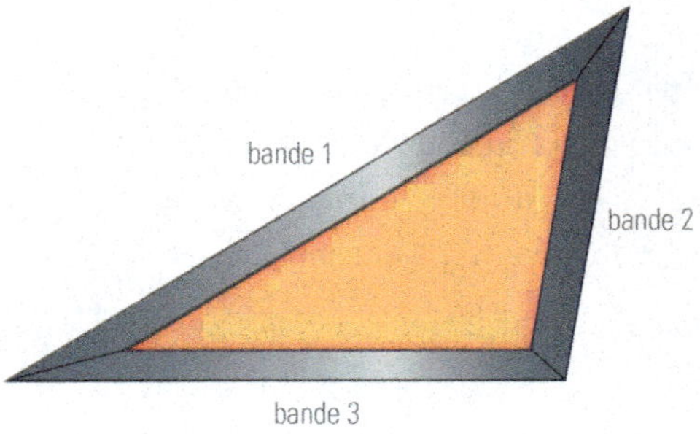

3. Imagine que tu fabriques des meubles et qu'on t'a demandé de fabriquer un dessus de table en bois et en verre correspondant au modèle illustré ci-dessous. Ton client veut que la partie extérieure soit en bois et que la pièce centrale octogonale soit en verre. Ce dessus de table est fait de huit pièces de bois identiques dont l'extérieur est recourbé, l'intérieur est droit et les extrémités sont obliques.

   Puisque ces pièces doivent s'assembler en onglet, leurs extrémités doivent être coupées en conséquence. Si les joints sont la bissectrice des angles rentrants autour de l'octogone, à quel angle, par rapport aux côtés droits des pièces de bois, faut-il couper les extrémités?

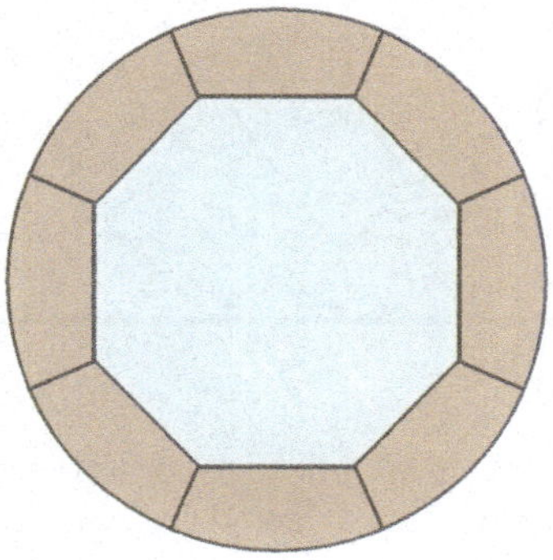

4. Jurek est soudeur et travaille à la construction d'une passerelle à Cold Lake, en Alberta. Il assemble actuellement le garde-corps. Afin d'ajouter un aspect décoratif à ce dernier, Jurek doit souder quatre bandes de métal de chaque côté du motif, reliant le centre des quatre angles indiqués au côté de la tige de métal du centre. Tu trouveras ci-dessous une illustration à l'échelle du plan. Détermine la valeur de la bissectrice des angles A, B, C et D.

5. Lorsqu'un rayon lumineux se réfléchit sur une surface plane, la lumière tombe sur la surface à un angle (angle d'incidence) égal à l'angle de réflexion. Pour mesurer ces angles, on s'y prend de la même façon : on mesure l'angle par rapport à une droite perpendiculaire à la surface (c'est la normale au point d'incidence).

   Sur l'illustration ci-dessous, mesure l'angle total entre les paires de rayons incidents et réfléchis de gauche, du centre et de droite. Détermine ensuite les angles d'incidence et de réflexion de chaque rayon.

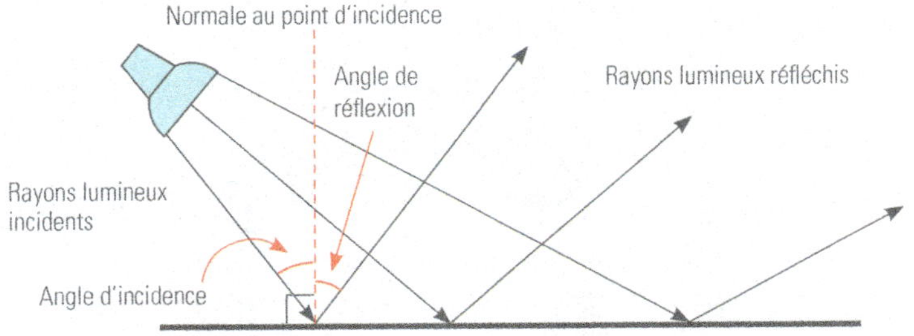

6. Un charpentier doit couper un madrier de bois de 2 po sur 4 po afin de le poser dans un coin, comme dans l'illustration ci-dessous. Si l'une des extrémités du madrier forme un angle de 50° par rapport à un mur, à quel angle faut-il couper l'autre extrémité (à l'angle indiqué) pour qu'elle tienne parfaitement contre l'autre mur? Pourquoi faut-il couper cette extrémité ainsi?

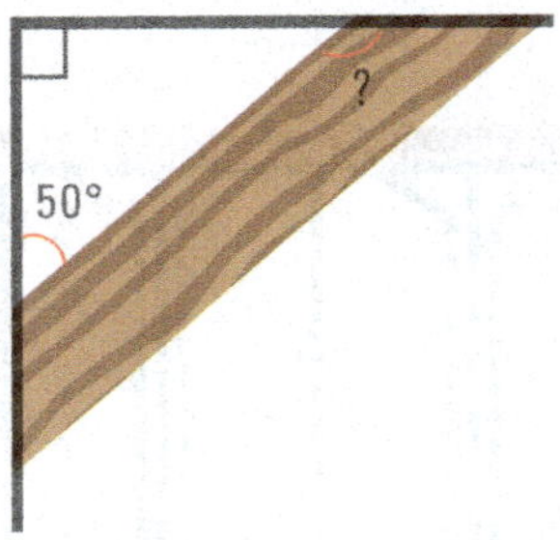

7. Imagine que tu dois créer l'image graphique d'un logo constitué d'un angle rentrant disposé au-dessus d'une forme carrée, un peu comme sur l'image ci-dessous, et que l'angle rentrant est divisé en seize angles égaux. Recopie le logo illustré ci-dessous sur une feuille de papier. Fais appel à tes connaissances de la bissection pour tracer les segments de droite qui diviseront cet angle rentrant en seize angles égaux. Comme t'y prendras-tu?

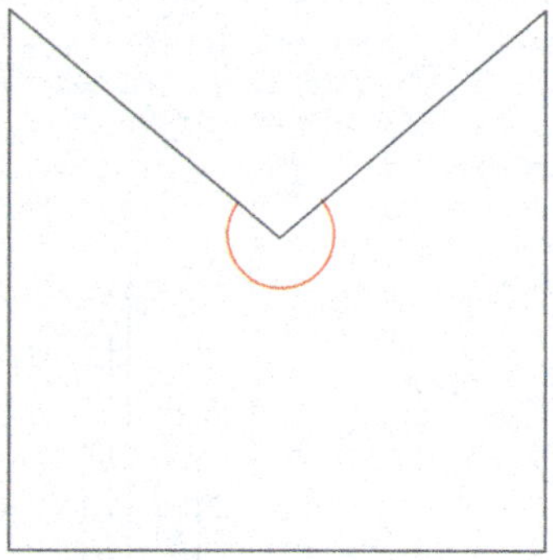

Approfondis ta réflexion

8. Lan est photographe portraitiste à Watson Lake, au Yukon. Lorsqu'elle prend ses photos, elle éclaire les zones d'ombres au moyen d'un réflecteur. Son projecteur principal éclaire l'avant et le côté gauche du sujet, mais crée des zones d'ombre sur son côté droit. Le réflecteur est censé réfléchir une partie des rayons lumineux provenant de l'extrême droite du projecteur vers la droite du sujet (rayon illustré par la demi-droite interrompue). Cependant, l'orientation actuelle du réflecteur (qui est parallèle au mur de droite) ne permet pas de diriger ces rayons lumineux vers le sujet (rayon illustré par la demi-droite continue).

   Considère l'illustration ci-dessous comme une représentation à l'échelle fidèle du studio de Lan. De combien de degrés et dans quel sens (horaire ou anti-horaire) faut-il faire pivoter le réflecteur pour que le côté droit du visage du sujet soit correctement éclairé? (Pense à la façon dont on peut réorienter la normale au point d'incidence de façon à ce que l'angle d'incidence soit égal à l'angle de réflexion illustré par la demi-droite interrompue.)

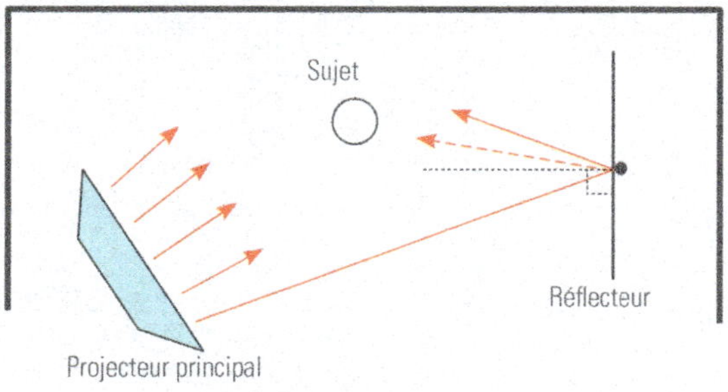

ILLUSTRATION DES CARACTÉRISTIQUES D'UN IMMEUBLE EN 3D

Les immeubles qu'on trouve dans les centres urbains possèdent généralement des caractéristiques verticales et horizontales. Dans une illustration en perspective, les caractéristiques des immeubles à l'avant-plan doivent être représentées de façon assez détaillée. Les immeubles qui paraissent éloignés, par contre, seront trop petits pour que tu puisses en illustrer les caractéristiques avec précision. Tu peux donc représenter ces dernières de façon plus sommaire.

Si tu veux déterminer les caractéristiques de tes bâtiments à illustrer, tu peux faire un croquis de la face de tes bâtiments (comme sur l'exemple ci-dessous). Remarque que l'immeuble de gauche (celui au premier plan) est plus détaillé que les deux autres.

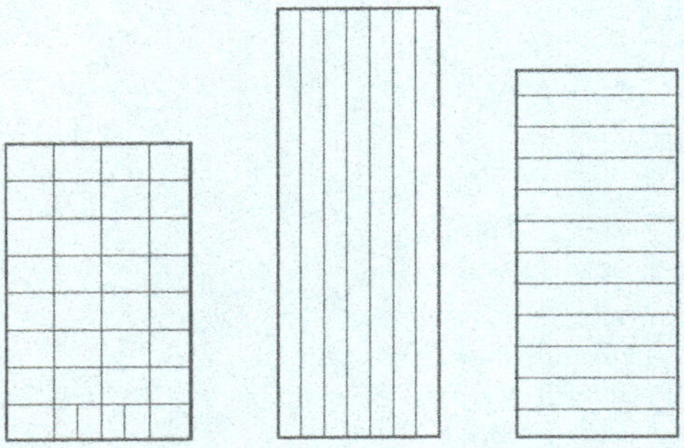

PREMIER PLAN DERNIER PLAN

Reviens à ta première illustration. Voici comment dessiner des caractéristiques verticales et horizontales sur un bâtiment en perspective.

ÉTAPE 1 : Trace les principales caractéristiques verticales sur la face avant. Ensuite, pour faire les lignes verticales sur la face droite, trace une diagonale très pâle reliant deux des coins opposés de cette face. Puis, fais trois légères marques équidistantes (à distance égale) sur l'arête verticale avant droite du bâtiment.

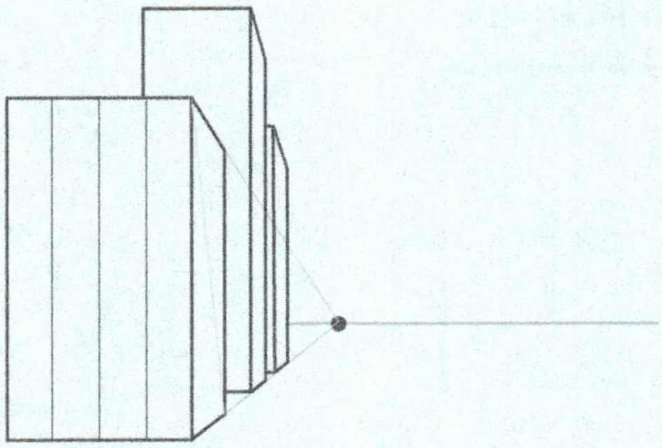

ÉTAPE 2 : Relie les marques que tu viens de faire au point de fuite, toujours en traçant des lignes guides très pâles. Pour illustrer les caractéristiques verticales, trace une ligne verticale vis-à-vis chacun des points d'intersection entre les lignes guides et la diagonale. Si tu as bien suivi les étapes jusqu'ici, tu devrais constater que la distance entre les lignes verticales sur la face droite diminue progressivement de la gauche vers la droite. Cela étant fait, efface soigneusement la diagonale.

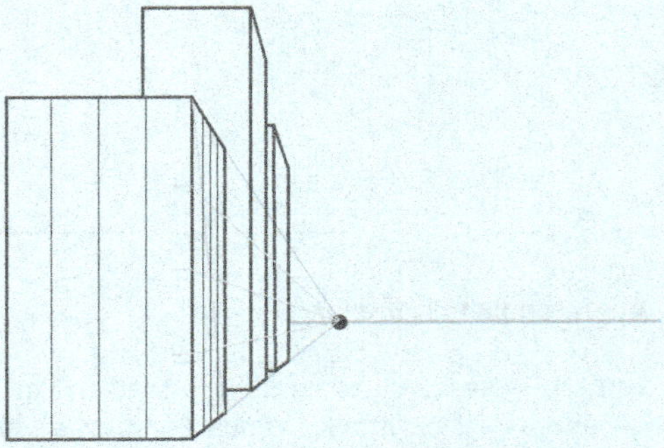

ÉTAPE 3 : Illustre les caractéristiques horizontales. Celles-ci consistent en sept lignes horizontales équidistantes. Trace-les d'abord sur la face avant. Maintenant, sur la face droite, en perspective, trace-les de façon à ce qu'elles tendent vers le point de fuite.

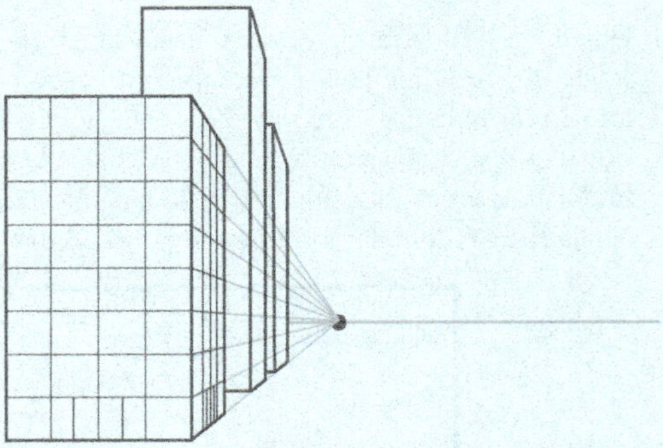

ÉTAPE 4 : Dessine les petits détails, comme les portes.

Maintenant, dessine les caractéristiques de tes deux autres immeubles. Par exemple, tu pourrais dessiner des caractéristiques seulement verticales sur le deuxième immeuble et seulement horizontales sur le troisième.

LES RACINES DES MATHÉMATIQUES

LA PERSPECTIVE LINÉAIRE ET LA PEINTURE

L'École d'Athènes, peinte par Raphaël en 1511, est un exemple très connu d'œuvre utilisant la perspective.

Parmi les premières tentatives visant à faire paraître plus gros les objets au premier plan et plus petits les objets distants, autrement dit, à produire un effet de perspective en peinture, notons les panneaux sur lesquels on avait peint des oliviers et qui étaient placés derrière des comédiens. Nous sommes en Grèce, au cinquième siècle. Les peintres médiévaux et byzantins ont aussi intégré des notions de perspective dans leurs œuvres.

Ayant été les premiers à utiliser les principes de perspective que les peintres et autres artistes visuels utilisent encore de nos jours, les peintres de la Renaissance, comme Michel-Ange, sont les plus reconnus dans ce domaine. Entre les quatorzième et dix-septième siècles, ces peintres ont ainsi peint des tableaux bidimensionnels donnant l'illusion d'espaces tridimensionnels grâce à la perspective linéaire.

La création d'un effet de trois dimensions à l'aide de la perspective linéaire repose sur quatre éléments dont le premier est la ligne d'horizon. Cette dernière se trouve généralement au niveau des yeux du spectateur et représente l'horizon. Le deuxième élément est le point de fuite, un point sur la ligne d'horizon vers lequel convergent et semblent disparaître les lignes parallèles du tableau. En troisième lieu viennent les lignes fuyantes – les lignes qui partent des arêtes des objets et qui tendent vers l'infini – et les lignes de face. Enfin, il y a l'échelle géométrique qui permet au peintre de représenter fidèlement la taille d'un objet par rapport à un autre afin de créer un effet de perspective.

1. Pense à une photo que tu as prise, à une peinture que tu aimes ou à une de tes affiches. En quoi est-ce un exemple de perspective linéaire? Trouves-y les lignes fuyantes, le point de fuite ou la ligne d'horizon.
2. En quoi une photo peut-elle comporter plus d'un point de fuite? Est-il possible qu'une photo ne comporte aucun point de fuite? Explique ton raisonnement.
3. Donne ta propre définition du terme « droites parallèles ». Explique comment tu ferais pour prouver que deux droites sont parallèles ou non.

5.3 Droites non parallèles et sécantes

À l'aide des idées de ses clients et de ses propres connaissances, un designer d'intérieur peut transformer un bureau, le hall d'un hôtel ou une pièce dans une maison.

LES MATHÉMATIQUES *AU TRAVAIL*

Un désigner d'intérieur doit connaître les textures et les couleurs qui se marient bien ensemble. Il est également essentiel qu'il soit capable de placer des meubles de façon à ce qu'une grande salle de séjour paraisse douillette ou qu'une cuisine étroite paraisse spacieuse. Il est également important d'écouter les idées et les préférences des clients et de les incorporer au décor – des sofas en suède fushia ou des tapis à motif léopard ne conviennent pas à tout le monde. Michelle Diaz aide ses clients à améliorer leur espace de vie. À cette fin, elle utilise son design, la communication et ses connaissances en mathématiques. Michelle gère une salle d'exposition de tissus haute couture à Winnipeg, au Manitoba.

Elle a obtenu son diplôme en décoration intérieure au West Kildonan Collegiate, à Winnipeg. Aujourd'hui, elle est chargée des ventes, du service à la clientèle et de l'administration des commandes. Son travail consiste à calculer le nombre de verges nécessaires pour les rideaux et le rembourrage, à calculer la longueur des tringles à rideaux, à établir les prix et à effectuer la facturation. En tant que designer d'intérieur, Michelle doit également pouvoir produire des dessins impeccables afin de présenter ses idées à ses clients.

Dans le cadre d'une commande, Michelle doit couper les pièces carrées d'un tissu coloré en six sections asymétriques. Les pièces seront cousues ensemble pour former des housses de coussins multicolores. Afin de couper le tissu avec précision, Michelle utilise de la craie pour marquer les angles des formes qu'elle coupera.

La première ligne que Michelle dessine est horizontale et sépare le carré en deux parties. Ensuite, elle dessine deux lignes verticales. La première ligne verticale forme quatre angles à l'endroit où elle croise la ligne horizontale. Michelle dessine cette ligne afin que l'angle supérieur gauche ainsi formé mesure 115°. Elle dessine la deuxième ligne verticale de façon à ce que l'angle inférieur droit formé avec la ligne horizontale mesure 72°. Quelles sont les mesures des six autres angles?

EXPLORE LES MATHÉMATIQUES

Divers objets et matériaux, tels que des fermes, des voies de chemin de fer et des tissus, comportent des droites d'intersection. Les mesures de certains angles créés par ces droites d'intersection et les types d'angles créés peuvent indiquer si ces droites sont parallèles ou non parallèles.

angles opposés par le sommet : angles créés par des droites d'intersection qui ont seulement un sommet en commun

Lorsque deux droites se coupent, quatre angles distincts sont créés. Les angles qui sont situés du même côté d'une droite sont des angles adjacents. Les angles qui ont seulement un sommet en commun sont des **angles opposés par le sommet**.

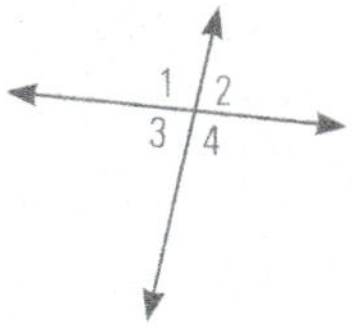

Examine le schéma ci-contre. Choisis un angle et détermine les deux angles qui lui sont adjacents et celui qui lui est opposé par le sommet. Quel type d'angle forment les deux angles adjacents? Comment les mesures des angles opposés par le sommet semblent-elles se comparer l'une à l'autre?

Imagine qu'il y a deux droites principales (d_1 et d_2) et qu'une troisième droite (s) les coupe. Cette troisième droite (s) est une **sécante**. Les paires d'angles formées par les intersections de ces droites sont classées dans des catégories en fonction de la position relative d'un angle par rapport à l'autre.

Les angles qui ont les mêmes positions correspondantes aux deux intersections sont des angles correspondants. Dans le schéma ci-dessous, une paire d'**angles correspondants** est mise en évidence. Trouve les trois autres paires.

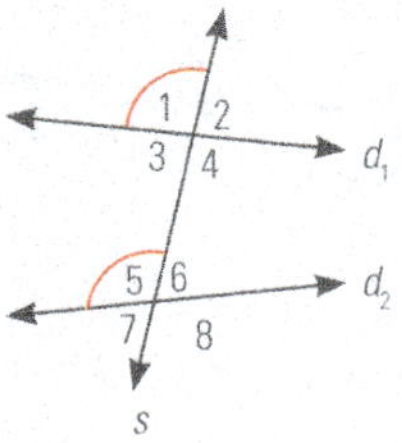

Les angles situés entre les deux droites principales sont des angles intérieurs. Deux angles intérieurs situés de part et d'autre de la sécante et à l'intérieur des droites principales sont appelés des **angles alternes-internes**. Une paire d'angles alternes-internes est mise en évidence dans le schéma ci-dessous. Trouve l'autre paire.

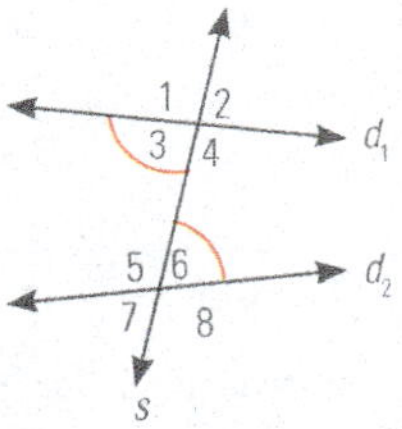

Dans le schéma ci-dessous, deux angles intérieurs situés du même côté de la sécante ont été mis en évidence. Trouve l'autre paire d'angles intérieurs situés du même côté de la sécante.

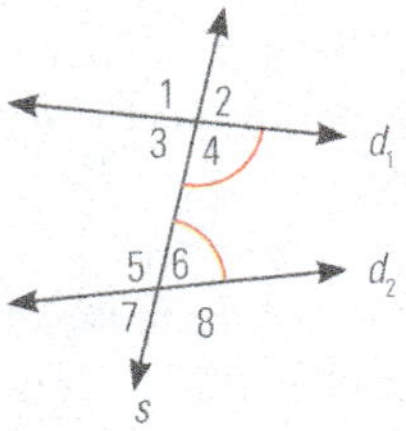

sécante : droite qui coupe au moins deux autres droites

angles correspondants : angles qui occupent la même position relative à deux intersections différentes

angles alternes-internes : angles qui occupent des positions opposées entre deux droites coupées par une sécante

angles alternes-externes : angles qui occupent des positions opposées à l'extérieur de deux droites coupées par une sécante

Les angles situés à l'extérieur des deux droites principales sont des angles extérieurs. Les équivalents externes des angles alternes-internes sont appelés **angles alternes-externes**. Les angles alternes-externes sont situés à l'extérieur de deux droites coupées par une sécante. Ils sont mis en évidence dans le schéma ci-dessous. Trouve l'autre paire d'angles alternes-externes.

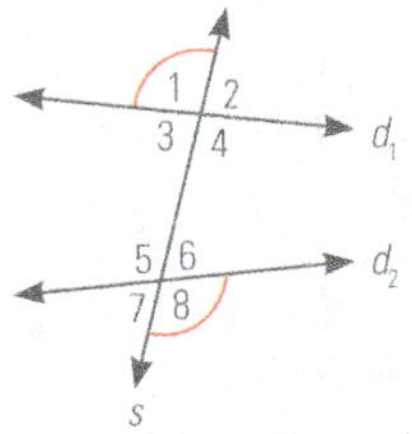

Deux angles extérieurs situés du même côté de la sécante sont mis en évidence dans le schéma ci-dessous. Trouve l'autre paire d'angles extérieurs situés du même côté de la sécante.

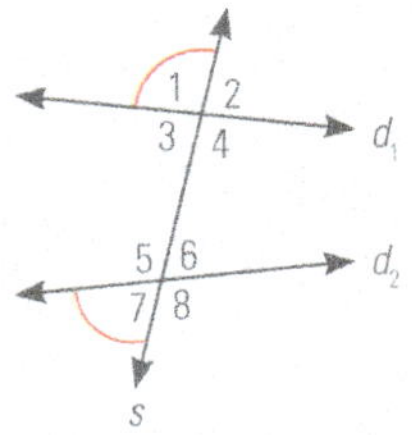

DISCUSSION DES IDÉES

DROITES ET SÉCANTES

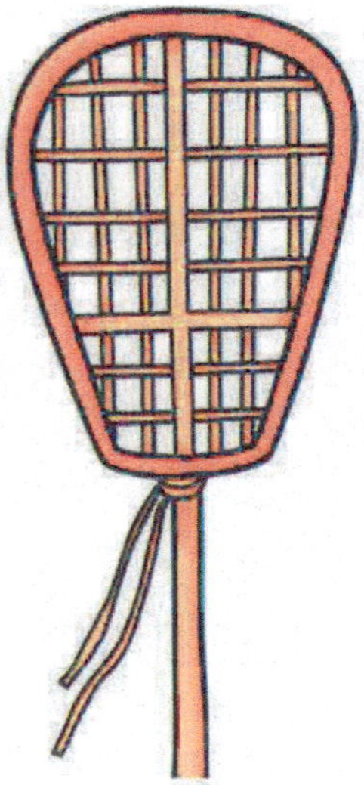

La crosse porte de nombreux autres noms, dont *baggataway* (anishinabe) et *tewaarathon* (mohawk). À l'origine, ce sport était pratiqué par les membres des Premières nations. Aujourd'hui, de nombreuses personnes jouent à la crosse en raison de l'excellent entraînement cardiovasculaire que ce sport leur procure. Ce jeu leur permet également de renforcer leur coordination puisqu'elles en ont besoin pour manipuler la crosse et lancer la balle avec précision.

La crosse comporte des droites parallèles et non parallèles de même que des sécantes. On les trouve dans la partie supérieure du bâton, qui est munie d'un filet avec lequel on saisit la balle.

Travaille avec un partenaire. Vous dessinerez chacun le schéma d'une crosse avec un filet (qui ressemble à des traverses), comme celle qui est illustrée ci-contre.

Sur l'un des schémas, choisissez deux droites qui constitueront les segments de droites principaux ainsi qu'une droite qui constituera la sécante. Ensuite, repérez les types d'angles suivants (s'ils existent) en fonction des segments de droites et de la sécante que vous avez choisis : deux angles correspondants, deux angles alternes-internes et deux angles intérieurs situés du même côté de la sécante.

Suivez les mêmes étapes pour le second schéma, mais choisissez deux segments de droites principaux et une sécante différents. Mesurez les angles que vous avez repérés et discutez des questions suivantes.

1. Les mesures d'angles correspondants de segments de droites non parallèles et d'une sécante sont-elles les mêmes ou sont-elles différentes? Expliquez votre raisonnement.
2. Les mesures d'angles alternes-externes de segments de droites non parallèles et d'une sécante sont-elles les mêmes ou sont-elles différentes? Expliquez votre raisonnement.
3. Les angles intérieurs formés du même côté de la sécante par des segments de droites non parallèles sont-ils supplémentaires? Expliquez votre raisonnement.

ACTIVITÉ 5.6
CARTOGRAPHIER LES PISTES D'UN AÉROPORT

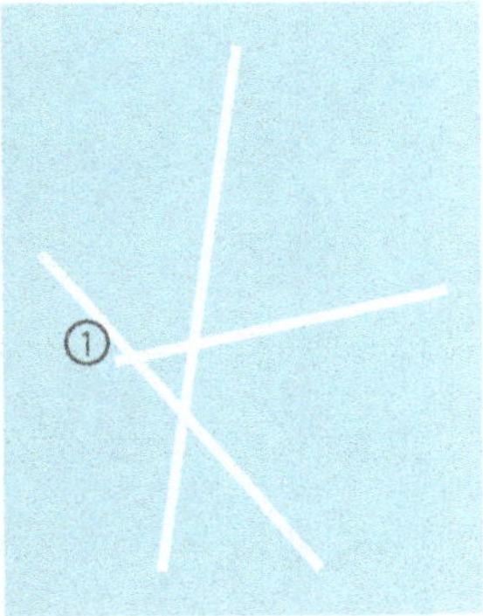

L'aéroport international James Armstrong Richardson de Winnipeg compte trois pistes concourantes.

Les aéroports importants comptent souvent de nombreuses pistes qui sont positionnées parallèlement à la direction dans laquelle souffle généralement le vent. Les avions doivent impérativement décoller face au vent afin qu'ils puissent prendre de la portance pendant le décollage. La piste dont la direction correspond à la direction dans laquelle souffle le vent dominant à une heure donnée est celle qui sera utilisée pour les décollages et les atterrissages. Le schéma ci-contre illustre la disposition des pistes à l'aéroport de Winnipeg.

Avec un camarade de classe, effectue l'exercice suivant.

1. Placez une feuille de papier à calquer sur le schéma des pistes et copiez-le.
2. À partir du point 1, numérotez tous les angles extérieurs et intérieurs sur votre copie du schéma des pistes, de la gauche vers la droite et du haut vers le bas.
3. Choisissez deux pistes qui deviendront vos segments de droites principaux et nommez-les d_1 et d_2. La troisième piste sera la sécante, *s*.
4. Trouvez toutes les paires d'angles suivants et dressez-en la liste : angles correspondants, angles alternes-internes, angles intérieurs situés du même côté de la sécante, angles alternes-externes, angles extérieurs situés du même côté de la sécante et angles opposés par le sommet. Expliquez votre raisonnement pour chacune des paires d'angles.
5. Mesurez les angles extérieurs et comparez les valeurs obtenues avec celles des angles alternes-externes. Pouvez-vous trouver deux angles alternes-externes qui ont la même mesure d'angle? Expliquez votre conclusion.
6. Additionnez les mesures des angles extérieurs situés du même côté de la sécante. Les angles de chacune des paires sont-ils supplémentaires? Expliquez votre raisonnement.

Exemple 1

Tu trouveras ci-dessous le schéma latéral d'une véranda qui est adossée à une maison.

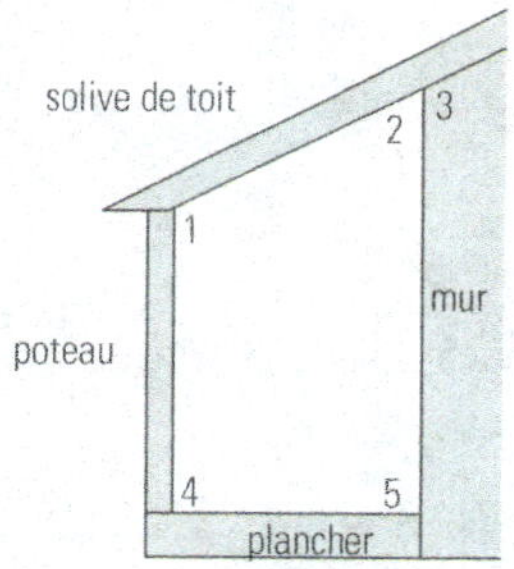

Pour chacune des paires d'angles qui figurent ci-dessous, détermine le type d'angles dont il s'agit ainsi que les parties de la véranda qui forment les droites et les sécantes.

a) ∠1 et ∠4

b) ∠3 et ∠5

c) ∠1 et ∠3

Solution

a) ∠1 et ∠4 sont situés à l'intérieur des droites et du même côté de la sécante. Il s'agit donc d'angles intérieurs situés du même côté de la sécante. La solive de toit et le plancher sont les droites et le poteau est la sécante.

b) ∠3 et ∠5 sont situés de part et d'autre d'une sécante. Il s'agit donc d'angles alternes-internes. La solive de toit et le plancher sont les droites et le mur est la sécante.

c) ∠1 et ∠3 sont dans la même position par rapport aux deux droites et à la sécante. Il s'agit donc d'angles correspondants. Le poteau et le mur sont les droites et la solive de toit est la sécante.

Exemple 2

Les pylônes à treillis sont des structures autoportantes formées de contreventements en croix de Saint-André qui leur donnent la force et la rigidité dont ils ont besoin pour tenir sans soutien supplémentaire. Le treillis installé de chaque côté du pylône est essentiellement constitué d'une série de paires de segments de droites et de sécantes. Le schéma ci-dessous représente une petite partie d'un pylône.

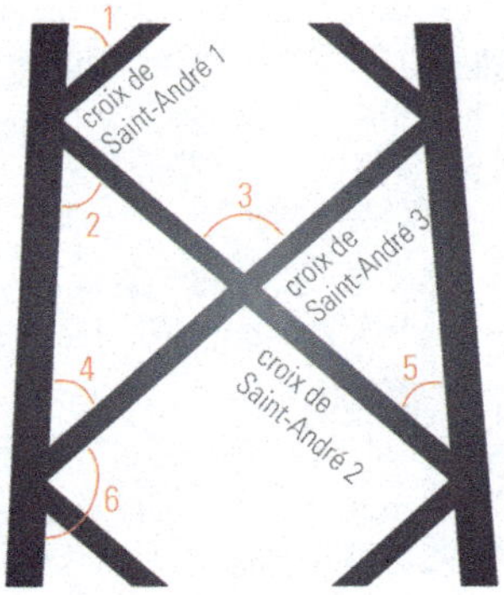

Les pylônes de transmission qui soutiennent les lignes et câbles électriques sont souvent constitués d'une structure en treillis d'acier.

La liste suivante contient trois paires d'angles et le type d'angles dont il s'agit. Trouve les deux parties du pylône qui constituent les segments de droites principaux et la partie qui constitue la sécante qui forme chaque paires d'angles.

a) Les angles 3 et 4 sont des angles correspondants.

b) Les angles 2 et 5 sont des angles alternes-internes.

c) Les angles 1 et 6 sont des angles extérieurs situés du même côté de la sécante.

Solution

a) Les angles 3 et 4 sont situés au-dessus de la croix de Saint-André 3, à la droite de la croix de Sainte-André 2 et du côté gauche du pylône. La sécante est la croix de Saint-André 3 et les segments de droites principaux sont la croix de Saint-André 2 et le côté gauche du pylône.

b) Les angles 2 et 5 sont situés entre le côté gauche et le côté droit du pylône. Ils sont également situés de part et d'autre de la croix de Saint-André 2. Dans ce cas, la sécante est la croix de Saint-André 2 et les deux segments de droites principaux sont les côtés gauche et droit du pylône.

c) L'angle 1 est situé au-dessus de la croix de Saint-André 1 et à la droite du côté gauche du pylône. L'angle 6 est situé sous la croix de Saint-André 3 et à la droite du côté gauche du pylône. Ainsi, le côté gauche du pylône est la sécante et les croix de Saint-André 1 et 3 sont les segments de droites principaux.

CONSTRUIS TES HABILETÉS

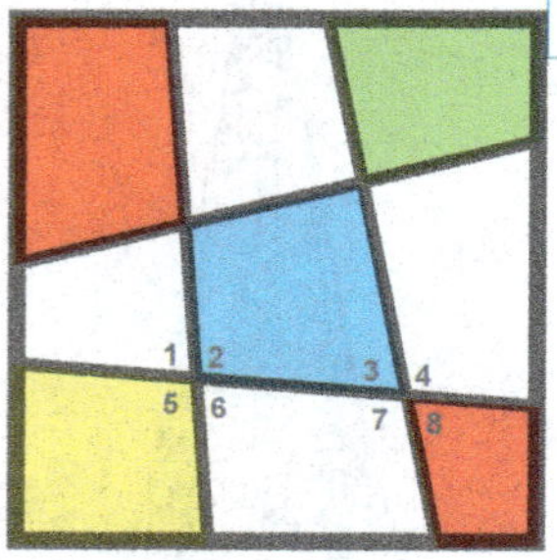

1. Aimée est une artiste qui fabrique des objets en vitrail. Elle habite et travaille dans la petite ville de Jean Marie River, dans les Territoires du Nord-Ouest, mais elle vend de nombreux objets par Internet. Actuellement, Aimée fabrique une fenêtre dont les dimensions extérieures sont de 0,5 m sur 0,5 m. Le motif est constitué de neuf panneaux de verre de différentes couleurs fixés au moyen d'un cadre carré et de séparateurs non parallèles, comme le montre le schéma ci-contre.

   Les deux séparateurs qui vont du haut vers le bas du cadre sont les segments de droites principaux, et le séparateur inférieur qui va de la gauche vers la droite du cadre est la sécante.

   a) Trouve l'angle qui est opposé par le sommet à l'angle 1. Mesure cet angle et l'angle 1. La mesure de l'angle 1 est-elle égale à celle de l'angle qui lui est opposé par le sommet?

   b) Trouve l'angle alterne-externe de l'angle 4. Mesure ces deux angles. Les mesures de ces angles alternes-externes sont-elles égales?

   c) Trouve l'angle correspondant à l'angle 6. Mesure ces deux angles. Les mesures de ces angles correspondants sont-elles égales?

   d) L'angle 2 est un des éléments d'une paire d'angles intérieurs situés du même côté d'une sécante. Quel angle constitue l'autre élément de la paire? Mesure les deux angles. Les mesures de ces deux angles sont-elles supplémentaires?

2. Pitseolak habite à Pelly Bay, au Nunavut. Elle est une kayakiste passionnée. Elle construit une petite remise où elle pourra ranger son nouveau kayak. Avant d'entamer la construction, elle dessine un plan de la remise. Examine son schéma du toit, lequel sera soutenu par une ferme à poinçon.

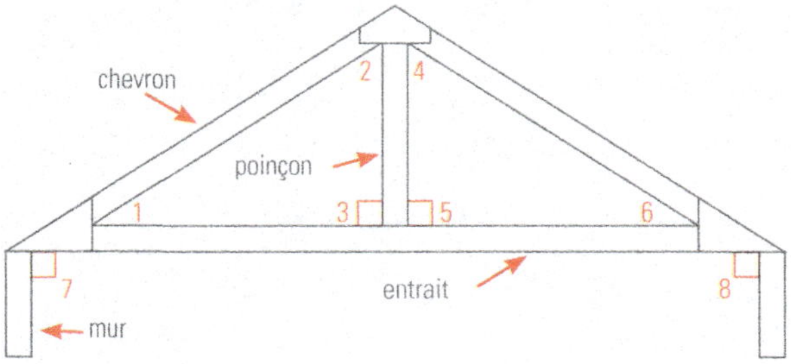

a) Si le chevron de droite et le chevron de gauche forment les deux segments de droites principaux, nomme une des sécantes possibles pour les chevrons.

b) Quel type d'angles forment les angles 3 et 5?

c) Si les murs sont les segments de droites et que l'entrait est la sécante, quel type d'angles forment les angles 7 et 8?

d) Si l'angle 1 et les angles 2 et 4 combinés forment une paire d'angles intérieurs situés du même côté d'une sécante, quelles parties de la ferme constituent les deux segments de droites principaux et la sécante?

3. Laurence apprend à fabriquer des meubles. Elle essaie de fabriquer une chaise dont le profil est semblable à celui illutré ci-contre. Le siège et la glissière ne sont pas parallèles. Le soutien principal et le dossier seront inclinés de 12° par rapport à une ligne verticale imaginaire. Le siège sera quant à lui incliné de 7° par rapport à une ligne horizontale imaginaire. Fais ce qui suit.

a) Détermine les parties qui formeraient les deux segments de droites principaux et la sécante.

b) Indique le type d'angles (correspondants, alternes-internes, intérieurs situés du même côté d'une sécante, alternes-externes ou extérieurs situés du même côté d'une sécante) que forment les angles 1 et 2.

c) Détermine quelles devraient être les mesures des angles 1 et 2. (Le schéma n'étant pas à l'échelle, ne mesure pas directement les angles avec un rapporteur d'angle.)

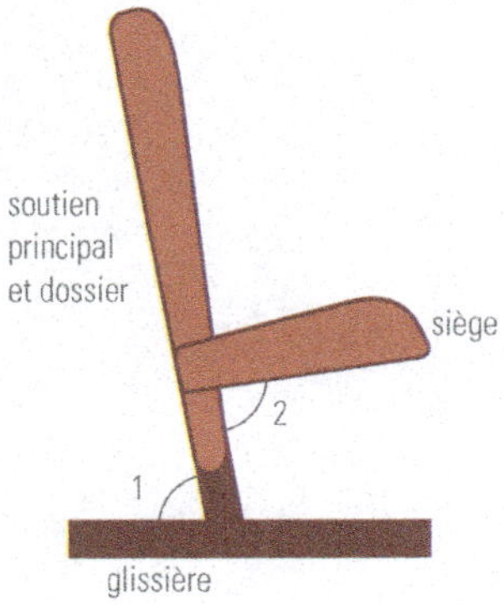

Approfondis ta réflexion

Les garde-corps et les appuis de ce pont sont renforcés par des triangles rectangles.

4. Tu trouveras ci-dessous le schéma d'un treillis Pratt, qui est utilisé pour la construction de nombreux ponts. Un treillis Pratt comporte des composantes parallèles et non parallèles ainsi que des composantes perpendiculaires et non perpendiculaires.

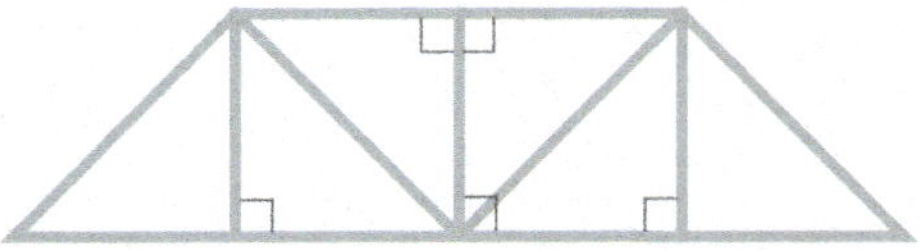

a) Examine ces composantes : une droite verticale et une droite diagonale forment les deux segments de droites principaux (non parallèles) et le segment de droite du bas forme la sécante. Mesure les angles 1, 2 et 3 et effectue les analyses suivantes. Explique ton raisonnement pour chacune des questions.

i) Compare les mesures des angles correspondants ∠1 et ∠3. La mesure de ∠1 est-elle inférieure, égale ou supérieure à celle de ∠3?

ii) Additionne les mesures des angles intérieurs situés du même côté de la sécante (∠2 et ∠3). Les angles 2 et 3 sont-il des angles supplémentaires? Explique ton raisonnement.

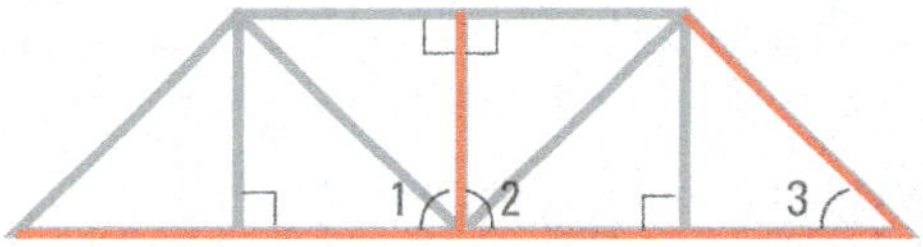

b) Examine ces composantes : deux droites diagonales forment les deux segments de droites principaux (parallèles) et le segment de droite du bas forme la sécante. Mesure les angles 1, 2 et 3 et effectue les analyses suivantes. Explique ton raisonnement pour chacune des questions.

i) Compare les mesures des angles correspondants ∠1 et ∠3. La mesure de ∠1 est-elle inférieure, égale ou supérieure à celle de ∠3?

ii) Additionne les mesures des angles intérieurs situés du même côté de la sécante (∠2 et ∠3). Les angles 2 et 3 sont-il des angles supplémentaires? Explique ton raisonnement.

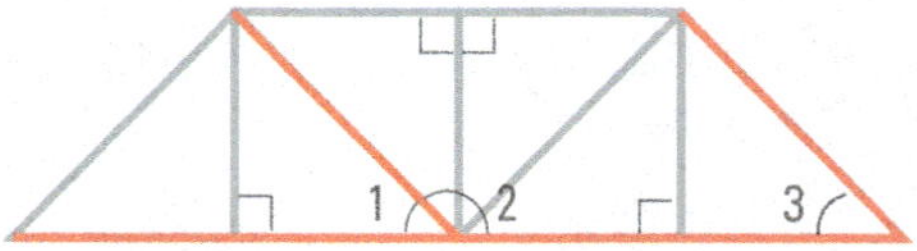

c) Examine les résultats que tu as obtenus dans les parties a) et b).

i) Qu'as-tu remarqué à propos des mesures des angles correspondants de segments de droites parallèles qui ne s'applique pas aux segments de droites non parallèles?

ii) L'une des paires d'angles intérieurs situés du même côté de la sécante (une formée par deux segments de droites parallèles et l'autre formée par des segments de droites non parallèles) est-elle constituée d'angles supplémentaires? Explique ton raisonnement.

Le pont Victoria de Saskatoon, en Saskatchewan, traverse la rivière Saskatchewan Sud.

ILLUSTRATION D'UNE RUE EN 3D

Jusqu'à présent, tu as toujours dessiné les immeubles sur un seul côté de la rue. Pour le projet, tu dois dessiner une rue entière. Termine ton dessin de la rue en dessinant le côté droit de la rue, lequel montrera seulement les faces gauches des immeubles dessinés en perspective. Tu dois utiliser le même point de fuite. L'espacement entre les immeubles doit être le même que celui entre les immeubles de l'autre côté de la rue, de façon à ce que les rues qui croisent la rue qui figure sur le schéma soit alignées.

Dessine les caractéristiques des immeubles telles que tu les vois. Utilise les mêmes techniques que tu as utilisées précédemment pour dessiner les caractéristiques horizontales et verticales. Dessine un trottoir de chaque côté de la rue. Une fois terminé, ce schéma te servira de base pour ton schéma de projet.

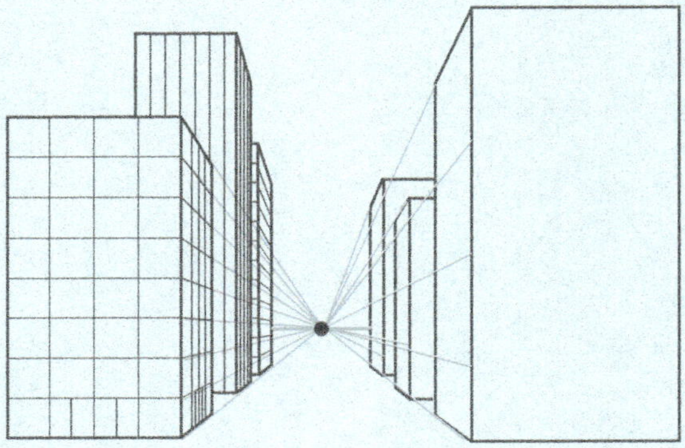

Droites parallèles et sécantes

5.4

LES MATHÉMATIQUES *AU TRAVAIL*

June Peterson est membre de la Sturgeon Lake Cree Nation et habite à Sturgeon Lake, en Alberta. Après avoir obtenu son diplôme de la Hillside High School, elle s'est inscrite à un programme de formation préparatoire à l'exercice d'un métier au Northern Alberta Institute of Technology. Puisqu'elle a toujours aimé construire des objets, elle a axé ses études sur le volet charpenterie du programme et a travaillé avec un entrepreneur de la région à un nouveau projet d'habitation à Sturgeon Lake.

June travaille souvent à la construction de maisons et d'immeubles à ossature de bois. Les charpentes sont constituées de montants (poteaux verticaux et parallèles) et de sablières (poteaux qui sont posés le long du haut et du bas des montants). Les charpentes sont généralement construites sur le sol ou sur le plancher avant d'être érigées. Les sablières tiennent les montants en place.

Une partie du travail de June consiste à s'assurer que les montants sont parfaitement perpendiculaires à la sablière basse et parallèles les uns par rapport aux autres. À cette fin, elle utilise un appareil de mesure comme une équerre de charpentier, qui permet de mesurer et de tracer des angles de 90°.

June construit un demi-mur qui formera le côté d'un escalier. Le haut du mur suivra l'inclinaison de l'escalier. Un schéma partiel de la charpente de l'escalier est illustré ci-contre.

- Décide d'un angle raisonnable pour l'escalier. Les angles d'un escalier varient de 33° à 42°.
- Quelle doit être la mesure de l'angle formé par les montants et la sablière basse si June veut que les montants soient parallèles?
- Quelle doit être la mesure de l'angle formé par les montants et la sablière du haut si June veut que l'extrémité des montants soit alignée avec la sablière?

Les charpentiers font souvent des croquis des structures sur lesquelles ils travaillent.

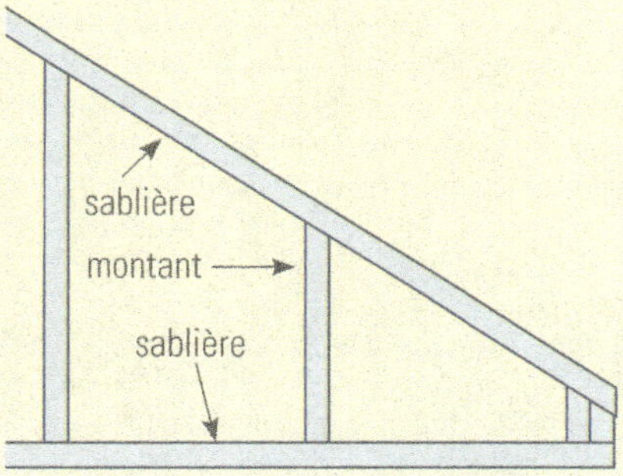

EXPLORE LES MATHÉMATIQUES

Deux droites sont parallèles si elles ne se coupent jamais. Cela se produit seulement lorsque les droites sont situées à une distance constante l'une de l'autre. Pense à une situation où tu pourrais trouver des droites parallèles, puis imagine ce qui se produirait si ces droites n'étaient pas parallèles. Par exemple, les lignes tracées sur les routes pour délimiter les voies doivent être parallèles. Que se passerait-il si ces lignes se rapprochaient toujours de plus en plus? Dans les maisons, les montants qui soutiennent les murs doivent être verticaux et parallèles les uns par rapport aux autres. Qu'arriverait-il à un mur si le montant à l'une de ses extrémités était vertical mais que les autres montants n'étaient pas parallèles à ce montant et les uns par rapport aux autres?

Les artisans utilisent des rubans à mesurer pour mesurer et créer des angles précis.

Les angles correspondants, les angles alternes-internes, les angles intérieurs situés du même côté de la sécante, les angles alternes-externes et les angles extérieurs situés du même côté de la sécante formés par deux droites parallèles coupées par une sécante ont tous certaines caractéristiques. Il est possible de savoir si des droites sont parallèles ou non si les angles présentent certaines mesures.

Examine la paire d'angles correspondants, $\angle 1$ et $\angle 5$, dans le schéma ci-dessous. Mesure ces angles. Comment les mesures de ces angles se comparent-elles? Sont-elles égales ou différentes? Cette situation vaut-elle aussi pour les autres paires d'angles correspondants?

Examine la paire d'angles alternes-internes, $\angle 3$ et $\angle 6$, dans le schéma ci-dessous. Mesure ces angles. Les mesures sont-elles les mêmes ou sont-elles différentes? Cette situation vaut-elle aussi pour l'autre paire d'angles alternes-internes? Et pour les paires d'angles alternes-externes?

Examine la paire d'angles intérieurs situés du même côté de la sécante, $\angle 3$ et $\angle 5$, dans le schéma ci-dessous. Mesure ces angles. Quelle est la somme des mesures de ces angles? Cette situation vaut-elle aussi pour l'autre paire d'angles intérieurs situés du même côté de la sécante et pour les deux paires d'angles extérieurs situés du même côté de la sécante?

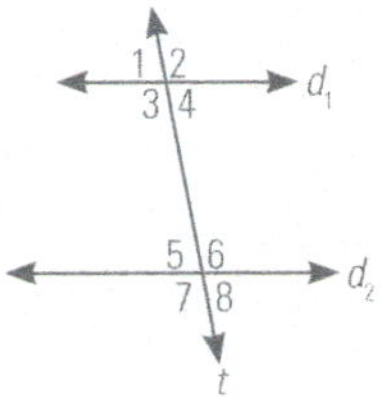

SUGGESTION

Dans un schéma qui compte deux droites et une sécante, les droites sont parallèles si les angles correspondants sont égaux.

Le fait de mesurer les angles ci-dessus devrait t'avoir conduit à la conclusion que lorsque deux droites sont parallèles et coupées par une sécante :

- les mesures des angles correspondants, des angles alternes-internes et des angles alternes-externes sont égales (si les mesures de ces angles ne sont pas égales, les droites ne sont pas parallèles);
- les angles intérieurs et extérieurs situés du même côté d'une sécante sont supplémentaires (si ce n'est pas le cas, les droites ne sont pas parallèles).

DISCUSSION DES IDÉES

ILLUSTRATION DE SEGMENTS DE DROITES PARALLÈLES

On utilise fréquemment des séchoirs en bois pour le séchage et le fumage du poisson et de la viande. Les séchoirs sont faits de bâtons parallèles sur lesquels sont suspendus des filets de viande ou de poisson. Un feu couvant dégageant de la fumée est allumé sur le sol au milieu de la structure. Le temps nécessaire au séchage et au fumage de la viande ou du poisson peut varier de douze heures à plusieurs jours.

Traditionnellement, le séchage du poisson permettait de conserver la chair afin de la consommer pendant l'hiver.

Certains membres des Premières nations fabriquent des séchoirs carrés ou rectangulaires. Les séchoirs carrés sont formés d'un carré maintenu par quatre bâtons verticaux. Des poteaux horizontaux et parallèles sont fixés au carré. Les séchoirs triangulaires ressemblent à des tentes triangulaires munies de poteaux parallèles et horizontaux attachés à chaque extrémité.

Imagine que tu fais un voyage de pêche et que tu attrapes beaucoup de poissons. Tu voudrais fumer une partie des poissons à ton camp afin de les conserver. Construirais-tu un séchoir triangulaire ou rectangulaire? Explique ton raisonnement.

Travaille avec un partenaire. Choisissez la forme de séchoir que vous construiriez, et dessinez un schéma de construction. Un des partenaires peut dessiner les segments de droites horizontaux et l'autre les droites parallèles. Vous pouvez dessiner les côtés du séchoir séparément ou dessiner le séchoir en trois dimensions. Choisissez le facteur d'échelle que vous utiliserez, comme 1 : 48.

Pendant que vous effectuez cette tâche, déterminez une façon de vous assurer que les segments de droites parallèles demeurent parallèles. Discutez de l'espacement que vous devez laisser entre chaque segment du séchoir sur lequel le poisson sera suspendu, de façon à ce que l'air et la fumée puissent circuler uniformément (les filets de poisson mesurent généralement environ 30 cm de long). Quel serait le meilleur matériau pour construire votre séchoir? Comment attacheriez-vous les poteaux ensemble? Comment empêcheriez-vous les animaux et les insectes de s'approcher du poisson?

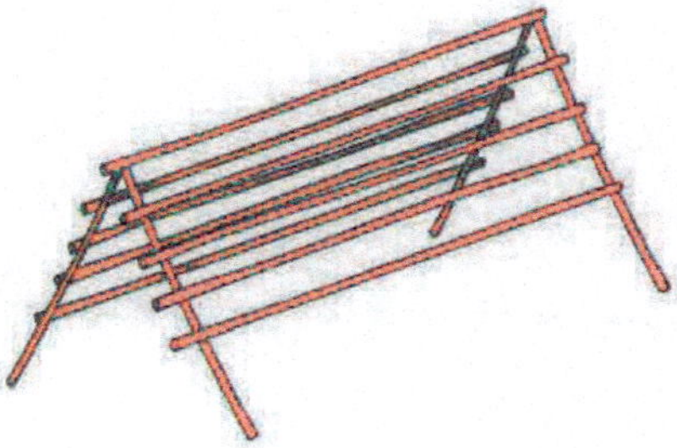

Pour faire un carrelage Opus romain, on utilise des carreaux de différentes tailles.

ACTIVITÉ 5.7
CONCEVOIR UN CARRELAGE OPUS ROMAIN

Un carrelage de type Opus romain est une mosaïque formée de carreaux carrés et rectangulaires de tailles différentes. Le motif est aléatoire, mais chaque carreau doit être au même niveau que les carreaux qui se trouvent à côté. Les côtés verticaux de tous les carreaux doivent être parallèles les uns par rapport aux autres, et il en va de même pour les côtés horizontaux. Traditionnellement, les carrelages Opus romain étaient faits de marbre et de travertin, un type de pierre calcaire. Un carrelage Opus romain peut être fait à l'aide de carrés de différentes tailles qui ont tous été fabriqués à la même échelle.

Imagine que tu poses un carrelage Opus romain sur le plancher d'une cuisine. Sur une feuille de papier quadrillé, dessine un carré de 15 cm sur 15 cm. À l'intérieur, dessine un carrelage Opus romain. Commence avec un carreau de 3 cm sur 4 cm. Utilise une échelle de 1,5 : 1 (tu peux arrondir tes mesures au dixième près). Ajoute deux carreaux agrandis et deux carreaux réduits en fonction de l'échelle. Ajoute un carreau de 1 cm sur 1 cm. Utilise une échelle de 3 : 1. Ajoute deux carreaux agrandis selon cette échelle. Remplis le reste de la feuille de carreaux de différentes tailles. Assure-toi que les côtés horizontaux et verticaux sont parallèles.

Réfléchis à la façon dont un artisan s'y prendrait pour s'assurer que les côtés horizontaux et verticaux des carreaux sont parallèles les uns par rapport aux autres. Quels outils pourrais-tu utiliser pour t'aider? Tu peux t'assurer que les droites sont parallèles en veillant à ce que la somme des angles intérieurs et extérieurs situés du même côté de la sécante s'élève à 180°.

Exemple 1

L'Esplanade Riel de Winnipeg est un pont à haubans à un pylône conçu pour les piétons. Il traverse la rivière Rouge et relie le centre-ville de Winnipeg à Saint-Boniface.

Un pont à haubans est constitué d'une tour de support et de câbles qui descendent jusqu'au tablier du pont. Les câbles, qui peuvent être parallèles ou inclinés, suspendent le pont au-dessus de l'eau. L'un des ponts à haubans les plus connus au Canada est l'Esplanade Riel, situé à Winnipeg.

Examine le schéma ci-dessous. Lesquels des quatre câbles numérotés sont parallèles et lesquels ne le sont pas? Explique comment tu es parvenu à ta conclusion.

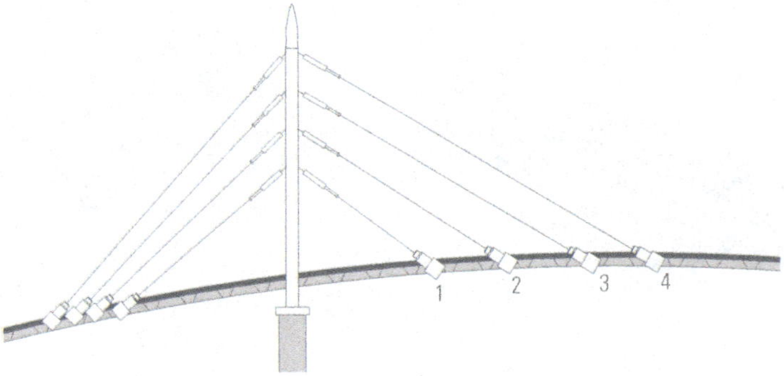

SOLUTION

Tu pourrais mesurer les angles inférieurs entre le côté droit de la tour verticale et chaque câble. Puisque ces angles occupent les mêmes positions par rapport aux points où les câbles croisent la tour, ces angles sont des angles correspondants. Ces angles, du bas vers le haut, devraient mesurer 54°, 58°, 60° et 60°. Les deux seuls angles correspondants dont les mesures sont égales sont ceux situés sous les câbles 3 et 4 (mesurant tous deux 60°). Ainsi, les câbles 3 et 4 sont les seuls câbles qui sont parallèles. Les autres câbles ne sont pas parallèles parce que les mesures de leurs angles correspondants ne sont pas égales aux mesures des autres angles correspondants.

Exemple 2

Danielle exerce le métier de tôlière. Elle se spécialise dans l'installation de tôles de couverture dans sa ville natale de La Ronge, en Saskatchewan. Les tôles de couverture que Danielle utilise comportent des plis parallèles. Les tôles peuvent être achetées en sections avant d'être installées et fixées à l'aide de vis ou de clous.

Tu trouveras ci-dessous un schéma illustrant deux sections d'une tôle de couverture. La droite horizontale, ou la sécante, représente l'endroit où deux sections se joignent. Les droites verticales sont les plis. Un angle est indiqué. Indique les mesures que les angles 1, 2 et 3 doivent avoir si les plis sont parallèles les uns par rapport aux autres. Explique pourquoi ces angles doivent avoir ces mesures.

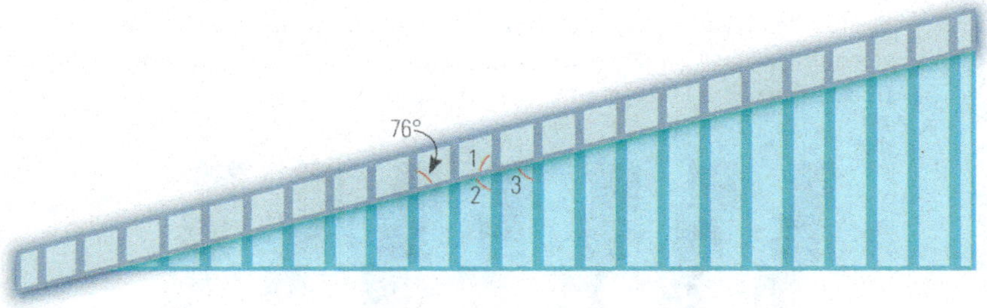

SOLUTION

L'angle 1 forme une paire d'angles intérieurs situés du même côté de la sécante avec l'angle de 76°. Ces deux angles doivent être supplémentaires. Par conséquent, la mesure de l'angle 1 doit correspondre à 180° moins 76°, soit 104°.

L'angle 2 est un angle alterne-interne par rapport à l'angle de 76°. Les mesures de ces deux angles doivent être égales; l'angle 2 doit donc mesurer 76°.

L'angle 3 est également un angle alterne-interne par rapport à l'angle de 76° en plus d'être un angle correspondant à l'angle 2. Les mesures de ces angles doivent toutes être égales; l'angle 3 doit donc également mesurer 76°.

CONSTRUIS TES HABILETÉS

1. Après avoir obtenu son diplôme d'études secondaires, Jamila a travaillé pour l'entreprise de revêtement de sol de son oncle à Port Hardy, en Colombie-Britannique, où elle a appris comment installer un système de chauffage par rayonnement électrique. Ce système est obtenu au moyen de fils conducteurs entrecroisés et parallèles installés sous le plancher. Dans le cadre de son travail, Jamila doit s'assurer que les fils sont parallèles afin que la chaleur soit diffusée uniformément. Dessine ce à quoi pourrait ressembler un système de chauffage par rayonnement en traçant trois droites parallèles. Ensuite, trace trois sécantes parallèles.

2. Au Canada, les chemins de fer sont généralement constitués de rails en acier parallèles qui sont tenus en place par des traverses en bois. Nomme deux façons qui permettraient aux ouvriers ferroviaires de s'assurer que les rails sont parallèles.

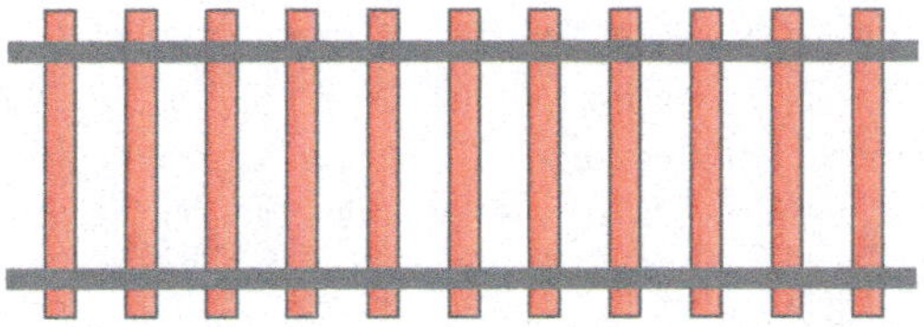

3. Parfois, des illusions d'optique peuvent donner l'impression que des droites sont parallèles alors qu'elles ne le sont pas et vice versa. Examine deux segments de droites dans chacun des schémas ci-dessous. Détermine s'ils sont parallèles. Décris deux différentes techniques que tu pourrais utiliser pour déterminer si les segments sont parallèles.

   a)

b)

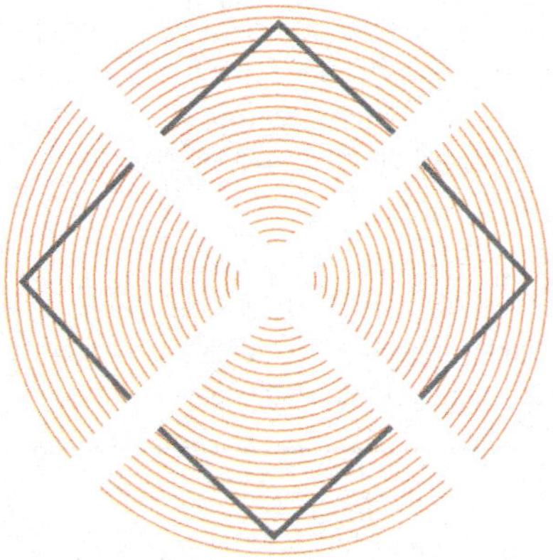

4. Robert installe un nouveau balustre sur les escaliers chez sa grand-mère afin de s'assurer qu'elle puisse les emprunter en toute sécurité. Les poteaux verticaux, appelés des montants, qui sont fixés à la main courante doivent être parallèles les uns par rapport aux autres. Quelle est la mesure de *x* en degrés? Explique comment tu établis cette mesure.

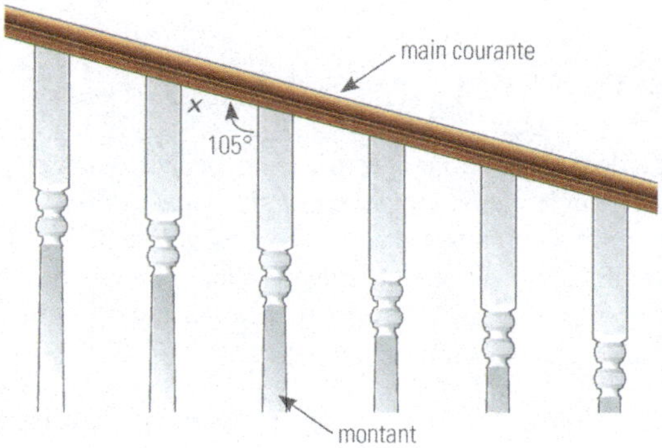

5. Le schéma ci-dessous illustre la face avant d'un bloc en béton. Examine les mesures des angles indiquées afin de trouver les arêtes qui sont parallèles (s'il y a lieu) et celles qui ne le sont pas (s'il y a lieu).

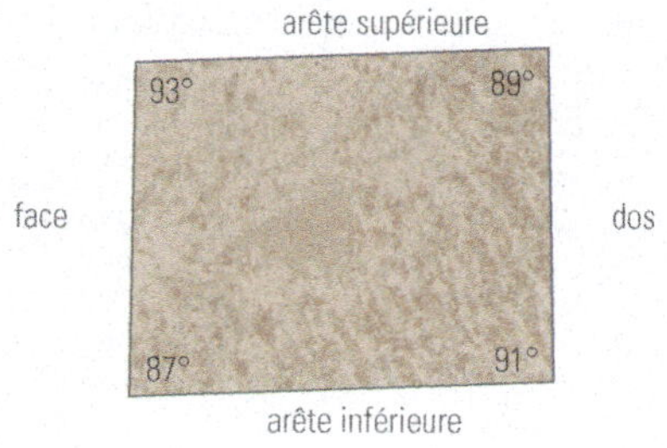

6. Giang organise des excursions en bateau sur la rivière Yukon. Sur la rivière, il essaie de conserver une distance de 10 m avec les autres bateaux et de demeurer parallèle à ceux-ci pour des raisons de sécurité. Le bateau de Giang suit un relèvement de 193° et un autre bateau suit un relèvement de 201°. Si Giang veut que son bateau demeure parallèle à l'autre bateau, de combien de degrés à tribord (droite) ou à bâbord (gauche) doit-il changer de cap?

7. Un architecte dessine le mur d'un immeuble au moyen de segments de droites qui constituent un treillis. Lesquels des segments de droites numérotés sont parallèles? Dans chaque cas, indique comment tu peux affirmer que les segments de droite sont parallèles.

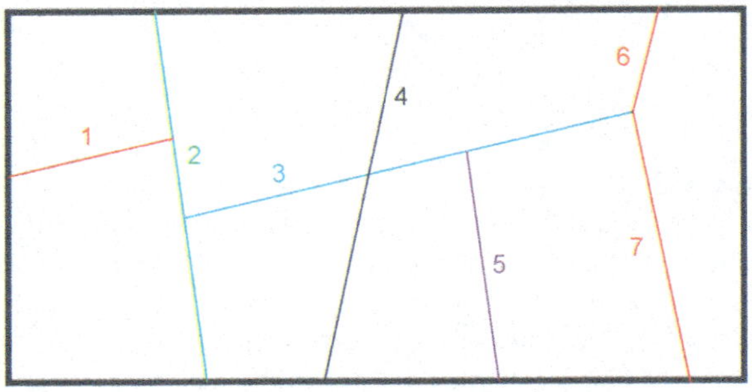

Approfondis ta réflexion

8. Un client a demandé à un magasin qui se spécialise dans les miroirs de créer un miroir en angle pleine longueur devant lequel les personnes pourront se tenir. Un miroir en angle inverse la réflexion; ainsi, les personnes qui se regardent dans le miroir voient leur image comme les autres personnes la voient et non comme une image retournée normale (le côté gauche de ton corps apparaît du côté droit de la réflexion).

On peut fabriquer un miroir en angle en joignant à la verticale deux miroirs rectangulaires pleine longueur; les surfaces réfléchissantes sont donc perpendiculaires et tournées vers l'intérieur. On peut vérifier si l'angle est parfaitement droit en pointant un faisceau lumineux étroit directement vers le miroir en angle. Si, lorsqu'on regarde le miroir en plongée, le faisceau réfléchi est parallèle au faisceau incident (comme le montre le schéma ci-dessous), les miroirs sont perpendiculaires et le miroir en angle réfléchira les images comme prévu.

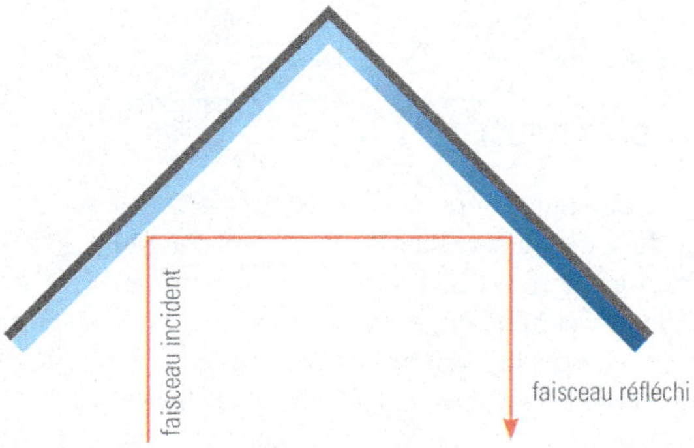

a) Pense à la façon dont tu pourrais t'y prendre pour t'assurer que les miroirs forment un angle de 90°.

b) Dessine un schéma semblable à celui qui figure ci-dessus. L'angle entre les deux miroirs doit être inférieur à 90°. Penses-tu que tu pourrais obtenir le même effet d'orientation? Explique ton raisonnement.

c) Fais la même chose qu'à la question b), mais dessine un angle supérieur à 90°.

Si tu peux le faire, procure-toi deux petits miroirs rectangulaires afin d'observer la façon dont la lumière est réfléchie.

RÉSOUS LE PROBLÈME

L'ESCALIER DE PENROSE

Le schéma ci-dessous, le premier du genre, représente un objet impossible et a été créé par le généticien anglais Roger Penrose. Il s'agit de la représentation en deux dimensions d'un escalier qui compte quatre virages à 90° qui montent ou qui descendent. Cet escalier forme pourtant une boucle continue, ce qui signifie qu'une personne pourrait grimper encore et encore sans jamais monter (ou descendre). L'escalier est impossible en trois dimensions, mais il semble possible en deux dimensions en raison d'une perspective distordue.

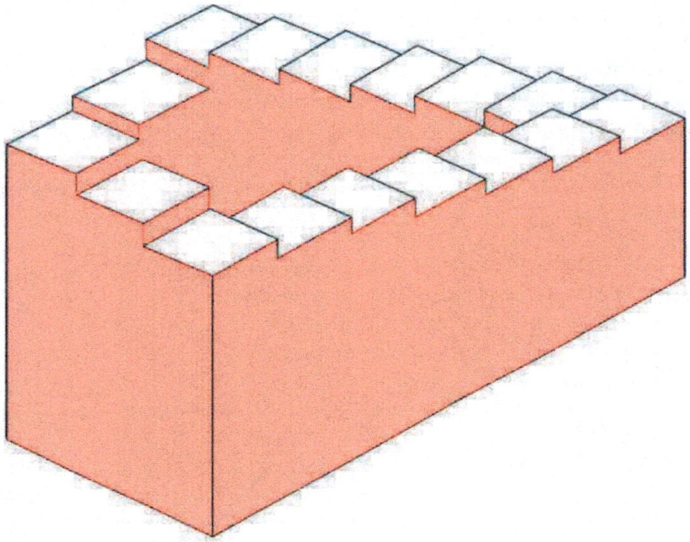

Suis l'escalier. Peux-tu déterminer quelle est la marche la plus basse ou la plus élevée? Que se passe-t-il si tu suis l'escalier dans le sens horaire? Et dans le sens anti-horaire? Essaie de créer ton propre escalier sans fin (sans copier ce schéma).

Explique comment cette illusion est possible à l'aide des connaissances que tu as acquises à propos des droites parallèles.

PROJET – DESSIN EN PERSPECTIVE

CRÉATION D'UNE PERSPECTIVE EN 3D

Tu dois maintenant créer la rue qui figurera sur la page couverture de THÊTA. Sers-toi de tes dessins préliminaires comme guide pour faire ton dessin final. Crée un dessin de couverture publiable qui soit de la meilleure qualité possible. Assure-toi que toutes les arêtes et les caractéristiques sont faciles à voir et que toutes les lignes temporaires sont complètement effacées.

Prépare une affiche qui te permettra de présenter les éléments suivants devant la classe :

- toutes tes esquisses et illustrations préliminaires qui auront conduit au dessin final;
- la couverture finale.

N'oublie pas de signer ton nom et celui de ton ou de tes camarades qui auront participé à ton dessin dans le coin inférieur droit de chacun de tes dessins.

Le studio d'un graphiste.

RÉFLEXIONS SUR L'APPRENTISSAGE

ANGLES ET DROITES PARALLÈLES

Maintenant que tu as terminé ce chapitre, tu es en mesure :

- ❒ de dessiner, de mesurer et de décrire des angles de valeurs différentes;
- ❒ de déterminer si les paires d'angles sont complémentaires, supplémentaires ou ni l'un ni l'autre;
- ❒ d'utiliser des référents pour estimer les mesures des angles;
- ❒ d'effectuer la bissection des angles;
- ❒ de repérer les angles correspondants, les angles alternes-internes, les angles internes situés du même côté d'une sécante, les angles alternes-externes et les angles extérieurs situés du même côté d'une sécante dans un schéma comportant des droites et des sécantes;
- ❒ de déterminer si des droites sont parallèles ou non.

Tu as également terminé un projet de chapitre qui t'a permis d'appliquer ces connaissances de façon concrète à une tâche du monde réel.

MISE EN PRATIQUE DES NOUVELLES HABILETÉS

1. La première tâche de Martine en tant que designer est de créer un grand panneau décoratif pour un café situé à Medicine Hat. Le panneau sera suspendu au plafond au moyen de câbles afin de cacher partiellement les tuyaux et les fils électriques qui sont exposés. Dessine le schéma de la devanture du café-restaurant afin d'illustrer ce à quoi ressemblera le panneau. Utilise l'échelle 1 : 24, dans laquelle 1 pouce correspond à 2 pieds. Le schéma devrait représenter le panneau suspendu à deux pieds du plafond. La pièce mesure 16 pieds de large sur 12 pieds de haut. Le panneau doit mesurer 11 pieds de large et $\frac{1}{2}$ pied de haut. Deux câbles soutiendront le panneau sur chaque côté. Les angles mesureront 95° et 110° (par rapport à la partie supérieure du panneau) lorsqu'on le regardera de face.
2. Dans un plan d'étage, on représente une porte standard au moyen d'un segment de droite et d'un arc délimité par le chant de porte (généralement un quart de cercle représentant 90°) lorsque la porte est entièrement ouverte.

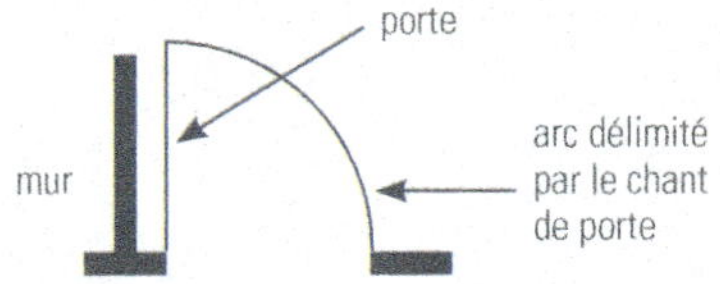

Sur une feuille de papier, dessine un schéma, semblable à celui présenté ci-dessus, d'une porte qui pourrait s'ouvrir jusqu'à 125° pour s'appuyer contre un mur dont l'angle est de 125° plutôt que de 90°, comme c'est généralement le cas, par rapport au mur voisin.

3. Imagine que tu es le skipper du bateau représenté par le symbole blanc sur la carte ci-dessous. Place une feuille de papier sur la carte. Dessine un trajet dans le sens horaire qui comprend trois étapes : tu dois passer près de chacune des bouées (en rouge) et te rendre jusqu'à un point situé tout près du bateau (en noir). Sers-toi d'un quadrillage vertical qui pointe vers le nord pour déterminer le relèvement vrai que doit avoir le bateau à chaque étape, et note ces relèvements.

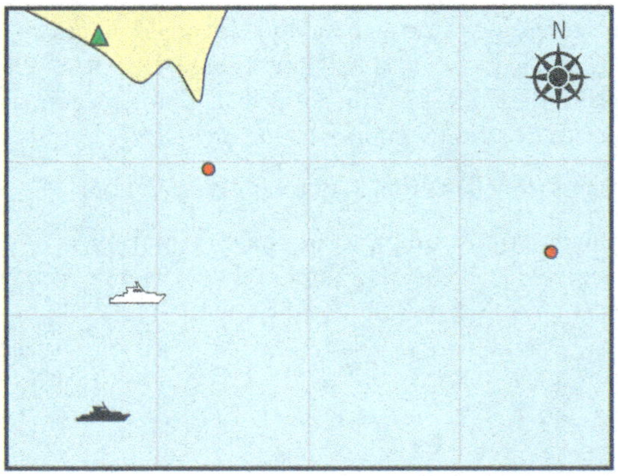

4. Garnett est dessinateur et une partie de son travail consiste à dessiner des plans d'étage. On lui a demandé de créer une petite salle de réunion qui fera partie du Makkuttukkuvik Youth Centre, à Iqaluit. Imagine que tu occupes l'emploi de Garnett. Dessine un schéma afin de présenter tes propositions au personnel du centre.

   - Le mur avant mesure 16 pieds de long.
   - Le mur gauche mesure 12 pieds de long et le mur droit mesure 10 pieds. Les deux murs sont perpendiculaires au mur avant.
   - Le mur arrière mesure également 12 pieds de long et est perpendiculaire au mur gauche.
   - Un cinquième mur joint le mur arrière et le mur droit selon un certain angle.

   Dessine un schéma à l'aide de ces renseignements. Puis, analyse ton schéma pour estimer la longueur du cinquième mur ainsi que les mesures des angles créés avec le mur arrière et le mur droit. Dessine également une porte qui s'ouvrira entièrement à l'angle maximal sur le côté du cinquième mur. Quelle est la valeur de cet angle?

5. Tu es entrepreneur et tu es chargé de construire une maison dont les murs extérieurs font face aux quatre points cardinaux – N., E., S., et O. Le rapport d'un météorologiste démontre que les forts vents qui soufflent dans la région proviennent vraisemblablement des directions NO, OSO et SSE. Tu avais prévu installer des fenêtres à double vitrage sur tous les murs extérieurs. Mais pour que la maison soit plus éconergétique, tu veux maintenant installer des fenêtres à triple vitrage qui possèdent plus de propriétés isolantes sur les deux murs qui seront vraisemblablement les plus exposés aux vents froids. Dessine un schéma de la maison et inscris les directions dans lesquelles les forts vents soufflent généralement. Puis, détermine quels sont les deux murs sur lesquels des fenêtres à triple vitrage devraient être installées.

Une maison munie de fenêtres à vitre multiples sera plus éconergétique.

6. Binh fabrique des fenêtres sur mesure. On lui a demandé de fabriquer deux fenêtres en forme de triangles rectangulaires qui seront installées l'une à côté de l'autre au dernier étage d'une maison en forme de A. Les deux parties du toit se joignent à un angle de 70°. Les côtés inclinés de chaque fenêtre sont parallèles au plafond. Le schéma ci-dessous représente approximativement l'arrangement. Trouve les mesures suivantes :

   a) la mesure de l'angle inférieur et de l'angle supérieur;

   b) la mesure des angles qui serviront à couper les pièces du cadre de la fenêtre pour créer des assemblages à onglet à chaque sommet.

Lorsque des assemblages à onglet sont soumis à une pression ou qu'ils ont besoin de stabilité supplémentaire, les goussets sont utilisés pour renforcer le joint.

7. Un gousset est une pièce de renfort angulaire qui est collée et clouée ou boulonnée sur un joint qui lie les extrémités de deux pièces de bois. Un gousset permet de renforcer ce type de joint. Imagine que tu es un couvreur qui veut fabriquer une série de goussets identiques, comme celui représenté ci-dessous, à partir d'un panneau de contreplaqué de $\frac{3}{4}$ pouce. Pour t'assurer que les goussets ont tous la même forme, fabrique un gabarit dans du papier ou du carton. Le gabarit sera utilisé pour dessiner le contour des goussets sur le contreplaqué. À l'aide de tes connaissances sur les droites parallèles et les bissectrices d'un angle, dessine un gabarit qui respecte les critères suivants. Chaque gousset doit s'insérer parfaitement sur des planches de 2 po sur 6 po qui sont liées par un assemblage à onglet dont l'angle mesure 120°. Chaque « aile » du gousset doit mesurer précisément $5\frac{1}{2}$ pouces de large et au moins 8 pouces de long. Les extrémités du gousset doivent être parallèles l'une par rapport à l'autre.

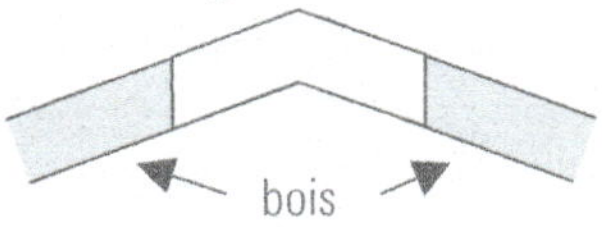

8. Le schéma ci-dessous illustre une section de la charpente d'un mur qui comporte des montants de 2 po sur 4 po cloués dans la sablière basse du mur. Les montants jumelés sur le côté gauche sont parfaitement perpendiculaires à la sablière. Lesquels des montants numérotés sont perpendiculaires à la sablière basse? Lesquels des montants doivent être déplacés avant d'être cloués à la sablière du haut? Explique comment tu as fait pour déterminer quels sont les montants parallèles au côté gauche et ceux qui ne le sont pas.

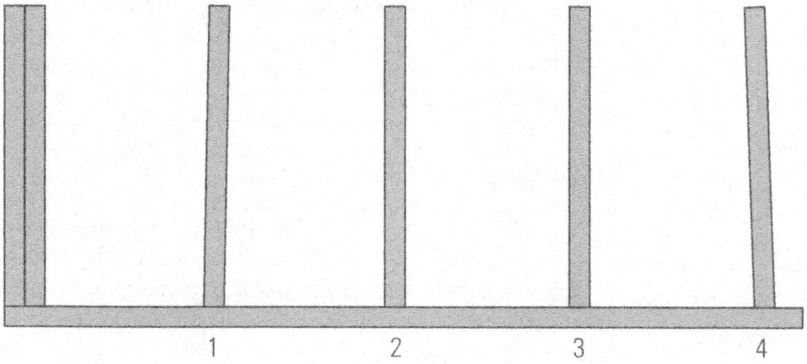

9. Imagine qu'un avion se déplace à 120 km/h plein ouest et qu'un autre avion se déplace à 100 km/h plein sud. Ils ont décollé du même aéroport à peu près au même moment.

a) Calcule la distance parcourue par chacun des avions en 30 minutes.

b) Sans utiliser d'instruments de mesure, dessine un croquis rapide montrant les positions approximatives des avions après 30 minutes.

Chapitre 6

Similitude entre les figures

OBJECTIFS

Lorsque l'image de l'objet que tu dessines est plus grande ou plus petite que l'objet lui-même, tu crées une image qui est semblable à l'objet. Les architectes, les ingénieurs et les travailleurs de la construction utilisent des plans architecturaux sur lesquels les dimensions des immeubles qu'ils construiront sont plus petites que les dimensions réelles. Les microbiologistes et les ingénieurs informatiques utilisent des diagrammes dont les dimensions des objets sont plus grandes que celles des objets concrets qu'ils étudient ou fabriquent. Les fabricants de jouets et de meubles créent des dessins à l'échelle des jouets et des meubles qu'ils fabriquent afin d'aider les clients à assembler les objets.

Dans ce chapitre, tu apprendras ce qui rend deux figures semblables pour t'aider à :

- reconnaître les polygones semblables;
- reconnaître les images qui *ne sont pas* semblables aux diagrammes originaux;
- dessiner un polygone semblable à un autre polygone;
- comprendre quelles caractéristiques rendent des triangles semblables.

TERMES IMPORTANTS

- congruent
- polygone convexe
- angles correspondants
- côtés correspondants
- proportionnel
- figures semblables

PROJET – CONCEPTION D'UNE SALLE DE JEUX COMMUNAUTAIRE

COMMENCER L'ORGANISATION

APERÇU DU PROJET

Es-tu déjà allé dans une salle de jeux communautaire? Ce type de salle peut avoir été aménagée dans une maison de jeunes, un centre d'accueil ou un centre pour personnes âgées. Elle comprend généralement certains des éléments suivants : des tables à cartes, des jeux de hockey pneumatique, des jeux de galets, des tables de soccer, des billards électriques ainsi que des jeux d'échec ou des jeux de croquignoles.

Pour ce projet, tu feras partie d'un comité qui utilisera des dessins à l'échelle pour planifier et concevoir une nouvelle salle de jeux communautaire. La salle proposée aura une aire approximative de 70 à 80 mètres carrés. Ton schéma devra être 50 fois plus petit que la salle elle-même et ressemblera à un plan d'étage. De plus, ta salle doit comprendre au moins quatre jeux communautaires comme ceux mentionnés précédemment. Tu peux aussi y inclure tous les autres objets que tu désires.

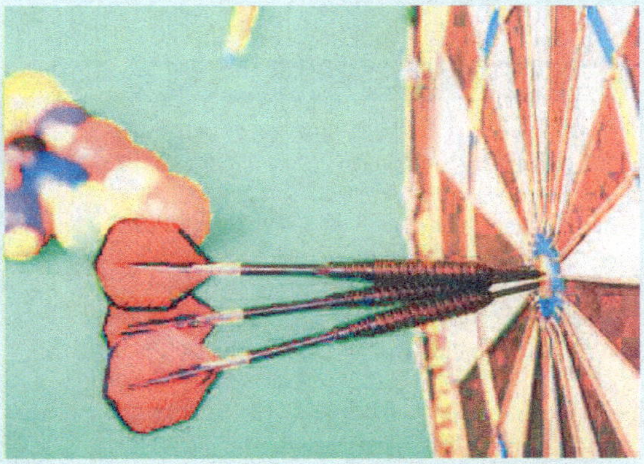

Une salle de jeux communautaire est un bon endroit pour se détendre, voir des amis ou améliorer ses habiletés au billard ou aux fléchettes.

POUR COMMENCER

Pour commencer ton projet, pense à la façon dont tu disposeras les objets dans ta salle de jeux communautaire et à la façon dont tu créeras le plan d'étage. Lorsque les gens construisent un nouvel immeuble, ils se posent les questions suivantes :

- Qui utilisera la salle et à quelle heure?
- Quels jeux se trouveront dans ta salle de jeux communautaire?
- Auras-tu besoin d'endroits où les gens pourront s'asseoir?
- Y a-t-il suffisamment d'espace dans la salle pour que les gens puissent se déplacer?
- Quels autres éléments peux-tu mettre dans ta salle de jeux communautaire pour la rendre originale et intéressante?
- Comment présenteras-tu la salle que tu as conçue? La présenteras-tu sur une affiche ou feras-tu une visite virtuelle à l'aide d'un logiciel de conception assistée par ordinateur? Utiliseras-tu de la couleur sur ton plan pour montrer les couleurs que tu as choisies pour ta salle?

T

LISTE DE CONTRÔLE POUR LA PRÉSENTATION FINALE

Tu feras ta présentation finale pendant une rencontre communautaire et les membres de la communauté choisiront le concept qu'ils préfèrent. Ta présentation devra comprendre ce qui suit :

- un schéma ou une visite virtuelle produite par ordinateur de ta salle de jeux communautaire;
- une autre feuille de papier sur laquelle tu as indiqué tes calculs. Tes dessins à l'échelle doivent comprendre les mesures réelles de chaque jeu communautaire ou de chaque meuble qui se trouvera dans ta salle, ainsi que les dimensions de la salle et une explication de la façon dont tu as calculé les dimensions.

6.1 Polygones semblables

LES MATHÉMATIQUES *AU TRAVAIL*

Paul Messier est un ébéniste francophone qui vit à Calgary, en Alberta. Il conçoit, construit et installe des armoires de première qualité dans les cuisines, les chambres à coucher et les salles de séjour des gens lorsque ces derniers rénovent leur vieille maison. Dans le cadre de son travail, il crée des dessins à l'échelle pour aider ses clients à visualiser les nouvelles armoires dans l'ancien espace. Les plans montrent exactement ce à quoi ressembleront les nouvelles armoires, puisqu'il dessine celles-ci à l'échelle ou en utilisant les mêmes dimensions et les mêmes angles. Il est très doué pour faire des vues en plan des objets à trois dimensions, et il prend toujours soin de reproduire exactement les mêmes angles sur son dessin que ceux qui se trouvent dans l'espace réel.

Paul prévoit construire des armoires qui auront 10 pieds de long sur 3 pieds de haut. Il crée un dessin à l'échelle sur du papier quadrillé en utilisant une échelle de 1:12 pour représenter les mesures. Quelles seront les dimensions des armoires sur le dessin? Comment Paul peut-il s'assurer que les armoires de son dessin ressemblent aux vraies armoires?

Paul Messier utilise des dessins à l'échelle dans le cadre de son travail d'ébéniste.

EXPLORE LES MATHÉMATIQUES

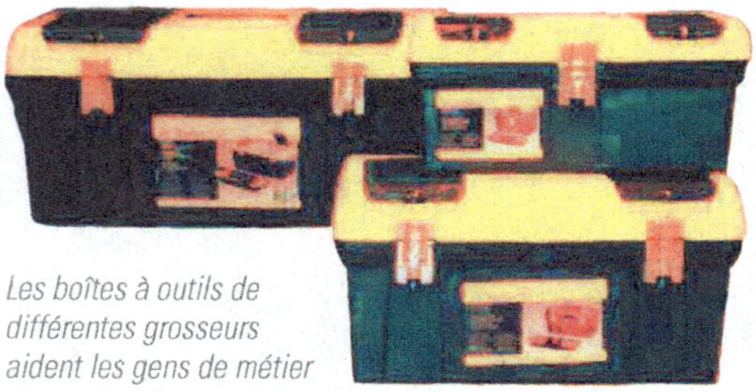

Les boîtes à outils de différentes grosseurs aident les gens de métier à organiser leur matériel.

Lorsque deux figures sont semblables, les dimensions (longueur et largeur) d'une figure sont proportionnelles à celles de l'autre figure. Des boîtes à outils, comme celles illustrées à gauche, peuvent être insérées l'une dans l'autre pour économiser de l'espace et, par conséquent, réduire les coûts d'expédition lorsqu'elles sont envoyées aux détaillants. Ces boîtes à outils peuvent avoir des dimensions proportionnelles. En effet, la longueur et la largeur de chaque boîte peuvent être proportionnées ou en rapport avec les dimensions de la boîte de taille supérieure.

Si la plus grosse boîte à outils fait 600 mm de long sur 300 mm de large, et que la boîte qui suit est plus petite de $\frac{4}{5}$, quelle serait la longueur et la largeur des deuxième et troisième boîtes à outils? Quelle serait la longueur et la largeur de la quatrième boîte à outils?

DISCUSSION DES IDÉES

FIGURES SEMBLABLES

Les **figures semblables** ont la même forme mais leurs dimensions sont généralement différentes. En commençant par le coin supérieur gauche, désigne les quatre coins du tableau dans ta classe par les lettres A, B, C et D. Prends ensuite une feuille de papier à écrire et tiens-la devant toi. A-t-elle la même forme que le tableau? Désigne les quatre coins de la feuille par les lettres A′, B′, C′ et D′ en commençant encore une fois par le coin supérieur gauche. Les angles A et A′, tous deux des angles de 90°, sont **congruents**. Ces angles se trouvent aussi dans le coin supérieur gauche des figures. Dans les figures semblables, les **angles correspondants** désignent deux angles congruents dans des formes semblables distinctes qui occupent la même position relative.

Pour que la feuille de papier et le tableau soient vraiment des figures semblables, les **côtés correspondants** doivent être proportionnels, ou le rapport des côtés correspondants doit être le même pour tous les côtés. Mesure le côté supérieur du tableau (côté AB) et le côté supérieur de ta feuille de papier (côté A′B′). Mesure ensuite le côté gauche de chacune des figures. Les figures seront proportionnelles si l'équation suivante est exacte.

$$\frac{AB}{A'B'} = \frac{AD}{A'D'}$$

Le symbole ~ peut être utilisé pour signifier « semblable ». Ainsi, si le rectangle ABCD est semblable au rectangle EFGH, tu écriras ABCD ~ EFGH.

figures semblables : figures qui ont la même forme

angles correspondants : deux angles congruents qui occupent la même position relative dans des figures semblables

congruent : même forme et même taille ou forme et taille égales

côtés correspondants : deux côtés qui occupent la même position relative dans des figures semblables

SUGGESTION

A′, qui se prononce « A prime », est une autre façon de nommer un point.

Exemple 1

Debbie travaille pour un magazine et elle modifie les dimensions de certaines images pour qu'elles s'insèrent dans un article. Elle n'est pas certaine qu'elle a utilisé la même donnée pour modifier la longueur et la largeur des images, et elle veut savoir si elle a utilisé le même rapport pour chaque côté.

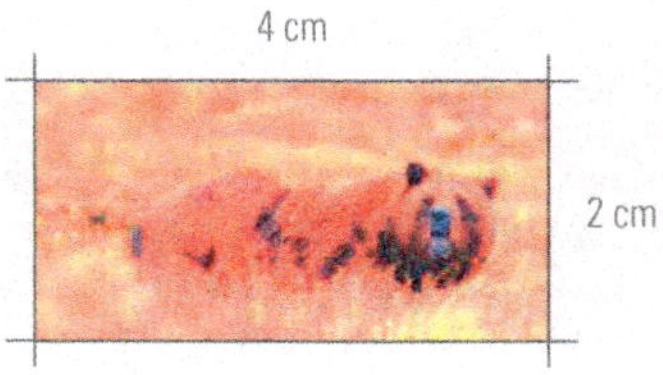

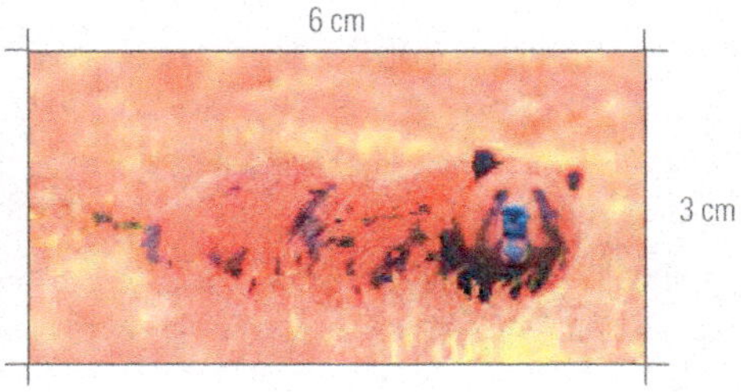

1. Examine la photo originale qui se trouve à gauche et la photo modifiée. Quel est le rapport entre les longueurs (les mesures horizontales)?
2. Quel est le rapport entre les largeurs (les mesures verticales)?
3. A-t-elle utilisé le même rapport dans les deux cas?
4. Les deux photos sont-elles semblables? Explique ta réponse.

Solution

1. Compare la longueur de la photo agrandie avec la longueur de la photo originale. Le rapport entre les longueurs est de 3:2.
2. Compare ensuite les largeurs. La largeur de la deuxième photo est de 6 cm alors que celle de la première photo est de 4 cm. Le rapport entre les largeurs est donc de 6:4 ou 3:2.
3. Oui, un rapport de 1,5 a été utilisé dans les deux cas.
4. Les deux photos sont semblables parce que leurs angles sont congruents et que les rapports entre les côtés correspondants sont égaux.

Exemple 2

Une famille a construit une maison à Regina, en Saskatchewan, et a conçu un jardin en forme de trapèze dans sa cour. Les années passaient et la famille aimait encore la forme qu'elle avait donnée à son jardin. Lorsqu'elle a acheté une maison avec un plus grand terrain à Avonlea, en Saskatchewan, elle a décidé d'utiliser la même forme pour son nouveau jardin. Elle a fait un plan de son premier jardin, puis elle a dessiné un trapèze qui entrerait sur son nouveau terrain.

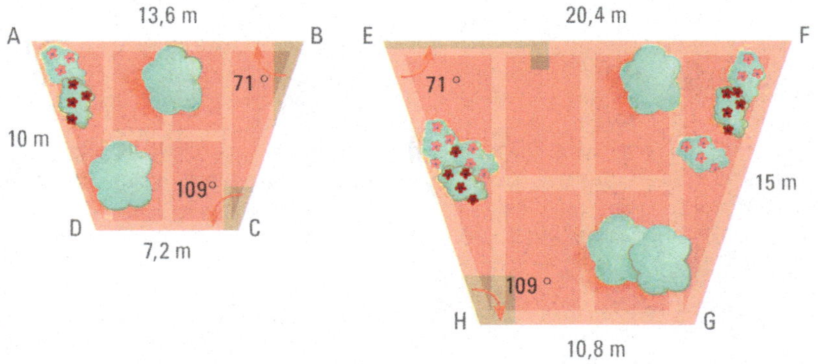

a) Si la famille utilise le plan qu'elle a dessiné pour son nouveau jardin, est-ce que la forme des deux jardins sera semblable?

b) Crois-tu que de disposer les arbres et les fleurs exactement de la même manière soit la solution la plus appropriée? Explique ta réponse.

Solution

a) Pour que deux figures soient semblables, les mesures des angles correspondants doivent être congruentes et les mesures des côtés correspondants doivent être proportionnelles.

Les angles sont désignés par les lettres A, B, C et D dans la première figure et par les lettres E, F, G et H dans la deuxième figure.

- L'angle A de la première figure correspond à l'angle E de la deuxième figure parce qu'ils occupent la même position. L'angle A est congruent à l'angle E parce qu'ils mesurent tous les deux 71°.
- L'angle B et l'angle F sont correspondants et mesurent tous les deux 71°.
- L'angle C et l'angle G sont correspondants et mesurent tous les deux 109°.
- L'angle D et l'angle H sont correspondants et mesurent tous les deux 109°.

Les jardins qui ont une forme géométrique ont plusieurs noms. Par exemple, dans un jardin français régulier, aussi appelé jardin à la française, on donne la forme d'un triangle ou d'un losange aux arbustes et aux plantes que l'on cultive et on crée des sentiers à partir de motifs géométriques.

Détermine le rapport entre les longueurs des côtés correspondants.

$$\frac{EH}{AD} = \frac{15}{10}$$
$$\frac{EH}{AB} = 1{,}5$$

$$\frac{EF}{AB} = \frac{20{,}4}{13{,}6}$$
$$\frac{EF}{AB} = 1{,}5$$

$$\frac{HG}{DC} = \frac{10{,}8}{7{,}2}$$
$$\frac{HG}{DC} = 1{,}5$$

Comme les mesures des angles correspondants sont congruentes et que les mesures des côtés correspondants sont proportionnelles, la figure ABCD est semblable à la figure EFGH. Tu peux donc écrire ABCD ~ EFGH.

b) Faire le nouveau jardin en utilisant exactement les mêmes proportions, mais en le faisant plus gros, n'est peut-être pas la meilleure solution. En effet, si l'on opte pour cette solution, certains légumes ou certaines fleurs pourraient avoir trop d'espace pour pousser et il pourrait également être plus difficile d'atteindre le centre des platebandes pour sarcler le jardin.

Calcul mental et estimation

Une affiche fait 3 pi 1 po de long sur 2 pi 4 po de large. Kerri prévoit agrandir l'affiche en appliquant un facteur d'échelle de 2 à chacune des dimensions.

Estime la longueur des morceaux de bois dont elle aura besoin pour fabriquer un cadre pour l'affiche agrandie.

SUGGESTION

Lorsque tu estimes la quantité de matériel dont tu auras besoin pour un projet, tu devrais toujours surestimer la quantité au lieu de la sous-estimer.

Exemple 3

Une entreprise fabriquant des mouchoirs crée des mouchoirs rectangulaires pour ses boîtes distributrices. Chaque mouchoir fait 9 cm de long sur 10 cm de large. L'entreprise veut augmenter la longueur de ses mouchoirs par un facteur de 1,7, mais elle veut qu'ils aient la même largeur pour qu'ils continuent d'entrer dans ses boîtes distributrices.

a) Dessine un schéma du mouchoir original et inscris-y ses dimensions, puis dessine un schéma du nouveau mouchoir et inscris-y ses dimensions.

b) Les figures que tu as dessinées sont-elles semblables? Explique ta réponse.

Solution

a)

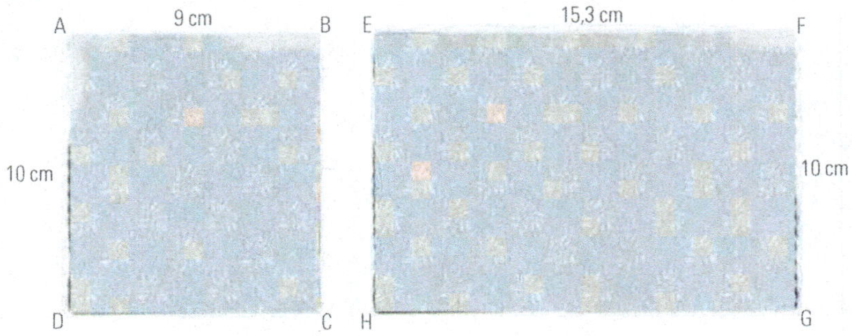

Les mouchoirs sont dessinés à l'échelle parce que leurs dimensions réelles limitent la façon dont on peut les dessiner. Le mouchoir original mesure 10 cm sur 9 cm. La largeur du nouveau mouchoir sera la même, mais sa longueur sera 1,7 fois plus grande.

9 cm × 1,7 = 15,3 cm

Le nouveau mouchoir mesurera donc 10 cm sur 15,3 cm.

b) Tous les angles de la figure ABCD qui correspondent aux angles de la figure EFGH sont congruents et mesurent 90°.

Or, étant donné que seules les longueurs correspondantes des figures ABCD et EFGH ont été augmentées et que les largeurs n'ont pas été augmentées par le même facteur, les rapports entre les côtés correspondants ne sont pas égaux. Par conséquent, ces figures ne sont pas semblables.

Autre solution

Pour déterminer si les mouchoirs sont des figures semblables, tu peux créer une version semblable du mouchoir original en utilisant le facteur 1,7 pour augmenter les dimensions. La longueur du nouveau mouchoir serait de 9 fois 1,7, soit 15,3 cm. La largeur du nouveau mouchoir serait de 10 fois 1,7, soit 17 cm.

Comme la largeur du nouveau mouchoir est de 10 cm et non pas de 17 cm, les deux figures ne seront pas semblables.

ACTIVITÉ 6.1
AGRANDISSEMENT D'UN PLAN

Trois stagiaires d'été travaillent ensemble à un projet d'aménagement paysager à Winkler, au Manitoba. Leur patron leur a demandé d'agrandir le plan d'un belvédère hexagonal avant d'installer ce dernier sur la pelouse. Les mesures des côtés doivent être multipliées par 2, mais la figure doit conserver la même forme.

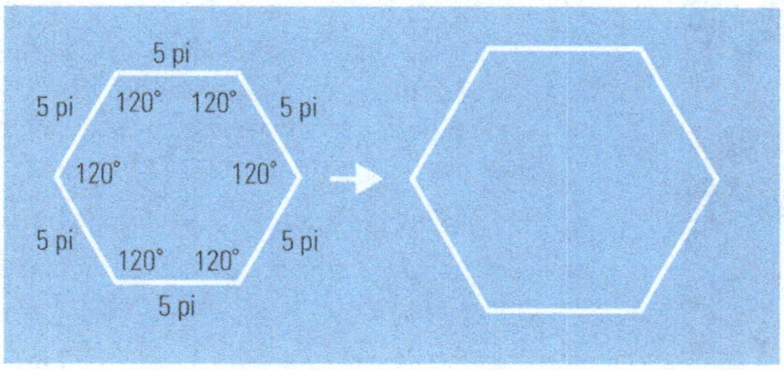

Après que les stagiaires eurent discuté du problème, chacun a proposé une stratégie pour agrandir le plan de l'hexagone.

Premier stagiaire : Doubler la longueur de chaque côté et la mesure de chaque angle.

Deuxième stagiaire : Ne pas modifier la longueur des côtés, mais doubler la mesure de chaque angle.

Troisième stagiaire : Ne pas modifier la mesure des angles, mais doubler la longueur de chaque côté.

Travaille en équipe de trois. Chaque membre de l'équipe doit utiliser l'une des stratégies mentionnées ci-dessus. Montrez la forme qu'on obtient en utilisant les différentes stratégies et expliquez pourquoi la stratégie fonctionne ou ne fonctionne pas.

CONSTRUIS TES HABILETÉS

1. Imagine que tu crées un polygone semblable en utilisant chacun des facteurs d'échelle ci-dessous. En quoi les longueurs des côtés et les mesures des angles seront-elles comparables à celles de la figure originale?

   a) elles seront le double

   b) elles seront le triple

   c) elles seront réduites de moitié

2. Maxime s'est inscrite à un concours visant à concevoir un logo pour une équipe de basket-ball. Après avoir dessiné le logo ci-dessous, elle s'est aperçue qu'elle devait augmenter les dimensions de son logo pour qu'il respecte les critères du concours.

Un joueur étoile de basket-ball doit être bon aux tirs au panier et à la défensive et il doit bien manier le ballon.

Laquelle des règles suivantes pourrait-elle utiliser pour créer une figure semblable qui serait un agrandissement de la figure originale?

a) Trace des côtés dont la longueur correspond au tiers de la longueur des côtés de la figure originale, et conserve les mêmes angles que ceux de la figure originale.

b) Double la mesure des angles de la figure originale et conserve des côtés de la même longueur que celle de l'original.

c) Triple la longueur des côtés de la figure originale et conserve les mêmes angles que ceux de la figure originale.

d) Trace des côtés qui font 8 cm de plus que les côtés de la figure originale et conserve les mêmes angles que ceux de la figure originale.

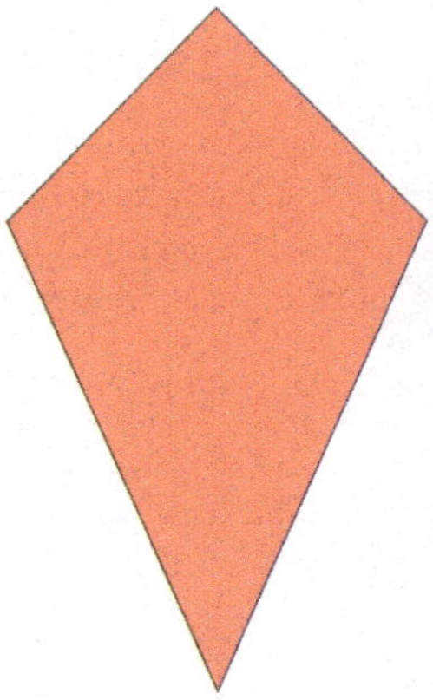

3. Duane a dessiné les deux figures ci-dessous.

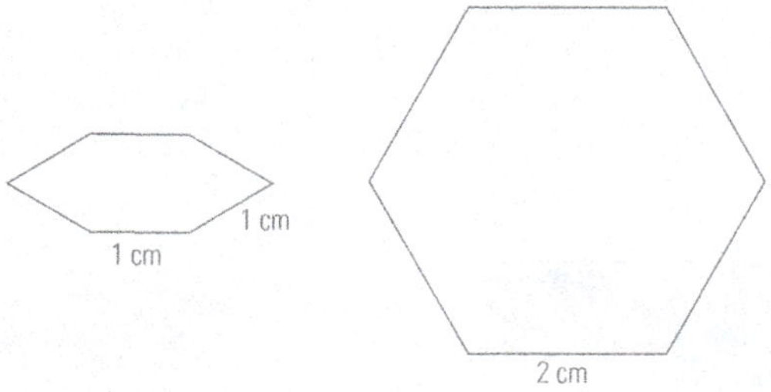

Duane croit que les deux figures sont semblables parce que les côtés de la grande figure sont deux fois plus longs que ceux de la petite figure. Comment expliquerais-tu à Duane que les deux figures ne sont pas semblables?

4. Talise a dessiné un plan de son jardin sur lequel elle a tracé des parcelles rectangulaires où elle compte planter des légumes. Elle a d'abord créé trois parcelles différentes, soit les rectangles A, B et C, puis elle a créé des figures semblables à ces trois parcelles. Indique les trois ensembles de parcelles rectangulaires qui sont des figures semblables dans le plan ci-dessous.

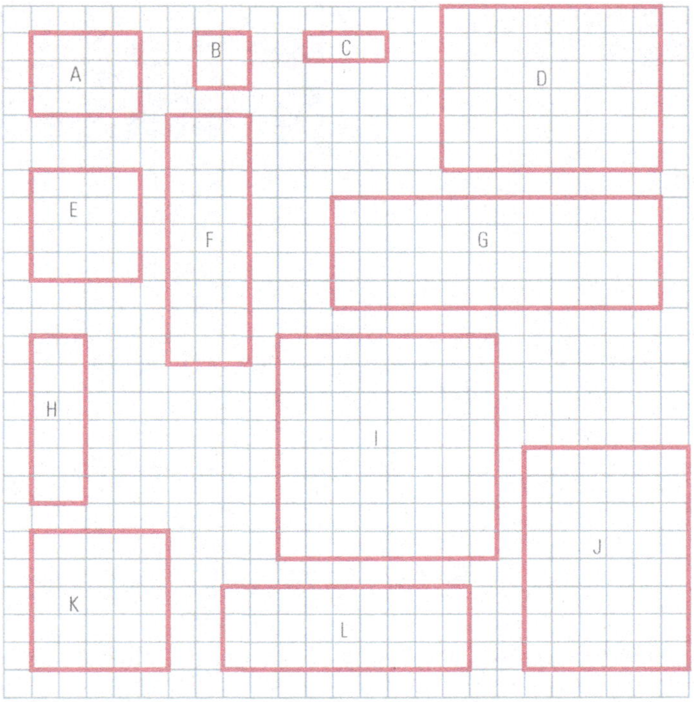

En créant de simples plates-bandes surélevées, les jardiniers peuvent cultiver différentes plantes de diverses manières. Par exemple, les carottes poussent mieux que le céleri dans un sol sablonneux.

5. Aaliyah travaille dans un magasin d'encadrement qui fabrique des cadres sur mesure. Elle doit encadrer deux tableaux. Le client veut qu'il y ait un passe-partout de 20 cm de large (une bordure décorative en carton qui entoure le tableau à l'intérieur du cadre) autour de chaque tableau. Compare les dimensions des tableaux avec les dimensions des tableaux encadrés. Les dimensions sont-elles semblables? Explique ta réponse.

A.

B.

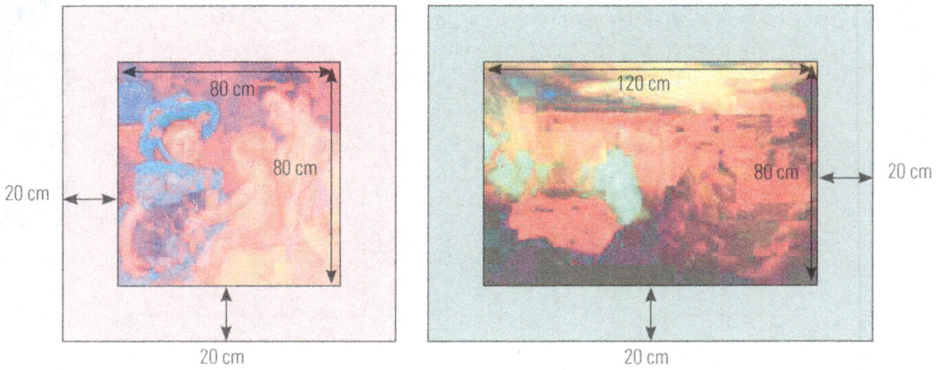

La natation est un bon exercice pour renforcer ses muscles et améliorer son endurance.

6. Renée conçoit une piscine pour la cour de son client. Elle a fait un schéma de la piscine (figure ABCD ci-dessous). Si la piscine réelle est représentée par la figure semblable RSTU, aide Renée à déterminer les angles et les côtés correspondants afin de t'assurer qu'elle ajoute les bons détails de finition à chaque côté.

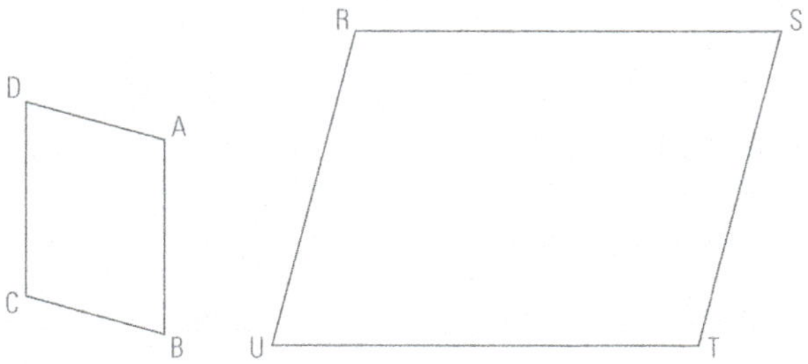

Approfondis ta réflexion

7. En tant qu'entrepreneur et constructeur, George doit déterminer l'emplacement des immeubles qu'il construira par rapport aux autres et faire un schéma de leur emplacement. C'est d'ailleurs ce qu'il fait avant de commencer chaque nouvelle construction.

George a été embauché pour construire une serre et un magasin où on vendra des plantes. George dessine un rectangle sur la grille ci-dessous pour représenter le magasin. La serre sera deux fois plus grande que le magasin. George commence par dessiner la serre de telle sorte que le point E corresponde au point A. S'il trace le point E au point (-7, 2), quelles seraient les autres paires ordonnées représentant la serre (points F, G et H)?

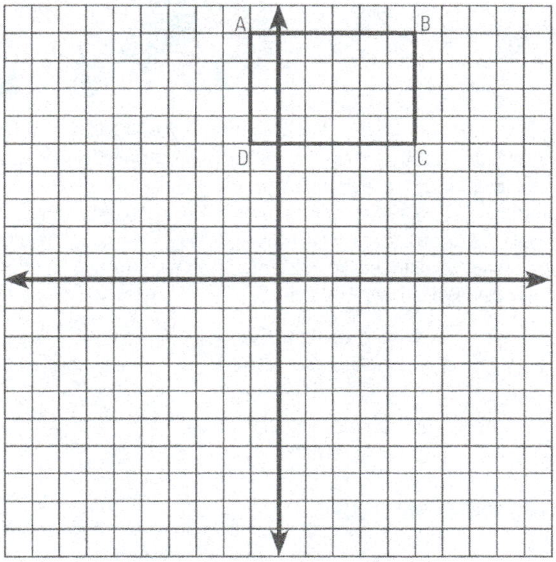

6.2 Détermination de deux polygones semblables

LES MATHÉMATIQUES *AU TRAVAIL*

Quinn Keast-Wiatrowski travaille comme concepteur stagiaire au Relish Design Studio, situé à Winnipeg, au Manitoba.

Quinn termine actuellement ses études en graphisme au Red River College. Quinn précise qu'il utilise les mathématiques principalement pour calculer des rapports et des mesures. Il parle de la section dorée, un rapport mathématique qui est souvent intégré aux travaux de conception, comme les sites Web et les publicités imprimées. Quinn utilise aussi des grilles comme outil de conception. Il soutient qu'en utilisant une grille comme structure de base sur laquelle il place du contenu, il peut créer quelque chose qui semble organisé et équilibré et qui est facile à lire et à comprendre.

Quinn se sert d'un ordinateur pour concevoir ses dessins dans toutes les dimensions nécessaires.

Quinn conçoit un logo pour un magasin d'appareils électroniques dans le cadre d'une stratégie d'image de marque. Il crée un logo en losange qui figurera sur les cartes professionnelles, les dépliants et le site Web du magasin. Lorsque le logo figure sur la carte professionnelle, les deux segments de droite qui composent le haut du losange mesurent 21 mm et les segments de droite qui composent le bas du losange mesurent 26 mm. Le logo doit être un tiers plus grand lorsqu'il apparaît sur le site Web et deux tiers plus grand lorsqu'il figure sur les dépliants.

Quinn doit calculer la grosseur des logos afin de pouvoir concevoir le site Web et le dépliant sur lesquels ils se retrouveront. Quelle sera la grosseur approximative des logos sur le site Web et les dépliants? Fais tes calculs au centième près et arrondis ta réponse finale à un nombre naturel.

EXPLORE LES MATHÉMATIQUES

Une carte est un exemple de dessin représentant une image réduite d'une image originale. La plupart des cartes comprennent une échelle, qui est le facteur utilisé pour réduire l'image originale. Par conséquent, une carte exacte est un parfait exemple de dessin à l'échelle.

Le facteur d'échelle est indiqué sous la forme suivante :

nouvelle mesure:ancienne mesure

Autrement dit, lorsqu'on te demande de déterminer le facteur d'échelle qui a été utilisé pour créer une seconde figure, tu dois comparer une mesure de la nouvelle figure à une mesure correspondante de l'ancienne figure.

Tout comme l'échelle sur une carte, le facteur d'échelle peut être utilisé pour réduire ou agrandir n'importe quelle figure. Il s'agit du nombre par lequel tu multiplies chaque côté pour créer une figure semblable.

DISCUSSION DES IDÉES

FACTEURS D'ÉCHELLE ET CARTES

Sur la carte du quartier ci-dessous, on peut voir que l'échelle indique que 1 cm représente une distance réelle de 2,5 km.

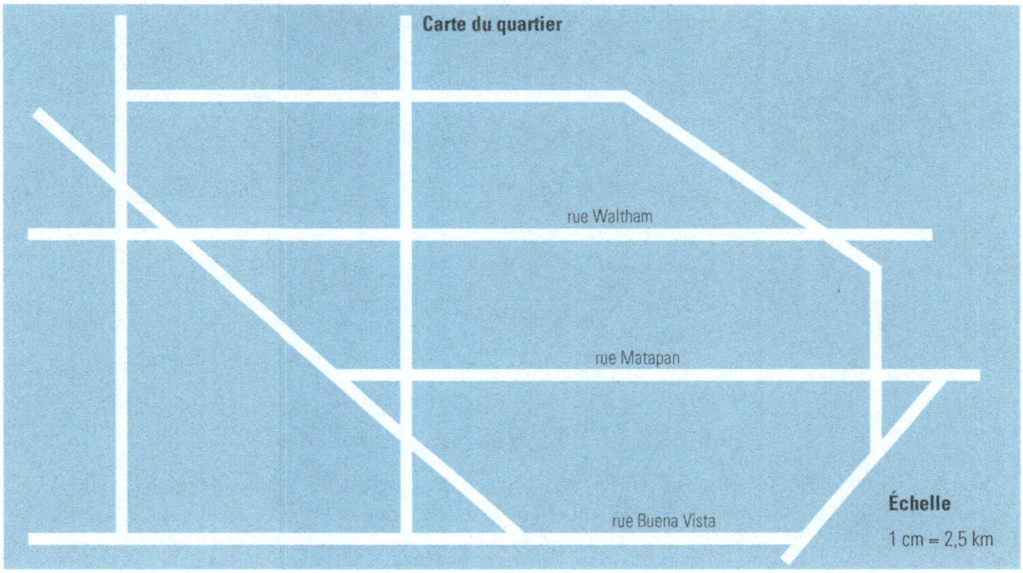

1. Sur la carte, la rue Waltham mesure 14 cm. À l'aide de l'échelle, trouve la longueur réelle de la rue.
2. La longueur réelle de la rue Matapan est de 25 km. En indiquant tes calculs, trouve la longueur exacte de la rue sur la carte. Utilise une règle pour voir si tes calculs sont exacts.
3. Tu as probablement déjà vu des cartes qui n'étaient pas à la bonne échelle. À quoi servaient ces cartes? Quels étaient les avantages d'altérer l'échelle pour les concepteurs de cartes?

DISCUSSION DES IDÉES

FACTEURS D'ÉCHELLE ET AFFICHES

L'employeur de Ricardo lui a remis l'affiche se trouvant à gauche et lui a demandé de la réduire par un facteur de $\frac{1}{2}$. Ricardo a trouvé la taille de la nouvelle affiche et a dessiné le rectangle se trouvant à droite.

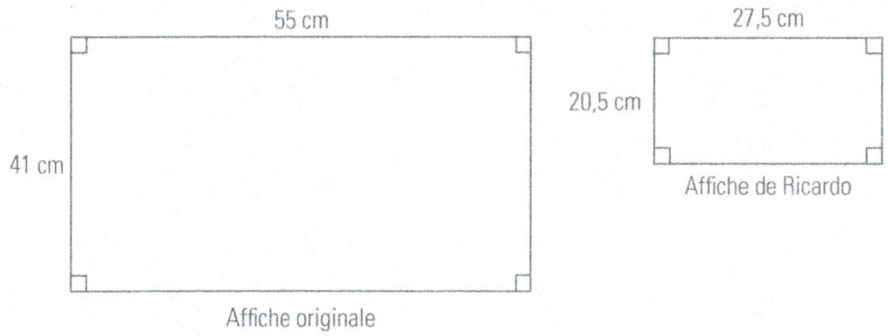

1. Crois-tu que Ricardo a bien interprété ce que son employeur lui a demandé de faire?
2. Que remarques-tu à propos de l'aire de la réduction?
3. Crois-tu que l'on pourrait interpréter autrement ce que son employeur lui a demandé? Dessine une figure pour chaque interprétation que tu peux imaginer.

Exemple 1

Cette maquette illustre les rénovations qui seront réalisées à la Cité Francophone d'Edmonton. La Cité est un lieu de rassemblement pour les personnes qui veulent vivre la culture francophone et la langue française.

La Cité Francophone, un centre pour les francophones d'Edmonton, est actuellement en rénovation. Afin de montrer ce à quoi ressemblera le centre une fois les rénovations terminées, une maquette du futur centre a été construite.

a) Si la taille d'un immeuble est réduite à 10 % de sa taille d'origine pour construire une maquette, quel facteur d'échelle a été utilisé?

b) Si la taille d'une pièce mesurant 16 pieds sur 12 pieds dans la réalité est réduite à 10 % de sa taille d'origine afin d'être reproduite sur la maquette, quelles seraient les nouvelles dimensions de la pièce?

c) Si l'on réduisait la taille d'un corridor rectangulaire de la Cité Francophone de 60 %, quelle serait la mesure des angles du nouveau corridor?

SOLUTION

a) On peut écrire 10 % d'une autre façon, c'est-à-dire 0,10. Le facteur d'échelle utilisé était donc de 0,10.

b) On peut écrire 10 % d'une autre façon, c'est-à-dire 0,10 ou $\frac{1}{10}$. Tu peux multiplier chaque côté par 0,10 ou $\frac{1}{10}$ pour obtenir les nouvelles dimensions.

$0{,}10 \times 16 = 1{,}6$ pi
$0{,}10 \times 12 = 1{,}2$ pi

Les nouvelles dimensions de la version réduite de la pièce seraient de 1,6 pi sur 1,2 pi.

c) Seules les mesures des côtés sont modifiées, et non pas les angles, lorsque l'on agrandit ou réduit une figure. Si l'on modifiait les angles, la forme ne serait plus la même. Ainsi, les angles du nouveau rectangle mesureraient encore 90°.

Exemple 2

Althea conçoit des chapeaux en cèdre qu'elle vendra dans sa boutique située à Skidegate dans les îles Haïda Gwaii. Elle doit fabriquer le même chapeau dans trois tailles différentes. Elle dessine chacun des chapeaux à l'aide de la mesure de leurs angles.

a) Comment peux-tu déterminer si les trois dessins ont la même forme?

b) Est-ce que cela signifie que les dessins représentent des figures semblables? Dois-tu connaître la longueur des côtés? Explique ta réponse.

Les membres des Premières nations qui vivaient sur la côte de la Colombie-Britannique, comme les Haïdas, tissaient des chapeaux traditionnels avec des racines d'épinette fendues et de l'écorce de cèdre. Ils échangeaient ces chapeaux avec d'autres membres des Premières nations contre d'autres objets. Les personnes qui tissaient les chapeaux incorporaient souvent des formes d'animaux, comme des grenouilles et des corbeaux, sur leurs œuvres.

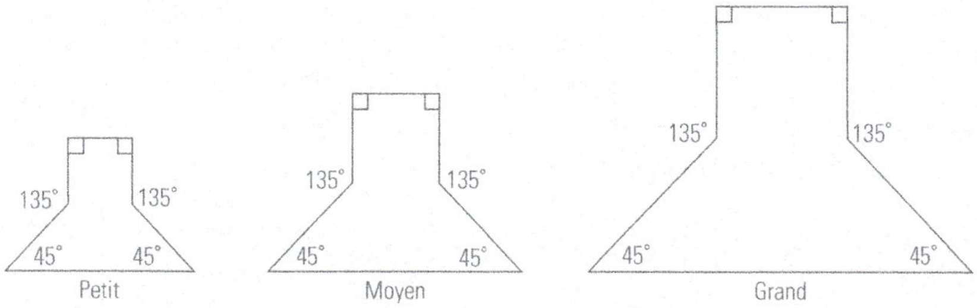

Solution

a) Comme les angles correspondants des dessins sont tous les mêmes, chaque dessin a la même forme que les deux autres.

b) Il est impossible de déterminer si les formes représentent des figures semblables sans connaître la longueur des côtés. Il est toutefois possible que les agrandissements soient relativement plus larges ou plus étroits que l'original.

DISCUSSION DES IDÉES

FACTEURS D'ÉCHELLE ET FIGURES SEMBLABLES

Drew est un entrepreneur en bâtiments. Il a dessiné une fenêtre pour une maison qui est représentée par l'image ABCD. Il veut installer une fenêtre plus petite mais semblable dans la prochaine maison qu'il construira. Il a dessiné la figure semblable EFGH pour représenter la nouvelle fenêtre.

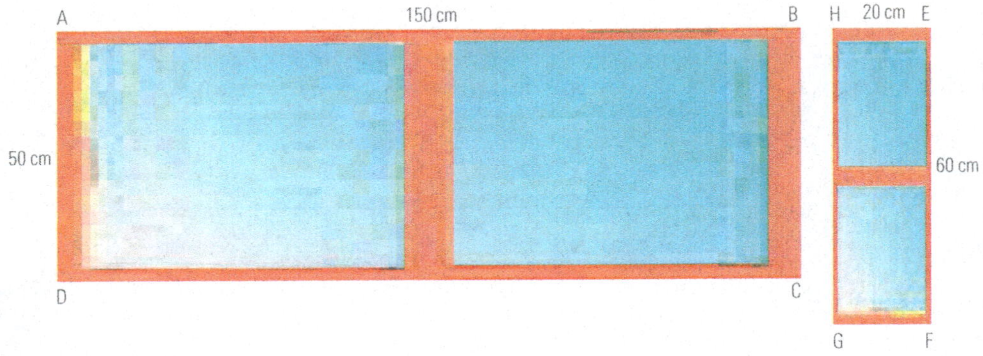

Si tu ne sais pas quels sont les angles correspondants, tu devrais inscrire les lettres par ordre alphabétique. Autrement dit, A correspond à E, B correspond à F, C correspond à G et D correspond à H. De plus, le côté AB correspond au côté EF, le côté BC correspond au côté FG, le côté CD correspond au côté GH et le côté AD correspond au côté EH.

Quel facteur d'échelle Drew a-t-il utilisé pour dessiner la petite figure? En groupe, discute de la façon de répondre à cette question.

Calcul mental et estimation

Détermine la valeur de x dans chaque équation sans utiliser une calculatrice.

a) $\frac{x}{10} = \frac{30}{100}$ b) $\frac{50}{x} = \frac{45}{9}$ c) $\frac{72}{x} = \frac{108}{12}$

Exemple 3

Kirsten est une constructrice de bateau à Comox, en Colombie-Britannique. La figure MNOP représente le modèle du tableau, ou de l'arrière, d'un simple canot à rames en contreplaqué qu'elle construit. Pour construire le modèle du canot à rames qu'elle veut donner à son frère, Kirsten dessine la figure QRST.

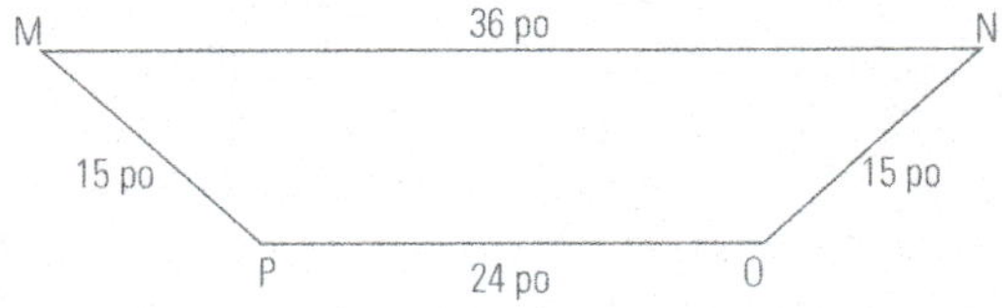

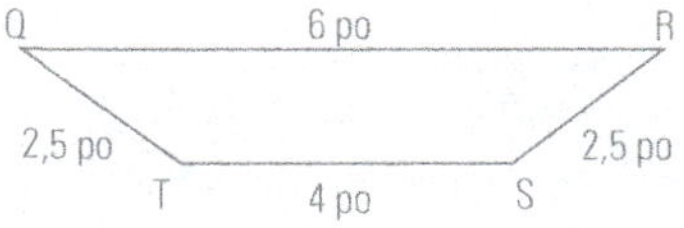

Le modèle ressemble-t-il au tableau grandeur nature? Si c'est le cas, quel facteur d'échelle utilise-t-on pour construire le modèle?

Solution

Pour déterminer si les deux figures sont semblables, les rapports entre les côtés correspondants des deux figures devraient être égaux. Détermine les rapports entre les côtés correspondants.

$$\frac{MN}{QR} = \frac{36}{6}$$
$$\frac{MN}{QR} = 6$$

$$\frac{NO}{RS} = \frac{15}{2,5}$$
$$\frac{NO}{RS} = 6$$

$$\frac{OP}{ST} = \frac{24}{4}$$
$$\frac{OP}{ST} = 6$$

$$\frac{MP}{QT} = \frac{15}{2,5}$$
$$\frac{MP}{QT} = 6$$

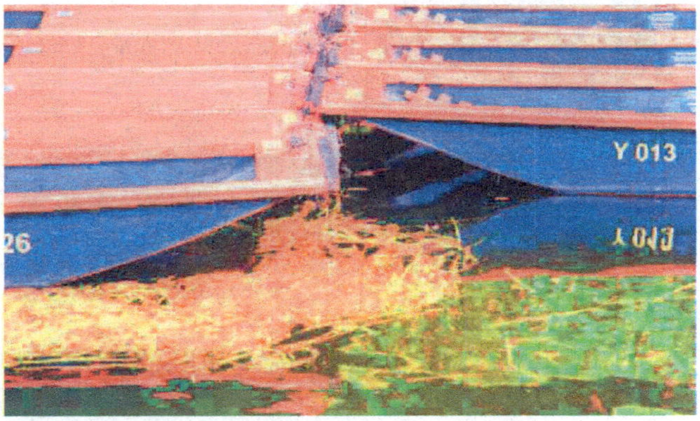

On peut construire un bateau, comme ces plates, à l'aide d'outils rudimentaires comme une scie sauteuse, un rabot et un marteau.

Comme les rapports entre les côtés correspondants sont tous de 6, les figures sont semblables.

Le facteur d'échelle pour le modèle s'écrit comme suit :

$$\frac{\text{Nouvelle mesure}}{\text{Ancienne mesure}} = \frac{\text{modèle}}{\text{grandeur nature}}$$

Comme les figures sont semblables, tu peux choisir n'importe quelle paire de côtés correspondants, par exemple les côtés MN et QR.

$$\text{facteur d'échelle} = \frac{QR}{MN}$$
$$\text{facteur d'échelle} = \frac{6}{36}$$
$$\text{facteur d'échelle} = \frac{1}{6}$$

ACTIVITÉ 6.2
MISE À L'ÉCHELLE DES CEINTURES MÉTISSES

Pour les Métis, la ceinture est un symbole de leur identité culturelle. Elle est également une pièce de vêtement pratique qui peut servir de sangle pour un sac ou de corde.

Les ceintures métisses sont de différentes couleurs et longueurs. Chaque couleur de la ceinture a une signification : le vert représente la prospérité, et le bleu et le blanc représentent le drapeau métis. Les couleurs de la ceinture peuvent également avoir différentes significations pour la personne qui la porte ou sa famille. Les ceintures métisses font environ 3 mètres de long. Celles des hommes sont généralement plus longues et plus larges que celles des femmes, et peuvent parfois atteindre 12 pieds de long.

En équipes de deux ou en groupes, discute de la façon de répondre aux questions suivantes.

1. La ceinture d'un homme mesure 3,5 mètres de long et la ceinture d'une femme, 2,8 mètres. Par rapport à la ceinture de l'homme, quel est le facteur d'échelle utilisé pour réduire la taille de la ceinture de la femme?
2. La technique utilisée pour fabriquer les ceintures métisses est le tressage sur les doigts. Elizabeth commence à tresser une ceinture pour hommes qui fait 10 cm de large. Elle se rend compte que sa ceinture est trop étroite. Elle recommence donc son travail pour que sa ceinture fasse 16 cm de large Quel facteur d'échelle a-t-elle utilisé pour élargir la ceinture?

ACTIVITÉ 6.3
APPLICATION DES RAPPORTS AUX DISTANCES

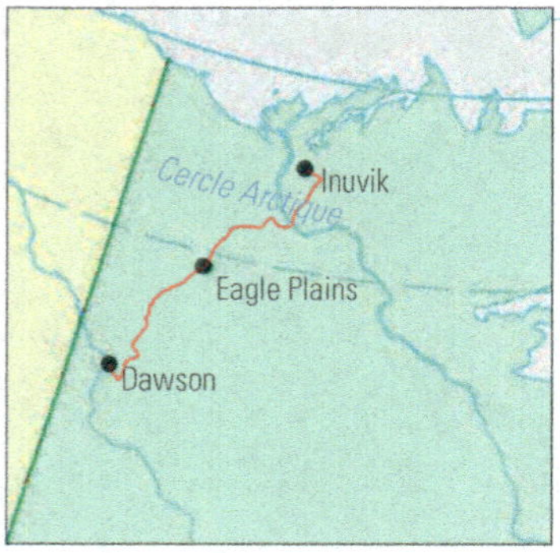

Shania vit à Inuvik, dans les Territoires du Nord-Ouest, et veut se rendre à Dawson, au Yukon. Elle prévoyait faire un pique-nique au Cercle Arctique, mais son frère Roland lui a dit qu'ils s'arrêteraient plutôt à Eagle Plains, au Yukon, parce que cette ville était plus près du milieu du trajet.

Shania examine la carte routière et calcule la distance entre Inuvik et Eagle Plains, et la distance entre Eagle Plains et Dawson. Elle détermine que le rapport entre ces deux distances est de 0,88.

Elle calcule ensuite le rapport entre la distance entre Inuvik et le cercle arctique, et la distance entre le Cercle Arctique et Dawson. Le rapport est de 0,74.

1. Roland lui demande quelles unités elle a utilisées. Il lui demande si 0,74 représente 0,74 cm, 0,74 po ou autre chose.

   Discute de la façon dont Shania devrait répondre à Roland.

2. Après avoir compris les explications que Shania lui a données concernant sa dernière question, Roland lui dit que le rapport qu'elle a obtenu prouve que Eagle Plains est plus près du milieu du trajet que le Cercle Arctique. Es-tu d'accord? Pourquoi?

CONSTRUIS TES HABILETÉS

1. Mary réduit un patron pour confectionner un costume de patinage de plus petite taille pour sa nièce. Une des pièces du patron est un rectangle. La pièce originale et la nouvelle pièce qu'elle a découpées sont illustrées ci-dessous.

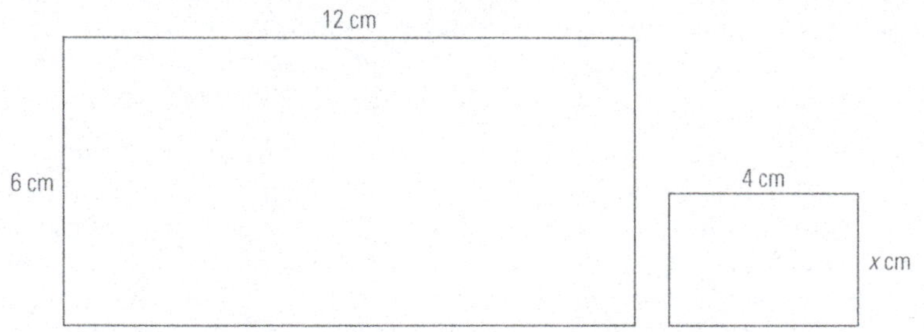

   a) Quel facteur d'échelle Mary a-t-elle utilisé pour créer le patron pour le costume de sa nièce?

   b) Quelle est la valeur de x?

2. Rhoniel est décoratrice d'intérieur et elle crée un motif pour le mur à l'aide de pochoirs semblables en forme de parallélogramme. Elle a dessiné les trois parallélogrammes semblables illustrés ci-dessous. Elle veut que les côtés correspondants de chaque pochoir aient les mêmes couleurs, soit brun, jaune, bleu et orange.

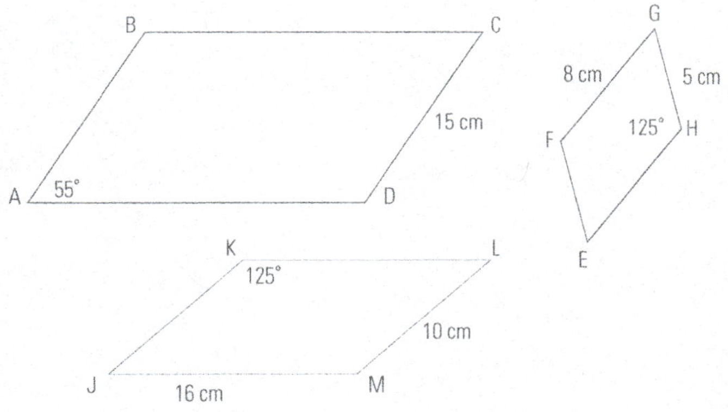

   a) Aide Rhoniel à trouver les paires de côtés correspondants afin qu'elle puisse savoir quelle couleur elle doit appliquer.

   b) Quel facteur d'échelle a été utilisé sur la figure ABCD pour créer la figure EFGH?

   c) Quelle est la mesure du côté BC?

   d) Quelle est la mesure de l'angle D?

   e) Quelle est la mesure de l'angle L? Comment le sais-tu? Explique ta réponse.

3. Fiona a dessiné deux triangles dont tous les angles correspondants sont congruents. Les côtés du premier triangle mesurent 4 cm, 6 cm et 8 cm. Les côtés du deuxième triangle mesurent 9 cm, 6 cm et 12 cm. Fiona dit qu'étant donné que $\frac{9}{4}$ est égal à 2,25, $\frac{6}{6}$ est égal à 1, et $\frac{12}{8}$ est égal à 1,5, les triangles ne sont pas des copies proportionnées. Es-tu d'accord?

4. Sudi a remarqué qu'elle a deux moules à pain semblables de forme rectangulaire dans sa boulangerie. Le rapport entre les longueurs des moules est de 1,8. Le plus petit moule fait 3 po de large. Quelle est la largeur du plus grand moule?

Une niche à chien est un endroit confortable où ce chiot peut dormir.

5. Le patron de Marco lui a donné deux plans pour des fermes qui serviront à monter des structures semblables. L'une des structures sera un garage, tandis que l'autre sera une niche à chien assortie que l'entreprise montrera lors d'un salon de l'habitation. Les fermes ont la forme d'un triangle. Les côtés des fermes pour la niche à chien mesurent 18 po, 24 po et 30 po. Les côtés correspondants des fermes pour le garage mesurent 12 pi, 16 pi et 20 pi. Le patron de Marco veut s'assurer que les formes sont semblables avant de commencer la construction. Les fermes sont-elles semblables? Comment Marco peut-il justifier sa réponse auprès de son patron?

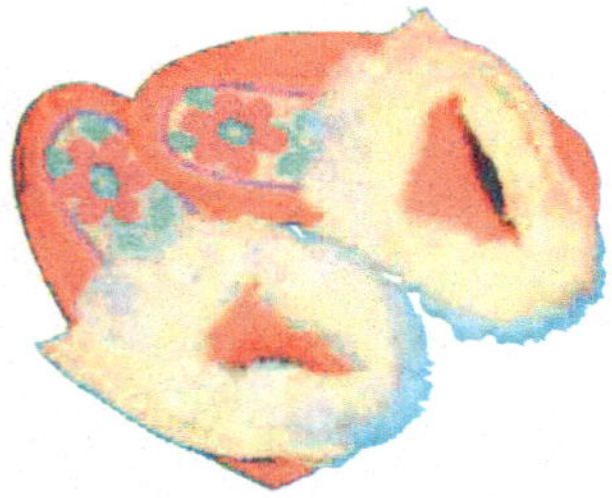

Ces mocassins brodés sont faits de peau d'orignal tannée à la fumée et sont ornés de fourrure de lapin.

6. Les artisans dénés des Territoires du Nord-Ouest créent des motifs de broderies colorés et complexes qu'ils collent sur des manteaux, des pinces à cheveux et des mocassins. Les Dénés utilisent des figures semblables pour certains de leurs motifs. Lise conçoit un motif de broderie en losange pour deux paires de mocassins, une pour un homme, et une pour un jeune enfant. Le grand losange ci-dessous représente la forme que Lise créera sur les mocassins de l'homme en y cousant des perles bleues. Lise créera la petite forme sur les mocassins de l'enfant en y cousant des perles rouges. Elle coudra également de petits losanges à l'intérieur de chaque forme.

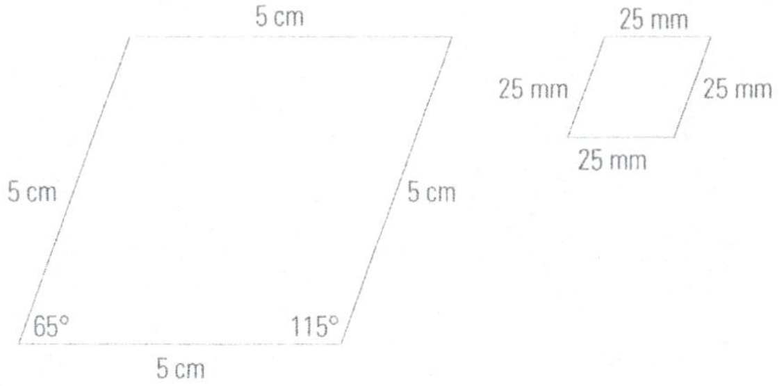

a) Les deux formes sont-elles semblables? Comment le sais-tu?

b) Si elles sont semblables, quel facteur d'échelle Lise devrait-elle utiliser pour réduire proportionnellement le losange qu'elle coud sur les grands mocassins afin de créer un losange pour les petits mocassins?

c) Si Lise commençait par coudre le petit losange et qu'elle l'agrandissait à l'échelle pour le mettre sur les grands mocassins, quel facteur d'échelle devrait-elle utiliser?

7. Lance et Max travaillent ensemble à un projet portant sur la similitude. Lance écrit que tous les carrés sont semblables. Il affirme que tous les carrés sont

semblables car un carré a toujours quatre angles de 90°. Par conséquent, Max écrit que tous les rectangles sont semblables. Il croit que puisque chaque rectangle a aussi quatre angles de 90°, tous les rectangles sont semblables.

a) Lance a-t-il raison? Explique ta réponse.

b) Max a-t-il raison? Explique ta réponse.

8. Un chef conçoit trois casseroles. Il s'arrange pour que la forme de la casserole A soit semblable à celle de la casserole B. La forme de la casserole B est aussi semblable à celle de la casserole C. Peux-tu conclure que la casserole A est semblable à la casserole C? Explique ton raisonnement.

Approfondis ta réflexion

9. Jonas travaille dans un entrepôt où il conduit un chariot élévateur. Au moyen de celui-ci, il soulève des palettes qui font 48 po de large sur 40 po de long, soit des dimensions courantes en Amérique du Nord.

Afin de tirer le meilleur parti de l'aire d'entreposage dans l'entrepôt, les boîtes empilées sur les palettes devraient avoir exactement la même forme que ces dernières. L'entreprise utilise donc deux formats de boîte.

Boîte 1 : 24 po de long × 20 po de large
Boîte 2 : 20 po de long × 16 po de large

a) Dessine deux schémas pour illustrer la façon dont les deux formats de boîte permettent de tirer le meilleur parti de l'aire d'entreposage.

b) L'une des boîtes a-t-elle la même forme que celle de la palette? Laquelle?

c) Comment l'aire de la boîte semblable se compare-t-elle à l'aire de la palette? Comment le rapport entre les aires se compare-t-il au rapport entre les dimensions des côtés? Pourquoi?

Les conducteurs de chariot élévateur doivent posséder de bonnes aptitudes de conduite et savoir comment entretenir les véhicules. Ils sont souvent appelés à saisir des données et à utiliser un ordinateur.

LES RACINES DES MATHÉMATIQUES

GÉOMÉTRIE EUCLIDIENNE

Euclide, qui a vécu vers 300 avant notre ère, était l'un des plus grands mathématiciens de la Grèce antique. Ses travaux d'érudition dans la sphère des mathématiques ont influencé la croissance de nombreux domaines de la science, comme la mécanique, l'astronomie et le raisonnement.

Euclide a vécu en Grèce, mais il était également connu sous le nom d'Euclide d'Alexandrie. Alexandrie possédait la meilleure bibliothèque de l'Antiquité où de nombreux grands théoriciens se rassemblaient pour étudier et échanger des idées.

Euclide a beaucoup contribué à la compréhension de la géométrie. L'un des théorèmes qu'il a élaborés décrit la relation entre les côtés de triangles semblables ABC et A'B'C'.

Euclide a été le premier à compiler les nombreux axiomes et théorèmes connus à l'époque dans un livre intitulé les *Éléments*. Cet ouvrage comporte 13 livres qui comprennent des centaines de définitions, de propositions, de notations courantes et de postulats. Un postulat est un principe que l'on a supposé sans avoir de preuve parce qu'il est évident ou généralement accepté. Dans le livre 6, Euclide a utilisé des polygones semblables pour démontrer la proposition suivante :

« Des polygones semblables sont divisés en triangles semblables, et en triangles en nombre égal, et dans un même rapport quant aux touts, et le premier polygone a par rapport au deuxième polygone le même rapport que les côtés correspondants. » [Traduction]

Selon cette proposition, tout polygone semblable peut être divisé en triangles semblables. Dans le schéma ci-dessous, la figure ABCDE est semblable à la figure RSTUV. Cela signifie donc que le côté BC correspond au côté ST, que le côté CD correspond au côté TU et que le rapport entre les côtés CD et TU est le même que le rapport entre les côtés BC et ST.

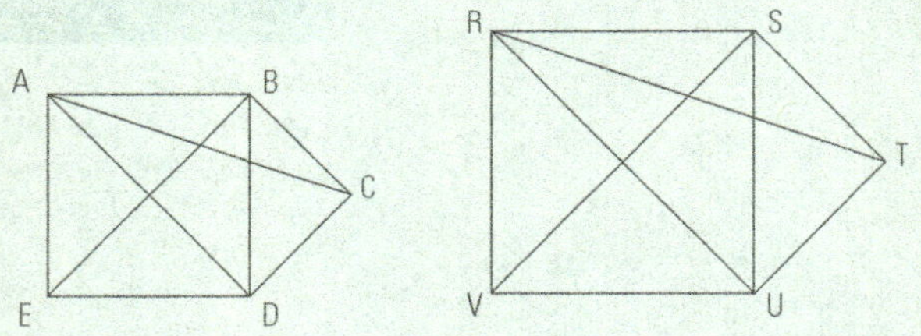

Dans les schémas ci-dessus, peux-tu prouver que le ΔBCD sera toujours semblable au ΔSTU?

6.3 Dessins de polygones semblables

Les modèles à l'échelle peuvent comprendre de nombreux éléments détaillés dont les dimensions doivent être calculées.

LES MATHÉMATIQUES *AU TRAVAIL*

Ryan est ouvrier stagiaire à l'entretien et à la réparation d'installations au gaz pour Manitoba Hydro à Winnipeg, au Manitoba. Avant de faire son stage chez Manitoba Hydro, il a suivi des cours au Red River College. La formation de Ryan en vue de devenir monteur d'installations au gaz durera quatre ans. Pour devenir monteur d'installations au gaz pour Manitoba Hydro, on doit avoir suivi des cours de mathématique et de physique de niveau secondaire.

Dans le cadre de son travail, Ryan peut être appelé à raccorder des conduites de gaz à des appareils, comme un foyer au gaz naturel. Avant de commencer l'installation du foyer, Ryan peut examiner les plans pour se familiariser avec la disposition de son espace de travail. Après avoir assemblé les matériaux dont il a besoin pour faire le travail, Ryan pourrait devoir couper des ouvertures dans les murs afin de passer les tuyaux de gaz. Il pourrait aussi devoir courber les tuyaux pour raccorder le compteur au gaz et le foyer, et installer des vannes, des conduits de fumée, des évents ou des brûleurs.

Ryan assemble les matériaux dont il a besoin pour l'aider à assembler deux foyers au gaz. L'un des foyers qu'il doit installer est un petit foyer à usage domestique, tandis que l'autre est un grand foyer pour un hall d'hôtel. La face de l'évent pour le petit foyer est de forme rectangulaire et mesure 11 po sur 8 po. Le superviseur de Ryan lui dit que l'évent pour le grand foyer est deux fois et demie plus gros que celui du petit foyer, et il lui demande d'aller le chercher dans l'entrepôt où les pièces sont entreposées. Quel est le facteur d'échelle? Quelles sont les mesures du grand évent?

EXPLORE LES MATHÉMATIQUES

Certains musées reconstituent d'importants événements de l'histoire ou exposent des animaux qui sont disparus. Lorsqu'ils montent des expositions, les musées peuvent ne pas avoir suffisamment d'espace pour créer chaque modèle grandeur nature. Les musées doivent donc multiplier chacune des mesures de l'original par un facteur d'échelle pour construire un modèle semblable à l'original.

Lorsqu'on crée une figure semblable, on doit se souvenir de deux caractéristiques importantes : les mesures des angles correspondants des figures sont égales ou congruentes et les mesures des côtés correspondants sont proportionnelles parce qu'elles ont été augmentées ou réduites à l'aide du même facteur d'échelle.

Calcul mental et estimation

Un musée monte une exposition sur les dinosaures dans laquelle il veut présenter un modèle de Tyrannosaurus rex. Le dinosaure original mesurait 13 m de long. Le musée décide d'utiliser un facteur d'échelle d'un tiers pour créer le modèle. Quelle serait la longueur approximative du modèle?

ACTIVITÉ 6.4
AGRANDISSEMENT D'UN TRAPÈZE

Rochelle est illustratrice de livres pour enfants. Elle a commencé par dessiner la figure ci-dessous, appelée trapèze, qui représente la maison d'une souris.

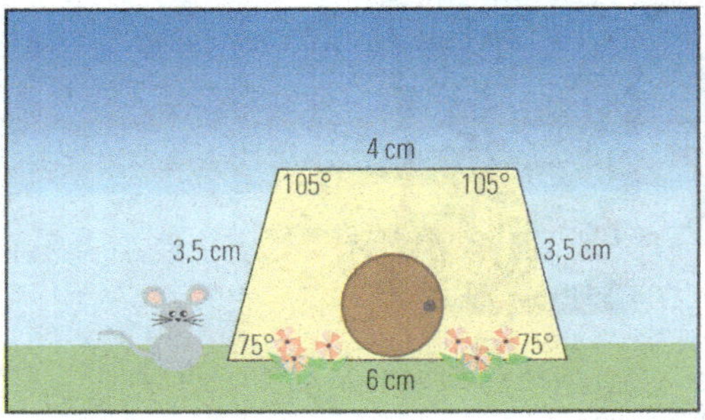

Comme Rochelle aime la forme de la maison, elle veut en dessiner une plus grande pour le raton laveur de l'histoire. Si Rochelle agrandit le trapèze à l'aide d'un facteur d'échelle de 1,5, quelles seraient les dimensions du nouveau trapèze? Tu dois intégrer la longueur des côtés et la mesure des angles que Rochelle devrait utiliser.

Exemple 1

Lauren illustre des guides pratiques qui montrent aux clients comment assembler des meubles. Un des collègues de Lauren est retourné chez lui parce qu'il était malade. On a donc remis à Lauren le schéma suivant d'une tablette triangulaire et on lui a demandé de la reconcevoir. La face de la nouvelle tablette mesure 60 cm et la nouvelle tablette est considérée comme un triangle semblable.

Lauren doit maintenant trouver les dimensions des autres côtés du triangle. Elle doit déterminer quel facteur d'échelle son collègue a utilisé. Peut-elle créer plus d'un triangle?

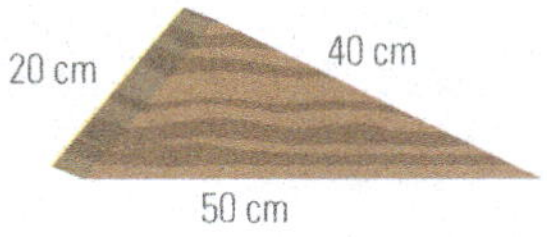

SOLUTION

Comme chaque côté de la tablette peut être multiplié par un nombre pour obtenir une longueur de 60 cm, on peut créer trois différents triangles.

Triangle 1 : On peut multiplier le côté de 20 cm par un facteur d'échelle de 3 pour obtenir un côté de 60 cm.

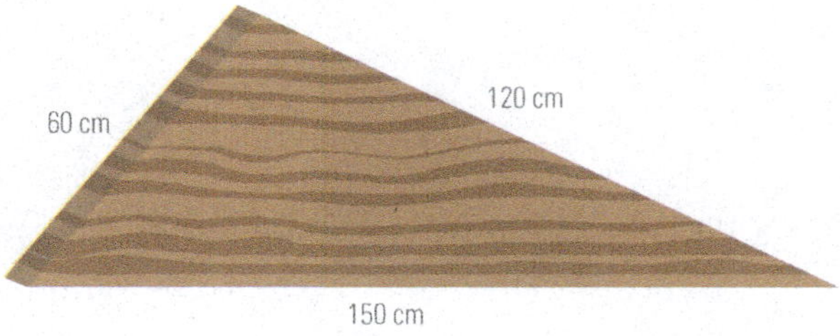

Triangle 2 : On peut multiplier le côté de 40 cm par un facteur d'échelle de 1,5 pour obtenir un côté de 60 cm.

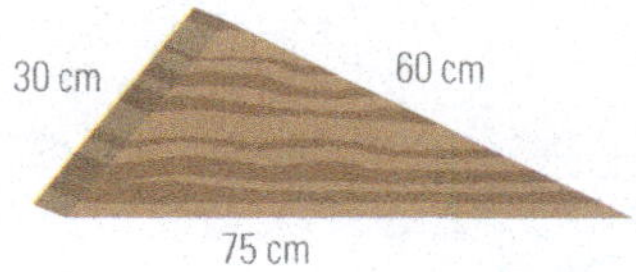

Triangle 3 : On peut multiplier le côté de 50 cm par un facteur d'échelle de 1,2 pour obtenir un côté de 60 cm.

Exemple 2

Un artiste a besoin de deux morceaux de cèdre semblables pour faire une sculpture. Les morceaux doivent avoir la même forme que ceux dessinés par l'artiste, mais être de grosseur différente.

Trouve le facteur d'échelle qui a été utilisé pour créer le plus gros morceau et utilise-le pour calculer les longueurs manquantes des côtés.

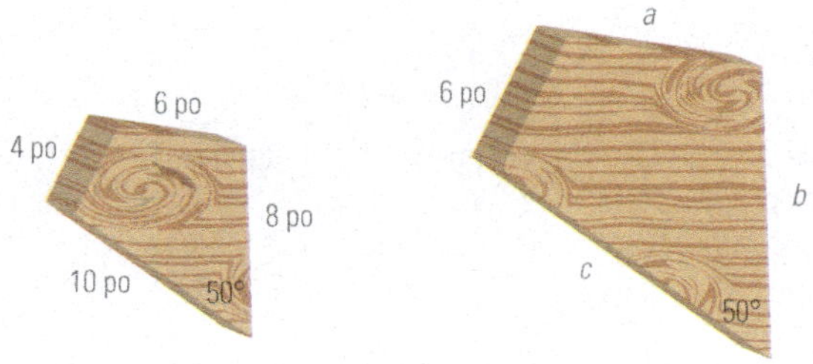

SOLUTION

Le côté qui mesure 4 po dans la première figure correspond au côté qui mesure 6 po dans la deuxième figure.

Facteur d'échelle = $\frac{6}{4}$
Facteur d'échelle = 1,5

Tu peux multiplier chaque côté de la première figure par le facteur d'échelle pour obtenir la longueur des côtés *a*, *b* et *c*.

$a = 6$ po × 1,5
$a = 9$ po

$b = 8$ po × 1,5
$b = 12$ po

$c = 10$ po × 1,5
$c = 15$ po

ACTIVITÉ 6.5
MÉTHODE DU RAPPORT

Tu peux réduire de nombreuses formes à l'aide de la méthode décrite ci-après. Les artistes peuvent créer des tableaux et des dessins conformes à la réalité en utilisant cette méthode pour faire des dessins en perspective.

L'une des méthodes utilisées pour réduire une figure afin de créer une figure semblable est appelée la méthode du rapport.

1. Choisis un point qui se trouve à l'extérieur de la forme. Ce point sera ton centre de réduction. Trace des lignes qui relient ce point à chaque sommet de la forme.

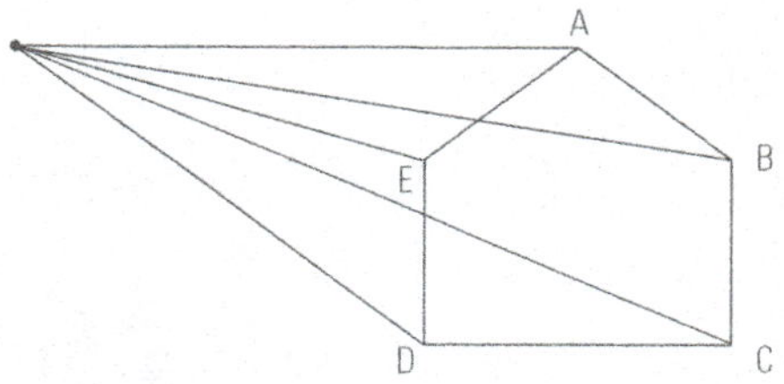

2. Choisis un facteur d'échelle pour réduire l'image. Nous utiliserons un facteur de $\frac{1}{2}$ pour réduire cette image. Trouve le point milieu de chaque segment de droite que tu viens de tracer et relie les cinq points pour créer une forme réduite de la moitié.

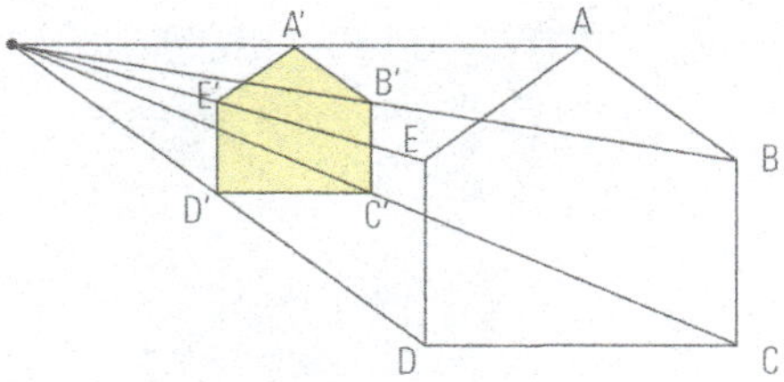

3. Dessine un pentagone irrégulier dans ton cahier d'exercices et utilise la méthode du rapport décrite ci-dessus pour créer un pentagone semblable réduit de moitié.

4. Selon toi, en quoi cette méthode serait-elle différente si tu voulais réduire une forme en utilisant un facteur d'échelle de $\frac{1}{3}$?

ACTIVITÉ 6.6
MÉTHODE DES PARALLÈLES

La méthode du rapport décrite ci-dessus fonctionne lorsque tu veux réduire la taille d'une figure. Il existe aussi une autre méthode semblable dont tu peux te servir pour agrandir une figure. Il s'agit de la méthode des parallèles. Les concepteurs trouvent cette méthode utile lorsqu'ils conçoivent des logos ou des motifs qui comprennent des objets concentriques.

1. Choisis un point qui se trouve à l'intérieur de la figure que tu veux agrandir. Il n'est pas nécessaire que ce point se trouve au centre de la figure. Ce point sera ton centre d'agrandissement. Trace des lignes qui relient ce point à chaque sommet de la forme et prolonge ces lignes. Utilise cette méthode pour agrandir la figure à l'aide d'un facteur d'échelle de 2.

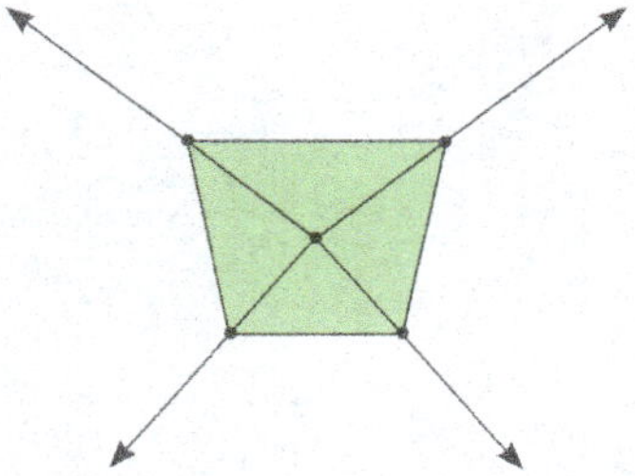

2. Mesure la distance entre le centre d'agrandissement et chaque sommet. Pour doubler la grosseur de la figure, double cette distance et dessine des points à partir du centre d'agrandissement sur les lignes déjà tracées. Ces points seront les sommets de la nouvelle figure. Relie les nouveaux points pour créer un agrandissement de ta figure.

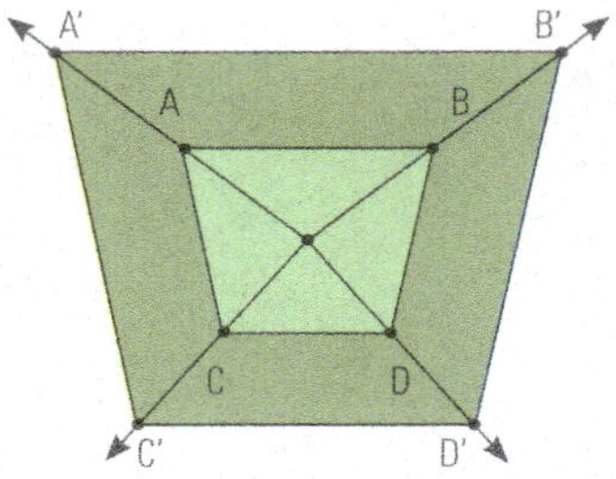

Si tu as utilisé cette méthode correctement, chaque côté de ta nouvelle figure sera parallèle aux côtés correspondants de l'ancienne figure.

3. Dessine un quadrilatère irrégulier dans ton cahier d'exercices et utilise la méthode des parallèles décrite ci-dessus pour créer un quadrilatère semblable qui est deux fois plus grand.

4. Selon toi, en quoi cette méthode serait-elle différente si tu voulais agrandir une forme en utilisant un facteur d'échelle de 3?

CONSTRUIS TES HABILETÉS

1. La grille ci-dessous est une carte représentant deux trous rectangulaires que l'on creusera pour construire une maison (figure R) et un garage (figure M). L'architecte a dessiné les deux bâtiments de telle sorte que leurs formes soient semblables.

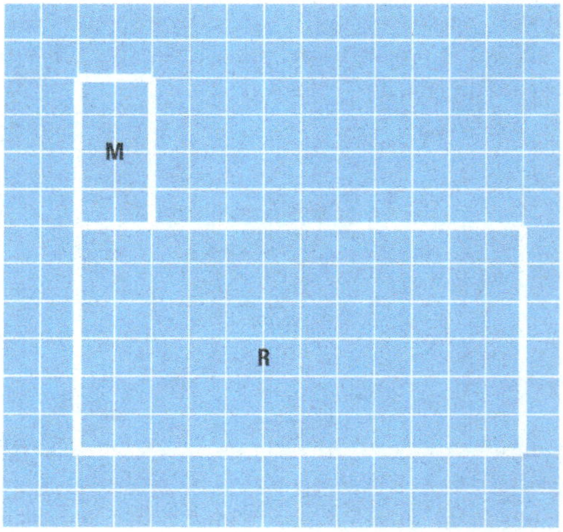

a) Francis et Nipin examinent la grille et s'entendent pour dire que les deux rectangles sont semblables. Cependant, Nipin croit que le facteur d'échelle est de 2 et Francis croit qu'il est de $\frac{1}{2}$. Est-ce que l'un des deux a raison ou est-ce que les deux ont raison? Explique ta réponse.

b) Sur du papier quadrillé, dessine un autre rectangle qui est semblable aux rectangles M et R. Détermine le facteur d'échelle que l'on utiliserait pour créer ton rectangle à partir du rectangle M et du rectangle R.

2. Kawa a l'intention de réaménager sa chambre. Elle a dessiné le rectangle A ci-dessous sur une grille pour représenter la grandeur de sa chambre.

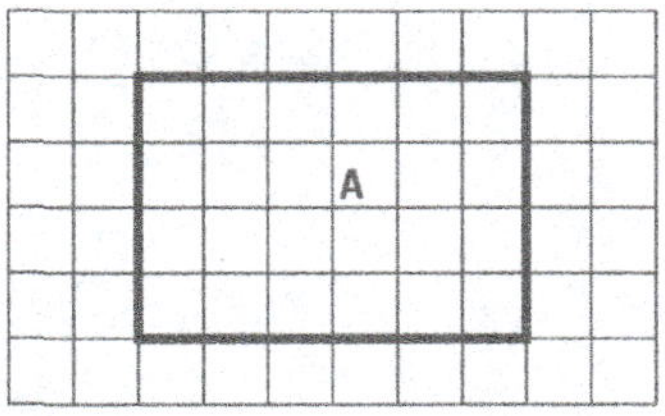

La chambre du frère de Kawa est plus grande que celle de Kawa. Elle a une forme semblable à celle de la chambre de Kawa, mais elle n'est pas identique.

a) Suggère deux dimensions possibles pour la chambre du frère de Kawa.

b) Sur du papier quadrillé, dessine un rectangle qui pourrait représenter la chambre du frère de Kawa.

3. Marek conçoit un jardin dans sa cour. Il dessine un rectangle sur du papier quadrillé pour représenter la taille de son jardin.

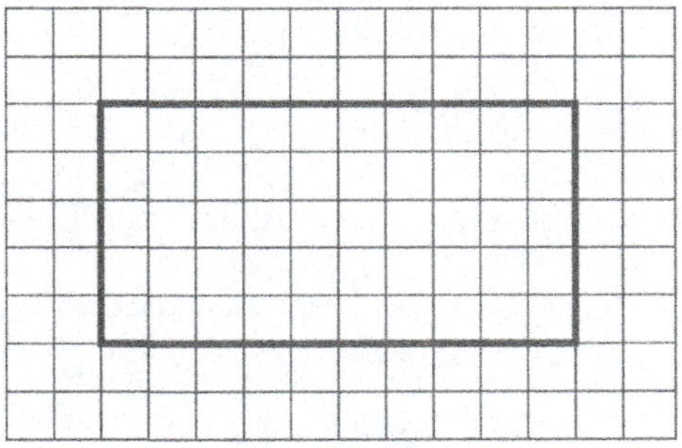

Marek veut planter 25 sortes de légumes et de fines herbes dans son jardin. Il décide de diviser son jardin en 25 parcelles de même grosseur dont la forme est semblable à celle de son jardin. Sur du papier quadrillé, trace la figure ci-dessus et montre ce à quoi ressemblerait le plan de Marek.

4. Shoshanna conçoit des ballons de soccer. Chaque ballon de soccer est recouvert de plusieurs pentagones réguliers dont les côtés mesurent 4 cm. Elle crée aussi de petites versions de ses ballons de soccer qui sont recouverts de pentagones dont les côtés mesurent 2 cm.

Quel serait le périmètre du pentagone utilisé pour créer le petit ballon de soccer? Quel est le lien entre cette valeur et le périmètre du pentagone utilisé pour créer le gros ballon de soccer?

pentagone régulier : polygone à cinq côtés dont tous les côtés ont la même longueur et tous les angles ont la même mesure

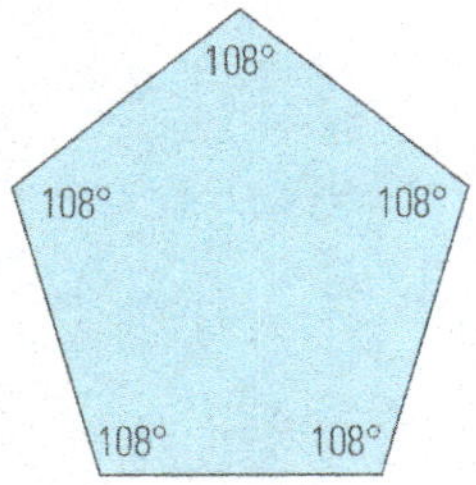

5. Julie a dessiné deux logos semblables pour une entreprise, un pour l'en-tête des lettres et un de taille semblable pour les enveloppes. Malheureusement, elle a oublié d'inscrire les mesures sur le plus petit logo des deux. Trouve les mesures manquantes pour Julie et envoie-lui un courriel dans lequel tu lui expliques comment tu as résolu le problème.

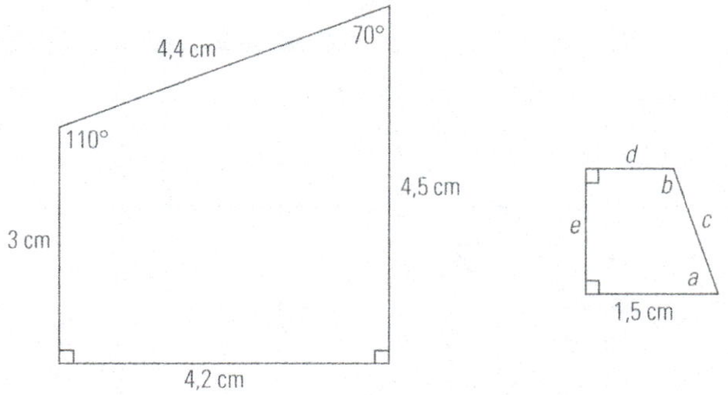

6. La chambre à coucher d'une maison mesure 9 pi sur 12 pi. Le salon de cette même maison a été construit de telle sorte qu'il a une forme semblable à celle de la chambre à coucher tout en étant plus grand. Le facteur d'échelle entre la chambre à coucher et le salon est de 2,5. Quelles sont les dimensions du salon?

Approfondis ta réflexion

7. Carrie conçoit des breloques pour des colliers et des bracelets. Elle conçoit une breloque en forme de trapèze comportant un signe astrologique qui sera attachée à un collier. Elle conçoit également une breloque semblable, mais plus petite, pour un bracelet. Détermine la longueur des côtés de la petite breloque. Indique toutes les étapes comme si tu montrais à quelqu'un comment résoudre le problème.

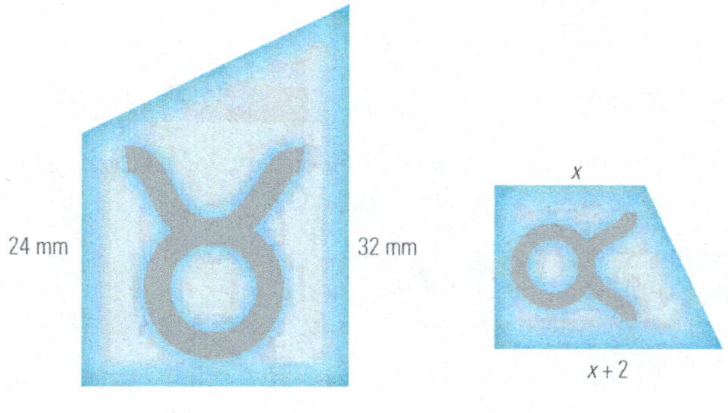

RÉSOUS LE PROBLÈME

ÉTABLIR LE RAPPORT DES BARRES DE CHOCOLAT

De nombreuses barres de chocolat ont la forme d'un rectangle et peuvent être divisées en petits carrés, comme les barres ci-dessous. Détermine le nombre minimum de cassures que tu dois faire pour diviser chaque barre de chocolat pour n'obtenir que les petits carrés qu'elle contient. Comment peux-tu déterminer combien de cassures tu devras faire pour diviser une barre de chocolat qui contient n carrés?

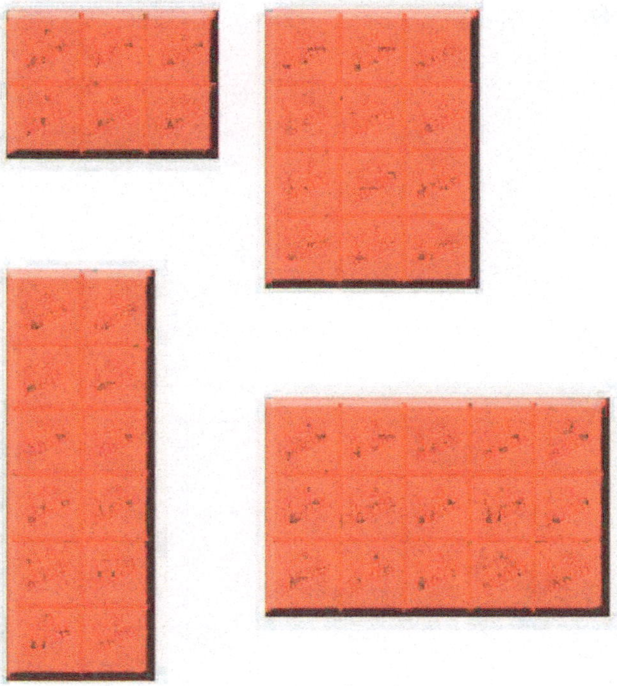

PROJET – CONCEVOIR UNE SALLE DE JEUX COMMUNAUTAIRE

CALCUL DES DIMENSIONS

Une table de billard peut être l'un des accessoires se trouvant dans une salle de jeux communautaire.

Au début de ce chapitre, on t'a assigné le rôle de designer d'intérieur et on t'a demandé de concevoir un plan pour une salle de jeux communautaire d'une aire de 70 à 80 mètres carrés. Ton plan doit comprendre au moins quatre jeux communautaires. Afin de créer un concept unique, inclus d'autres éléments pour meubler la salle.

Sur une feuille de papier quadrillé, dessine des schémas de vue en plan des jeux et des meubles, et inscris-y les dimensions que tu utiliseras. Après avoir déterminé les dimensions de chaque élément, utilise une échelle numérique pour trouver la grosseur qu'aura chacun des éléments sur ton plan. Ton plan doit être 50 fois plus petit que la salle elle-même.

Utilise un tableau semblable à celui illustré ci-dessous, que ton enseignant te fournira. Inscris-y les jeux communautaires et les autres meubles que tu ajouteras à la salle ainsi que tes calculs.

MISE À L'ÉCHELLE D'ÉLÉMENTS DE DESIGN

Type d'équipement	*Longueur dans la salle*	*Longueur sur le schéma*	*Largeur dans la salle*	*Largeur sur le schéma*

EXEMPLE

Après avoir rempli le tableau, fais un schéma de la salle et pense à la façon dont tu disposeras chaque élément dans la salle. Où sont les portes et les fenêtres? Assure-toi qu'il y a suffisamment d'espace entre les jeux pour que les gens puissent se déplacer aisément autour d'eux.

6.4 Triangles semblables

Maurice Yingst utilise ses connaissances sur les triangles semblables lorsqu'il effectue des travaux de charpenterie et de construction.

LES MATHÉMATIQUES *AU TRAVAIL*

Maurice Yingst est gestionnaire des logements pour la bande de la Première nation des Stoney de Wesley, en Alberta. Il est responsable de l'inspection et de la rénovation des logements. Lorsque Maurice dessine des plans pour les nouvelles maisons qui seront construites, il lui est utile de pouvoir calculer les mesures des triangles qui ont les mêmes angles. Il se sert aussi de ses connaissances concernant les triangles pour construire des escaliers, des fermes et d'autres structures.

Maurice a reçu sa carte de qualification de compagnon charpentier du Saskatchewan Institute of Applied Science and Technology à Moose Jaw, en Saskatchewan, en 1963. Toute sa vie, il a été considéré comme un grand travaillant. De plus, ses capacités en calculs mathématiques lui ont souvent valu une promotion.

Maurice doit prolonger un escalier en conservant le même angle que celui de l'escalier déjà en place. L'escalier d'origine monte de 8 pi sur une distance horizontale de 10 pi. Quelle devra être la distance horizontale si Maurice veut prolonger l'escalier de 6 pi?

EXPLORE LES MATHÉMATIQUES

Il est indiqué à la section 6.2 que deux figures sont semblables si leurs côtés correspondants sont proportionnels et si leurs angles correspondants sont congruents. Les mêmes règles s'appliquent aux triangles, mais tu peux déterminer s'ils sont semblables en ayant moins de renseignements.

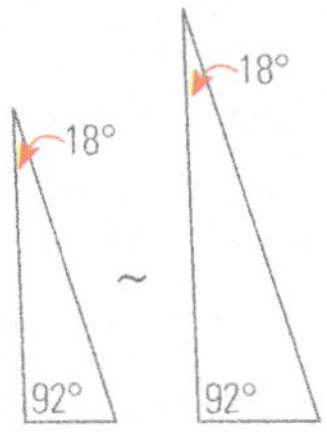

Deux triangles sont semblables si l'une des deux affirmations suivantes est vraie.

- Deux des trois angles correspondants sont congruents.
- Une des paires d'angles correspondants est congruente et les côtés correspondants qui lui sont adjacents sont proportionnels.

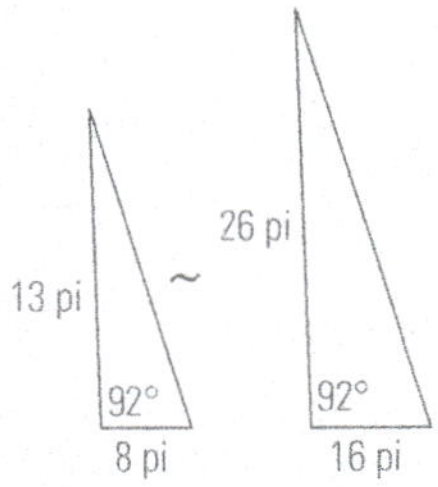

Déterminer si des triangles rectangles sont semblables est encore plus simple. Un triangle rectangle a toujours un angle connu de 90°, aussi appelé angle droit. Comme la somme des deux autres angles est toujours de 90°, ces deux angles sont toujours de moins de 90° et sont appelés angles aigus.

Deux triangles rectangles sont semblables si l'affirmation suivante est vraie.

- Deux angles aigus correspondants sont congruents.

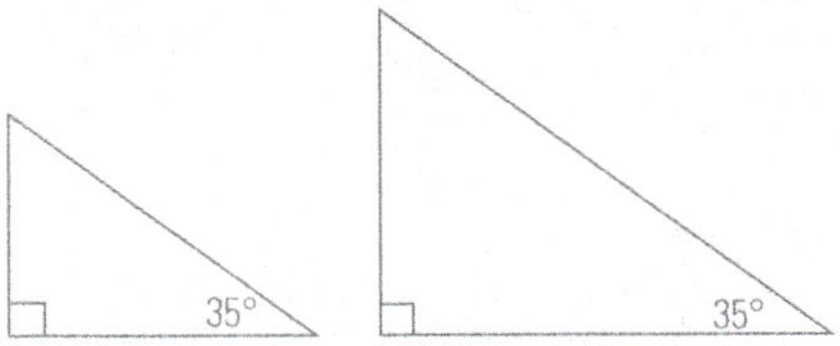

Calcul mental et estimation

Y a-t-il des voiles semblables parmi les voiles de bateau triangulaires illustrées ci-après? Comment le sais-tu?

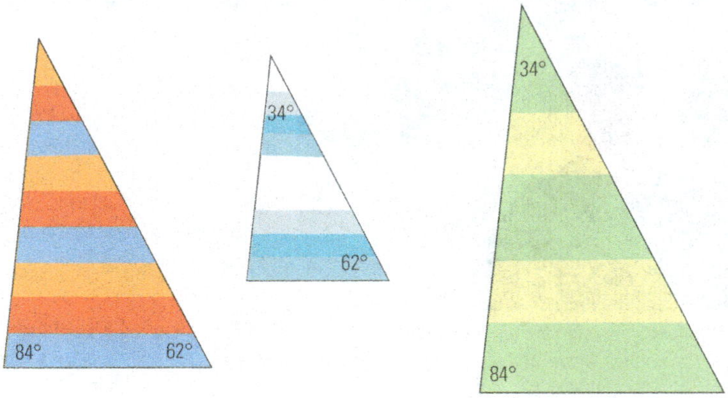

DISCUSSION DES IDÉES

COMPARAISON DE TRIANGLES

En équipe de deux, discutez des questions suivantes.

1. Est-ce que la grosseur de deux triangles ou plus a un effet sur leur similitude ou non? Expliquez votre raisonnement.
2. Examinez les trois triangles qui figurent ci-dessous. Sont-ils semblables? Explique ta réponse.

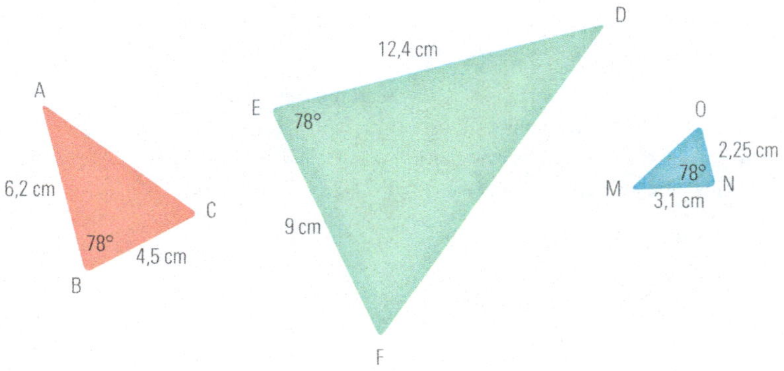

3. Dans le triangle ABC, le côté AC mesure 7 cm. Quelle est la mesure des côtés DF et MO?

Exemple 1

Adsila conçoit un t-shirt et veut utiliser plusieurs triangles dans le motif qui apparaîtra sur le t-shirt. Elle a dessiné le triangle ABC ci-dessous pour présenter la forme triangulaire qu'elle veut reproduire dans son motif. Voici les mesures des côtés du triangle :

AB = 4

BC = 5

AC = 6

DC = 2,5

EC = 3

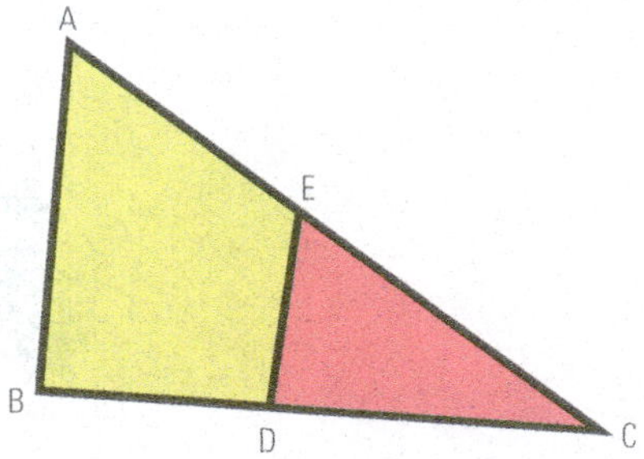

Adsila croit que si elle s'assure que la ligne ED est parallèle au côté AB, le triangle ABC sera semblable au triangle EDC. Prouve qu'elle a raison et détermine la longueur de la ligne ED.

Solution

Les triangles ABC et EDC sont semblables parce qu'ils ont un angle commun et les côtés qui forment cet angle sont proportionnels.

Le facteur d'échelle utilisé pour créer le triangle EDC à partir du triangle ABC est de $\frac{1}{2}$. Comme la longueur du côté AB est de 4, la longueur du côté ED doit être de 2.

Exemple 2

Robert et Marco attachent des câbles de chaque côté d'un arbre artificiel qui fait partie du décor d'une scène pour un concert. Ils décident d'attacher les câbles afin qu'ils forment deux angles de 35° dans un triangle rectangle.

Les triangles rectangles formés à l'aide des câbles sont-ils semblables?

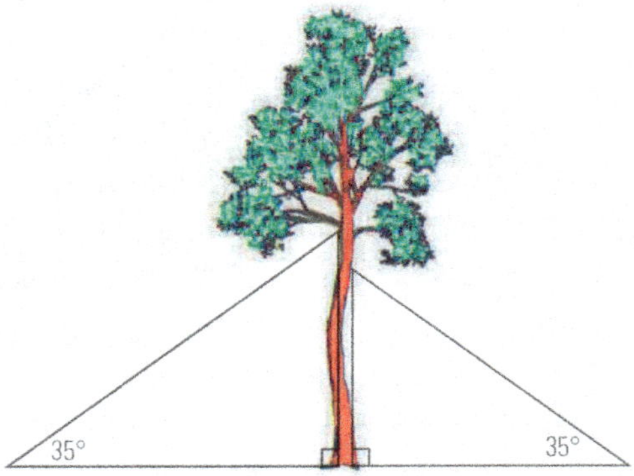

Solution

Comme deux paires d'angles correspondants sont données, les triangles sont semblables. Le troisième angle serait de 55°, de sorte que les trois paires d'angles correspondants sont congruents. Par conséquent, les triangles sont semblables.

ACTIVITÉ 6.7
FAÇON DE PROUVER LA SIMILITUDE ENTRE LES TRIANGLES

Trois élèves travaillent en groupe à la construction de maisons témoins pour un cours sur le travail du bois. Chacun d'eux dessine la vue de face du toit en forme de triangle. En faisant leurs dessins, ils décident d'utiliser une forme semblable pour dessiner leurs toits. Chaque élève propose un plan sur la façon de concevoir leurs toits afin qu'ils forment tous des triangles semblables.

Le premier élève propose de dessiner des triangles dont les angles correspondants sont égaux.

Le deuxième élève propose que les toits aient la forme d'un triangle isocèle.

Le troisième élève propose que les côtés correspondants des toits soient proportionnels.

Travaillez en équipes de trois. Chaque personne du groupe choisit une affirmation et essaie de prouver si la règle permet de créer des triangles semblables. Utilisez des diagrammes pour vérifier si la règle fonctionne. Après avoir démontré que l'affirmation choisie permettra ou ne permettra pas de créer des triangles semblables, essayez de confirmer ou de réfuter les deux autres affirmations. Vous devrez arriver à un consensus pour déterminer laquelle des affirmations est vraie et lesquelles sont fausses.

ACTIVITÉ 6.8
RÉDUCTION DES TRIANGLES

Un agriculteur du Manitoba garde des vaches dans un enclos de forme irrégulière en raison de l'emprise de la route qui passe en diagonale sur sa propriété. Dans le cadre de son plan de gestion du pâturage, il veut empêcher ses vaches de brouter dans une partie du pâturage et installe une clôture reliant les points D et E, qui est parallèle au côté BC de l'enclos.

Montre que les triangles ABC et ADE sont semblables. Quelle est la mesure du côté BC?

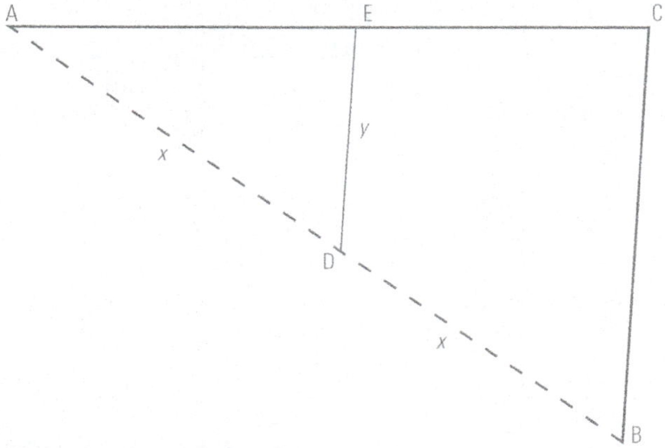

Certains agriculteurs construisent des clôtures temporaires pour diviser leur terre. Ainsi, le bétail peut brouter dans différentes sections de terrain clôturées tout au long de l'année.

CONSTRUIS TES HABILETÉS

1. Hillary et Kuruk ont des schémas pour construire des ensembles de tables gigognes triangulaires. Pour s'assurer que les tables d'un ensemble sont assorties, les triangles doivent avoir une forme semblable. Hillary coupe deux ensembles de dessus de table à l'aide des angles indiqués ci-dessous. Détermine si les dessus sont semblables.

   Ensemble 1 : Table 1 : 90°, 45°
   Table 2 : 45°, 45°

   Ensemble 2 : Table 1 : 133°, 11°
   Table 2 : 35°, 11°

2. Kaia a fait un gâteau en forme d'arbre pour le temps des Fêtes. Une fois son gâteau cuit, elle s'est rendue compte qu'il était trop grand pour tenir sur son plat de service. Elle a donc décidé de couper le tronc et de couper le gâteau le long de la ligne DE, puis de replacer le tronc.

   Voici certaines des mesures du gâteau.

   AD = 9 po
   BC = 10 po
   DE = 8 po

   En fonction de ces mesures, quelle est la mesure du côté AB?

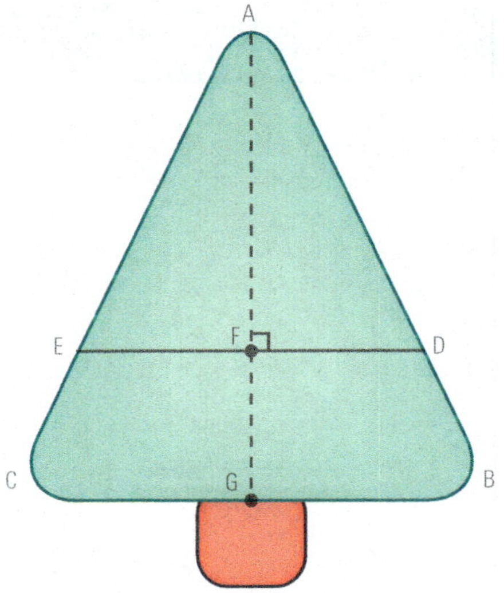

3. En te référant au diagramme qui figure à la question 2, si :

   AF = 8 po
   FG = 2 po
   AE = 9,5 po

   Quelle est la mesure du côté EC?

4. Tryna fait de la randonnée pédestre près de Seebe, en Alberta. Elle voit le sommet du mont Yamnuska (« yamnuska » signifie « falaise » en langue Stoney) qui est aligné avec le sommet d'un arbre qui, selon ses estimations, se situe à 10 pi au-dessus du niveau de ses yeux. Si les distances correspondent à ce qui est indiqué dans l'image ci-dessous, quelle est la hauteur du mont qui surplombent le sentier sur lequel Tryna marche?

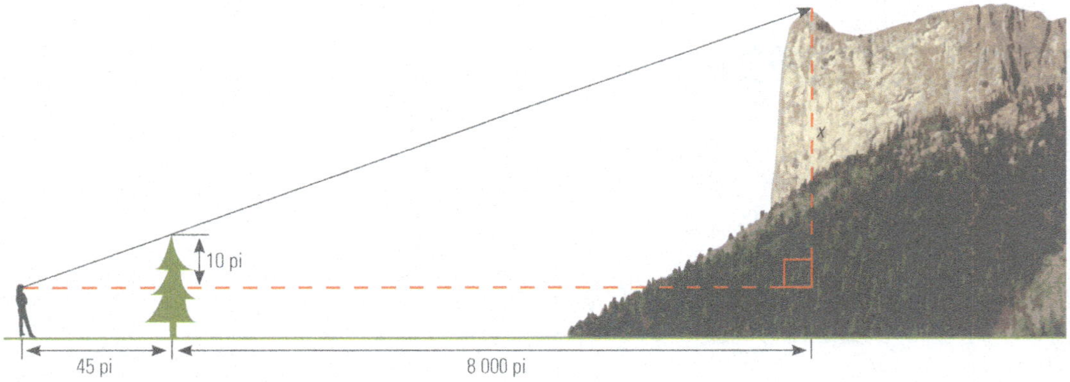

5. Mukako et Maya taillent une pièce de courtepointe pour leur cours de Mode. Elles possèdent certaines des mesures dont elles ont besoin, mais elles doivent connaître la longueur de x dans la figure ci-dessous afin de s'assurer que le grand et le petit triangles sont semblables. Quelle devrait être la longueur de x?

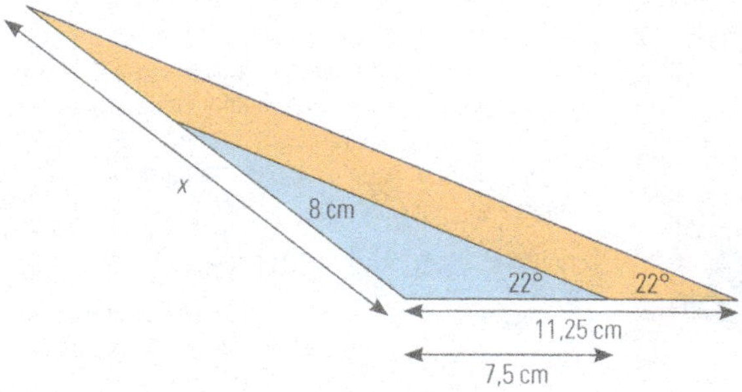

Approfondis ta réflexion

6. Une entreprise conçoit une glissoire pour un terrain de jeux situé près de Kinngait, au Nunavut. Elle dessine un triangle pour représenter la glissoire. Elle place une poutre parallèle au sol qu'elle désigne par les lettres D et E dans le diagramme ci-dessous afin de soutenir la glissoire. Trouve la longueur des côtés CE et EB dans le diagramme.

Le matériel de terrains de jeux, comme une glissoire, est conçu pour répondre à des normes de sécurité.

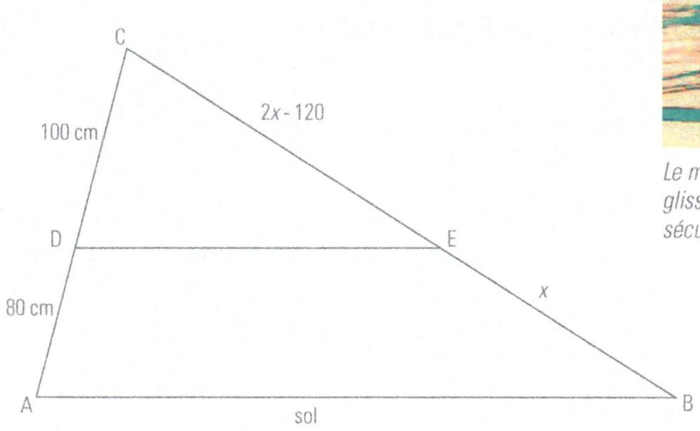

PROJET – CONCEVOIR UNE SALLE DE JEUX COMMUNAUTAIRE

PRÉSENTATION DE TON SCHÉMA

Lorsque tu conçois une salle de jeux communautaire, assure-toi qu'il y a suffisamment d'espace pour que les gens puissent se déplacer.

Tu es maintenant prêt à présenter ton schéma illustrant la salle de jeux communautaire au comité qui prendra une décision dans le cadre de la réunion.

Choisis la façon dont tu présenteras ton projet. Utiliseras-tu un logiciel de dessin, construiras-tu une maquette ou te serviras-tu de schémas sur papier? Quels sont les arguments de vente de ton schéma? Qu'est-ce que ton plan comprend que les plans des autres comités de conception ne comprennent pas?

N'oublie pas que ton projet doit comprendre ce qui suit :

- un schéma, une représentation par ordinateur ou une maquette de ta salle qui comprend tous les éléments requis;
- une autre feuille de papier sur laquelle tu as indiqué tes calculs.

Prépare-toi à expliquer comment tu as calculé les mesures de chaque meuble et de chaque jeu communautaire dans ton dessin à l'échelle.

RÉFLEXIONS SUR L'APPRENTISSAGE

SIMILITUDE ENTRE LES FIGURES

Maintenant que tu as terminé ce chapitre, tu devrais être en mesure :

- ❒ de déterminer si des polygones sont semblables à l'aide de leurs angles correspondants;
- ❒ de déterminer si des polygones sont semblables à l'aide de leurs côtés correspondants;
- ❒ d'expliquer pourquoi deux polygones ne sont pas semblables;
- ❒ de trouver le facteur d'échelle entre les côtés correspondants de polygones semblables;
- ❒ de dessiner un polygone qui est semblable à un autre polygone;
- ❒ d'expliquer pourquoi les triangles rectangles qui ont un angle aigu commun sont semblables.

Tu as également terminé un projet de chapitre qui t'a permis d'appliquer ces connaissances de façon concrète à une tâche du monde réel.

MISE EN PRATIQUE DES HABILETÉS

1. Rayne est un concepteur industriel qui conçoit des récipients pour conserver les aliments. Il a conçu un récipient qui fait 24 cm de large sur 36 cm de long. Il veut maintenant créer un ensemble de récipients emboîtables dont tous les récipients seraient proportionnels au premier. S'il utilise chacun des facteurs d'échelle indiqués ci-dessous, quelles seront les nouvelles dimensions de chaque récipient?

   a) $\frac{2}{3}$

   b) 1,25

   c) 25 %

   d) $\frac{5}{6}$

On utilise des récipients en plastique empilables dans de nombreux lieux de travail. Ce type de récipient peut être utilisé par les chefs de cuisine pour conserver la nourriture, par les déménageurs pour transporter des biens ou par des femmes de chambre pour organiser les accessoires de nettoyage.

2. Chenna a réduit un polygone à l'échelle à l'aide d'un facteur de $\frac{3}{4}$.

   a) Quel est le rapport entre deux côtés correspondants?

   b) Quel est le rapport entre les mesures de deux angles correspondants?

3. Bill commande des moulures pour effectuer des travaux de charpenterie. Il utilise des formes transversales semblables pour les moulures couronnées, les cimaises de protection et les boiseries.

   a) Détermine quel facteur d'échelle a été utilisé pour créer la petite figure à partir de la grande figure.

   b) Utilise le facteur d'échelle pour calculer la longueur des côtés a, b et c.

   c) Bill a-t-il besoin de connaître la longueur du côté *e* pour créer la petite figure?

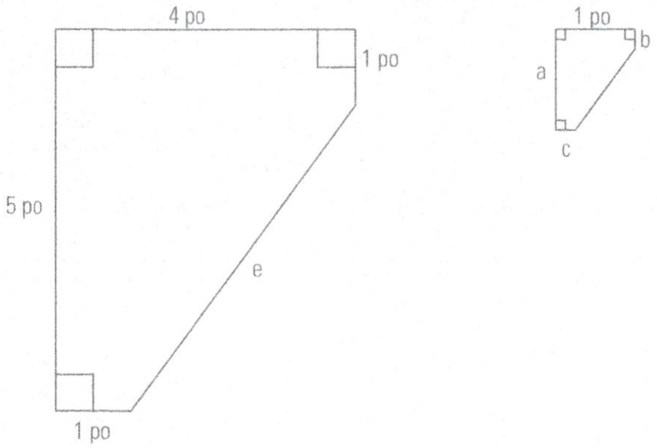

4. Sherelle conçoit une commode qui comprend des tiroirs de trois grandeurs différentes. Elle décide que le plus grand tiroir fera 80 cm de large sur 32 cm de haut.

a) Pour créer le tiroir de grandeur moyenne, elle réduit la taille du grand tiroir par un facteur de $\frac{1}{2}$. Quelles sont les dimensions du tiroir de grandeur moyenne?

b) Pour créer le petit tiroir, elle réduit la grandeur du moyen tiroir de 50 %. Quelles sont les dimensions du petit tiroir?

c) Quel facteur d'échelle est utilisé pour obtenir le petit tiroir à partir des mesures du grand tiroir?

d) Si les tiroirs sont disposés de la même façon qu'ils le sont sur l'image ci-dessous, quelle sera la hauteur de la commode si les pieds font 10 cm de haut?

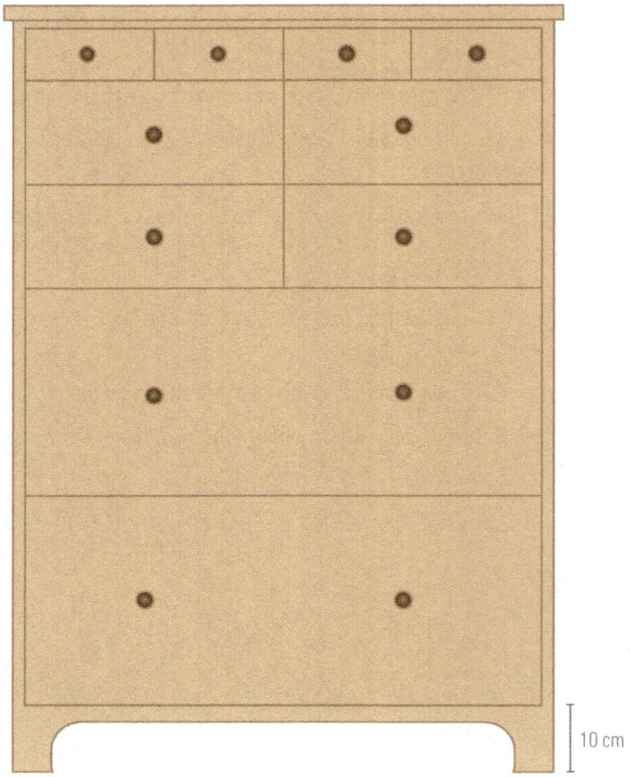

5. Tim est concepteur de parcs à Carrot River, en Saskatchewan. Il prévoit aménager deux terrains à côté d'un établissement de réunion. Il veut que les deux terrains aient une forme semblable, mais l'un d'eux doit être plus grand que l'autre, tout en tirant le meilleur parti de l'espace disponible. Il crée les deux diagrammes ci-dessous pour représenter les deux terrains.

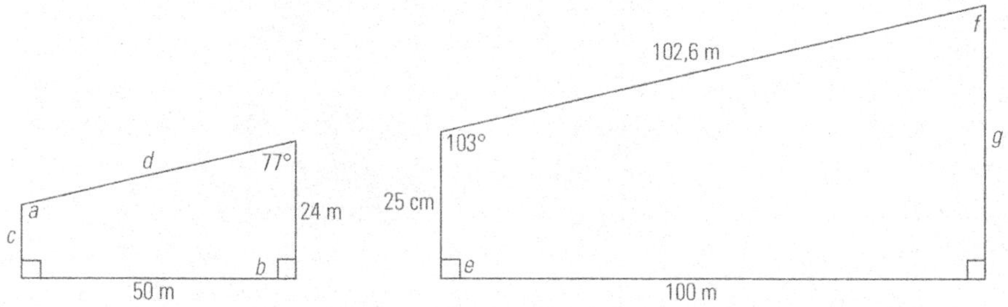

a) Par quel facteur d'échelle a-t-il multiplié ou divisé les dimensions du premier terrain pour obtenir les dimensions du deuxième terrain?

b) Si les deux terrains doivent avoir une forme semblable, quelle devrait être la mesure des angles a et b? Quelle devrait être la longueur des côtés c et d?

c) Dans le grand terrain, quelle devrait être la mesure des angles e et f? Quelle devrait être la longueur du côté g?

6. Elise travaille dans une boutique de cadeaux d'un musée. Un client lui a demandé une affiche représentant son tableau favori, qui mesure 57 po de large sur 76 po de long, et ayant été réduit par un facteur d'échelle maximal de $\frac{5}{8}$. Elise trouve une affiche qui mesure 36 po de large sur 48 po de long. Cette affiche conviendra-t-elle au client? Explique ta réponse.

7. Les parents de Ryan et de Cyndi ont offert de leur fournir les matériaux dont ils auront besoin pour construire une maisonnette, s'ils créent un design raisonnable. Ryan a dessiné le rectangle ci-dessous sur du papier quadrillé d'un centimètre, qui représente le contour des murs.

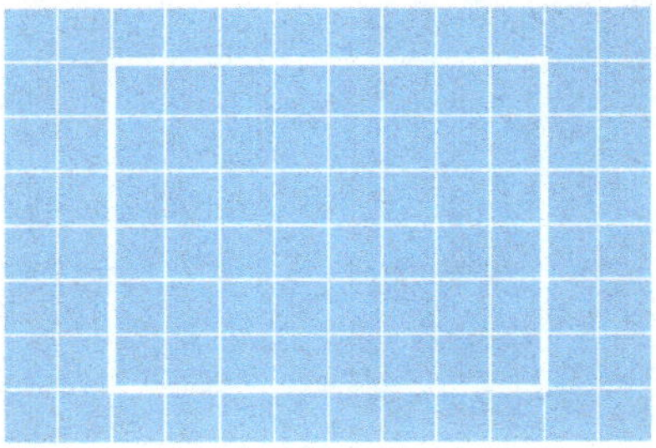

Cyndi a dessiné un autre rectangle sur du papier quadrillé d'un centimètre. Elle a dit qu'elle a appliqué un facteur d'échelle de 0,5 au plan de Ryan pour créer le nouveau plan. La maisonnette représentée sur son plan a une aire de 24 cm^2. Les rectangles pourraient-ils être semblables? Explique ta réponse.

8. Jeremy fabrique une table de salon qui se divise en deux triangles. Il construit le premier triangle à partir d'angles de 85° et de 32°. Il veut construire le deuxième triangle à partir d'angles de 63° et de 32°. Les deux pièces triangulaires auront-elles une forme semblable? Explique ta réponse.

Les pièces du casse-tête chinois tangram créent la figure d'une personne qui court.

9. Un casse-tête chinois tangram est composé de pièces triangulaires en plastique que l'on peut combiner pour créer différentes images. Une entreprise fabrique deux pièces dont les mesures sont celles indiquées ci-dessous. Les deux pièces ont-elles une forme semblable? Explique ta réponse.

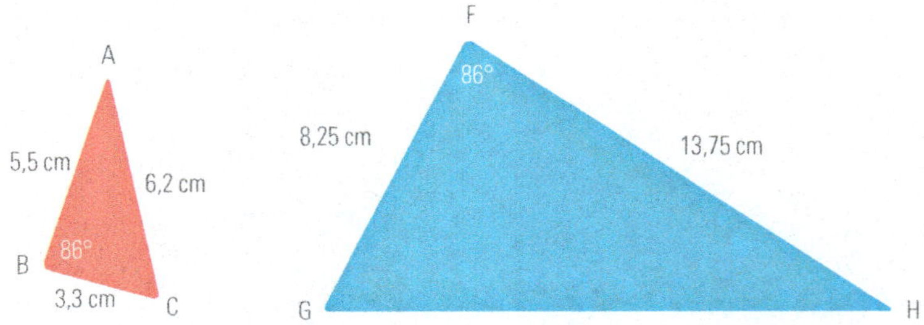

10. Petra crée une course à obstacles pour sa fille dans sa cour. Elle fait un schéma de la course, qui a la forme d'un triangle. Elle désigne le triangle par les lettres ABC. Le côté AB mesure 10 pi; le côté AC, 20 pi; et le côté BC, 25 pi. Lorsqu'elle commence à créer les obstacles, elle se rend compte qu'elle a moins de matériaux qu'elle le croyait. Elle décide donc de faire un nouveau schéma sur lequel elle dessine le triangle FGH de telle sorte que $\frac{AB}{FG}$ égale 2,5. Quelle est la mesure du côté FH?

Chapitre 7

Trigonométrie dans les triangles rectangles

OBJECTIFS

Dans ce dernier chapitre, tu étudieras les rapports trigonométriques. Tu participeras activement à la création de tables de valeurs qui te permettront de comprendre les différents rapports et la façon de les appliquer.

Les rapports trigonométriques sont utilisés dans différents métiers. Les charpentiers, les tuyauteurs et même les couturiers les utilisent régulièrement. Dans ce chapitre, tu appliqueras les connaissances que tu as déjà acquises sur les triangles et les figures semblables afin de :

- déterminer les rapports trigonométriques;
- déterminer la longueur des côtés de triangles rectangles à l'aide des rapports;
- déterminer la mesure des angles si tu connais les rapports.

TERMES IMPORTANTS

- angle de dépression
- angle d'élévation
- cosinus
- hypoténuse
- cathète
- théorème de Pythagore
- sinus
- tangente

PROJET – CONCEVOIR L'ESCALIER D'UNE MAISON

COMMENCER L'ORGANISATION

APERÇU DU PROJET

De nombreuses structures contribuent à l'embellissement d'une ville. Un escalier est un de ces types de structures; il s'agit d'une caractéristique qui est nécessaire en architecture et qui embellit une entrée. Dans le cadre de ce projet de chapitre, tu concevras un escalier qui reliera le rez-de-chaussée d'une maison à son deuxième étage. La distance entre les deux étages est de 9 pi 10 po, et la surface de plancher maximale sur laquelle l'escalier peut être construit est de 11 pi sur 11 pi. Tu peux créer un escalier droit, un escalier comportant un virage ou un palier, ou encore un escalier en colimaçon. Tu devras tenir compte de la hauteur, de la profondeur et de la largeur de chacune des marches et concevoir ton escalier de façon à ce qu'il s'insère dans l'espace désigné.

Cet escalier se trouve dans un palais de glace construit pour le Snowking Winter Festival annuel de Yellowknife.

POUR COMMENCER

Il y a peut-être un ou deux escaliers dans ta maison? Examine-les. Habituellement, les marches sont de dimension égale, mais il arrive parfois qu'une marche soit plus large qu'une autre ou que l'escalier comporte un palier et qu'il change de direction. Y a-t-il un escalier en colimaçon chez toi? Quelle est la différence entre les marches d'un escalier en colimaçon et celles d'un escalier droit? Y a-t-il un escalier à l'extérieur de ta maison qui mène à un porche ou à une terrasse? Quelle est la différence entre cet escalier et ceux qui se trouvent à l'intérieur de la maison?

Pour commencer ton projet, fais des recherches sur Internet ou discute avec ton enseignant en menuiserie ou encore avec un charpentier pour en apprendre davantage au sujet de la conception d'un escalier. Dresse une liste de toutes les choses auxquelles tu devras penser. Par exemple :

- Quels sont les règlements du code du bâtiment qui se rapportent aux escaliers? Quelles sont les hauteurs et les profondeurs autorisées pour des escaliers?
- Quels types de bois d'œuvre utiliseras-tu?
- Quels types de bois peux-tu utiliser pour la finition et quelle en sera l'épaisseur?
- Quels sont les termes utilisés dans le domaine de la construction d'escaliers?

Sers-toi des renseignements que tu as trouvés pour établir le nombre de marches dont tu auras besoin et pour déterminer si ton escalier comportera un virage ou un palier. Commence par dessiner les vues en plan et latérale de ton escalier. Envisage plus d'une possibilité.

LISTE DE CONTRÔLE POUR LA PRÉSENTATION FINALE

Tu utiliseras une affiche ou un modèle à l'échelle pour présenter tes dessins finaux et tes mesures, et tu indiqueras les instructions afin qu'un charpentier puisse construire l'escalier. Ta présentation finale doit comprendre les éléments suivants :

- un dessin à l'échelle de ton escalier;
- les mesures exactes de chacune des parties de l'escalier;
- les étapes à suivre pour le travail à faire ainsi que les outils et les instruments qui seront nécessaires;
- au moins une paire de figures semblables dans ton schéma;
- les mesures calculées en unités impériales;
- une explication relativement à la raison pour laquelle tu as conçu ton escalier comme tu l'as fait.

7.1 Théorème de Pythagore

LES MATHÉMATIQUES *AU TRAVAIL*

Jim Jenner est installateur de cloisons sèches à Surrey, en Colombie-Britannique. Sa passion est le travail du bois; il aime fabriquer des boîtes en cèdre, en érable et en hêtre.

Jim crée souvent des formes géométriques qu'il incruste sur les boîtes. Ces formes doivent être parfaitement coupées. Pourquoi selon toi? De plus, les côtés d'une boîte sont généralement placés à angle droit par rapport à la base. Pourquoi crois-tu que cela est important? Quels outils Jim pourrait-il utiliser pour faire en sorte que le fond et les côtés de la boîte soient bien perpendiculaires?

Jim conçoit un coffre à jouets pour son petit-fils Zack. Il veut décorer le dessus du coffre de grands carrés dans lesquels seront insérés de plus petits carrés ayant subi une légère rotation, comme le montre le schéma ci-dessous.

Jim veut que les carrés intérieurs subissent une rotation d'après les mesures indiquées sur l'illustration. Quelle est la longueur des côtés des carrés intérieurs?

Jim devrait-il couper les carrés intérieurs selon ces mesures? Explique ta réponse.

Construire un coffre à jouets est un passe-temps pour Jim, qui aime travailler avec du bois de spécialité.

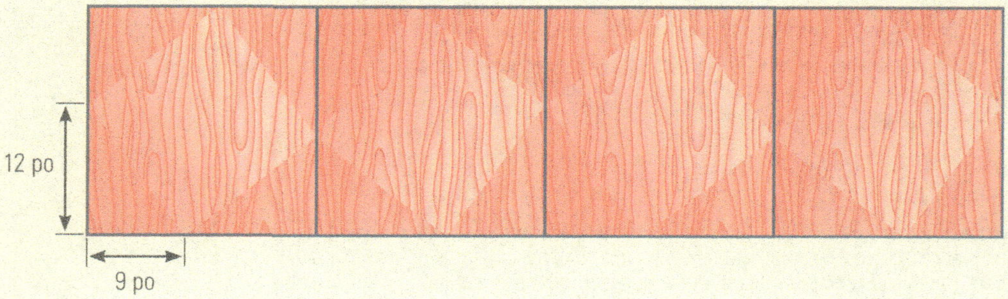

EXPLORE LES MATHÉMATIQUES

triangle rectangle : un triangle qui compte un angle droit

théorème de Pythagore : dans un triangle rectangle, la somme des carrés des longueurs des cathètes est égale au carré de la longueur de l'hypoténuse

Dans l'exemple ci-dessus, Jim a utilisé le **théorème de Pythagore**, que l'on appelle souvent la relation de Pythagore, afin de déterminer la longueur des côtés des **triangles rectangles**. Les charpentiers, les arpenteurs, les briqueteurs et de nombreux autres professionnels utilisent quotidiennement la formule ci-dessous, laquelle est fondée sur le théorème de Pythagore. Par le passé, tu as toi-aussi utilisé cette formule.

$$a^2 + b^2 = c^2$$

Le côté le plus long d'un triangle rectangle est toujours représenté par la lettre c. Les deux côtés les plus courts sont toujours représentés par les lettres a et b.

Lorsqu'un peintre place une échelle contre un mur afin de peindre une maison, l'échelle, le mur et le sol forment un triangle rectangle.

Dans cet exemple, le mur et le sol forment l'angle droit du triangle rectangle et l'échelle forme l'**hypoténuse**. Le sol et le mur sont les **cathètes** (qu'on appelle parfois les côtés).

hypoténuse : le côté le plus long d'un triangle rectangle, opposé à l'angle de 90°

cathète : dans un triangle rectangle, les deux côtés qui se coupent pour former un angle droit

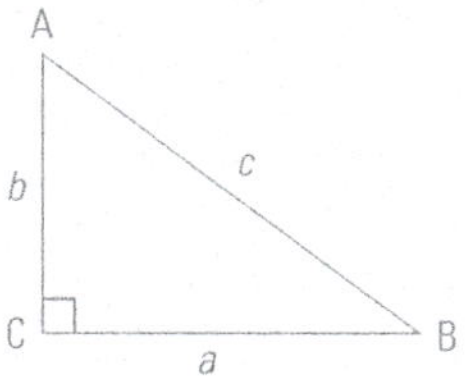

Le triangle ABC représente la maison et l'échelle. La cathète BC du triangle est considérée comme adjacente à l'angle B et opposée à l'angle A. En général, une cathète d'un triangle rectangle est adjacente à l'angle si elle forme, avec l'hypoténuse, un angle aigu. L'autre cathète est considérée comme opposée à cet angle aigu. Dans le triangle ABC, la cathète AC est opposée à l'angle B.

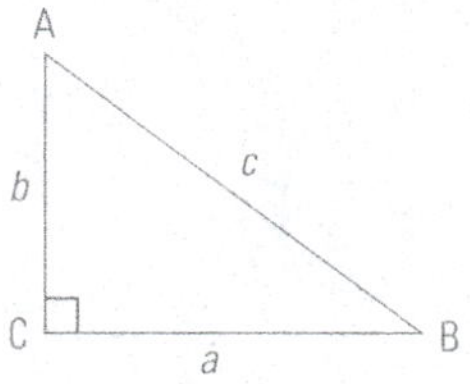

La cathète AC, ou *b*, est adjacente à l'angle A et opposée à l'angle B

La cathète BC, ou *a*, est adjacente à l'angle B et opposée à l'angle A

Une lettre minuscule est utilisée pour désigner le côté opposé à un angle désigné par une lettre majuscule.

Calcul mental et estimation

Dans le schéma ci-dessous, si AB mesure 30 pi et que AC mesure 25 pi, à quelle distance environ se trouve l'arrière du camion par rapport à l'immeuble?

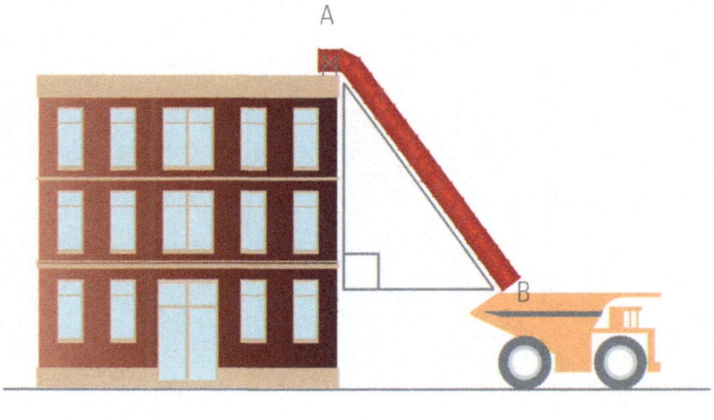

Exemple 1

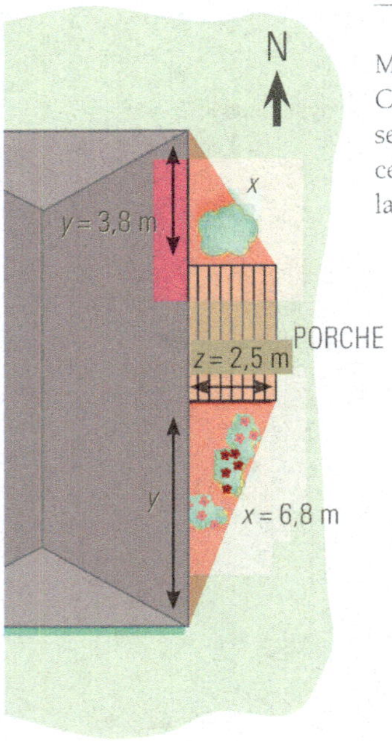

Marie a présenté un plan pour cultiver un jardin d'herbes devant le futur Centre Communautaire Beaumont Community Centre, à Beaumont, en Alberta. Le jardin sera constitué de deux parcelles de terre triangulaires de chaque côté du porche du centre. Marie y plantera des herbes françaises traditionnelles comme du cerfeuil, de la sarriette, du thym, et du romarin.

a) Compte tenu des dimensions des cathètes du triangle illustré sur le schéma, quelle sera la longueur de l'hypoténuse de la parcelle située au nord du porche?

b) Sur quelle longueur le jardin longera-t-il l'avant de la maison dans la parcelle située au sud du porche?

Solution

Sers-toi du théorème de Pythagore.

$x^2 = y^2 + z^2$

a) x représente l'hypoténuse.

$x^2 = (3{,}8)^2 + (2{,}5)^2$ — Inscris les valeurs connues dans le théorème de Pythagore.

$x^2 = 14{,}44 + 6{,}25$

$x^2 = 20{,}69$

$x = \sqrt{20{,}69}$

$x \approx 4{,}5$

L'hypoténuse mesurera environ 4,5 m de long.

b) L'hypoténuse mesure 6,8 m.

$6{,}8^2 = (2{,}5)^2 + y^2$ — Inscris les valeurs connues dans le théorème de Pythagore.

$46{,}24 = 6{,}25 + y^2$

$y^2 = 46{,}24 - 6{,}25$

$y^2 = 39{,}99$

$y = \sqrt{39{,}99}$

$y \approx 6{,}3$

Le jardin longera la maison sur une distance d'environ 6,3 m.

DISCUSSION DES IDÉES

TRIPLETS PYTHAGORICIENS

Le théorème que tu utilises a été nommé d'après Pythagore, qui est né aux environs de 570 avant J.-C. Toutefois, les Égyptiens utilisaient déjà cette théorie 2500 ans avant J.-C.

Les anciens Égyptiens devaient redéfinir les limites de leurs champs lorsque la crue innondait les rives du Nil. Ils devaient veiller à ce que les champs comportent des angles droits. À cette fin, ils délimitaient 12 longueurs égales dans une corde (ils faisaient 11 nœuds situés à égale distance des deux extrémités de la corde).

1. À l'aide d'un feutre et d'un morceau de ficelle, fais 11 marques équidistantes qui séparent la ficelle en 12 parties égales. Selon toi, de quelle façon les anciens Égyptiens auraient-ils utilisé cette ficelle pour s'assurer que leurs champs comportaient bien un angle droit?
2. Quelle aurait été la longueur des côtés des triangles utilisés par les Égyptiens? Compare tes résultats avec ceux de tes camarades.

Les chiffres que tu as trouvés sont conformes au théorème de Pythagore. C'est ce qu'on appelle un **triplet pythagoricien**.

triplet pythagoricien : tout ensemble de trois nombres naturels strictement positifs qui respectent le théorème de Pythagore

3. Sers-toi des connaissances que tu as acquises au chapitre 6 sur les triangles semblables : Si tu doubles les longueurs des côtés de ton triangle, s'agira-t-il toujours d'un triangle rectangle? Et si tu les triples?
4. À l'exception des multiples du triplet pythagoricien que les Égyptiens utilisaient, trouve au moins 3 autres triplets pythagoriciens distincts, c'est-à-dire qui ne sont pas des multiples les uns des autres.

Calcul mental et estimation

Dans un triangle rectangle, si l'hypoténuse mesure 20 po et qu'une cathète mesure 12 po, combien mesure l'autre cathète?

Exemple 2

Marc se prépare à peindre l'extérieur de sa maison. Il possède une échelle de 40 pi et sait que, pour des raisons de sécurité, la base de l'échelle doit se trouver à une distance de 9 pi à 12 pi de la base du mur. Quelles sont les hauteurs maximale et minimale que l'échelle atteindra sur le mur?

SOLUTION

L'échelle formera l'hypoténuse de l'angle droit, et les cathètes seront le sol et la hauteur du mur.

SUGGESTION

Choisis des lettres qui te rappelleront ce qu'elles représentent. Par exemple, utilise *é* pour une échelle, *s* pour le sol et *h* pour la hauteur.

Calcule la hauteur de l'échelle si elle est placée à 9 pi de la base du mur.

$$s^2 + h^2 = é^2$$

$$9^2 + h^2 = 40^2$$

$$81 + h^2 = 1\,600$$

$$h^2 = 1\,600 - 81$$

$$h^2 = 1\,519$$

$$h = \sqrt{1\,519}$$

$$h \approx 39$$

L'échelle atteindra une hauteur d'environ 39 pi sur le mur.

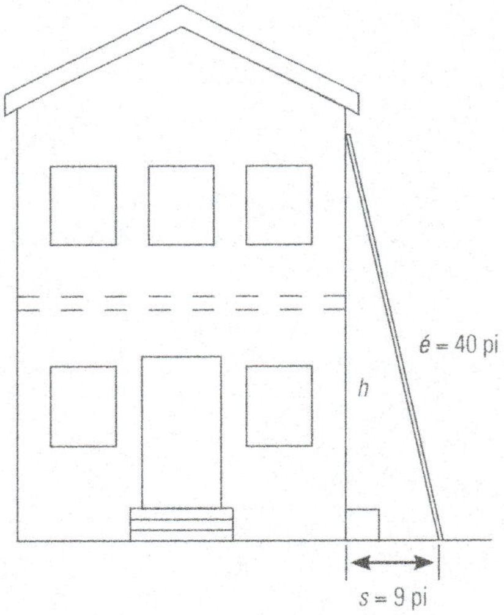

Si l'échelle est placée à 12 pi de la base du mur, quelle hauteur atteindra-t-elle sur le mur?

$$s^2 + h^2 = é^2$$
$$12^2 + h^2 = 40^2$$
$$144 + h^2 = 1\,600$$
$$h^2 = 1\,600 - 144$$
$$h^2 = 1\,456$$
$$h = \sqrt{1\,456}$$
$$h \approx 38{,}2$$

L'échelle atteindra une hauteur d'environ 38,2 pi au-dessus du sol.

Par conséquent, lorsque l'échelle est placée de façon sécuritaire, elle atteint une hauteur de 38,2 pi à 39 pi au-dessus du sol.

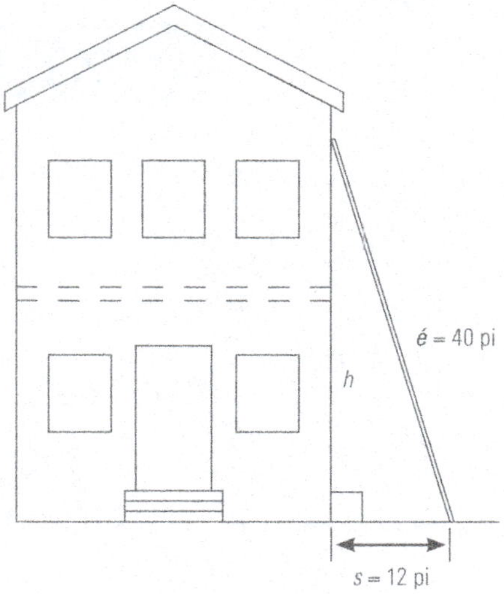

ACTIVITÉ 7.1
MESURE INDIRECTE

Cam est un arpenteur qui travaille dans les Territoires du Nord-Ouest. Il doit estimer la longueur d'un petit étang situé entre l'aéroport d'Iqaluit et le parc territorial Sylvia Grinnell. Il décide d'utiliser un triangle rectangle, tel que le montre le schéma ci-contre, comme méthode de mesure indirecte.

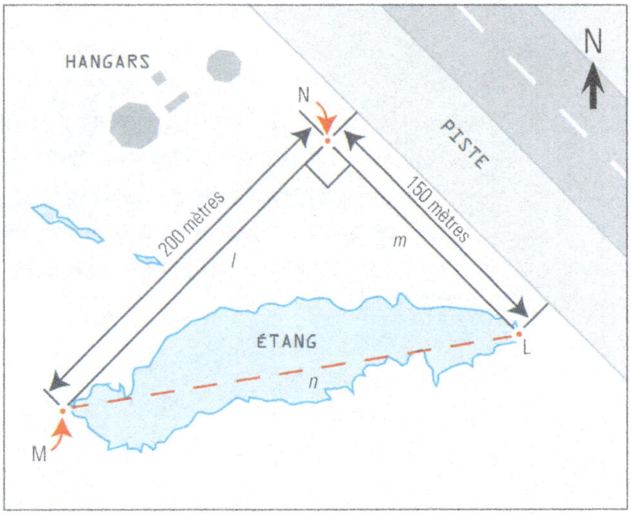

1. Pourquoi un arpenteur utiliserait-il une méthode de mesure indirecte dans l'exemple ci-dessus?
2. Quelle est la longueur de l'étang?
3. Avec un partenaire, trouve deux objets dans ton voisinage dont tu ne peux pas prendre les mesures directement et utilise des triangles rectangles pour trouver leur longueur ou leur largeur.

ACTIVITÉ 7.2
GÉNÉRALISATION DU THÉORÈME DE PYTHAGORE

Euclide (né aux environs de 300 avant J.-C.) est considéré comme le père de la géométrie moderne. Dans les *Éléments*, son célèbre traité, il généralise le théorème de Pythagore; il affirme que si des figures semblables sont construites sur les côtés d'un triangle rectangle, la somme des aires des deux plus petites figures sera égale à l'aire de la plus grande figure.

Travaille avec un partenaire. Utilisez du papier quadrillé et un triangle rectangle qui mesure 6 unités sur 8 unités sur 10 unités.

1. Dessinez un schéma pour illustrer l'affirmation d'Euclide concernant les carrés. Utilisez vos connaissances relativement aux aires pour prouver que l'affirmation est vraie dans cette situation.
2. Dessinez un triangle rectangle. Puis, dessinez trois triangles isocèles; la base de chacun des triangles doit être un des côtés du triangle rectangle. La hauteur de chaque triangle isocèle doit être égale à la longueur de la base. Trouvez l'aire de chacun de ces triangles. L'affirmation d'Euclide est-elle vraie?

CONSTRUIS TES HABILETÉS

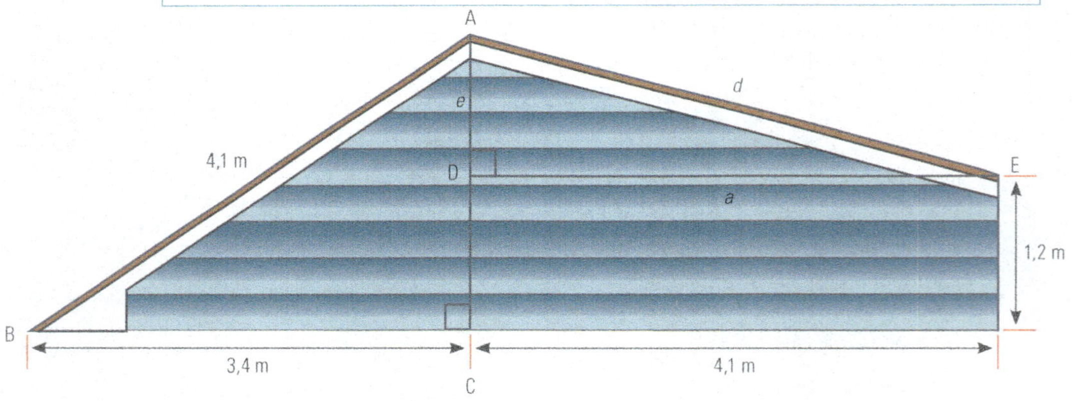

1. Le toit d'une remise est décentré, comme le montre le schéma ci-dessus. Ben doit déterminer les mesures du toit afin de commander les matériaux dont il aura besoin pour le réparer.
   a) Quelle est la hauteur du sommet (AC)?
   b) Quelle est la longueur du coté droit (AE)?

2. Al a obtenu un contrat pour construire un garage à Prince Albert, en Saskatchewan. Le garage mesurera 7,5 m de large et le toit aura un porte-à-faux de 0,6 m.

   a) Si le sommet du garage fait 1,2 m de plus que les murs, quelle sera la longueur du chevron de chaque côté du toit?

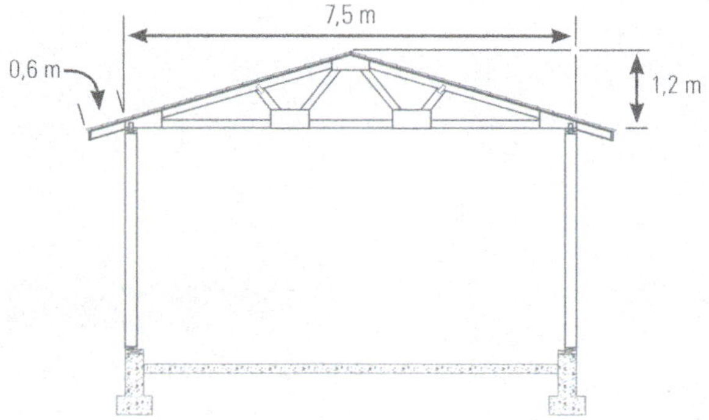

   b) Le propriétaire change d'idée et souhaite que le sommet du garage soit décentré. Si le sommet est placé à 3 m de l'un des côtés, quelle sera la mesure de chacun des chevrons? Remarque : Il y a toujours un porte-à-faux de 0,6 m.

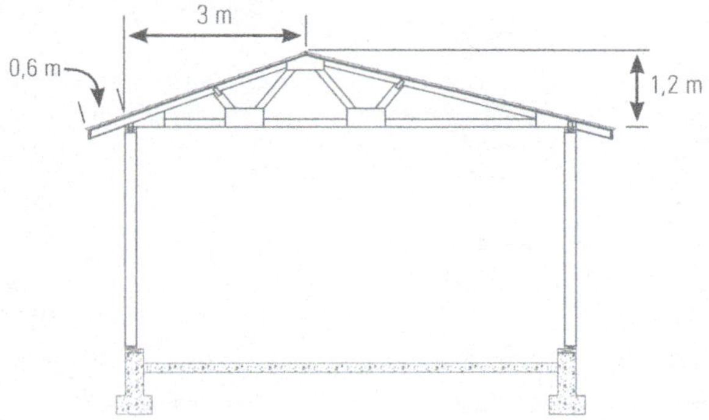

3. Suzanne conçoit une boîte de rangement rectangulaire. La boîte sera faite de chêne massif. Le couvercle de la boîte de rangement fera 10 cm de plus que les côtés. Chaque face, à l'exception du fond, comportera un **X** en fil de cuivre mince, tel qu'il est illustré sur le schéma ci-contre. Quelle quantité de fil de cuivre Suzanne devra-t-elle acheter si la boîte mesure 90 cm de long, 70 cm de profond et 70 cm de haut? Penses-tu qu'elle devrait acheter du fil supplémentaire? Explique ta réponse.

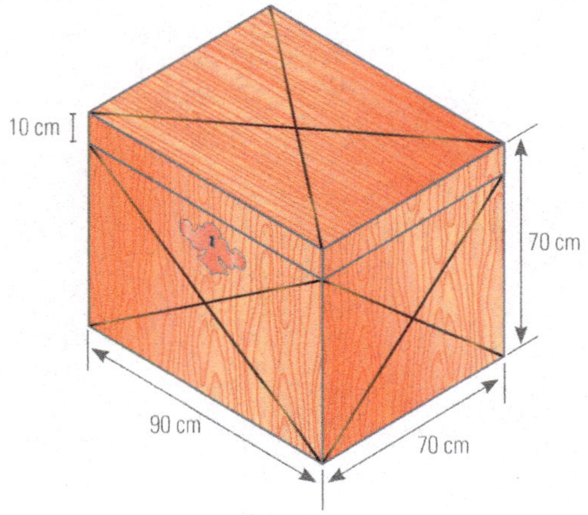

4. Brigitte et René installent un nouveau mât à un centre communautaire de Portage la Prairie, au Manitoba. Le mât mesure 12 m de haut. Deux haubans doivent être attachés à 10 m au-dessus du sol et fixés à 6 m de la base.

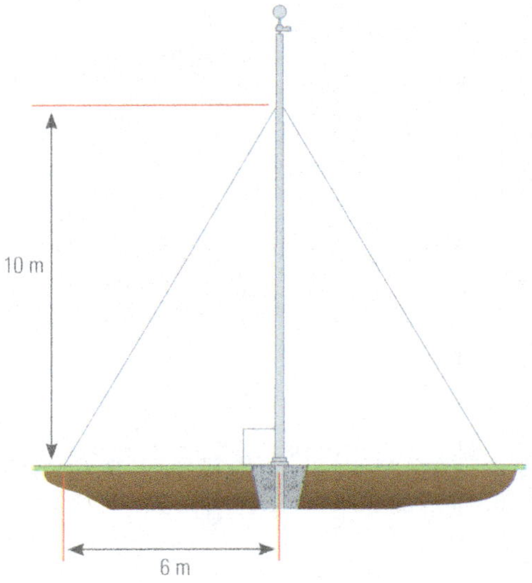

a) Ils disposent de 153 cm au total pour assembler les deux haubans. De quelle quantité auront-ils besoin? Arrondis ta réponse au centimètre près.

b) Pourquoi les haubans sont-ils nécessaires?

5. Dans le cadre de son cours de technologie de la machine, Bupinder, de Dawson City au Yukon, doit couper une pièce carrée dans un morceau de bois rond.

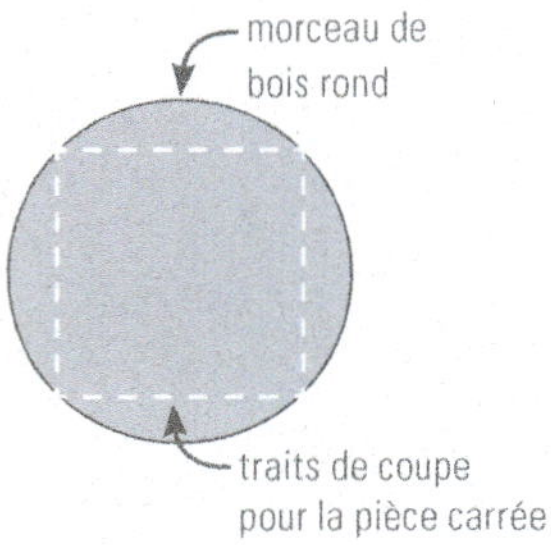

a) Unités métriques : si les diamètres des morceaux de bois rond sont des multiples de 5, quel est le plus petit diamètre que peut utiliser Bupinder pour que le côté de la pièce mesure 30 mm?

b) Unités impériales : si les diamètres des morceaux de bois rond sont des multiples de $\frac{1}{4}$ po, quel est le plus petit diamètre que peut utiliser Bupinder pour que le côté de la pièce mesure $\frac{3}{4}$ po?

6. L'exploitation minière constitue une industrie importante en Saskatchewan, et la sécurité est l'une des principales préoccupations. Dans une mine, il faut creuser un puits d'aérage depuis la galerie d'accès jusqu'à la surface d'une colline selon des intervalles de 75 m, mesurés horizontalement le long du tunnel.

Quelle sera la longueur du puits, au mètre près, s'il est creusé à une distance de 94 m sur la pente de la colline, comme le montre le schéma ci-dessous?

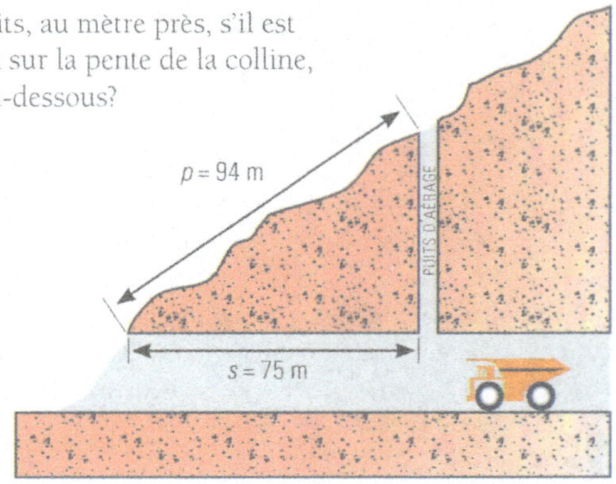

7. Suki construit une niche en forme de A dans sa cour. Le sommet formera un angle de 90°, et la base de la face avant mesurera 1,6 m de large. Arrondis ta réponse au dixième de mètre près.

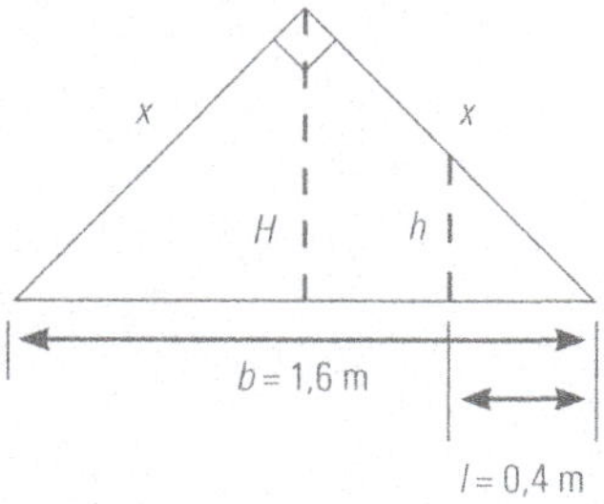

a) Quelle sera la longueur des pièces du toit en pente?

b) Quelle sera la hauteur de la niche à son sommet? (Conseil : H = hauteur.)

c) Quelle sera la hauteur de la niche à 0,4 m à l'intérieur de la base?

d) Cette niche conviendrait-elle à un gros chien? Explique ta réponse.

Approfondis ta réflexion

8. Marc travaille pour une entreprise de camionnage qui effectue régulièrement des voyages entre une carrière de pierre et un chantier de construction. Il suit généralement le trajet suivant : à partir de la carrière, il se déplace d'un mille vers le nord puis de deux milles vers l'est jusqu'au chantier de construction. Il a trouvé un nouveau trajet et il se déplace en ligne droite de la carrière jusqu'au chantier. Combien de miles de moins compte ce nouveau trajet?

9. Sara suit un cours sur la confection de courtepointes afin de pouvoir fabriquer et vendre des courtepointes dans des foires artisanales. La première courtepointe qu'elle conçoit comporte 100 rectangles. Un ruban traverse chaque rectangle en une seule ligne diagonale, comme il est illustré ci-contre. Sara essaie de déterminer la quantité de ruban qu'elle doit acheter. Elle effectue le calcul suivant :

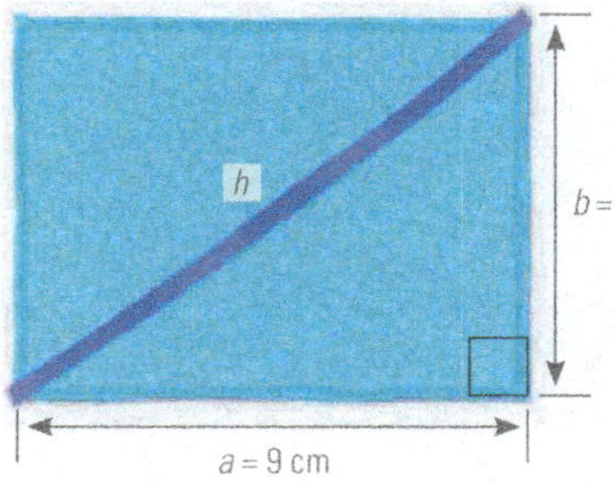

$$h^2 = a^2 + b^2$$

$$h^2 = 81 \text{ cm} + 144 \text{ cm}$$

$$h = 9 \text{ cm} + 12 \text{ cm}$$

$$h = 21 \text{ cm}$$

21 cm   100 rectangles = 2 100 cm

Sara achète 2 100 cm de ruban.

a) Une fois la courtepointe terminée, il reste du ruban à Sara. Pourquoi?

b) Quelle quantité de ruban Sara aurait-elle dû acheter?

10. Dans la section Les mathématiques au travail du présent module, Jim aurait pu construire un coffre dont les côtés n'étaient pas perpendiculaires à la base, comme le montre le schéma ci-contre. Si tel avait été le cas, quels éléments Jim aurait-il dû prendre en considération?

Traditionnellement, les marins utilisaient des coffres de bord pour entreposer leurs effets personnels. Ces coffres étaient habituellement fabriqués en pin et munis de poignées de corde et de détails en laiton.

11. Harpreet conçoit un lot à jardiner triangulaire à Saskatoon, en Saskatchewan. Le lot sera entouré de blocs de pavage de 30 cm de long. Si les côtés du lot mesurent 4,5 m et 3,6 m, de combien de blocs de pavage aura-t-il besoin? (Ne tiens pas compte du chevauchement sur les coins.)

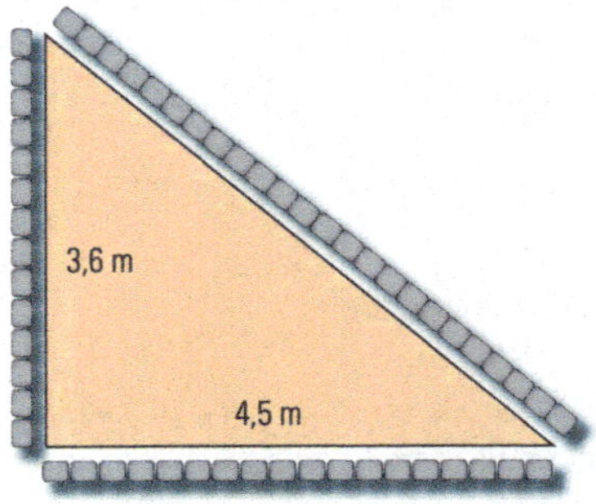

12. John est arpenteur et il doit mesurer la hauteur d'une colline à Hinton, en Alberta. Puisqu'il est incapable de prendre les mesures directement, il décide de mesurer la distance suivant la pente et la distance horizontale de segments plus petits à mesure qu'il grimpe.

a) Quelle est la hauteur de la colline?

b) Pourquoi John procéderait-il ainsi pour mesurer la colline?

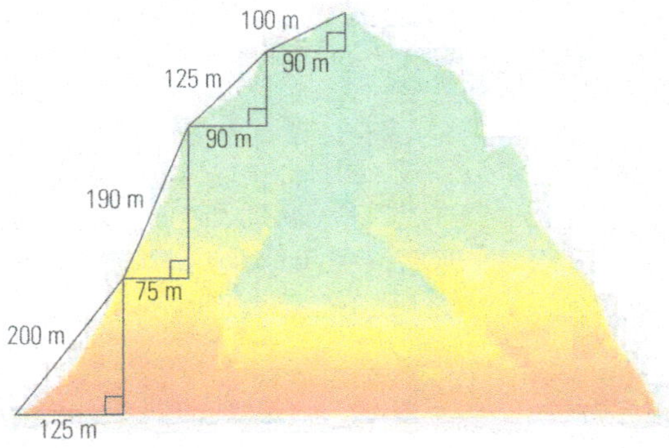

13. Peux-tu trouver une autre valeur de n afin que :

$a^n + b^n = c^n$

dans laquelle a, b, et c sont des nombres entiers positifs? Explique ton raisonnement.

7.2 Rapport du sinus

Un tuyauteur doit savoir comment couper, installer, entretenir et réparer des tuyaux.

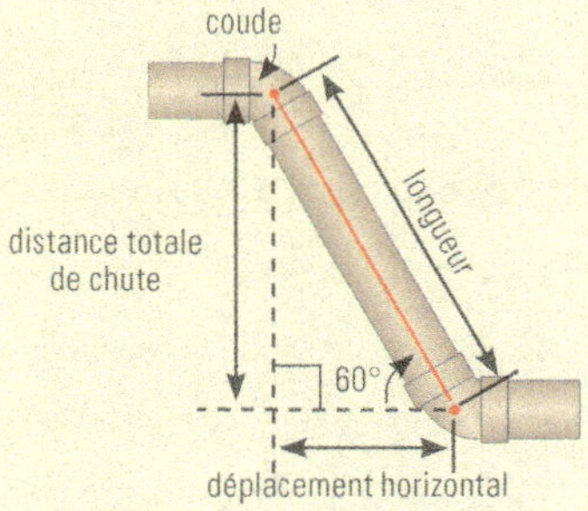

LES MATHÉMATIQUES *AU TRAVAIL*

Alexia est une plombière et une tuyauteuse qui installe et répare des tuyaux dans les Territoires du Nord-Ouest. Les tuyaux doivent souvent être ajustés autour des obstructions. Alexia doit prendre les mesures soigneusement, puis couper et fixer les tuyaux à l'aide de coudes de différents angles. Un coude est un raccord recourbé qu'on utilise pour former un coin qui joint deux parties d'un tuyau droit. Alexia utilise les trois termes suivants dans le cadre de son travail : *distance totale de chute*, qui correspond à la distance verticale entre le centre des tuyaux; *déplacement horizontal*, qui correspond à la distance horizontale entre la fin d'un tuyau et le commencement d'un autre; *longueur*, qui correspond à la distance diagonale entre le centre de deux tuyaux.

Dans le cadre de projets de construction, les professionnels simplifient souvent un objet en 3D en réalisant un dessin en 2D, tel qu'il est illustré sur le schéma ci-contre. De plus, leurs manuels d'installation professionnels leur donnent souvent une formule qui leur permet de déterminer les éléments qu'ils doivent savoir. Lorsque Alexia consulte son manuel pour savoir comment joindre un tuyau horizontal inférieur à une longueur à l'aide d'un coude de 60°, elle y trouve la formule suivante :

$$\frac{\text{distance totale de chute}}{\text{longueur}} = 0{,}866$$

Si, dans un projet en particulier, la distance totale de chute est de 75 po, quelle doit être la mesure de la longueur?

EXPLORE LES MATHÉMATIQUES

De nombreux métiers utilisent des termes précis pour des situations particulières. Dans la rubrique Les mathématiques au travail ci-dessus, Alexia travaillait avec un triangle rectangle dont la « longueur » correspondait à l'hypoténuse. Le côté opposé à la base était la « distance totale de chute ». Alexia utilise une formule que les mathématiciens appellent le rapport du **sinus**. Dans cette section, nous explorerons la signification du rapport du sinus en examinant le rapport des côtés *à l'intérieur* des triangles.

sinus : dans un triangle rectangle, le rapport entre la longueur du côté opposé à un angle donné et la longueur de l'hypoténuse (abréviation : sin)

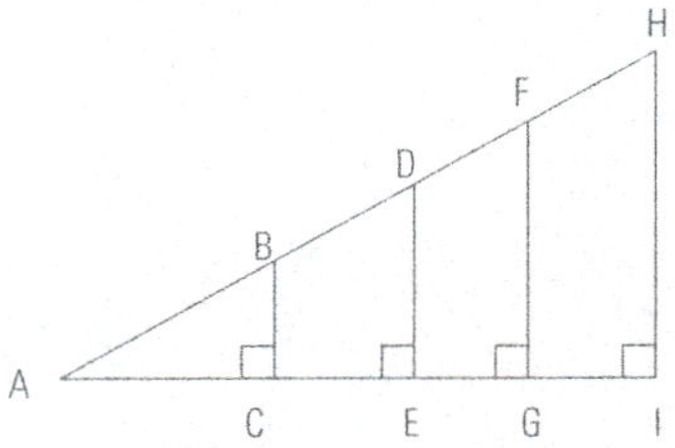

Dans le schéma ci-dessus, tu remarqueras qu'il y a quatre triangles rectangles semblables, soit ΔABC, ΔADE, ΔAFG et ΔAHI. Explique comment tu sais que ces quatre triangles sont semblables.

Examine ΔABC et ΔADE ci-dessous.

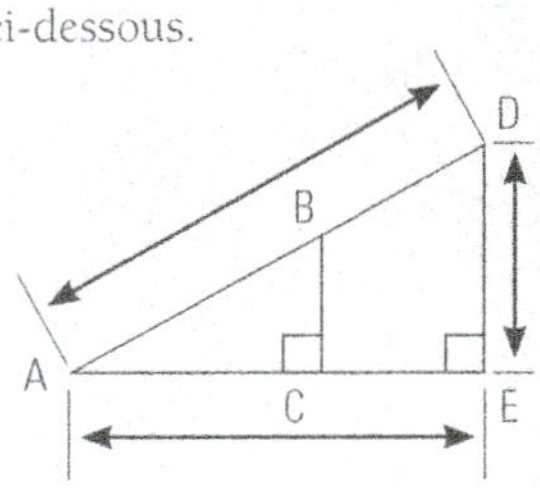

1. Puisque les triangles sont semblables, tu sais que $\frac{BC}{DE} = \frac{AB}{AD}$. Compte tenu de ce que tu sais des équations, réorganise les lettres dans celle-ci de façon à ce que chaque côté constitue le rapport entre les côtés d'un même triangle.
2. Comment décrirais-tu les côtés BC et DE par rapport à ∠A?
3. Comment se nomment les côtés AD et AB dans leur triangle respectif?
4. Écris en mots les rapports de la question 1 relativement aux côtés des triangles.
5. Examine ΔAFG et ΔAHI. Quels seraient les rapports correspondants?

DISCUSSION DES IDÉES

LE RAPPORT DU SINUS

Dans la section précédente, tu as examiné les rapports des côtés dans des triangles rectangles donnés. Tu as découvert que lorsque des triangles sont semblables (c.-à-d. que les mesures de leurs angles aigus sont les mêmes), le rapport entre la longueur du côté opposé à un angle donné et la longueur de l'hypoténuse demeure le même, peu importe la dimension du triangle. Ce rapport est le rapport du sinus qu'Alexia a trouvé dans la rubrique Les mathématiques au travail. Elle a appris que pour un angle de 60°, le rapport entre le côté opposé (distance totale de chute) et l'hypoténuse (longueur) sera d'environ 0,866.

$$\text{sinus } A = \frac{\text{longueur du côté opposé à } \angle A}{\text{longueur de l'hypoténuse}}$$

ou, simplifié, $\sin A = \frac{\text{opposé}}{\text{hypoténuse}}$

ou, $\sin A = \frac{\text{opp}}{\text{hyp}}$

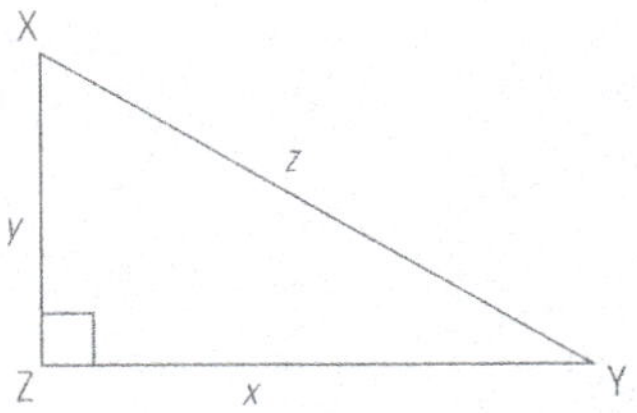

Examine l'angle Y dans le schéma ci-contre.

$\sin Y = \frac{y}{z}$

ou, $\sin Y = \frac{y}{z}$

L'angle X est également un angle aigu.

$\sin X = \frac{x}{z}$

ACTIVITÉ 7.3
SINUS D'UN ANGLE

Dans la rubrique précédente, Discussion des idées, tu as appris qu'on calcule le sinus d'un angle aigu dans un triangle rectangle en trouvant le rapport entre le côté opposé à cet angle et l'hypoténuse. Dans un triangle rectangle, en raison de la similitude, le rapport entre le côté opposé et l'hypoténuse sera le même si l'angle est le même. Par conséquent, tu ne devras calculer ce rapport qu'une seule fois. Dans cette activité, tu élaboreras une table de valeurs pour le rapport du sinus. Puis, tu utiliseras cette table pour dessiner un graphique et résoudre des problèmes connexes.

Partie A : Prise de mesures

1. Travaillez en équipe de deux. Votre enseignant vous fournira trois triangles rectangles semblables dont la mesure d'un des angles aigus sera indiquée. Les angles indiqués seront nommés $\angle A_1$.
2. Mesurez soigneusement, au millimètre près, la longueur du côté opposé à chaque $\angle A$ et l'hypoténuse de chacun des triangles. Inscrivez les résultats dans le tableau que vous a remis votre enseignant.

SINUS DES ANGLES

mesure de ∠A	*longueur (o) du côté opposé à $\angle A_i$*			*longueur (h) de l'hypoténuse*			*rapport $\left(\frac{o}{h}\right)$: $\frac{\text{opposé}}{\text{hypoténuse}}$*			*rapport du sinus [moyenne du rapport $\left(\frac{o}{h}\right)$]*	*valeurs du sinus de A*
	Δ_1	Δ_2	Δ_3	Δ_1	Δ_2	Δ_3	Δ_1	Δ_2	Δ_3		
10°											

3. Calculez, au centième près, le rapport entre le côté opposé et l'hypoténuse pour chacun de vos triangles.
4. Si vos rapports ne sont pas tous les mêmes, trouvez la moyenne des trois rapports et inscrivez-la dans la colonne intitulée « rapport du sinus ».
5. Inscrivez le rapport du sinus dans le tableau (transparent) fourni par votre enseignant. N'inscrivez rien dans la dernière colonne pour le moment.

Partie B : Discussion

1. Lorsque tous les élèves ont rempli le tableau (transparent), comparez les rapports du sinus. Que remarquez-vous au sujet des valeurs du sinus de ∠A lorsque A passe de 10° à 80°?
2. Les données semblent-elles démontrer l'existence d'une relation linéaire entre un angle et son sinus? Expliquez votre réponse.
3. Entre quelles valeurs se trouverait le sinus de 45°?
4. Quelle serait approximativement la valeur du sinus de 5°?
5. Quelle serait la valeur du sinus de 85°?
6. Quelle peut être la plus petite valeur du sinus d'un angle aigu dans un triangle rectangle? Et quelle peut être la plus grande valeur? Utilisez des schémas de triangles rectangles comportant de très petits angles aigus et des angles aigus qui mesurent près de 90° pour en discuter et pour expliquer votre raisonnement.

Partie C : Dessin d'un graphique

1. À l'aide du tableau fourni par votre enseignant, inscrivez les données qui ont été trouvées par la classe. N'inscrivez rien dans la dernière colonne pour le moment.
2. À partir des données qui figurent dans votre tableau, dessinez un graphique dans lequel *y* correspond au sinus de ∠A.
3. Prolongez le graphique de façon à ce que les valeurs de A s'étendent de 0° à 90°.
4. Les valeurs correspondent-elles aux valeurs que vous aviez établies plus haut?

De nombreuses opérations mathématiques, comme trouver le sinus, le cosinus ou la tangente d'un angle, peuvent être effectuées à l'aide d'une calculatrice scientifique.

DISCUSSION DES IDÉES

RÉPARATION D'UN PONT À POUTRE TRIANGULÉE

Benson est un ingénieur de structures qui travaille à Sainte-Anne, au Manitoba. Il répare un pont à poutre triangulée dont l'angle de l'une des poutres est de 60° par rapport au plan horizontal. Il sait que la hauteur du pont est de 2,8 m. À l'aide de la table des sinus que tu as élaborée à l'activité 7.3, détermine la longueur approximative de la poutre qu'il remplacera.

Dans les domaines de la conception et de la construction, la précision est essentielle. Les ingénieurs ne peuvent se fier à des valeurs approximatives comme celles que nous avons établies ci-dessus parce que des erreurs légères peuvent entraîner des défauts de conception graves. C'est pourquoi ils déterminent généralement les valeurs au moyen d'une calculatrice.

T À l'aide de ta calculatrice scientifique, trouve le sinus de 60.

1. La réponse est d'environ 0,8660. Qu'est-ce que cela signifie?
2. Comment cette valeur se compare-t-elle à la valeur que tu as trouvée à l'activité 7.3 pour le sinus d'un angle de 60°?
3. Sers-toi de ta calculatrice pour trouver la valeur des sinus de A des valeurs qui figurent dans ton tableau. Inscris ces valeurs dans la dernière colonne du tableau et compare-les à tes mesures. Tes mesures étaient-elles exactes? Discute des sources d'erreurs possibles.

SUGGESTION

Assure-toi que ta calculatrice est en mode degré.

Exemple 1

Dans les deux prochains exemples, nous utiliserons les termes « angle d'élévation » et « angle de dépression ». En fonction de ce que tu sais des termes « élévation » et « dépression », que veulent dire ces expressions, selon toi?

Hélène construit un garage sur sa ferme, située près de Stavely, en Alberta. Elle sait que l'angle d'élévation du toit doit être de 23° pour que le sommet du toit soit à 3,2 m au-dessus de l'extrémité des chevrons, comme le montre le schéma ci-dessous. Quelle est la longueur de chaque chevron?

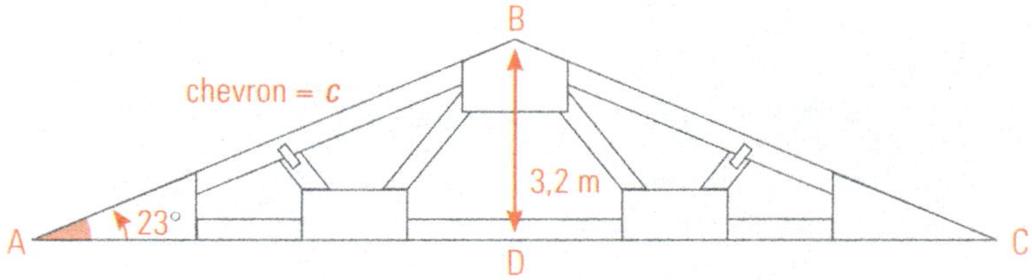

Solution

Dans le schéma, BD est opposée à l'angle de 23°, et la longueur du chevron est l'hypoténuse du triangle rectangle ABD.

$$\sin A = \frac{BD}{AB}$$

$$\sin 23° = \frac{3,2}{c}$$

$$\frac{c \sin 23°}{\sin 23°} = \frac{3,2}{\sin 23°}$$

$$c = \frac{3,2}{\sin 23°}$$

$$c \approx 8,2$$

Chaque chevron mesure 8,2 m de long.

Exemple 2

angle de dépression : angle formé entre le plan horizontal et la ligne de vision lorsqu'on regarde vers le bas

À partir du sommet d'une falaise qui borde l'océan, Cédric aperçoit un bateau selon un **angle de dépression** de 48°. Si le sommet de la falaise se trouve à 73 m au-dessus de la surface de l'eau et que Cédric mesure 2 m, à quelle distance du bateau se trouve Cédric?

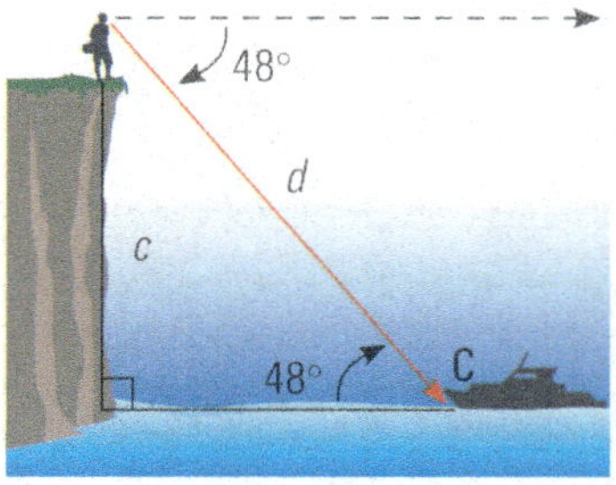

SOLUTION

Dessine la scène décrite.

Puisque l'angle de dépression entre Cédric et le bateau est de 48° et qu'il est mesuré par rapport au plan horizontal, l'**angle d'élévation** entre lui et le bateau est également de 48°. Ainsi, à l'aide de cette définition, nous pouvons trouver la distance comme suit.

angle d'élévation : angle formé entre le plan horizontal et la ligne de vision lorsqu'on regarde vers le haut; on l'appelle parfois angle d'inclinaison

$\sin C = \frac{c}{d}$

$\sin 48 = \frac{75}{d}$ Inscris les valeurs connues.

$d \sin 48° = 75$ Multiplie les deux côtés par d.

$d = \frac{75}{\sin 48}$ Divise les deux côtés par 48°.

$d \approx 101$

Cédric se trouve à environ 101 m du bateau.

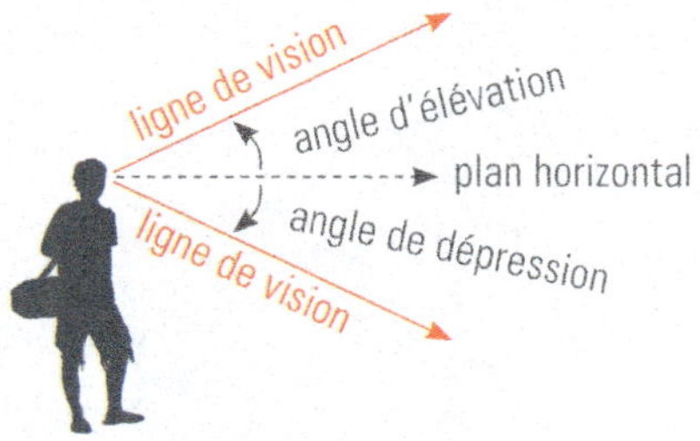

CONSTRUIS TES HABILETÉS

1. Sers-toi de ta calculatrice pour trouver les sinus de 16°, de 28°, de 51° et de 83°, à quatre décimales près.

2. Joanne conçoit une glissoire pour enfants pour un terrain de jeux de la communauté de Carcross, au Yukon. Elle a présenté trois dessins à l'échelle, comme le montre la figure ci-dessous.

   a) Pour chacun des dessins, détermine le rapport du sinus de l'angle X. Donne une réponse à quatre décimales près.

   b) Trouve la longueur de chaque glissoire si la hauteur réelle doit être de 2,6 m.

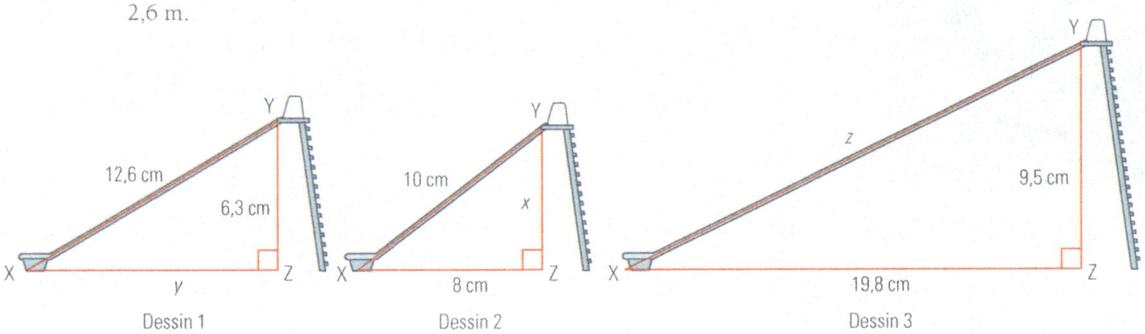

3. En aval de la confluence des rivières Saskatchewan Nord et Saskatchewan Sud, les archéologues mettent au jour le site d'une ancienne installation crie. Ils découvrent un cercle de pierres qui représente l'endroit où se dressait autrefois un tipi. (Les pierres étaient utilisées pour alourdir les peaux qui recouvraient les perches du tipi.) Un tipi moyen comptait environ 17 perches qui mesuraient de 10 à 24 pi de long. Un archéologue détermine que le tipi mesurait 15 pi de haut à son sommet et 12 pi de large. Quelle serait la hauteur des perches du tipi?

4. Laiwan, qui habite à Grand Forks, en Colombie-Britannique, doit faire construire une rampe d'accès pour fauteuils roulants jusqu'à son porche avant. Le porche est situé à 1,9 m au-dessus du niveau du sol, et, selon le code du bâtiment, l'angle d'élévation ne peut dépasser 6°.

   a) Si Laiwan veut que la rampe soit la plus courte possible, quelle sera la longueur de cette dernière?

   b) À environ combien de mètres (à une décimale près) de la base du porche la rampe doit-elle commencer?

   c) D'après toi, pourquoi les règlements interdisent-ils la construction d'une rampe plus inclinée?

5. La grange de Johan mesure 12,3 m de long. Il construit un appentis qui sera adossé à la grange. L'angle d'élévation du toit de l'appentis est de 21°, et le toit est adossé au côté de la grange à une hauteur de 4,8 m au-dessus du sol. De quelle quantité de matériau de couverture Johan aura-t-il besoin pour recouvrir le toit de l'appentis? Donne une réponse en mètres carrés, à une décimale près.

Les théodolites sont de petits télescopes sur trépied qui peuvent bouger à l'horizontale et à la verticale. Les navigateurs et les arpenteurs s'en servent pour mesurer les angles et les relèvements.

6. Darren travaille dans une équipe de construction routière à Wha Ti, dans les Territoires du Nord-Ouest. Il peut mesurer un angle d'élévation à l'aide d'un instrument appelé théodolite. L'angle d'élévation entre un point et un autre est de 9°. La distance suivant la pente entre les deux points est de 250 m.

   a) Quelle est l'élévation de la route?

   b) Penses-tu que cela serait considéré comme une pente raide? Explique ton raisonnement.

7. Sally fait voler un cerf-volant à Cochrane, en Alberta. Elle a relâché 210 m de ficelle. Ne tiens pas compte de la grandeur de Sally pour les calculs suivants.

a) Si l'angle d'élévation est de 50°, à quelle altitude, au mètre près, se trouve le cerf-volant?

b) Si un courant ascendant frappe le cerf-volant et que l'angle d'élévation passe à 65°, à quelle altitude se trouve le cerf-volant?

8. La Tour penchée de Pise est inclinée à un angle d'environ 84,5° par rapport au sol. Détermine la longueur des deux côtés de la tour si le garde-corps à son sommet est à une hauteur de 55,86 m du côté le plus incliné et de 56,70 m du côté le plus élevé.

La Tour penchée de Pise, en Italie, a été construite sur une période de 177 ans. Elle a commencé à s'affaisser et à s'incliner au moment de la construction du troisième étage.

Approfondis ta réflexion

9. Réfère-toi à l'exemple 1 de la p. 288. Hélène veut que son toit soit plus incliné, mais que la largeur demeure la même. Quelles répercussions ce changement aura-t-il sur la longueur du chevron? Qu'arrivera-t-il à la distance entre le sommet et la droite de l'extrémité des chevrons? Explique ta réponse et dessine un schéma comportant les mesures réelles pour illustrer ta réponse.

Une forme triangulaire assure solidité et stabilité au toit d'un garage. Un toit dont le support est fait de fermes est encore plus solide.

10. Les bâtisseurs de ponts utilisent la trigonométrie pour réaliser leurs travaux. Ils doivent connaître le rapport du sinus et ses valeurs puisque les triangles rectangles sont couramment utilisés dans la construction de ponts. Imagine que tu es un bâtisseur de ponts et que tu utilises la trigonométrie dans le cadre de ton travail. Dans un triangle rectangle, entre quelles valeurs doit se trouver le sinus d'un angle droit? Quelles sont les valeurs maximale et minimale du sinus de x lorsque x est supérieur à 0° et inférieur à 90°? Explique ta réponse.

LES RACINES DES MATHÉMATIQUES

LA TRIGONOMÉTRIE À TRAVERS LES ÂGES

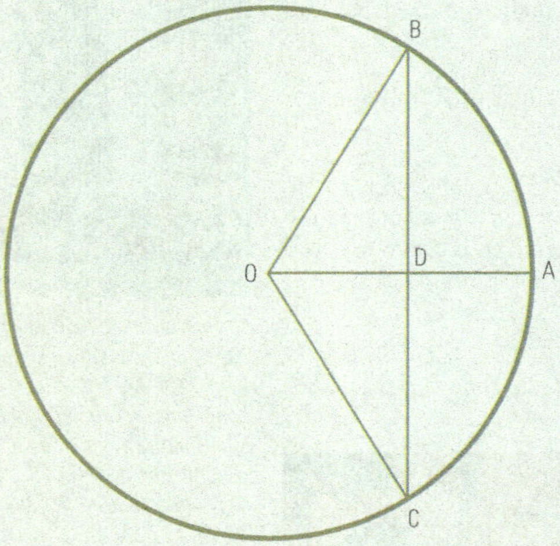

Le terme trigonométrie est dérivé des mots grecs trigon (triangle) et metria (mesure). Il a été utilisé pour la première fois en 1595 par Bartholomäus Pitiscus dans son ouvrage influent intitulé *Trigonometria: sive de solutione triangulorum tractatus brevis et perspicuus.* Le livre a été traduit en anglais en 1614 et en français en 1619, et c'est à cette époque que le terme *trigonométrie* est apparu dans les deux langues.

Toutefois, le développement de l'étude des triangles a commencé bien avant cela dans de nombreuses civilisations. Certains triplets pythagoriciens pourraient avoir été utilisés par des peuples anciens de Bretagne dès 4500 avant J.-C. Des textes anciens écrits en sanskrit qui proviennent de l'Inde et qui remonteraient à environ 3100 avant J.-C. traitent des concepts des angles et des mesures. Le papyrus Rhind, dont le contenu est tiré d'un document plus ancien et copié par le scribe égyptien Ahmès vers 1650 avant J.-C., présente certains usages de ce que nous appelons aujourd'hui la trigonométrie, dans le cadre de discussions portant sur la construction des pyramides. Bien plus tard (vers 150 avant J.-C.), Hypsiclès d'Alexandrie a utilisé la fonction relative aux cordes d'un cercle pour effectuer les calculs de triangles.

Un astronome grec du nom d'Hipparque serait le premier à avoir utilisé la trigonométrie de façon systématique, vers 140 avant J.-C. Il a élaboré un tableau de cordes qui correspondaient à peu de chose près aux sinus en trigonométrie. Toutefois, ce n'est qu'au Ve siècle après J.-C. que la trigonométrie est apparue sous sa forme actuelle.

BC est une corde, c'est-à-dire une ligne droite qui joint deux points d'un cercle. Si le rayon (OA) du cercle mesure 1 unité, le sinus de l'angle AOB correspond à la demi-corde DB.

Les gens utilisent des tables de valeurs trigonométriques calculées, comme celle que tu as élaborée pour les sinus, depuis des milliers d'années. Ces tables ont été remplacées par des calculatrices seulement vers la fin du XXe siècle.

1. À l'aide des connaissances que tu as déjà acquises sur les cercles et le sinus ainsi que de l'image ci-dessus, explique comment les anciens érudits auraient pu utiliser ces renseignements pour créer une table de demi-cordes qui représentent le sinus.
2. Fais des recherches sur Internet afin de trouver d'autres moyens de déterminer le sinus plutôt que de mesurer les côtés des triangles.

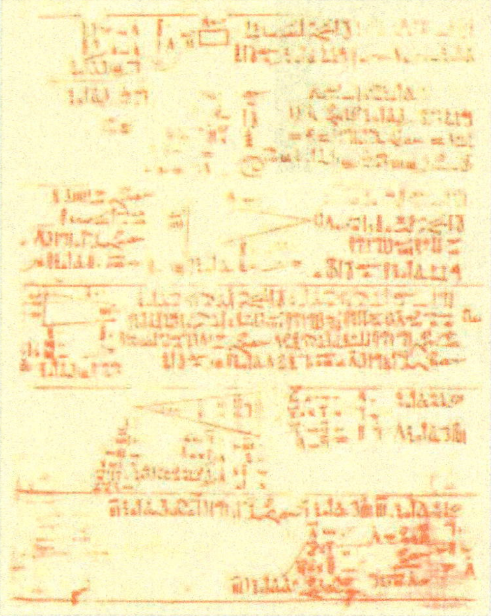

Le papyrus Rhind, qui est conservé au British Museum, comporte des problèmes et des tableaux qui montrent comment les anciens Égyptiens utilisaient les mathématiques.

Rapport du cosinus 7.3

Richard se sert d'un convoyeur à bande à l'entrepôt où il travaille.

LES MATHÉMATIQUES *AU TRAVAIL*

Richard McCaffrey travaille dans un entrepôt de pièces d'auto de Burnaby, en Colombie-Britannique. Son travail consiste à faire l'inventaire des pièces en stock, à renouveler le stock lorsqu'il est épuisé et à expédier des pièces chez différents concessionnaires du Lower Mainland. En général, lorsque les pièces arrivent, il les entrepose sur un étage, mais au moment de la livraison, il doit les déplacer sur un autre étage pour les charger sur un camion. Puisque ces pièces sont souvent trop lourdes pour qu'il puisse les soulever, il les manutentionne à l'aide d'un convoyeur à bande.

Malheureusement, la bande du convoyeur doit être remplacée et Richard doit déterminer la longueur de la nouvelle bande qu'il doit commander. Il sait que l'angle de dépression du convoyeur de l'étage du haut est de 38° et que la distance horizontale couverte par le convoyeur est de 6,1 m. Comment Richard pourrait-il s'y prendre, à l'aide de triangles semblables et d'un diagramme à l'échelle, pour déterminer la longueur de bande à commander? N'oublie pas que la bande d'un convoyeur tourne en boucle continue, c'est-à-dire qu'elle revient à son point de départ sous le convoyeur. Pour t'aider à comprendre la situation, dessine un diagramme à l'échelle.

EXPLORE LES MATHÉMATIQUES

Richard peut, en utilisant des triangles semblables, déterminer la longueur de la bande qu'il lui faut. Par contre, il pourrait aussi utiliser un deuxième rapport trigonométrique, le rapport du **cosinus**. Là où le rapport du sinus s'intéresse au rapport entre le côté opposé à un angle aigu dans un triangle rectangle et l'hypoténuse, le rapport du cosinus, lui, s'intéresse au rapport entre le côté adjacent à un angle aigu dans un triangle rectangle et l'hypoténuse.

cosinus : rapport de la longueur du côté adjacent à un angle donné et la longueur de l'hypoténuse, dans un triangle rectangle (abréviation : cos)

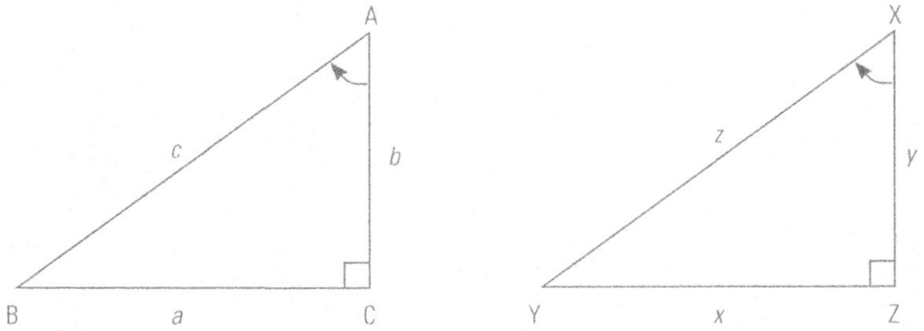

Commence en comparant les deux triangles semblables $\Delta ABC \sim \Delta XYZ$.

1. Puisque les triangles sont semblables, tu sais que $\frac{x}{a} = \frac{z}{c}$. Compte tenu de ce que tu sais des équations, réorganise les lettres dans celle-ci de façon à ce que chaque côté constitue le rapport entre les côtés d'un même triangle.
2. Comment décrirais-tu le côté ***a*** du point de vue de l'angle B? Comment décrirais-tu le côté ***x*** du point de vue de l'angle Y?
3. Comment se nomment les côtés *c* et *z* dans leur triangle respectif?
4. Décris le rapport ***a/c*** du point de vue de l'angle B en mots. Décris le rapport ***x/z*** du point de vue de l'angle Y en mots.

Le rapport entre le côté adjacent et l'hypoténuse est équivalent dans les deux triangles. On le définit comme suit :

$$\text{cosinus X} = \frac{\text{longueur du côté adjacent à un} \angle \text{X}}{\text{longeur de l'hypoténuse}}$$

$$\cos \text{X} = \frac{\text{adjacent}}{\text{hypoténuse}}$$

$$\cos \text{X} = \frac{\text{adj}}{\text{hyp}}$$

Exemple 1

Maintenant que tu sais comment utiliser le cosinus, détermine de cette façon la longueur de la bande que Richard doit commander pour son convoyeur dans la section Les mathématiques au travail à la p. 293.

Solution

Soit le ΔPQR. La distance entre P et Q représente la distance entre le point de chargement et l'endroit où le convoyeur touche le sol.

Par conséquent :

$$\cos \text{P} = \frac{r}{q}$$

$$\cos 38° = \frac{6{,}1}{q}$$

$q \cos 38° = 6{,}1$ Multiplie les deux côtés par q.

$q = \frac{6{,}1}{\cos 38°}$ Divise les deux côtés par 38°.

$q \approx 7{,}74$

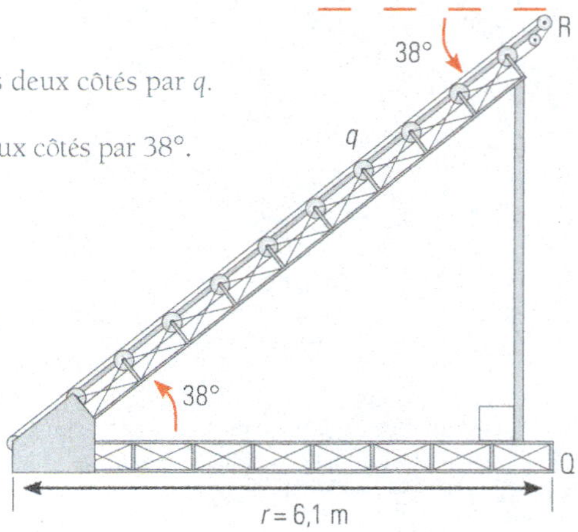

La longueur de la pente que forme le convoyeur est d'environ 7,74 m. Puisque Richard doit compter le double de cette longueur, il doit commander au moins 15,5 m.

Exemple 2

Soit le ΔPQR, où $\angle Q$ vaut 90°, q vaut 4,3 cm et $\angle R$ vaut 51°. Résous le triangle.

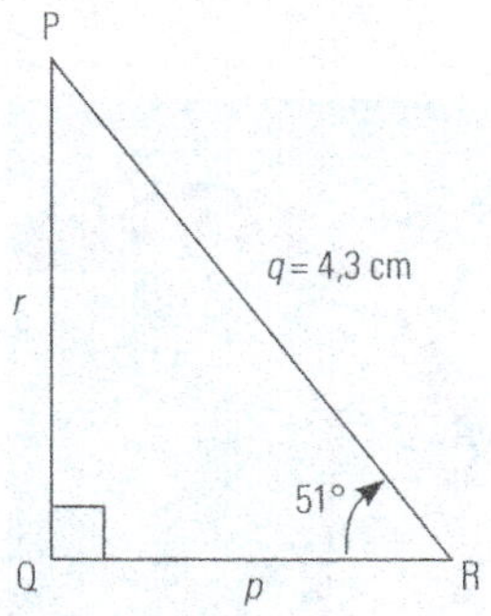

SOLUTION

Trace d'abord un schéma.

Puisque la somme des deux angles aigus d'un triangle rectangle est de 90°, tu peux trouver la valeur du troisième angle.

$\angle P = 90° \angle 51°$

$\angle P = 39°$

Que vaut *r*?

$$\sin R = \frac{r}{q}$$

$$\sin 51° = \frac{r}{4,3}$$

$$4,3 \sin 51° = r$$

$$r \approx 3,3$$

Donc, *r* vaut environ 3,3 cm.

Que vaut *p*?

$$\cos R = \frac{p}{q}$$

$$\cos 51° = \frac{p}{4,3}$$

$$4,3 \cos 51° = p$$

$$p \approx 2,7$$

Donc, *p* vaut environ 2,7 cm.

ACTIVITÉ 7.4
MOUVEMENT D'UNE GRANDE ROUE

La structure d'une grande roue contient de nombreux triangles rectangles.

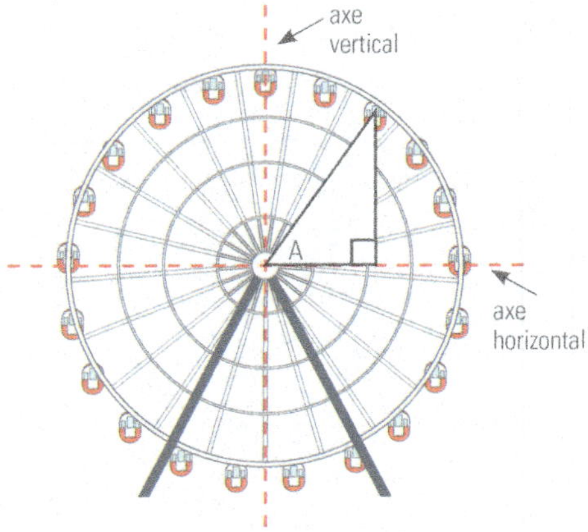

Tes amis et toi êtes allés en ville à la foire estivale. Vous avez choisi de faire un tour de grande roue. Au fil du parcours de votre nacelle, la distance à laquelle vous serez du centre correspondra toujours au rayon de la roue, mais celle entre vous et les diamètres horizontal et vertical variera selon l'endroit. Observe l'angle que forment le diamètre horizontal, l'axe de votre nacelle (le rayon de la grande roue) et la ligne verticale reliant votre nacelle à l'axe horizontal. Supposons que le rayon de la grande roue représente 1 unité, alors le cosinus de l'angle formé constituera la longueur de la cathète horizontale du triangle. Trouve la longueur de ces segments horizontaux pour des angles de valeur multiple de 10°. Pour ce faire, remplis un tableau comme celui présenté ci-dessous. Tu peux te servir de ta calculatrice. Ensuite, trace le graphique de $y = \cos A$ à partir de ces données.

RAPPORT DU COSINUS

A	10°	20°	30°	40°	50°	60°	70°	80°
$y = \cos A$								

1. Que peut-on remarquer au sujet de la valeur de y à mesure que A passe de 10° à 80°?
2. Le graphique semble-t-il linéaire? Explique ta réponse.
3. En quoi ce graphique se compare-t-il à celui de $y = \sin A$ qu'on a réalisé à la dernière section? Explique ta réponse.
4. Ajoute les valeurs de A = 0° et de A = 90°.
5. Qu'arrive-t-il à la valeur du cos A lorsque A tend vers 0° (c'est-à-dire qu'il devient très petit)? Observe des diagrammes de triangles rectangles et explique pourquoi il en est ainsi.
6. Qu'arrive-t-il à la valeur du cos A lorsque A se rapproche de 90°? Explique ta réponse à l'aide de diagrammes.
7. Que t'indique ce graphique au sujet de la distance horizontale entre une nacelle et une ligne verticale passant par le centre de la grande roue?

Exemple 3

En construction, Marie sait qu'on peut décomposer une force qui agit en diagonale afin d'obtenir une force verticale et une force horizontale. Si on applique une force diagonale de 365 Newtons vers le bas à un angle de 30° par rapport à l'horizon, quelle sera la force horizontale appliquée?

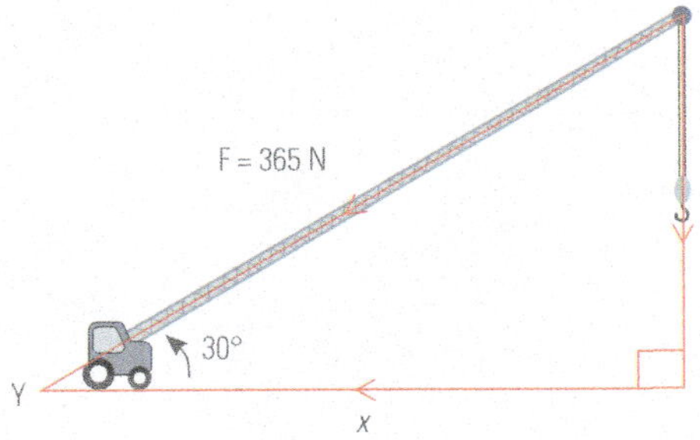

Solution

La force horizontale x est adjacente à l'angle de 30°, donc on peut utiliser le cosinus.

$$\cos Y = \frac{x}{F}$$

$$\cos 30° = \frac{x}{365}$$

$$365 \cos 30° = \frac{x}{\cancel{365}} \times \cancel{365}$$ Multiplie les deux côtés par 365.

$$316 \approx x$$

La force horizontale sera d'environ 316 N.

CONSTRUIS TES HABILETÉS

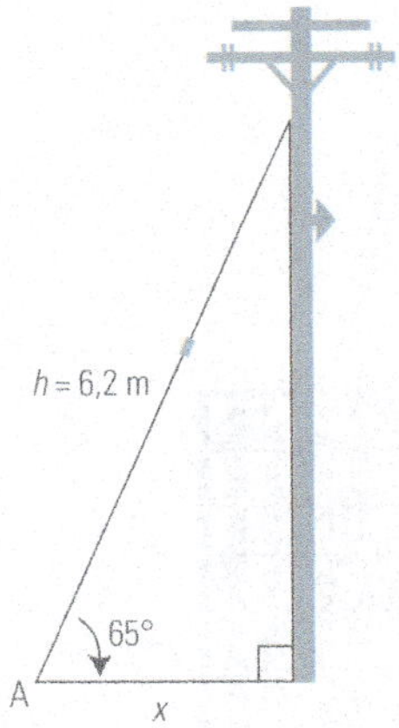

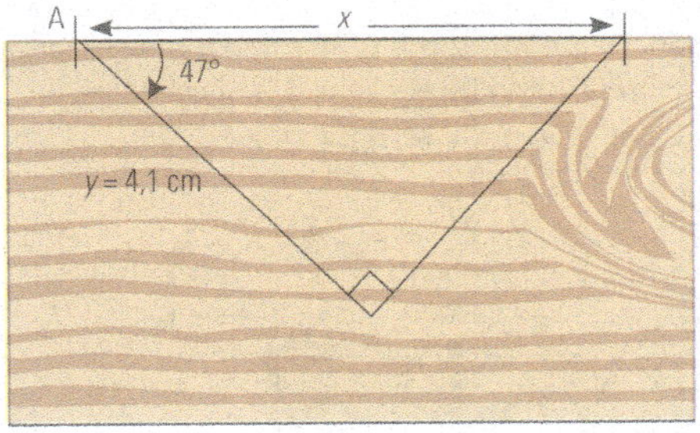

On peut se servir de haubans pour stabiliser des poteaux électriques.

1. Soit les diagrammes ci-dessus.
   a) À quelle distance de la base d'un pylône doit-on fixer un hauban de 6,2 m si l'angle d'élévation est de 65°?
   b) On coupe une encoche dans un bloc de bois comme sur l'illustration. Quelle est la largeur de l'ouverture de la partie coupée?

2. L'angle d'élévation entre un transporteur à vis sans fin et le grenier auquel il sera raccordé est de 30°. Si le déplacement horizontal est de 72 m, quelle doit être la longueur du tube?

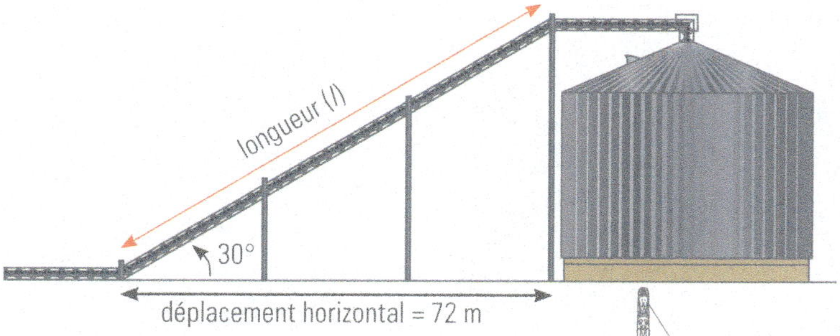

Totem autostable se trouvant au parc Beacon Hill de Victoria, en Colombie-Britannique. Haut de 38,9 m, il est l'œuvre des sculpteurs Henry Hunt, David Martin, et Mungo Martin.

3. Lorsqu'on érige un totem, on procède presque toujours de la même façon : on le dresse à l'aide de cordes, et un échafaudage de bois le maintient jusqu'à ce qu'on l'ait stabilisé. Supposons que deux des cordes fixées à un totem le sont à un angle d'élévation de 47° et de 57° respectivement. Si la base de ces cordes se trouve à environ 26 m de la base du totem, combien mesure chacune d'elles?

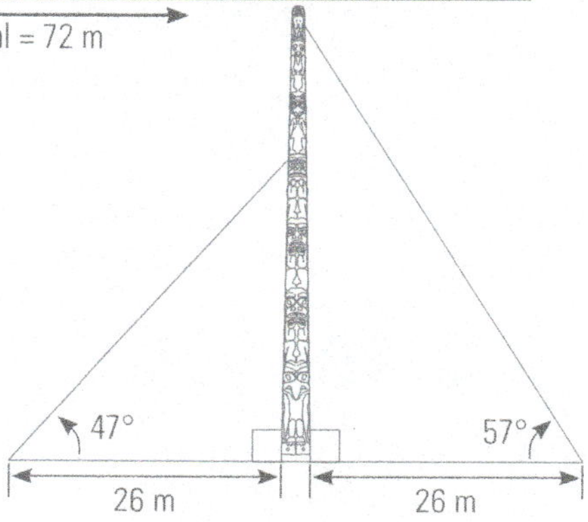

4. Un arpenteur se trouvant au bord d'un immeuble détermine que l'angle d'élévation par rapport au toit d'un autre immeuble est de 23°. Si 200 m séparent les fondations de ces immeubles, à quelle distance se trouve l'arpenteur du toit du deuxième immeuble?

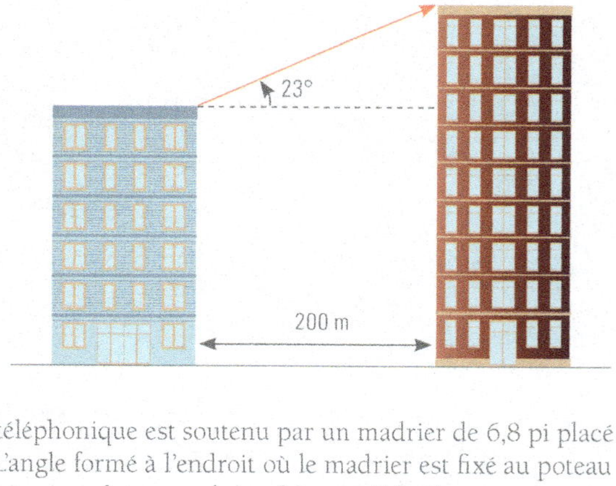

5. Un poteau téléphonique est soutenu par un madrier de 6,8 pi placé en diagonale. L'angle formé à l'endroit où le madrier est fixé au poteau est de 34°. À quelle hauteur sur le poteau le madrier est-il fixé?

6. Roger habite Iqaluit, au Nunavut. Il est constructeur de bateaux et artisan. L'une de ses spécialités est la fabrication de kayaks. Traditionnellement, on recouvrait un kayak en peau de veau marin et on assemblait l'embarcation avec de la babiche. Roger, lui, utilise de la toile pour le recouvrir et de l'époxy pour l'assemblage. S'il veut construire une embarcation offrant un espace suffisant pour les jambes, il doit connaître la longueur de la partie cônique à l'avant du kayak. Chaque côté de la partie cônique de la proue du kayak mesure 3 pi. La largeur du kayak est de 2 pi. Quelle est la longueur (l) de la partie cônique du kayak?

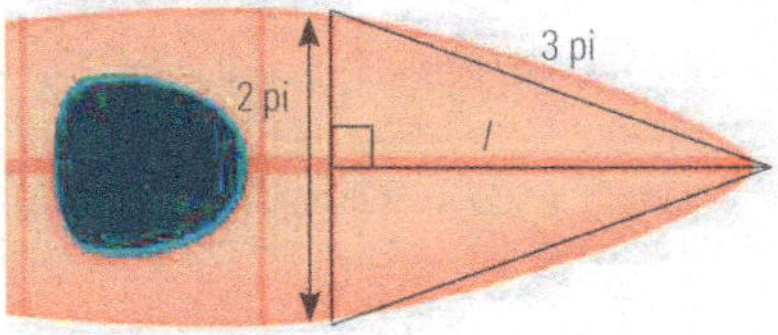

Jadis, les Inuits se servaient de kayaks pour chasser et se déplacer. Ils fabriquaient le cadre en bois flotté ou en os de baleine et imperméabilisaient la coque avec de la graisse de baleine. Les kayaks d'aujourd'hui sont faits de fibre de verre ou de plastique moulé.

Approfondis ta réflexion

7. Laurie vient d'obtenir un contrat de conception de chalets de ski à Jasper, en Alberta. Sur son plan, elle dessine un triangle rectangle comportant un angle aigu x, sur lequel le $\sin x = \cos x$, qui constitue le toit du chalet. Dessine la même figure que Laurie. De quel type de triangle s'agit-il?

8. Frank est réparateur de lignes téléphoniques et se sert d'un camion doté d'un long bras élévateur qu'on appelle parfois « girafe ». La portée de ce dernier peut atteindre 9,8 m. Si l'angle d'élévation formé entre la tourelle et le sommet du poteau téléphonique est de 48°, à quelle distance le poteau se trouve-t-il de la tourelle?

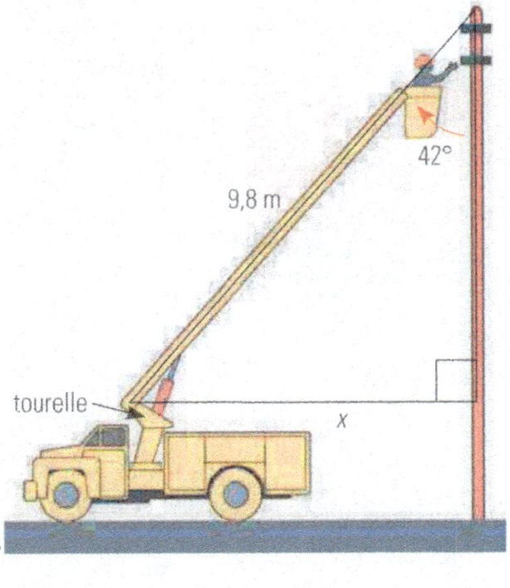

9. Sur un cercle se trouvent deux cordes parallèles à 4 cm l'une de l'autre. L'une sous-tend un angle de 120° par rapport au centre, et l'autre, un angle de 90°. Trouve le rayon du cercle et la longueur de chacune des cordes.

CRÉATION D'UN PLAN OU D'UNE MAQUETTE À L'ÉCHELLE

Maintenant que tu as décidé du type d'escalier que tu vas construire, tu peux dessiner un plan à l'échelle en te servant de triangles semblables. Souviens-toi que :

- le limon est l'élément de bois sur lequel s'appuient les girons et les contremarches d'un escalier;
- la contremarche est la distance verticale entre deux marches;
- la foulée est la profondeur d'une marche;
- le giron est une planche de bois indépendante qui recouvre une marche.

Détermine la longueur et la largeur du limon et la quantité de bois qu'il te faut pour fabriquer tes contremarches et tes girons.

N'oublie pas de conserver tous tes calculs, car tu en auras besoin au moment de ta présentation finale. Dans le domaine de la construction, les mesures sont souvent données en unités impériales. Tu devrais donc faire tes calculs dans ce système.

Vois en quoi tu pourrais te servir d'outils comme un séparateur, un guide de traçage pour escalier et une équerre à dessin pour construire ton escalier. Comment la pose des girons modifiera-t-elle la hauteur des marches?

En ayant une maquette à l'échelle, tu pourras vérifier la justesse de tes proportions.

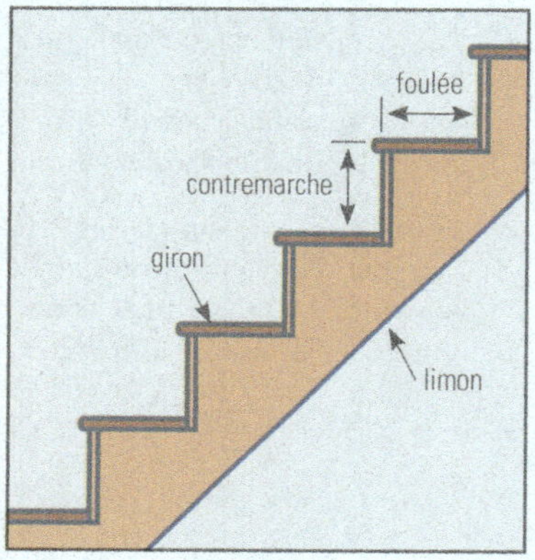

Rapport de la tangente

7.4

Chris Haika applique des notions de mathématiques dans le cadre de son travail de pilote de ligne.

LES MATHÉMATIQUES *AU TRAVAIL*

Lorsqu'il était au primaire, Chris Haika, de Calgary, en Alberta, savait déjà qu'il voulait devenir pilote d'avion. Pendant son dernier semestre au secondaire, il a obtenu son brevet de pilote et après il est allé à l'université Mount Royal pour obtenir un diplôme en aviation. Il a travaillé à temps partiel comme laveur d'avions, ce qui l'a aidé à se trouver des contacts dans le secteur de l'aviation.

Après avoir obtenu son diplôme, il a été agent de service à la clientèle pour une compagnie aérienne de Grande Prairie, en Alberta. Enfin, après sept mois, on l'a nommé pilote.

Par après, Chris est revenu s'établir à Calgary. Aujourd'hui, il est pilote pour une petite compagnie aérienne qui assure des vols nolisés ainsi que des vols réguliers en Alberta et en Colombie-Britannique.

Chris est en vol vers Calgary, à une altitude de 28 000 pi. Sa descente vers l'aéroport doit s'effectuer à un angle de dépression de 3°. À quelle distance horizontale de l'aéroport doit-il l'amorcer?

EXPLORE LES MATHÉMATIQUES

Dans les sections précédentes, tu as appris à utiliser le sinus et le cosinus, et dans l'exemple ci-dessus, tu t'en es servi pour déterminer à quelle distance horizontale par rapport à l'aéroport Chris devait amorcer sa descente. Il existe toutefois une méthode plus directe permettant de faire ce calcul. C'est celle de la **tangente**. Dans le schéma présenté, la tangente de l'angle A est $\frac{a}{b}$.

tangente : rapport de la longueur des côtés adjacent et opposé à un angle donné dans un triangle rectangle (abréviation : tan)

$$\text{tangente } \angle A = \tan A$$

$$\tan A = \frac{\text{opposé}}{\text{adjacent}}$$

$$\tan A = \frac{\text{opp}}{\text{adj}}$$

1. Sers-toi de cette définition pour déterminer à quelle distance de l'aéroport Chris doit amorcer la descente de son appareil.

2. As-tu trouvé la même réponse qu'avant? Explique les écarts, s'il y a lieu.

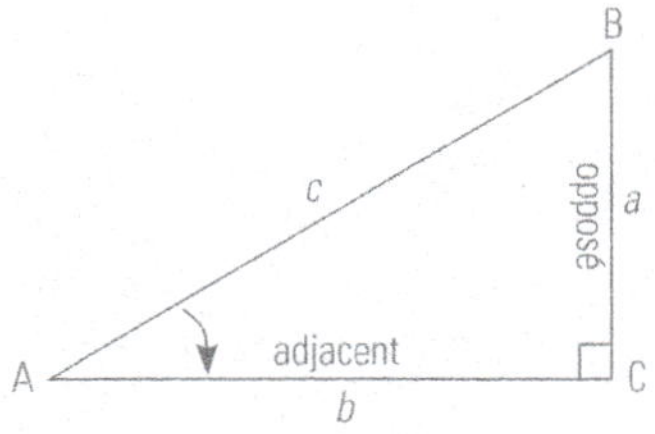

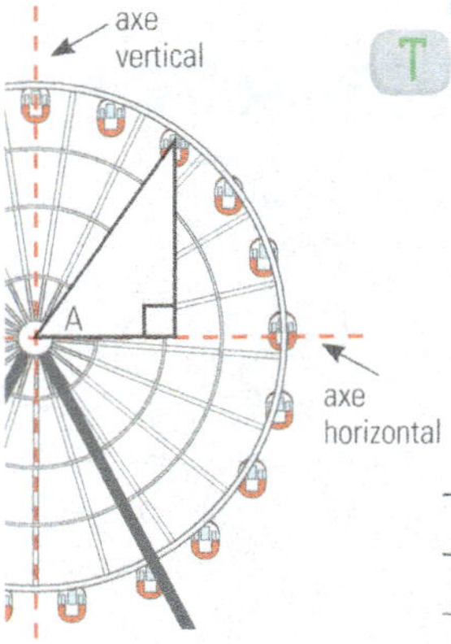

ACTIVITÉ 7.5
PRODUCTION D'UN GRAPHIQUE DE LA TANGENTE

T

Au cours de l'activité 7.4, tu as analysé la distance horizontale entre la nacelle d'une grande roue dans laquelle tu prenais place et une ligne verticale passant par le centre de la roue au fil de la trajectoire de la nacelle vers le haut. Maintenant, jetons un coup d'œil au rapport entre la distance verticale et la distance horizontale. Ce rapport constitue la tangente de l'angle. Dans un tableau comme celui ci-dessous, inscris les valeurs de $y = \tan A$ pour les valeurs de A qui sont multiples de 10°, que tu peux déterminer à l'aide de ta calculatrice, comme dans la section précédente. Ensuite, trace le graphique à partir de ces valeurs.

DÉTERMINATION DES TANGENTES

A	10°	20°	30°	40°	50°	60°	70°	80°
$y = \tan A$								

1. Tu constateras que la tangente de A peut être supérieure à un, alors que le sinus et le cosinus ne peuvent jamais être plus grands que un. Explique pourquoi il en est ainsi.
2. Que peut-on remarquer au sujet de la valeur de y ou de tan A à mesure que A passe de 10° à 80°?
3. Le graphique semble-t-il linéaire? Explique ta réponse.
4. Que crois-tu qu'il arrivera à la valeur de tan A lorsque A se rapproche de zéro (c'est-à-dire qu'il devient très petit)? Explique ta réponse.
5. Que crois-tu qu'il arrivera à la valeur de tan A lorsque A se rapproche de 90°? Explique ta réponse.
6. Prolonge le graphique pour vérifier ta prédiction.

Exemple 1

Le phare de Gull Harbour se trouve aux abords du lac Winnipeg. Suppose que ce phare fait 14,6 m de haut et qu'il est installé à 7 m au-dessus du niveau du lac. Si l'angle de dépression par rapport à un bateau se trouvant sur le lac est de 27°, à quelle distance approximative de la base du phare ce bateau se trouve-t-il?

Le phare de Gull Harbour se trouve aux abords du lac Winnipeg dans le parc provincial Hecla. Sa construction remonte à 1898.

SOLUTION

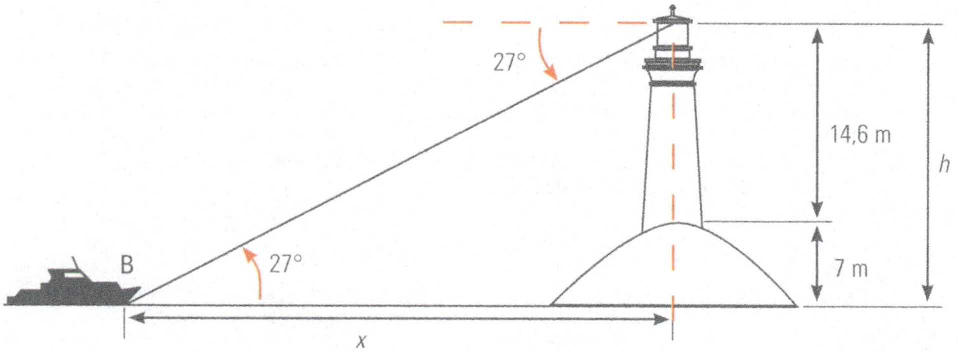

$$\tan B = \frac{h}{x}$$

$$\tan 27° = \frac{h}{x}$$

$$\tan 27° = \frac{21{,}6}{x}$$ Inscris les valeurs connues dans la formule de la tangente.

$$x \tan 27° = 21{,}6$$ Multiplie les deux côtés par x.

$$x = \frac{21{,}6}{\tan 27°}$$ Divise les deux côtés par 27°.

$$x = 42{,}4 \text{ m}$$

Le bateau se trouve à environ 42,4 m de l'île.

ACTIVITÉ 7.6
FABRICATION ET UTILISATION D'UN CLINOMÈTRE

Il existe plusieurs instruments permettant de mesurer un angle d'élévation ou de dépression. Au besoin, tu peux fabriquer un clinomètre à l'aide d'un rapporteur, d'une paille, d'une ficelle munie d'un poids au bout et de ruban gommé pour attacher le tout.

1. En équipe de deux, inspirez-vous de l'image ci-contre et fabriquez votre clinomètre en utilisant les matériaux indiqués.
2. Expliquez comment vous l'utiliserez pour trouver l'angle d'élévation.

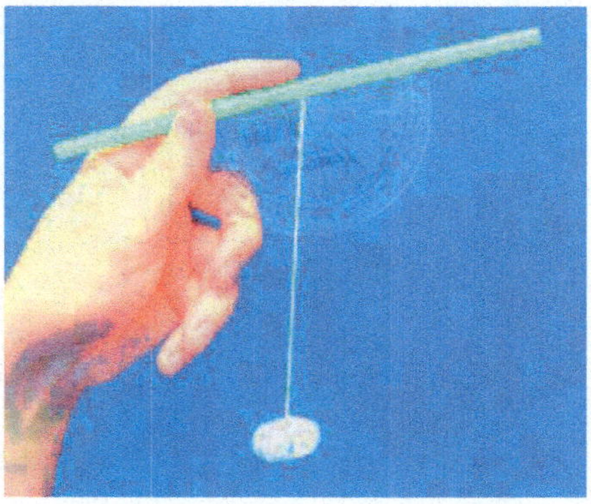

Tu peux fabriquer ton propre clinomètre à l'aide d'objets faciles à trouver.

3. Utilisez le clinomètre pour déterminer l'angle d'élévation entre vous et au moins cinq immeubles ou autres objets dont il est impossible de mesurer directement la hauteur se trouvant dans les environs de votre école. Notez l'angle ainsi que la distance de la base à laquelle vous vous trouvez sur un tableau comme celui ci-dessous. À partir de ces données, déterminez la hauteur de chaque point de repère.

CALCUL DE LA HAUTEUR

objet	*angle d'élévation*	*tangente de l'angle*	*distance de la base*	*hauteur de l'objet*

EXEMPLE

Exemple 2

Un débardeur utilise un système de poulies pour hisser une caisse légère (de 2 m 2 m 2 m) sur le quai. L'angle d'élévation du câble est de 50°. Le débardeur se trouve à 2 m du bord du quai, et le dégagement entre la caisse et le quai est de 0,5 m. Quelle distance sépare les deux poulies lorsque celle du bas est au même niveau que les mains du débardeur?

SOLUTION

Fais un dessin simplifié.

$$\tan \text{M} = \frac{h}{d}$$

$$\tan 50° = \frac{h}{3{,}5}$$

$$3{,}5 \tan 50° = h \qquad \text{Multiplie les deux côtés par 3,5}$$

$$4{,}2 \approx h$$

La distance entre les poulies est d'environ 4,2 m.

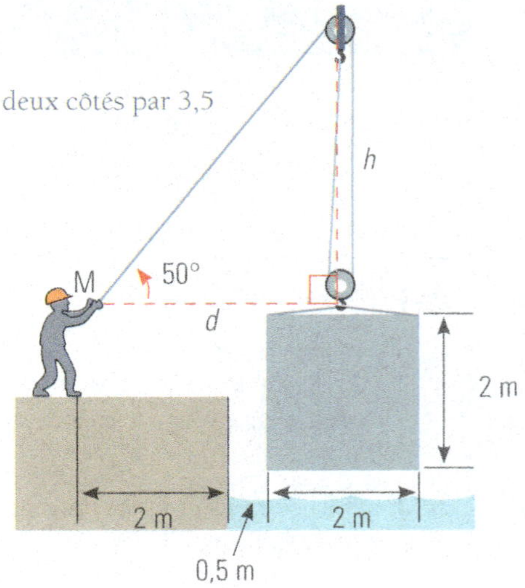

Calcul mental et estimation

L'angle de dépression entre le sommet d'une falaise et un bateau sur l'eau est de 52°. Quel est l'angle formé entre la falaise et la ligne de vision?

CONSTRUIS TES HABILETÉS

1. Le viaduc de Lethbridge, qu'on surnomme souvent High Level Bridge (en français, « pont en contre-haut »), long de 1 624 m, est la structure ferroviaire la plus longue au Canada. Il a été construit en 1908 et en 1909 au coût de 1,3 million de dollars. La distance horizontale entre les deux côtés de la coulée est de 1 620 m. Un observateur se trouvant à l'extrémité de ce viaduc détermine que l'angle de dépression par rapport à l'autre côté de la coulée que le pont enjambe est de 4°. Quel est la différence d'élévation entre les deux côtés de la coulée?

Napi, dont le nom signifie « vieil homme », est une créature mythique dans la culture des Pieds-Noirs. Il s'agit d'un personnage respecté qu'on considère parfois comme le soleil personnifié. On le décrit aussi comme un grand filou. C'est de lui que la rivière Oldman (vieil homme), en Alberta, tire son nom. Le High Level Bridge (qu'on voit sur la photo) enjambe cette rivière.

2. Dans la région d'Estevan, en Saskatchewan, Mary et James adorent se coucher sur le dos dans un champ et regarder les avions atterrir. Un beau jour, un hélicoptère approche et se met en vol stationnaire au-dessus d'un immeuble se trouvant à 1 km de l'endroit où ils sont étendus. Si l'angle d'élévation est de 25°, à quelle altitude se trouve l'hélicoptère?

3. Una a observé un navire depuis le sommet d'une falaise de 70 m près d'Atlin, en Colombie-Britannique. Elle a déterminé que l'angle de dépression entre elle et le navire était de 25°.

   a) Quelle fraction de la distance par rapport au navire la hauteur de la falaise représente-t-elle?

   b) À quelle distance de la base de la falaise le navire se trouvait-il?

4. Mike et Lianne sont éclairagistes pour une entreprise qui s'occupe de la réalisation d'événements spéciaux. Actuellement, ils doivent monter les projecteurs en vue d'un festival de musique en plein-air. Les musiciens désirent suspendre une bannière portant le nom de leur groupe directement au-dessus de la scène, le plus haut possible, et veulent qu'elle soit éclairée par un projecteur. Mike et Lianne n'ont qu'un seul projecteur. Il est à 50 m de la scène et se trouve sur un pied d'une hauteur de 1,9 m. L'angle d'élévation maximum est de 41°. À quelle hauteur les musiciens pourront-ils suspendre leur bannière?

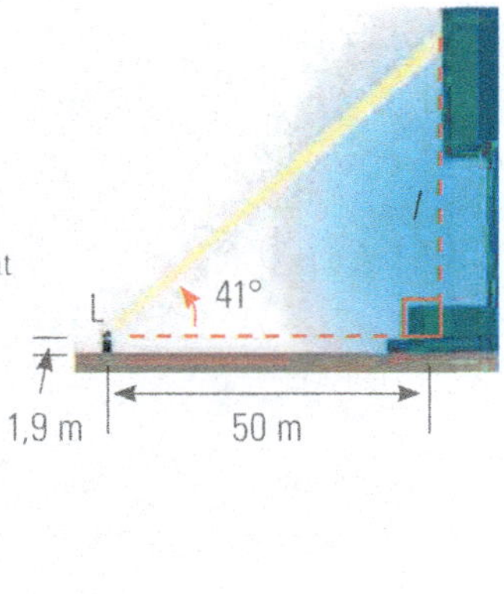

5. Johnny est à bord d'une montgolfière à 400 m au-dessus du sol. Il observe sa maison à un angle de dépression de 30°, son école à angle de dépression de 45° et le complexe de soccer à un angle de dépression de 60°.

   a) Lequel de ces trois bâtiments est le plus loin de Johnny?

   b) À quelle distance se trouve le bâtiment le plus loin d'un point sur le sol directement en dessous de Johnny?

   c) À quelle distance se trouve le bâtiment le plus proche d'un point sur le sol directement en dessous de Johnny?

Les montgolfières peuvent voler parce que l'air chaud contenu dans le ballon est moins dense que l'air froid à l'extérieur du ballon. C'est ce qui leur permet de flotter.

6. Un enquêteur de la police scientifique fait enquête sur un trou de balle dans le mur d'un immeuble. Le trou est à 2,4 m du plancher et a pénétré dans le mur à un angle de 83°.

   a) Quels autres paramètres l'enquêteur a-t-il besoin de connaître afin de déterminer à quelle distance du mur le coup a été tiré?

   b) Si le suspect était couché au sol lorsqu'il a tiré le coup, à quelle distance du mur se trouvait-il, environ?

   c) Si sa cible mesurait 1,7 m et se trouvait à 4 m du mur, le tireur l'aurait-il atteinte?

7. Si l'angle d'élévation entre le sommet d'un arbre et un point situé à 12 m de la base de son tronc est de 30°, quelle est la hauteur de l'arbre au mètre près?

Approfondis ta réflexion

8. Fondée il y a plus de 25 ans, l'*Association franco-yukonnaise* (AFY) de Whitehorse est une association culturelle représentant les 3 550 francophones habitant au Yukon. Manjula détermine que l'angle d'élévation par rapport au toit du *Centre de la francophonie*, lieu de réunion de l'AFY, est de 55°. Elle recule de 100 pieds en ligne droite par rapport à son point d'observation initial, et détermine que l'angle d'élévation est maintenant de 42°. Détermine la hauteur du Centre, au centième près.

7.5 Mesure d'angles et résolution de problèmes comportant des triangles rectangles

LES MATHÉMATIQUES *AU TRAVAIL*

Betsy est une ingénieure des routes qui travaille en Saskatchewan. Un ingénieur des routes est en fait un ingénieur civil qui est spécialisé en conception et en construction de routes. La formation qui mène à ce type de travail comporte beaucoup de mathématiques supérieures, mais il arrive parfois que les maths simples soient les plus utiles. Par exemple, lorsqu'elle conçoit une route, Betsy doit tenir compte de la pente. Si la pente est trop raide, les voitures et camions qui y circulent doivent freiner de manière excessive lorsqu'ils la descendent et perdent trop de vitesse lorsqu'ils la montent. Il existe plusieurs façons de décrire la pente d'une route.

On vient d'informer Betsy que la pente d'une route donnée est de 6,6 %. Cela veut dire que la route grimpe de 6,6 unités verticales pour 100 unités horizontales. Lorsqu'elle fait des calculs, par contre, Betsy trouve plus pratique d'utiliser l'angle d'élévation.

Un ingénieur des routes qui conçoit et construit une route doit connaître la pente de cette dernière.

À l'aide du tableau des tangentes que tu as réalisé à l'activité 7.5, détermine l'angle d'élévation approximatif de cette route.

EXPLORE LES MATHÉMATIQUES

T

Précédemment, tu as déterminé la longueur des côtés d'un triangle rectangle en connaissant la mesure de l'un des angles aigus. Cependant, il arrive souvent dans le secteur industriel, que la mesure de l'angle soit justement la mesure que l'on recherche. Heureusement, c'est généralement possible de le faire à l'aide d'une calculatrice. Tu remarqueras, au dessus des rapports trigonométriques, qu'il se trouve le même mot accompagné d'un signe ressemblant à un exposant de moins 1. En fait, il ne s'agit pas vraiment d'un exposant, mais bien de la réciproque du rapport trigonométrique. Cela veut dire qu'elle te donnera l'angle si tu connais la valeur du rapport trigonométrique. Pour cela, tu devras utiliser la touche « second function » ou « shift » de ta calculatrice.

Prépare un tableau comme celui de la page suivante et, à l'aide de ta calculatrice, remplis la deuxième rangée en arrondissant au dix millième près.

Pour ce faire, appuie sur le bouton « 2nd function » ou « shift » puis celui de la fonction trigonométrique correspondant à la première rangée de ton tableau. Inscris la valeur apparaissant dans la deuxième rangée. Note la réponse dans la troisième rangée.

SUGGESTION

Assure-toi que ta calculatrice est en mode degré.

RAPPORTS TRIGONOMÉTRIQUES									
rapport trigonométrique	*sin 20°*	*cos 43°*	*tan 71°*	*sin 47°*	*cos 82°*	*tan 47°*	*sin 35°*	*cos 75°*	*tan 12°*
valeur									
rapport trigonométrique réciproque									

EXEMPLE

T

1. Que remarques-tu à propos des première et troisième rangées?
2. Peux-tu nommer d'autres occasions où une opération est le contraire de l'autre?

Maintenant que tu es en mesure de trouver un angle lorsque tu connais le rapport trigonométrique, tu peux « résoudre » n'importe quel triangle rectangle. Cela veut dire que peu importe la mesure recherchée, tu peux la trouver si tu connais la mesure de deux des côtés ou celle d'un côté et d'un angle aigu.

Exemple 1

Détermine la mesure de l'angle indiqué dans les situations suivantes :

a) On a fixé un hauban de 8,5 m à 5,7 m de la base d'un poteau.

b) L'angle de dépression depuis un point situé à 10,1 m au bas d'une falaise si la distance horizontale est de 6,9 m.

c) L'angle entre le mur d'une maison et la toiture fenestrée d'une petite fenêtre en saillie, si cette dernière a une profondeur de 75 po et si la hauteur de la toiture est de 42 po.

Solution

a) $\cos B = \frac{\text{adj}}{\text{hyp}}$

$\cos B = \frac{a}{c}$

$\cos B = \frac{5{,}7}{8{,}5}$

$\cos B = 0{,}670\,6$

$\cos B = \cos^{-1}(0{,}670\,6)$

$= 48°$

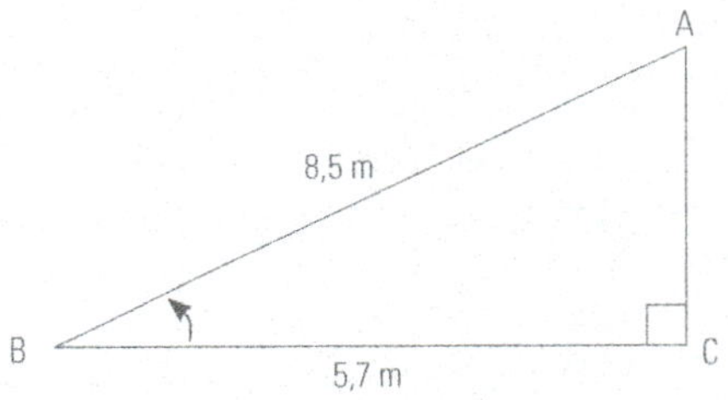

b) $\cos Y = \frac{\text{adj}}{\text{hyp}}$

$\cos Y = \frac{z}{x}$

$\cos Y = \frac{6{,}9}{10{,}1}$

$\cos Y = 0{,}683\,2$

$\cos Y = \cos^{-1}(0{,}683\,2)$

$= 47°$

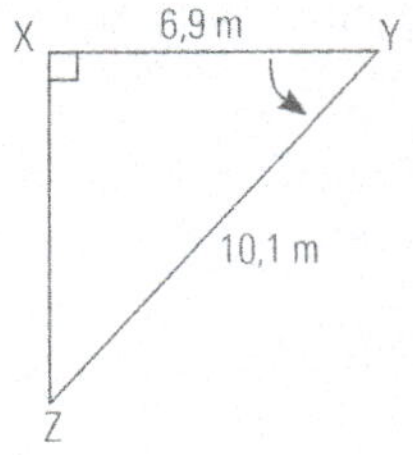

c) Trouve l'hypoténuse à l'aide du théorème de Pythagore.

$n^2 = m^2 + l^2$

$n^2 = (42)^2 + (75)^2$

$n^2 = 1\ 764 + 5\ 625$

$n^2 = 7\ 389$

$n = \sqrt{7\ 389}$

$n \approx 85{,}96$ po

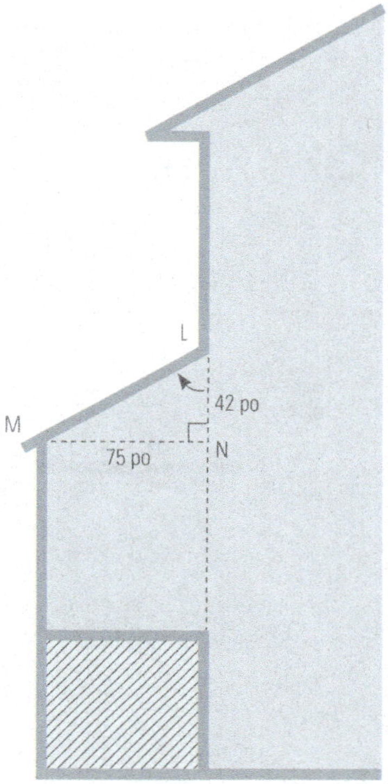

Ensuite, trouve ∠L.

$\cos L = \dfrac{\text{adj}}{\text{hyp}}$

$\cos L = \dfrac{m}{n}$

$\cos L = \dfrac{42}{85{,}96}$

$\cos L = 0{,}488\ 6$

$\cos L = \cos^{-1}(0{,}488\ 6)$
$= 61°$

DISCUSSION DES IDÉES

AUTRES MÉTHODES

Dans l'exemple 1a, on pourrait déterminer la valeur de b en utilisant soit le théorème de Pythagore, soit les rapports trigonométriques et les angles. Calcule b à l'aide des deux méthodes. Laquelle serait la plus exacte dans ce cas-ci? Pourquoi?

Exemple 2

Le Centre d'amitié de Pulaarvik Kablu de Rankin Inlet, au Nunavut, est un endroit où les aînés enseignent leur savoir-faire et leurs connaissances aux jeunes. Tagak est l'une des employées affectées à l'entretien du centre. En ce moment, elle doit remplacer l'escalier avant du centre. Elle sait que le palier est à 0,86 m du sol et que l'escalier se termine à 1,2 m du bord du palier.

a) Quel sera l'angle d'élévation entre le sol et le palier?

b) Quelle est la distance entre le bas de l'escalier et le palier?

Un escalier facile à utiliser possède des marches larges et une pente douce.

SOLUTION

a) Trouve d'abord le rapport de la tangente. N'oublie pas qu'il faut toujours garder quatre décimales dans un rapport trigonométrique.

$$\angle G = \tan^{-1}\left(\frac{g}{f}\right)$$

$$\angle G = \tan^{-1}\left(\frac{0{,}86}{1{,}2}\right)$$

$$\angle G \approx 36°$$

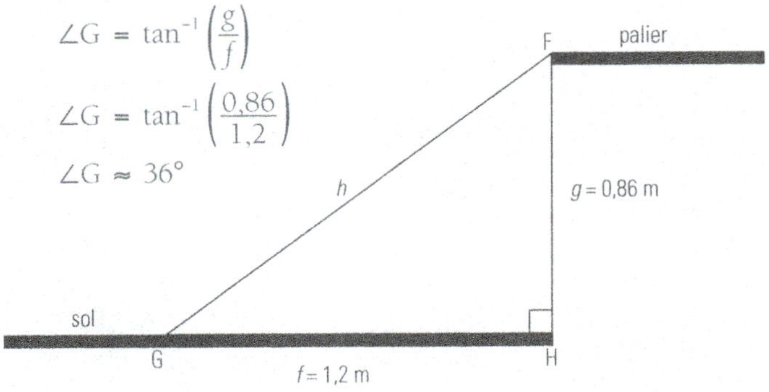

Donc, l'angle d'élévation est d'environ 36°.

b) La distance h correspond à l'hypoténuse du triangle rectangle. Utilise le théorème de Pythagore.

$$f^2 + g^2 = h^2$$

$$(1{,}2)^2 + (0{,}86)^2 = h^2$$

$$h^2 = 1{,}44 + 0{,}739\,6$$

$$h^2 = 2{,}179\,6$$

$$h = \sqrt{2{,}179\,6}$$

$$h \approx 1{,}5\text{m}$$

Donc, la distance entre le bas de l'escalier et le palier est d'environ 1,5 m.

AUTRE SOLUTION

$$\angle G = 36°$$

$$\sin G = \frac{0{,}86}{h}$$

$$\sin 36° = \frac{0{,}86}{h}$$

$$h \sin 36° = 0{,}86$$ Mutiplie les deux côtés par h

$$h = \frac{0{,}86}{\sin 36°}$$ Divise les deux côtés par sin 36°

$$h \approx 1{,}5 \text{ m}$$

ACTIVITÉ 7.7
ÉCLAIRAGE POUR UN GROUPE ROCK

Ton partenaire et toi êtes éclairagistes pour le groupe rock L & N. Les membres du groupe vous ont demandé de placer les projecteurs suspendus à 10 m du chanteur principal. Ils désirent que les projecteurs rouges, bleus et verts soient suspendus à une hauteur de 10 m, 9 m et 7 m respectivement.

Détermine l'angle d'élévation auquel vous devrez placer chacun des projecteurs pour qu'ils éclairent le chanteur principal.

Les éclairagistes peuvent travailler sur des plateaux de télévision ou de cinéma, ou encore dans des salles de spectacles.

SUGGESTION

Illustre la situation, cela t'aidera à visualiser la disposition des projecteurs.

Calcul mental et estimation

Quelle est la tangente d'un angle de 45°?

CONSTRUIS TES HABILETÉS

1. Émile doit couper des morceaux de vitrail pour remplacer une fenêtre à l'église de son quartier. On lui a remis une esquisse des morceaux qu'il doit couper, mais il manque certaines mesures. Donne-lui les mesures manquantes de a) et de b).

a)

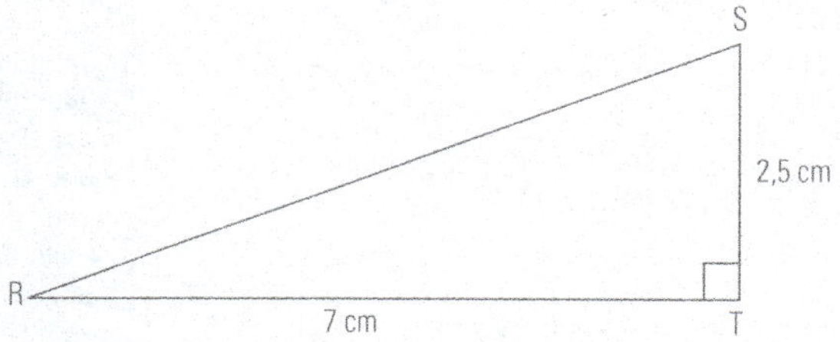

b)

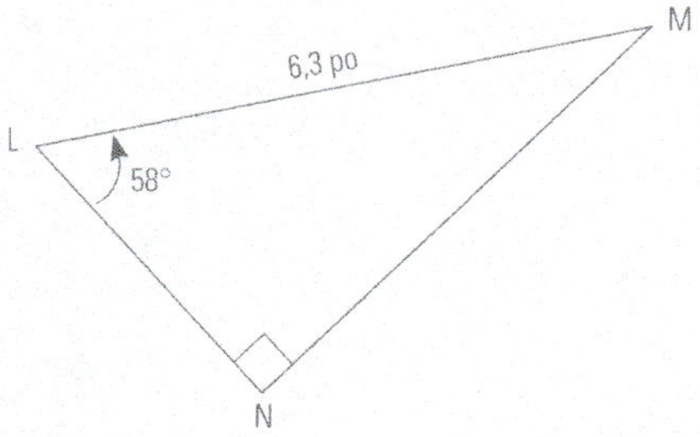

La randonnée pédestre est une excellente activité à faire entre amis.

2. Heather crée une brochure sur les sentiers de randonnée pédestre du parc national de Prince Albert. L'une des collines présente un angle d'élévation de 15° et il y a un belvédère à 100 m de sa base. Imagine que tu empruntes ce sentier de la base jusqu'au belvédère.

   a) De quelle altitude monterais-tu?

   b) Quelle distance horizontale couvrirais-tu?

   c) Comment exprime-t-on la pente de cette colline sous forme de pourcentage?

3. David, qui est charpentier, a décidé de rénover sa maison. Il est actuellement en train de préparer le devis de sa toiture

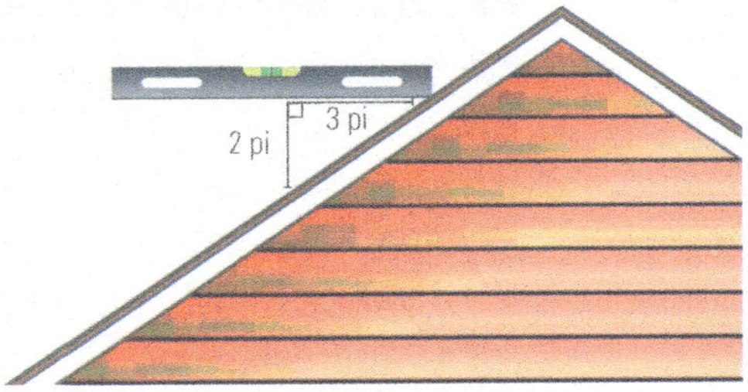

   a) La toiture gagne 2 pi en hauteur tous les 3 pi de longueur horizontale. Quel angle d'élévation David devrait-il inscrire sur le devis?

   b) La toiture mesurera 20 pi de long et 12 pi de haut. David souhaite la recouvrir de bardeaux. Quelle surface totale de toiture David devrait-il inscrire sur le devis?

Il se négocie toutes sortes de produits dans la tour de la Bourse des marchandises de Winnipeg, comme le blé, l'orge et le canola. Cet immeuble a été inauguré en 1979.

4. La tour de la Bourse des marchandises de Winnipeg mesure 117 m de haut. Pia est opératrice de grue télescopique. Aujourd'hui, elle doit effectuer des réparations sur le revêtement extérieur de la tour. La base de sa grue mesure 2 m de haut et est située à 8 m de l'immeuble. Pia actionne la flèche télescopique de la grue jusqu'à ce que son extrémité touche le mur de la tour à 15 m du sol.

   a) Quelle doit être la longueur de la flèche pour qu'elle touche au mur de la tour?

   b) Quel est l'angle d'élévation de la flèche de la grue?

5. Une échelle de 15 m placée contre le mur d'un immeuble d'habitation permet d'atteindre l'appui d'une fenêtre se trouvant à 12 m du sol.
   a) Quel est l'angle d'élévation de l'échelle?
   b) À quelle distance de la base de l'immeuble se trouve l'échelle?

6. Georges est un arpenteur qui travaille dans la région de North Battleford, en Saskatchewan. Il regarde par son théodolite, d'une hauteur de 1,8 m, et vise le sommet d'une falaise rocheuse à une distance de 15,9 m. Il détermine que la falaise mesure 7,2 m de haut.

   Quel est l'angle de dépression entre le sommet de la falaise et le théodolite de Georges?

7. Un hélicoptère qui surveille la circulation automobile est en vol stationnaire au-dessus du trafic à l'heure de pointe de fin de journée à Vancouver, en Colombie-Britannique. La journaliste observe un accident survenu à une intersection. À l'aide de son GPS, elle détermine que la distance horizontale entre son hélicoptère et l'intersection est de 400 m. Elle estime également que l'angle de dépression entre elle et l'intersection est de 20°. L'hélicoptère monte à la verticale et, 3 minutes plus tard, la journaliste estime à 45° l'angle de dépression entre l'hélicoptère et l'intersection.

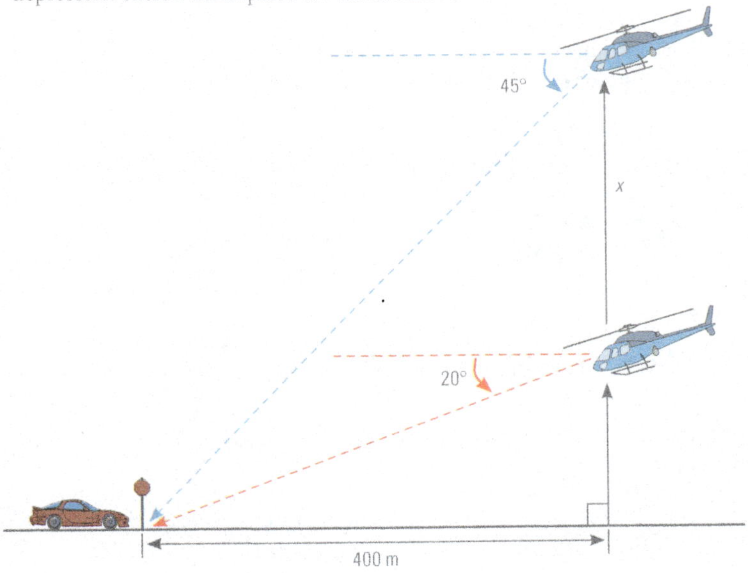

   a) Quelle altitude l'hélicoptère a-t-il pris en trois minutes?
   b) À quelle vitesse l'hélicoptère a-t-il monté, en supposant que c'était à une vitesse constante?

8. Les mécaniciens de chemin de fer doivent tenir compte de la pente du terrain lorsqu'ils construisent une voie ferrée. Les premiers chemins de fer anglais avaient une pente très faible, comme de 0,05 %, parce que les locomotives étaient peu puissantes. De nos jours, les locomotives sont beaucoup plus puissantes. L'une des plus fortes pentes pour un chemin de fer sans crémaillère se trouve sur le réseau du tramway de Lisbonne, au Portugal. Cette pente est de 13,5 %. Quel est l'angle d'élévation de cette voie ferrée?

Le tramway électrique de Lisbonne, au Portugal, qui circule sur des rails, est en marche depuis 1901. Ses wagons jaune éclatant desservent les nombreux quartiers de la capitale.

Approfondis ta réflexion

9. Un tuyauteur est chargé d'installer un tuyau pour contourner un obstacle comme sur l'illustration. Il utilise un coude de 60° au coin supérieur gauche et un coude de 45° au coin supérieur droit. Dans les deux cas, la distance totale de chute est de 1,8 m, et le déplacement horizontal est de 2,6 m.

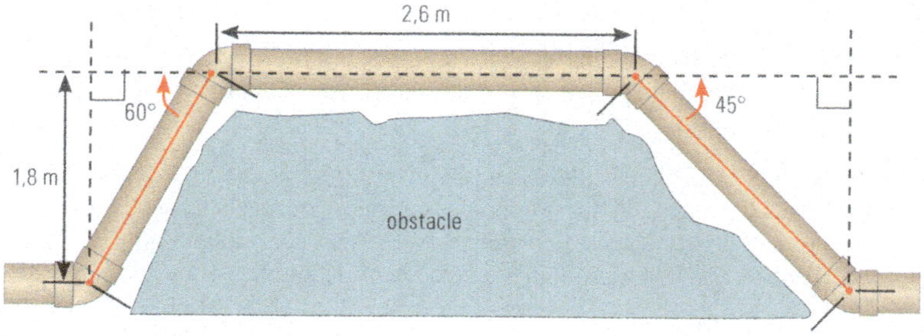

a) Quelle distance sépare le bout d'un tuyau du bas à l'autre? (Arrondis ta réponse au dixième près.)

b) Quelle longueur de tuyaux lui faudra-t-il pour contourner l'obstacle? (Arrondis ta réponse au dixième près.)

c) Penses-tu que le tuyauteur devrait prendre des mesures plus précises qu'au dixième de mètre près? Explique ta réponse.

RÉSOUS LE PROBLÈME

16 CARRÉS

T Ce jeu t'amènera à utiliser le théorème de Pythagore et les rapports trigonométriques.

On te remettra 16 carrés comportant chacun une expression à résoudre ou une solution sur chacun des côtés.

Le jeu consiste à calculer la réponse à une question sur un côté du carré et à trouver la réponse correspondante ou l'expression équivalente sur le côté d'un autre carré.

Rassemble les côtés correspondants. Le but est de former, à l'aide de tous les carrés, un carré de 4 sur 4 dans lequel tous les côtés correspondants sont rassemblés.

SUGGESTION

Certaines réponses peuvent s'associer à plus d'une question, alors que d'autres ne correspondent à aucun côté.

PROJET – CONCEVOIR L'ESCALIER D'UNE MAISON

RASSEMBLER LE TRAVAIL ET PRÉPARER UNE PRÉSENTATION

Tu disposes maintenant d'un dossier que tu pourrais présenter à un charpentier afin qu'il puisse facilement construire l'escalier que tu as conçu. Ce dossier comprend :

- un plan de l'escalier à l'échelle comportant toutes les mesures;
- une liste des matériaux nécessaires à la construction (en unités impériales) et les étapes de construction;
- une explication écrite de la façon dont tu utiliserais les différents outils pour construire ton escalier;
- la série de calculs que tu as réalisés au cours de la conception de ton escalier.

Toute bonne personne de métier pose souvent des questions lorsqu'il faut préciser certains aspects d'un travail. Ton enseignant et des camarades de classe auront peut-être, eux aussi, des questions à te poser à propos de ton escalier. Tu devras donc être en mesure de répondre à des questions comme :

- Quel est l'angle d'élévation de ton escalier?
- Où sont les paires de triangles semblables?
- Où, dans tes calculs, as-tu utilisé le théorème de Pythagore et les rapports sinus, cosinus et tangente?
- Pourquoi as-tu choisi ce modèle?

La définition de l'angle d'élévation d'un escalier est une étape très importante de la conception et de la construction de celui-ci.

RÉFLEXIONS SUR L'APPRENTISSAGE

TRIGONOMÉTRIE DANS LES TRIANGLES RECTANGLES

Maintenant que tu as terminé ce chapitre, tu devrais être en mesure :

- ❒ d'utiliser le théorème de Pythagore pour trouver la mesure manquante d'un côté dans un triangle rectangle;
- ❒ de déterminer lequel des trois rapports trigonométriques de base utiliser dans une situation donnée;
- ❒ d'appliquer les trois rapports trigonométriques de base pour trouver la mesure manquante d'un angle ou d'un côté dans un triangle rectangle;
- ❒ de nommer des applications de la trigonométrie dans les milieux de travail.

Tu as également réalisé un projet de chapitre qui t'a permis d'appliquer ces connaissances de façon concrète à une tâche du monde réel.

MISE EN PRATIQUE DES NOUVELLES HABILETÉS

1. Regarde les mesures suivantes. Appartiennent-elles à des triangles rectangles? Explique ta réponse.
   a) 6 cm, 12 cm, 18 cm
   b) 4 pi, 5 pi, 9 pi
   c) 16 cm, 30 cm, 34 cm
   d) 25″, 60″, 65″
   e) 0,5 m, 0,12 m, 0,13 cm

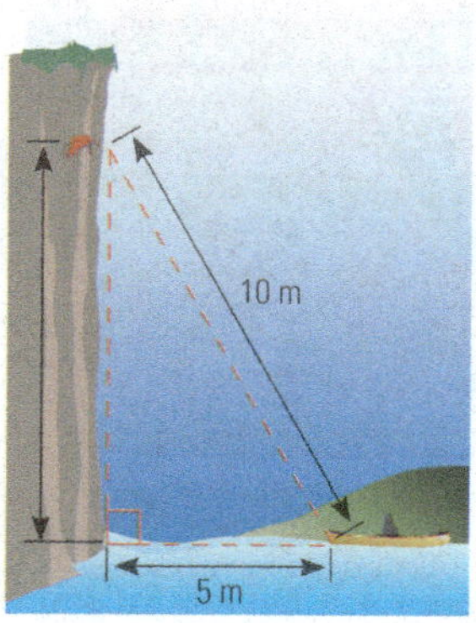

2. Renée est en excursion en canot au lac Tramping, au Manitoba. Elle a choisi de visiter l'endroit où il est possible de contempler les pictogrammes représentant serpents, oiseaux et autres animaux peints par des peuples des Premières nations sur les falaises autour du lac. Ces pictogrammes auraient entre 1 500 et 3 000 ans. Renée est à bord de son canot, à 5 m de la base d'une falaise sur laquelle se trouvent des pictogrammes. La distance entre le nez de son canot et les pictogrammes est de 10 m. À quelle hauteur sur la falaise les pictogrammes se trouvent-ils?

3. Pour se rendre à l'école, Sarbjit, de Prince Rupert, en Colombie-Britannique, peut prendre la route ou traverser un champ en diagonale. Ce champ mesure 150 m sur 90 m.
   a) Quelle distance marche-t-il de moins lorsqu'il prend le raccourci?
   b) Pour quelles raisons ne voudrait-il pas prendre le raccourci?

La pente d'une route est la mesure de son inclinaison. Par exemple, la pente de la route du Klondike Sud, entre Skagway et White Pass, est de 11 %.

4. La pente d'une route donnée est de 5° à l'horizontale en moyenne.
   a) Si tu parcours 2 km sur cette route, quelle variation d'altitude subiras-tu?
   b) Si la pente était moindre, la variation d'altitude serait-elle supérieure ou inférieure? Explique ta réponse.

5. Marcy, qui mesure 1,5 m, regarde vers la cime d'un arbre se trouvant directement dans son champ de vision. Au-delà de cet arbre, elle aperçoit la cime d'un autre arbre. Supposons que le premier arbre mesure 2 m de plus que Marcy et qu'il se trouve à 5 m d'elle, et que le deuxième arbre est à 7 m du premier. Combien mesure le deuxième arbre?

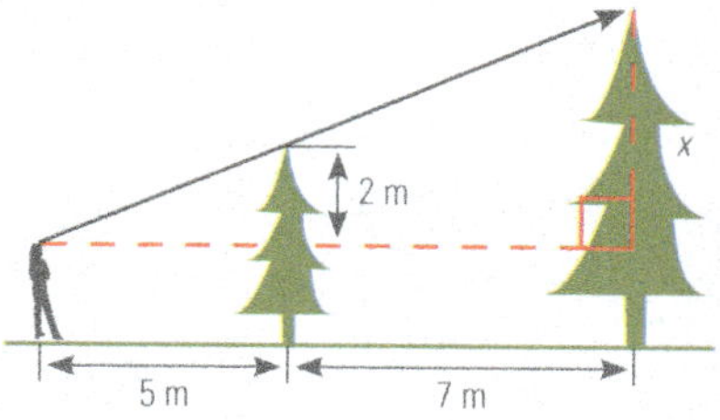

6. Wei Lee tente de déterminer la longueur du lac sur l'illustration ci-dessous. Quelle est-elle?

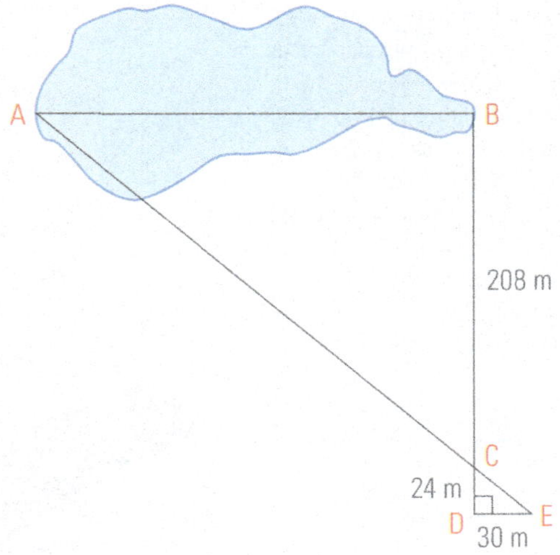

Sur ce panorama du lac Bennett, on voit un pont se trouvant à Carcross, au Yukon. Les eaux de ce lac ont la réputation, auprès des plaisanciers, de devenir rapidement houleuses et difficiles à naviguer par fort vent.

7. Le chevron sur le diagramme suivant présente un angle d'élévation de 32°. La structure mesure 8 m de large.

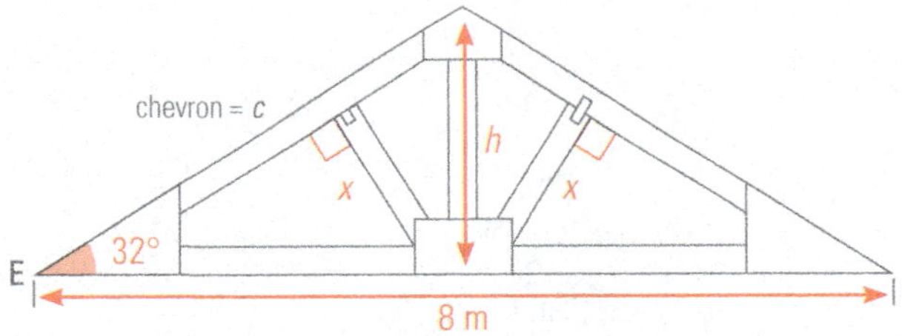

a) Trouve la hauteur verticale (h).

b) Combien mesurent les fiches (x)?

c) Quelle est la longueur du chevron (c)?

8. Pour déterminer la quantité de gravier qu'il faut extraire d'une gravière, un arpenteur doit déterminer la profondeur de celle-ci. À l'aide d'un théodolite et d'instruments de mesure électronique des distances, il détermine que la distance du haut de la falaise jusqu'au fond de la gravière est de 300 m et que l'angle de dépression de la falaise est de 46°.

a) De quelle profondeur est cette gravière?

b) En quoi le fait de connaître la profondeur de la gravière permettrait-il à l'arpenteur de déterminer la quantité de gravier à extraire? Quels autres facteurs lui faudrait-il connaître?

On trouve plusieurs gravières en exploitation en Saskatchewan. Le gravier qu'on en extrait sert ensuite à la construction et à la réparation de routes.

Aux Jeux paralympiques, les athlètes les plus rapides en fauteuil roulant peuvent atteindre une vitesse de plus de 30 km/h.

9. Nicolas est éclairagiste et travaille en ce moment aux Jeux paralympiques. L'une de ses tâches consiste à orienter des projecteurs vers un podium à l'occasion de la cérémonie de remise des médailles pour la course de fauteuils roulants. Ces projecteurs sont accrochés à une toile de fond haute de 6 m. Ils doivent éclairer l'endroit où se tiendront les médaillés, à 2,5 m de la base de la toile de fond. À quel angle vers le bas Nicolas doit-il orienter le projecteur se trouvant directement derrière les médaillés?

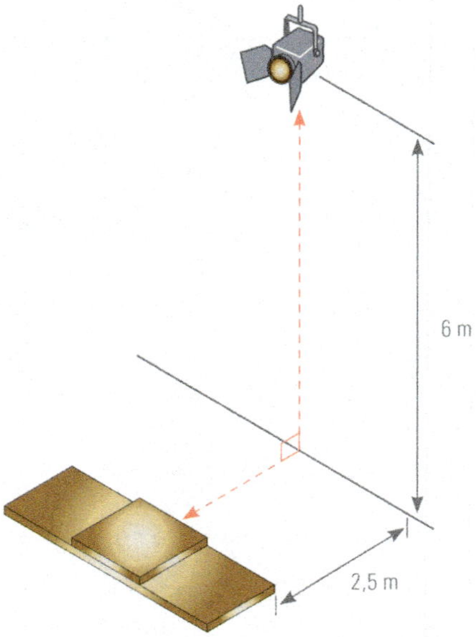

Approfondis ta réflexion

10. Voici un silo où la partie cylindrique mesure 9,8 m de haut et dont le diamètre est de 7,3 m. L'ouverture pour le grain se trouve au sommet.

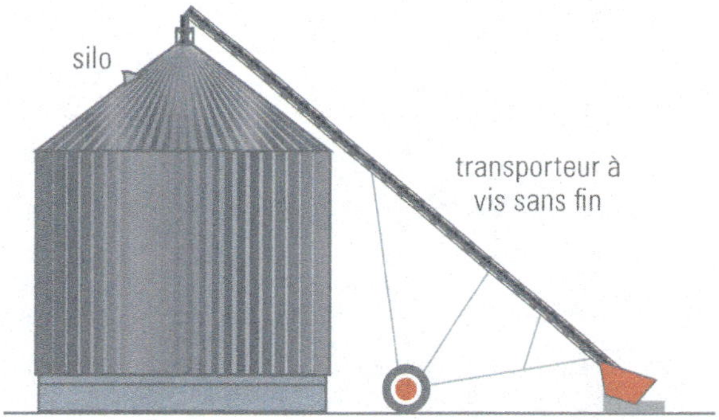

a) Illustre le schéma du silo et du transporteur à vis sans fin et indiques-y les dimensions et l'angle d'élévation.

b) Quelle longueur de transporteur à vis sans fin faut-il au minimum pour que l'on puisse remplir le silo si l'angle d'élévation doit être d'au plus 40°?

11. Quelle est la pente d'une route plate (une route sans côte)?

12. Le Burj Dubaï est la tour la plus haute au monde. Sa construction devait s'achever en 2009. Si l'on se trouve à 2 km du sol, l'angle de dépression par rapport au sommet du Burj est d'environ 17°. L'angle d'élévation par rapport à son sommet est d'environ 12° si l'on se trouve au sol directement sous le point précédent.

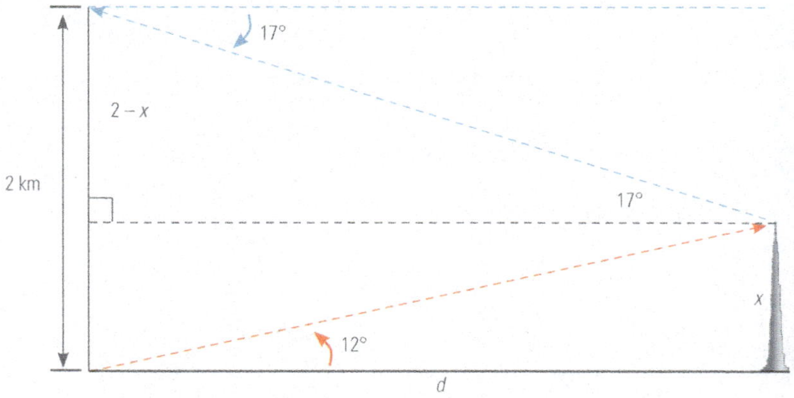

Détermine la hauteur approximative du Burj.

13. Katarina croit qu'elle peut résoudre des triangles rectangles ayant un angle aigu de 45° ou de 60° sans utiliser de calculatrice ou de tableau de rapports trigonométriques. Explique (à l'aide de diagrammes) comment elle pourrait s'y prendre.

L'immeuble le plus haut du monde, le Burj Dubai, renferme aussi l'ascenseur de service le plus haut du monde. Sa capacité est de 5 500 kg.

Glossaire

aire totale : la somme des aires des faces d'un objet à trois dimensions

angle de dépression : angle formé entre le plan horizontal et la ligne de vision lorsqu'on regarde vers le bas

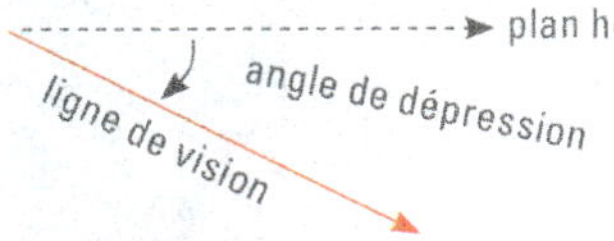

angle d'élévation : angle formé entre le plan horizontal et la ligne de vision lorsqu'on regarde vers le haut; on l'appelle parfois angle d'inclinaison

angles : deux demi-droites ou deux segments de droite qui se croisent en un point, qu'on appelle sommet

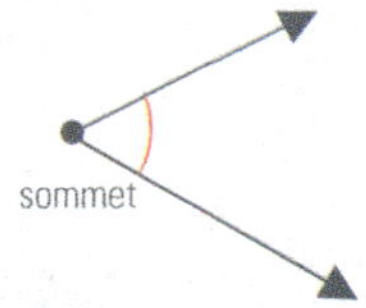

angles alternes-externes : angles qui occupent des positions opposées à l'extérieur de deux droites coupées par une sécante

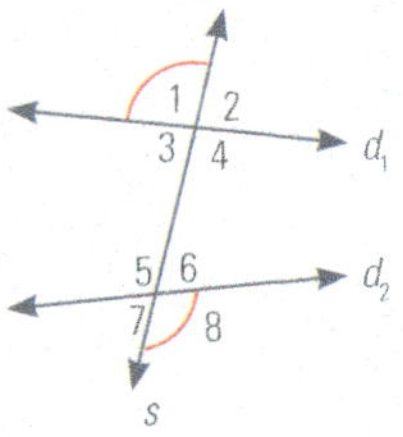

angles alternes-internes : angles qui occupent des positions opposées entre deux droites coupées par une sécante et qui sont situés de part et d'autre de la même sécante

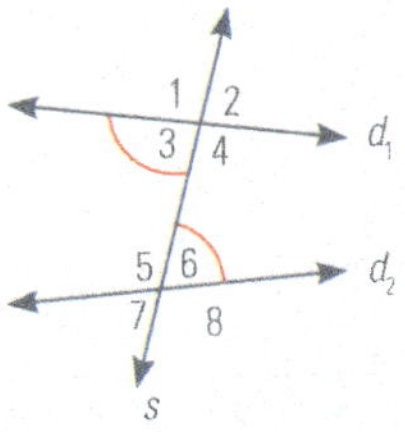

angles complémentaires : deux angles dont la valeur totale est de 90°

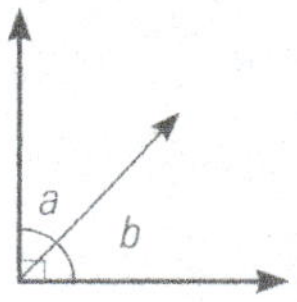

angles correspondants : deux angles congruents qui occupent la même position relative dans des figures semblables ou à deux intersections différentes

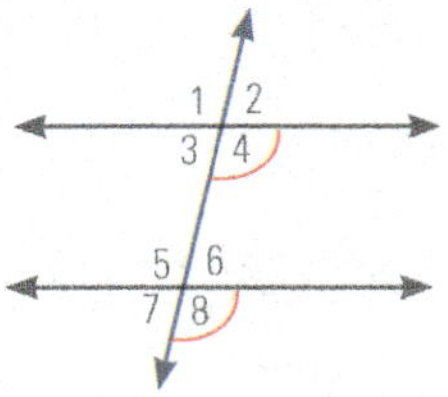

angles opposés par le sommet : angles créés par des droites d'intersection qui ont seulement un sommet en commun

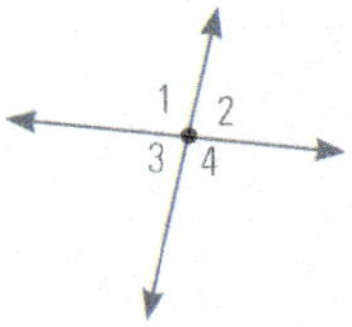

angles supplémentaires : deux angles dont la valeur totale est de 180°

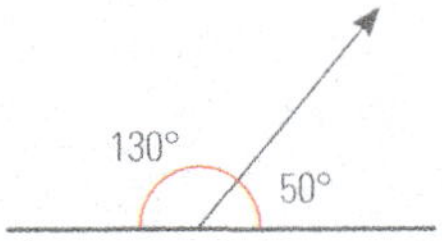

aux deux semaines : toutes les deux semaines

avantages sociaux : différents types de programmes dont les employés tirent avantage; ces programmes varient selon l'employeur

bimensuel : deux fois par mois

bissectrice d'un angle : segment de droite, demi-droite ou droite qui sépare un angle en deux parties égales

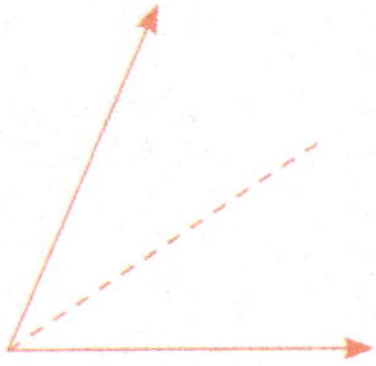

capacité : la quantité maximale que peut contenir un récipient

cathète : dans un triangle rectangle, les deux côtés qui se coupent pour former un angle droit

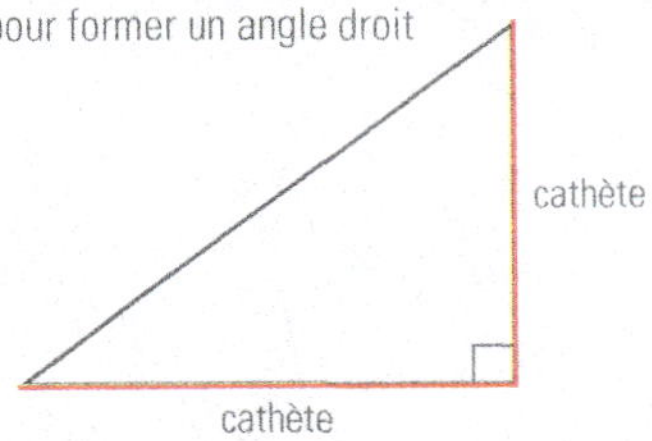

commission : montant, généralement en pourcentage, versé à une personne pour une opération commerciale

congruent : même forme et même taille

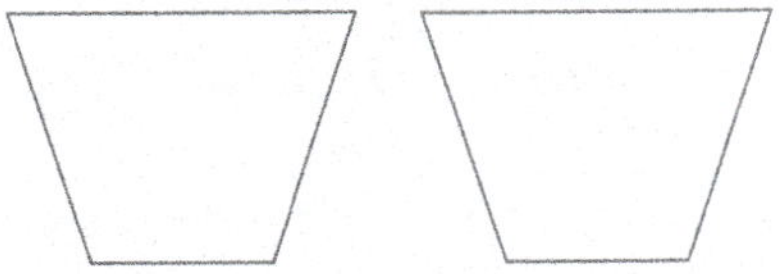

contrat : accord juridique dans lequel sont inscrites les modalités du travail à effectuer et le salaire qui sera versé au travailleur

cosinus : rapport entre la longueur du côté adjacent à un angle donné et la longueur de l'hypoténuse, dans un triangle rectangle (abréviation : cos)

côtés correspondants (dans des figures semblables) : deux côtés qui occupent la même position relative dans des figures semblables

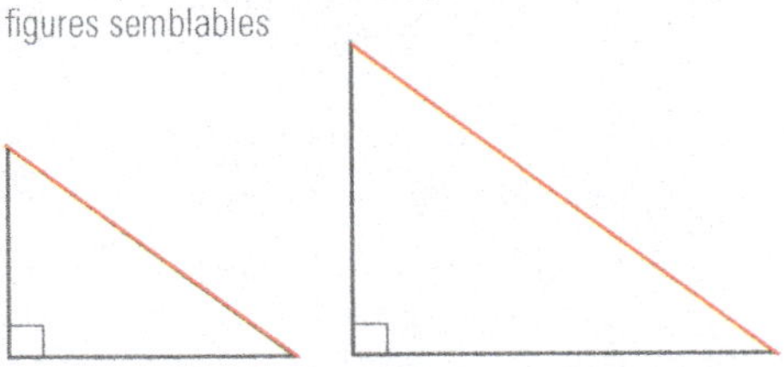

coût unitaire : coût d'une unité; taux exprimé en fraction dans laquelle le dénominateur est 1

développement : un modèle à deux dimensions utilisé pour construire des formes à trois dimensions

devise : le type de monnaie utilisé dans un pays

équerre de charpentier : instrument de métal servant à assembler des angles droits

facteur d'échelle : le rapport des longueurs des côtés correspondants de deux polygones

facteur de conversion : nombre par lequel une quantité exprimée en une unité donnée doit être multipliée pour être convertie

fiche de paie : formulaire donné à un employé par son employeur et sur lequel figurent le salaire et les retenues salariales de l'employé pour une période de paie définie

figures semblables : figures qui ont la même forme

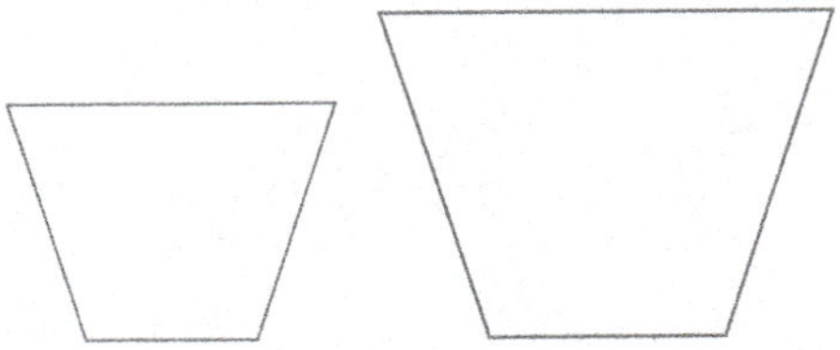

hypoténuse : le côté le plus long d'un triangle, opposé à l'angle de 90°

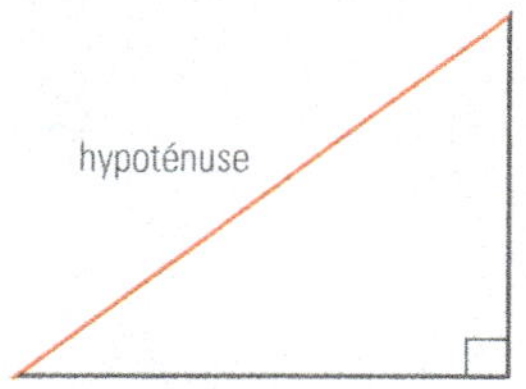

kilogramme : masse d'un litre d'eau à 4 °C

marge brute : différence entre le montant auquel un marchand vend un produit et le montant qu'il a payé pour ce produit

masse : mesure de la quantité de matière constituant un objet

mesure d'un angle : écart entre les deux demi-droites d'un angle, exprimé en degrés

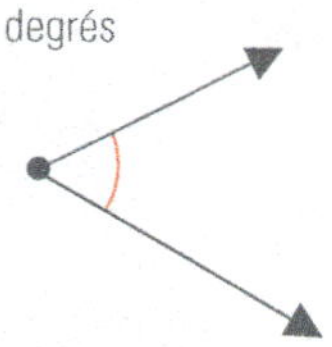

pentagone régulier : polygone à cinq côtés dont tous les côtés ont la même longueur et tous les angles ont la même mesure

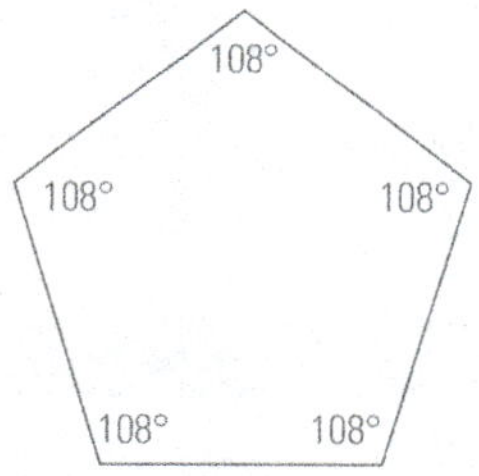

poids : mesure de la force exercée par la gravité sur un objet

polygone convexe : figure en deux dimensions dont au moins trois des côtés se coupent à des sommets qui pointent vers l'extérieur

pourcent : veut dire « sur 100 »; proportion dans laquelle le dénominateur correspond à 100

prime : revenu supplémentaire versé lorsque certaines conditions d'emploi sont atteintes ou dépassées

prime de quart : paiement supplémentaire versé en raison d'un horaire de travail non conventionnel

promotion : une activité qui attire l'attention sur un produit ou qui attire les consommateurs

proportion : énoncé fractionnaire d'égalité entre deux rapports ou taux

rapport : comparaison entre deux nombres exprimés par la même unité

référent (pour un angle) : un angle de valeur courante, comme 0°, 45°, 90°, 180° et 360°, servant à estimer des angles

relèvement vrai : angle mesuré dans le sens horaire entre le nord vrai et une direction ou un cap souhaité, exprimé en degrés (on l'appelle aussi azimut)

revenu imposable : revenu sur lequel un impôt fédéral, provincial ou territorial doit être payé

salaire brut : montant total d'argent gagné, également appelé revenu brut

salaire minimum : montant minimum que doit recevoir un travailleur pour une heure de travail; le taux varie selon la province ou le territoire où tu habites

salaire net : somme d'argent versée à un employé après retenues, souvent appelé rémunération nette

sécante : droite qui coupe au moins deux autres droites

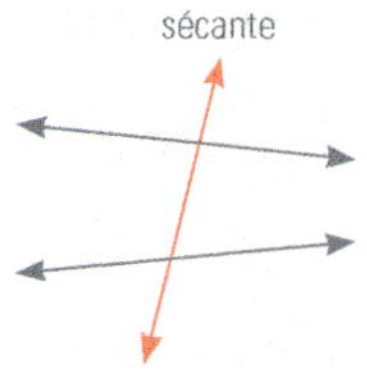

sinus : dans un triangle rectangle, le rapport entre la longueur du côté opposé à un angle donné et la longueur de l'hypoténuse (abréviation : sin)

tangente : rapport de la longueur des côtés opposé et adjacent dans un triangle rectangle (abréviation : tan)

taux : comparaison entre deux nombres exprimés par des unités différentes

taux de change : le prix de la devise d'un pays par rapport à la devise d'un autre pays

taux de change acheteur : le taux auquel un établissement de change achète l'argent de ses clients

taux de change vendeur : le taux auquel un établissement de change vend de l'argent à ses clients

taux unitaire : taux ou coût par article ou par unité

théorème de Pythagore : dans un triangle rectangle, la somme des carrés des longueurs des cathètes est égale au carré de la longueur de l'hypoténuse

tonne : une tonne métrique; équivaut à 1 000 kg

travail à la pièce : type de travail pour lequel une personne touche un taux défini pour chaque pièce produite

travailleur autonome : personne qui travaille à son compte plutôt que pour le compte d'un employeur

triangle rectangle : un triangle qui compte un angle droit

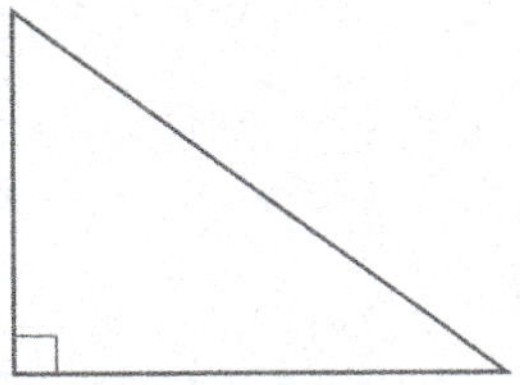

triplet pythagoricien : tout ensemble de trois nombres naturels qui respectent le théorème de Pythagore

unité de base : unité de mesure sur laquelle les autres unités sont fondées

volume : quantité d'espace qu'occupe un solide

Corrigé

CHAPITRE 1
PRIX UNITAIRE ET CONVERSION DES DEVISES
1.1 RAISONNEMENT PROPORTIONNEL

CONSTRUIS TES HABILETÉS, P. 21

1. 4 : 1; 8 à 2; 8 : 2; $\frac{8}{2}$
2. 36 minutes, une fois arrondi à la minute près.
3. 5 camionnettes : 75 minutes;
   2 pneus : 7,5 minutes
4. 13 voitures ont été vendues chaque jour; la proportion de voitures vendues le samedi est de 13 : 36.
5. 121 cm, une fois arrondi au centimètre près.
6. 50 DVD : 637,50 $; 900 DVD : 11 475,00 $
7. Le restaurateur pourrait acheter 25 kg d'olives pour 75,00 $; 20 kg d'olives lui coûteraient 60,00 $.
8. Teinture acajou : 6,86 L; teinture chêne écarlate : 5,14 L

Approfondis ta réflexion

9. Yuki a presque la bonne réponse (5,57 jours). Toutefois, Keiko et Yuki ont tous deux sous-estimé la vitesse que peut atteindre le train Shinkansen.

1.2 PRIX UNITAIRE

CONSTRUIS TES HABILETÉS, P. 26

1. 87,75 $
2. Le troisième format (21 kg pour 50,99 $) présente le prix unitaire le moins élevé, soit 2,43 $/kg.
3. Le premier fournisseur offre le prix par serrure le plus bas; les réponses peuvent varier. Exemple : On doit aussi tenir compte de la qualité de la serrure, car on veut que celle-ci soit sécuritaire.
4. a) Emballage de 2 t-shirts : 7,75 $/t-shirt; emballage de 3 t-shirts : 7,66 $/t-shirt

   b) Le meilleur choix est d'acheter un emballage de 3 t-shirts et deux emballages de 2 t-shirts pour 53,97 $.
5. Le deuxième prix, soit 12,50 $/kg, est le plus avantageux; le client devrait acheter 1 kg au deuxième prix et 1,5 kg au troisième prix.
6. Le dernier emballage, soit 29,50 $ pour 2 kg, offre le prix unitaire le plus bas; toutefois, le magasin de la question 5 offre deux prix unitaires moins élevés que celui-ci. Il est donc préférable d'acheter la viande à l'autre magasin.

Approfondis ta réflexion

7. La combinaison de trousses la moins coûteuse compte 3 grandes trousses et 1 moyenne trousse pour 269,75 $.

1.3 FIXER UN PRIX

CONSTRUIS TES HABILETÉS, P. 32

1. 36,40 $/t-shirt
2. 325,34 $; la TPS s'élève à 15,49 $.
3. 217,68 $
4. 1 099,76 $
5. a) 1 373,25 $
   b) Parminder touche 150,00 $ de plus si elle vend directement à la ferme; les réponses peuvent varier. Exemple : Parminder pourrait recevoir de grosses commandes si elle vendait sa production à des grossistes.
6. a) 2,88 $
   b) 38,00 $
   c) Les réponses peuvent varier. Exemple : Julie pourrait essayer de trouver des ingrédients et des provisions à un meilleur prix.
7. Les réponses peuvent varier. Exemple : On voit fréquemment des rabais de 50 % sur des articles hors saison. Les profits de Marie seront inférieurs, mais il est préférable de réaliser peu de bénéfices que pas de bénéfices du tout. Marie pourrait déduire qu'il est préférable de récupérer une partie des coûts investis.

Approfondis ta réflexion

8. À prix coûtant, 250 g coûtent 4,38 $.
   a) Les réponses peuvent varier. Exemple : Les facteurs de prix comprennent les coûts indirects comme le loyer et les services publics.
   b) 6,13 $
   c) 5,21 $
   d) Oui, on réaliserait encore une marge brute parce que le produit serait toujours majoré de 25 %.

1.4 EN SOLDE!

CONSTRUIS TES HABILETÉS, P. 37

1. a) 8,84 $
   b) Marylyn économise 25 % parce qu'elle a épargné 2,94 $, ce qui correspond à 25 % de 11,78 $.
2. a) Magasin de Ross : 52,45 $; magasin d'Al : 49,94 $
   b) Oui, Al vise juste; avec la réduction; la raquette vendue à son magasin est moins chère.
3. a) Les mèches sont moins chères si elles sont effectuées dans la matinée.
   b) Les réponses peuvent varier. Exemple : Le coupon de réduction sera plus attrayant, car il permet de savoir combien on économise, sans devoir faire de calcul.
4. 1 831,50 $; 28,80 $
5. a) Grossiste 1 : 3 132,15 $; grossiste 2 : 3 129,00 $
   b) Le deuxième grossiste offre le meilleur achat.
6. a) Chemises : 38 %; shorts : 32 %; manteau : 50 %
   b) Économies totales de 45,00 $. Le client réaliserait plus d'économies sur le manteau (25,00 $).

Approfondis ta réflexion

7. a) Prix courant : 1 601,60 $; prix réduit : 1 521,52 $; économies : 80,08 $
   b) 7,28 $

1.5 CONVERSION DES DEVISES

CONSTRUIS TES HABILETÉS, P. 47

1. a) 1,644 814
   b) 0,133 451
   c) 0,019 360
2. a) 0,009 295
   b) 0,950 964
   c) 1,004 350
3. a) 375,49 $CAN
   b) 3 211,28 $CAN
   c) 3 477,79 $CAN
   d) 17 057,07 $CAN
4. 729,57 €
5. a) 395,18 euros
   b) 639,13 francs
   c) 3 702,48 couronnes
   d) 612,98 $CAN : Opal reçoit un montant inférieur parce que les taux de change vendeur et acheteur de la banque sont différents; la banque profite d'une marge de profit sur la conversion des devises.
6. Pebble Beach : 5 193,25 $CAN
   St. Andrew's : 17 511,24 $CAN
   Spring City Golf & Lake Resort : 4 325,16 $CAN
   SAFRA Resort & Country Club :
   11 434,20 $CAN
   Leopoldsdorf : 6 579,26 $CAN

Approfondis ta réflexion

7. a) Les réponses varieront parce que les taux de conversion changent tous les jours. Exemple : 8,73 $US (taux : 1 $CAN = 0,975 229 $US); 9,39 $A (taux : 1 $CAN = 1,049 05 $A)
   b) Prix pour les États-Unis : 9,91 $US; prix pour l'Australie : 11,51 $A

MISE EN PRATIQUE DES NOUVELLES HABILETÉS, P. 50

1. a) 40 km; 200 km
   b) 15,90 $CAN
2. 300 pains
3. a) 7,5 m/seconde
   b) 0,23 $/œuf
4. Non, on ne peut pas utiliser un photocopieur pour agrandir une photo de 4 × 6 vers un autre format standard parce que les dimensions des photos ne sont pas proportionnelles. La photo peut être réduite dans tous les formats dont les proportions sont équivalentes à 8 : 10, comme 4 : 5 ou 2,5 : 3,125.
5. a) Prix unitaire du sac de 5 lb : 0,38 $/lb; prix unitaire du sac de 20 lb : 0,30 $/lb. Le sac de 20 lb représente le meilleur achat.
   b) Les réponses peuvent varier. Exemple : Il faut tenir compte de la qualité des pommes de terre et de la quantité nécessaire.
   c) Il s'agit du meilleur achat puisque le prix unitaire est de 0,20 $/lb. Toutefois, on peut tenir compte d'autres facteurs que le prix. Exemple : On n'a peut-être pas besoin de 75 lb de pommes de terre.

6. Le magasin Too Good To Be True offre le meilleur achat (955,49 $ plutôt que 999,99 $).

7. a) 5 tasses de farine

   b) farine : $1\frac{2}{3}$ tasse; sucre : $\frac{1}{3}$ tasse

8. a) 795,00 $CAN

   b) 798,98 $CAN

9. 1 284,05 $CAN

10. a) 9,50 $/h

    b)

CALCULER LES GAINS

Heures	*Nombre de dollars gagnés*
0	0
1	9,50 $
2	19,00 $
3	28,50 $
4	38,00 $
5	47,50 $

    c)

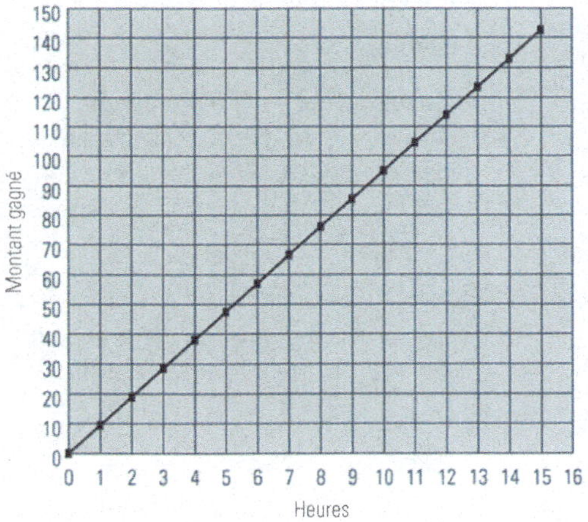

    d) 3,5 heures de travail : 33,25 $; 12,5 heures de travail : 118,75 $

CHAPITRE 2
TOUCHER UN SALAIRE
2.1 SALAIRE ET RÉMUNÉRATION

CONSTRUIS TES HABILETÉS, P. 60

1. a) 947,20 $/semaine

   b) 49 254,40 $/année

2. Les paiements versés aux deux semaines sont versés, par exemple, tous les deux vendredis, tandis que les paiements versés deux fois par mois sont versés, par exemple, le 15 de chaque mois et le dernier jour de chaque mois.

3. Calculer le nombre d'heures que travaille Luc dans un mois (4,33 semaines). Diviser ensuite le salaire mensuel de Luc par son nombre d'heures par mois (52 h/mois). Luc gagne environ 9,56 $/h.

4. Facteurs dont il faut tenir compte : le nombre de pelouses qu'il est possible de tondre en une heure; la vitesse à laquelle travaille la personne et les conditions qui pourraient ralentir le travail (comme une pelouse mouillée).

5. Son salaire mensuel est de 496,74 $. Ses revenus augmenteraient de 152,76 $ par mois.

6. 30,00 $/h

7. a) 30 539,19 $

   b) 32 398,91 $

8. **15 nov.**

   a) 3 h 2 min

   b) 3,03 h, une fois arrondi

   16 nov.

   a) 5 h 4 min

   b) 5,07 h, une fois arrondi

17 nov.

a) 3 h 2 min

b) 3,03 h, une fois arrondi

18 nov.

a) 5 h 31 min

b) 5,52 h

19 nov.

a) 3 h 28 min

b) 3,47 h

c) 192,00 $

d) Il est préférable de commencer et de terminer sa journée de travail aux heures précisées, parce qu'on ne gagne pas plus d'argent pour avoir commencé quelques minutes plus tôt ou pour avoir terminé quelques minutes plus tard.

9. a) Erreurs dans la fiche de paie de Franco : la date de fin arrive avant la date de début, la date de fin porte l'année 2100 au lieu de 2010, le nombre total d'heures devrait être de 32,5 et le salaire brut de Franco devrait être de 290,88 $.

b) Erreurs dans la fiche de paie de Christine : deux taux de rémunération différents sont indiqués, et son salaire brut devrait être de 224,19 $.

c) Informer le supérieur ou le commis de paie de l'erreur.

Approfondis ta réflexion

10. a) On pourra considérer des facteurs comme la paie, la durée de l'emploi, le coût et le temps associés aux déplacements, les avantages indirects et autres avantages sociaux qu'offrent l'emploi, et l'intérêt qu'on a pour chaque genre de travail.

b) Le nombre d'heures par semaines qu'un élève travaillerait au centre communautaire et le coût lié au transport pour le travail de peintre.

c) Le travail de peintre nécessitera peut-être de faire des heures supplémentaires si un contrat en particulier doit être terminé en raison de la météo.

d) Les heures supplémentaires peuvent être intéressantes si on veut gagner plus d'argent; toutefois, une personne préférera peut-être ne pas faire d'heures supplémentaires si elle a d'autres engagements.

2.2 DIFFÉRENTES FAÇONS DE GAGNER DE L'ARGENT

CONSTRUIS TES HABILETÉS, P. 69

1. Avantages du travail autonome : on est son propre patron et on peut établir son propre horaire de travail. Désavantages : on n'a pas de vacances payées ou d'avantages sociaux et on doit promouvoir son entreprise soi-même. Les réponses à la dernière question varieront.

2. a) Le profit est de 75,00 $.

b) Le profit est de 15 %.

c) Il ne pouvait pas ajuster le prix parce qu'il avait déjà signé le contrat l'obligeant à fournir un produit à un prix préétabli.

3. a) 14,87 $/h

b) Pour augmenter son salaire horaire, il faudrait que Leo travaille plus rapidement, de façon à pouvoir réaliser plus de contrats en moins d'heures, ou réduire ses dépenses en matériaux.

4. Si Ling travaille vite, le travail à la pièce pourrait être plus avantageux parce qu'elle gagnerait 0,50 $ de plus l'heure que si elle était payée à l'heure.

5. a) 2 200,00 $

b) Elle devrait consacrer en moyenne 4 h, à raison de 50,00 $/h. Il ne serait pas avantageux pour elle qu'elle consacre plus de 5 ou 6 heures.

c) 15 200,00 $

6. 66 666,67 $

7. a) 360,00 $

   b) Il est avantageux de travailler à la pièce si le travailleur est efficace et s'il peut gagner plus de cette façon que si on le payait à l'heure. Le travail à la pièce permet au travailleur de décider de la quantité de travail à entreprendre.

   c) Pour un employeur, le fait de rémunérer à la pièce signifie qu'il n'aura pas à payer d'avantages sociaux comme des congés payés ou des heures de maladie. L'un des inconvénients serait que le travailleur ne puisse pas toujours être disponible.

Approfondis ta réflexion

8. a) Il faut mesurer la longueur et la largeur de chaque mur ainsi que les dimensions du foyer et de la porte panoramique, en plus de celles des autres espaces ouverts (comme un corridor).

   b) Parmi les autres calculs, on note le prix de l'apprêt, de la peinture, des outils de découpage, des toiles de plastique, des pinceaux, des rouleaux, etc. Il faut estimer le temps nécessaire, après avoir déterminé le nombre de couches de peinture à appliquer.

   c) Si x = coût des fournitures

   Si y = coût de la main-d'œuvre

   Coût total = $x + y$

   Le profit est égal au montant du contrat moins le total des coûts.

   Si P = profit

   Si C = coûts

   Si M = montant du contrat

   $P = M - C$

   Le pourcentage de profit est égal au profit divisé par le montant du contrat.

   Si Z = pourcentage de profit

   $Z = P \div M$

2.3 REVENU SUPPLÉMENTAIRE

CONSTRUIS TES HABILETÉS, P. 76

1. a) 74 050,00 $

   b) 6 170,83 $

2. 7,60 $

3. Tristan gagnera environ 2 240,00 $ en 4 semaines.

4. a) Si x = nombre d'heures travaillées
   Si y = nombre d'employés par quart
   Si z = montant des pourboires

   $x\,(8{,}00\ \$/\text{h}) + \frac{z}{y}$

   b) Non, Layla n'a pas raison. Elle a gagné 65,87 $ et non 68,21 $.

5. 48 300,00 $

6. 225,73 $

7. a) 6 h

   b) 150,88 $

   c) 75 %

   d) 25 %

Approfondis ta réflexion

8. a) 196,81 $

   b) Cette indemnité de kilométrage est probablement juste, mais elle peut être insuffisante si le travail entraîne une usure trop importante sur le véhicule personnel. Il faut tenir compte du coût de l'essence, des assurances ainsi que du coût des réparations et de l'entretien.

2.4 RETENUES ET SALAIRE NET

CONSTRUIS TES HABILETÉS, P. 87

1. Le salaire brut est le revenu total gagné au cours d'une période de paie. Le revenu imposable correspond au revenu brut duquel sont soustraites les retenues avant impôt comme les cotisations syndicales, les cotisations à un régime de pension et à l'assurance des soins dentaires, etc.
2. a) Le deuxième ami gagne un salaire plus élevé.
   b) Les retenues de l'ami qui touche son salaire deux fois par mois seraient plus élevées pour chaque période de paie.
3. Trouver le taux de cotisation d'Assurance-emploi pour l'année et multiplier ce taux par le salaire brut.
4. a) 3 026,54 $ deux fois par mois
   b) Le revenu imposable est plus élevé que le salaire net parce que, pour calculer le salaire net, on soustrait du revenu imposable l'impôt sur le revenu, la cotisation au Régime de pensions du Canada et la cotisation d'Assurance-emploi.
5. Le salaire net d'Amber est de 811,12 $.
6. a) Emploi à Prince Rupert : 109,31 $
   Emploi à la rivière Skeena : 109,31 $
   b) 86,50 $
   c) Emploi à Prince Rupert : 304,00 $
   Emploi à la rivière Skeena : 304,00 $
   d) 4 086,88 $
7. a) Oui, Pierre a reçu le bon montant. Après retenues, il a touché 1 379,58 $.
   1 730,77 $ – 172,98 $ – 69,82 $ – 78,45 $ – 29,94 $ = 1 379,58 $
   b) Non, il n'a pas reçu le bon montant. Après retenues, il aurait dû toucher 1 317,08 $.
   1 730,77 $ – 172,98 $ – 69,82 $ – 78,45 $ – 29,94 $ – 62,50 $ = 1 317,08 $

Approfondis ta réflexion

8. a) 5 770,00 $
   b) 4 012,50 $

MISE EN PRATIQUE DES NOUVELLES HABILETÉS, P. 89

1. 8,40 $
2. Les serveurs ont gagné un peu plus d'argent le jeudi que le vendredi.
   Étapes à suivre :
   1. Diviser le montant total des pourboires donnés chaque jour par le nombre de serveurs qui ont travaillé ce jour-là.
   2. Calculer le salaire qu'ont gagné les serveurs chaque soir.
   3. Additionner les pourboires et le salaire de chaque serveur et comparer les montants pour les deux soirs.
3. a) 252,00 $
   b) 84,00 $
4. a) 2 075,00 $
   b) 23 %
   c) Une entreprise qui enregistre un bénéfice net correspondant à 23 % de son revenu total est une entreprise saine, mais elle a probablement d'autres dépenses à payer, comme le coût de location d'un local ou des activités de commercialisation.

5. 500,00 $

6. Renseignements nécessaires : le salaire, la période de paie, le code de demande, le taux de cotisation d'Assurance-emploi, l'exemption de base du Régime de pensions du Canada et le taux de cotisation ainsi que les avantages sociaux et les autres retenues.

   Matériel nécessaire : une calculatrice, un ordinateur muni d'un accès Internet ainsi que des tables d'impôt ou une calculatrice de retenues en ligne.

7. a) Impôt fédéral : 130,15 $

   b) Impôt provincial : 63,50 $

   c) Il faudrait consulter la table d'impôt provincial de la Colombie-Britannique.

8. a) 1 423,08 $

   b) Cotisation au Régime de pensions du Canada : 63,78 $; cotisation d'Assurance-emploi : 24,62 $; impôt fédéral : 132,40 $; impôt de l'Alberta : 66,50 $

   c) 1 135,78 $

9. Les réponses varieront. Un travailleur qui est rémunéré uniquement à la commission a davantage de liberté. Il a, par exemple, la possibilité de travailler à partir de la maison ou seulement lorsqu'il le veut. De plus, sa rémunération est directement liée à son rendement. Toutefois, ce travailleur ne touche pas un salaire versé à intervalles réguliers et ne bénéficie pas des avantages sociaux qu'offre un emploi rémunéré. Les avantages de recevoir un salaire en plus d'une commission sont la sécurité qu'offre un salaire versé à intervalles réguliers et les avantages sociaux. Toutefois, le fait d'avoir à travailler à temps plein et de relever d'un superviseur peut être perçu comme un inconvénient.

CHAPITRE 3
LONGUEUR, AIRE ET VOLUME
3.1 SYSTÈMES DE MESURE

CONSTRUIS TES HABILETÉS, P. 102

1. a) 2 miles

b) $120\frac{3}{16}$ pouces

c) $26\frac{1}{4}$ pi

2. 360 bouquets

3. Non, la valise a 3 po de trop.

4. a) On aura besoin de 25 panneaux de contreplaqué.

   b) Le contreplaqué coûtera 353,75 $.

5. Il coûtera 39,96 $ pour installer une bordure d'isolement autour du jardin.

6. La charpentière aura besoin de 14 barres.

7. a) Noah doit acheter 8 verges de tissu.

   b) Les rideaux coûteront 120,00 $.

8. Si le menuisier installe des plinthes autour du meuble-lavabo, l'installation coûtera 254,53 $. Si le menuisier n'installe pas de plinthes autour du meuble-lavabo, l'installation coûtera 213,41 $. Supposons que le menuisier n'installe pas de plinthes devant la baignoire ou l'ouverture de la porte.

Approfondis ta réflexion

9. La spécialiste de l'isolation thermique aura besoin de 7 paquets.

3.2 LA CONVERSION DES UNITÉS DE MESURE

CONSTRUIS TES HABILETÉS, P. 111

1. Le pont mesure 2,286 m de haut. Le camion ne passera pas sous le pont.
2. L'altitude correspond à 13 779,5 pieds.
3. Valerie mesure 172,72 cm.
4. Le coût total est de 728,00 $.
5. L'entreprise A demandera 3 827,08 $ et l'entreprise B demandera 4 000,00 $; l'entreprise A devrait donc obtenir le contrat.
6. Le revêtement de sol en bois dur coûtera 2 126,67 $ et le tapis coûtera 2 206,05 $; le revêtement de sol en bois dur coûte donc moins cher.
7. a) Irina peut planter 658 semis.

   b) Les semis coûteront 429,00 $.
8. Le montant total de l'estimation est de 872,50 $.

Approfondis ta réflexion

9. Le coût total sera de 983,30 $.

3. Jashandeep doit acheter suffisamment de peinture pour couvrir 48 pi^2. Elle a donc besoin d'une pinte de peinture au coût de 14,99 $. Elle doit acheter suffisamment de teinture pour couvrir 4,46 m^2. Elle a donc besoin d'un litre de teinture au coût de 12,99 $. La teinture est l'option la moins chère.
4. Il faut 81,70 vg^2 de tôle pour fabriquer la trémie.
5. a) Francine devra acheter 155 briques.

   b) Les briques coûteront 124,00 $.
6. 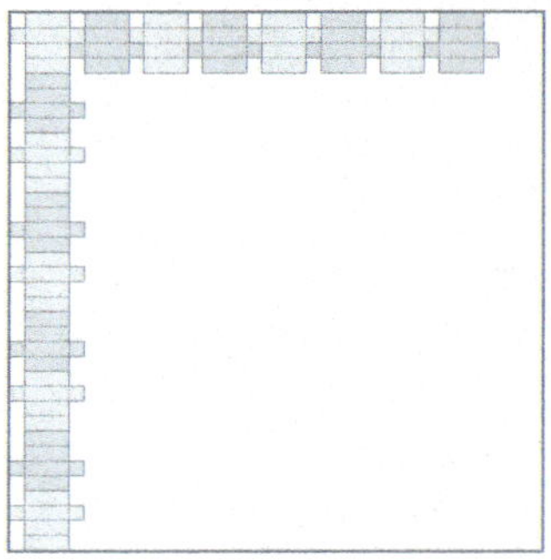

Approfondis ta réflexion

7. Il en coûtera 151,20 $ pour recouvrir la planche à griffes de tapis.

3.3 AIRE TOTALE

CONSTRUIS TES HABILETÉS, P. 121

1. a) Il peut faire 4 bassins avec un rouleau.

   b) La géomembrane coûte 37,25 $ pour un bassin.
2. Il faut 45,16 po^2 d'aluminium pour fabriquer la canette A et 42,41 po^2 d'aluminium pour fabriquer la canette B; par conséquent, la canette A nécessite la plus grande quantité d'aluminium.

3.4 VOLUME

CONSTRUIS TES HABILETÉS, P. 132

1. Il aura besoin de 750 mL de lait.
2. 12 oz liq. américaines = 355 mL

   16 oz liq. américaines = 474 mL

   28 oz liq. américaines = 829 mL

   40 oz liq. américaines = 1 184 mL

3. Les boîtes conviennent puisqu'elles mesurent 30,48 cm × 15,24 cm × 20,32 cm.

4. Il paiera 55,00 $ pour remplir son réservoir.

5. Béton J & L demande 931,48 $ tandis que Béton M & W demande 823,35 $. Everett devrait donc acheter le béton dont il a besoin auprès de Béton M & W.

6 Elann devra commander 2,5 vg^3 de béton.

Approfondis ta réflexion

7. La voiture consomme 5,22 L par 100 km. Elle est donc plus économique que la fourgonnette.

MISE EN PRATIQUE DES NOUVELLES HABILETÉS, P. 134

1. L'installation des bancs coûtera 7 800,00 $.

2. Il en coûtera 270,25 $ pour remplacer les moulures.

3. Le peintre demandera 3 342,95 $ pour faire ce travail.

4. Le coût total de l'apprêt à métal sera de 141,39 $.

5. Il a fallu utiliser 4,78 pi^2 d'aluminium pour fabriquer le cornet.

6. Il lui faudra parcourir 141,06 miles avant d'atteindre la prochaine station-service. Elle a suffisamment de carburant pour parcourir encore 252 miles; elle n'a donc pas besoin de s'arrêter maintenant pour faire le plein.

7. Si le producteur achète des balles de 1 vg^3, il aura besoin de 10 balles, lesquelles coûteront 390,00 $. Si le producteur achète des balles de 3,8 pi^3, il aura besoin de 71 balles, lesquelles coûteront 886,79 $. Une balle de 1 vg^3 lui permettrait d'obtenir le meilleur prix au total.

8. Dawai a besoin de 1,665 vg^3 de terre. Chez La terre moins chère, 1,665 vg^3 de terre coûterait 26,62 $, et 2 vg^3 coûteraient 31,98 $. S'il convertit le volume en mètres, il a besoin de 1,27 m^3 de terre. Chez Les roches et la terre, 1,27 m^3 de terre coûterait 24,12 $, et 2 m^3 coûteraient 37,98 $.

   a) Si Dawai peut acheter une fraction de verge cube ou de mètre cube, il devrait acheter sa terre chez Les roches et la terre.

   b) S'il doit acheter la verge cube ou le mètre cube au complet, il devrait acheter sa terre chez La terre moins chère.

9. a) Le volume total de béton dont Steve a besoin pour construire le mur est de 4,57 vg^3.

   i) Steve aura besoin de 0,65 vg^3 de ciment.

   ii) Steve aura besoin de 1,31 vg^3 de sable.

   iii) Steve aura besoin de 2,61 vg^3 de gravier.

   b) Le projet coûtera 1 589,29 $.

CHAPITRE 4
MASSE, TEMPÉRATURE ET VOLUME
4.1 CONVERSION DE TEMPÉRATURES

CONSTRUIS TES HABILETÉS, P. 143

1. Viande hachée : 71 °C; bœuf (à point) : 63 °C; bœuf (bien cuit) : 77 °C; poulet (entier) : 74 °C
2. Mandy devra modifier la composition du mélange bitume/agrégat si la température tombe sous les 70 °F. La température affecterait le mélange parce que l'asphalte devient plus fluide lorsqu'il est chauffé.
3. Chan ne travaillera pas s'il fait plus de 41 °C ou moins de −26 °C.
4. La température de surface de la pince à friser est de (446 ± 18) °F. Autrement dit, elle doit se situer entre 428 °F et 464 °F.
5. a) Les réponses varieront.
   b) Les réponses varieront.
   c) Bev aime qu'il fasse entre 64 °F et 72 °F dans sa maison.

Approfondis ta réflexion

6. −40 °C = −40 °F

4.2 LES MESURES DE MASSE DANS LE SYSTÈME IMPÉRIAL

CONSTRUIS TES HABILETÉS, P. 151

1. a) i. une coquille de beurre
   b) ii. un petit panier de framboises
   c) iii. un rorqual bleu
2. a) livres
   b) livres
   c) once ou livre pour une plus grosse boîte
   d) tonnes américaines
   e) livre ou livre et once
   f) livres
   g) tonnes américaines
3. a) Les nouveaux-nés sont petits et les onces représentent une portion relativement importante de leur poids.
   b) 121 oz
   c) Il est plus facile de visualiser un bébé qui pèse entre 7 et 8 lb qu'un bébé qui pèse 115 oz.
   d) 8 lb 1 oz
   e) Le poids de Johan à cinq semaines était environ $\frac{8}{121} \approx 0{,}07$ fois plus élevé que son poids à la naissance.
   f) Si son poids avait été inférieur à la naissance, il aurait perdu moins de poids pendant la première semaine suivant sa naissance et il en aurait gagné davantage par la suite, mais cela aurait été le contraire si son poids avait été supérieur à la naissance.
4. $3\,504\frac{1}{6}$ lb
5. a) Les produits pétroliers sont les produits les plus échangés dans le monde.
   b) Le cultivateur a touché 1 181,25 $, et Hon a touché 12 116,25 $. Hon a fait 10 395,00 $ de plus que le cultivateur pour son café. Ce montant est presque 10 fois plus élevé que celui que le cultivateur a reçu.

Approfondis ta réflexion

6. a) Bien que ce montant ne semble pas énorme, il s'agit d'un montant équitable pour des grains de café compte tenu du coût de la vie dans les pays où sont cultivés les grains de café.
   b) Hon a probablement payé beaucoup plus que 1,35 $/lb pour les grains de café parce qu'il a fait affaire avec des distributeurs, qu'il a payé des coûts de transport, etc.
7. Sam a oublié de tenir compte du poids maximal que le camion de Pete peut transporter. Pete devra faire 9 voyages.

4.3 LES MESURES DE MASSE DANS LE SI

CONSTRUIS TES HABILETÉS, P. 158

1. a) ii. une pièce d'un cent
   b) i. ce manuel
   c) i. une punaise
   d) i. un taureau
2. a) Non. Même un petit camion aurait une masse de plus de 1 t.
   b) Non. Un nouveau-né a une masse de 3 000 g ou 4 000 g.
   c) Non. Une rondelle a une masse bien moindre, soit entre 150 g et 170 g environ.
   d) Oui
   e) Oui
   f) Oui
   g) Non. 1 t correspond à 1 000 kg, ce qui correspond à environ 2 200 lb.
   h) Non. Une livre correspond à moins d'un demi-kilogramme.
3. a) On devra prendre deux comprimés à la fois.
   b) 7 500 mg
   c) 0,007 5 kg
4. Azote : 30 kg; phosphore : 35 kg; potassium : 25 kg
5. L'air dans le réservoir pèse 44 956,5 g ou environ 45 kg.
6. Il faudrait acheter des emballages de 398 g, 124 g et 97 g de fromage.
7. 625 kg

Approfondis ta réflexion

8. a) Jupiter
   b) Mercure

4.4 LES CONVERSIONS

CONSTRUIS TES HABILETÉS, P. 165

1. Chaque balle a une masse d'environ 142 g.
2. Raj devra commander 36 sacs.
3. a) 146,73 kilogrammes par mètre carré
   b) i. 30 770 livres
      ii. 13 986,36 kg
4. a) 102,24 kg
   b) 225 lb
5. a) 520 lb
   b) 236,4 kg
6. Il y a environ 1 062 boisseaux de blé dans la pile.

7. Jason devrait faire installer un ascenseur qui a une capacité minimale de 2 000 lb.

Approfondis ta réflexion

8. a) 180,98 $

   b) 4,77 $/kg

   c) Bœuf haché : 21,8 kg; rôti de palette : 3,4 kg; surlonge : 3,1 kg; bifteck : 4,5 kg; bifteck d'aloyau : 3,3 kg; viande à ragoût : 1,8 kg

   d) Une fois que le prix de la viande dans les épiceries aura été vérifié, il sera probablement établi qu'Arduk n'a pas économisé beaucoup d'argent, voire pas du tout, surtout s'il y avait un rabais sur la viande au moment de la vérification.

   e) Les réponses varieront. Exemple : Souvent, on peut acheter les fruits et les légumes directement du cultivateur.

   f) Les réponses varieront. Exemple : Les aliments sont souvent plus frais.

MISE EN PRATIQUE DES NOUVELLES HABILETÉS, P. 169

1. 113 °F correspond à 45 °C; –55 °F correspond à environ –48 °C
2. La plus basse température enregistrée serait d'environ –81 °F.
3. a) Un seau d'eau de 5 gallons américains pèse environ 19 kg.

   b) 1 000 kg
4. a) 13 565 g ou 13,565 kg

   b) 200 g

   c) 5
5. 150 lb
6. 1 334,28 kg; 2 935,42 lb
7. 47,6 tonnes
8. On peut créer une balance en se servant d'un chevalet de sciage ou de tout autre dispositif comme point d'appui et d'une pièce de bois massif ou d'un madrier de 2 po sur 4 po comme fléau. Placer les roches sur l'un des bouts du madrier de 2 po sur 4 po. Déposer les sacs de ciment un à la fois sur l'autre bout du madrier. Lorsque les sacs de ciment contrebalancent les roches, compter le nombre de sacs et multiplier ce nombre par 20.
9. a) 378 787,88 kg

   b) 421,6 pi^3

   c) 660 lb

Approfondis ta réflexion

10. Porc : $8\frac{2}{3}$ oz; bœuf : 4 oz; pommes de terre : $4\frac{2}{3}$ oz

CHAPITRE 5

ANGLES ET DROITES PARALLÈLES

5.1 MESURE, REPRÉSENTATION ET ESTIMATION D'ANGLES

CONSTRUIS TES HABILETÉS, P. 184

1. a) 26,5° (Une bonne estimation serait de 25° ou de 30°.)

   b) 243° (Une bonne estimation serait de 240° ou de 245°.)

2.

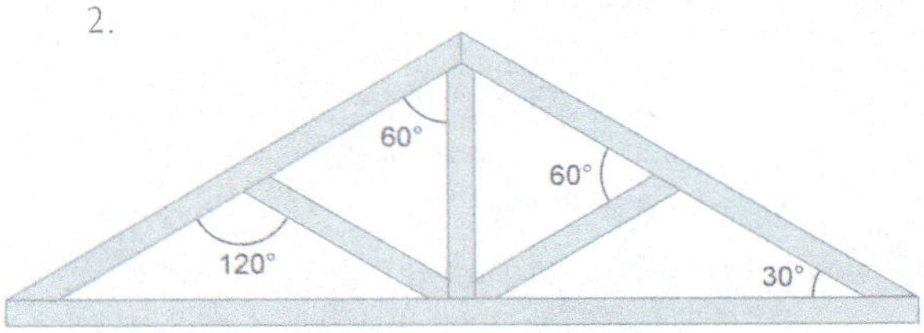

3. Seul un angle de 40° peut être complémentaire avec un angle de 50° (total de 90°). Ainsi, le bas des parties latérales du cadre doit être coupé de façon à ce que les angles mesurent 40°.

4. Les angles des coupes devraient mesurer de 30° à 40° (côté horizontal) et de 50° à 60° (côté vertical). Les mesures réelles sont de 33,7° pour le côté horizontal et de 56,3° pour le côté vertical.

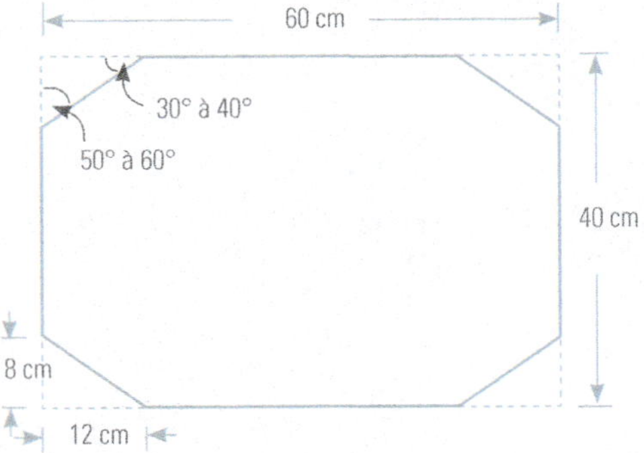

5.

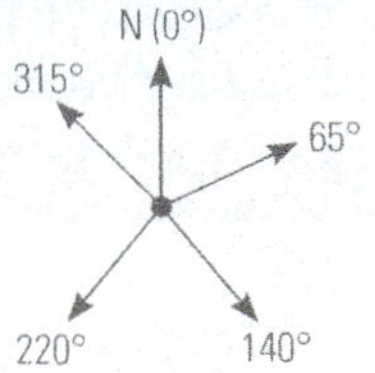

6.

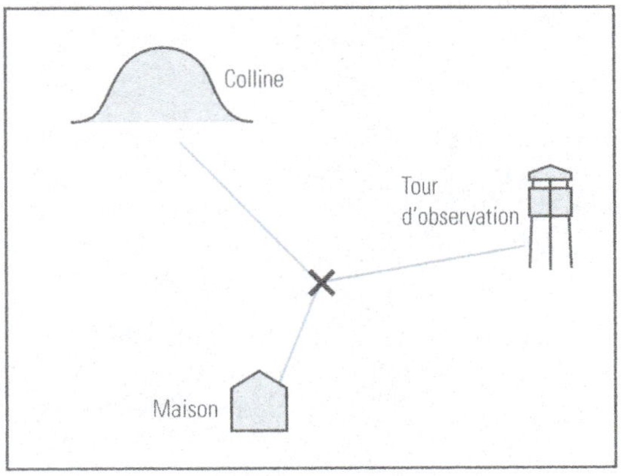

Approfondis ta réflexion

7. a) Soustraire 6° des relèvements vrais pour trouver les lectures de la boussole.

   b) La lecture de boussole pour le premier relèvement vrai sera de 48°.

   La lecture de boussole pour le deuxième relèvement vrai sera de 189°.

   La lecture de boussole pour le troisième relèvement vrai sera de 101°.

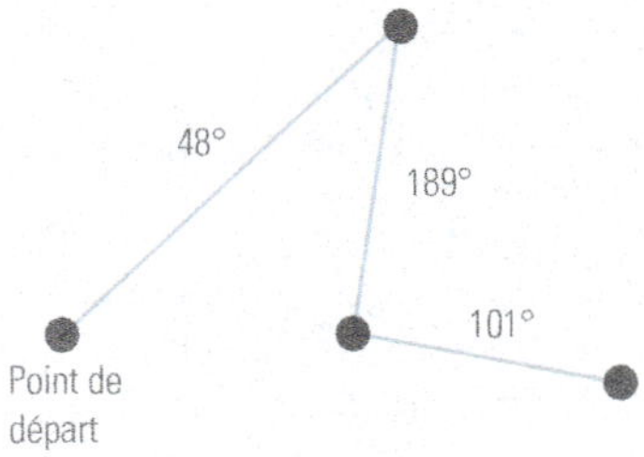

5.2 BISSECTRICES D'UN ANGLE ET D'UNE DROITE PERPENDICULAIRE

CONSTRUIS TES HABILETÉS, P. 192

1. a) La valeur de l'angle est de 27°. La valeur de l'angle séparé en deux est de 13,5°.

   b) La valeur de l'angle est de 84°. La valeur de l'angle séparé en deux est de 42°.

   c) La valeur de l'angle est de 90°. La valeur de l'angle séparé en deux est de 45°.

   d) La valeur de l'angle est de 262°. La valeur de l'angle séparé en deux est de 131°.

2. a) L'angle formé par les bandes 1 et 2 mesure 50°. L'angle formé par les bandes 2 et 3 mesure 100°. L'angle formé par les bandes 1 et 3 mesure 30°

   b) Les bissectrices de chacun des angles sont les suivantes :

   Bandes 1 et 2
   $50° \div 2 = 25°$

   Bandes 2 et 3
   $100° \div 2 = 50°$

   Bandes 1 et 3
   $30° \div 2 = 15°$

   c) Les extrémités des bandes 1 et 2 doivent être coupées à des angles de 25° à leur point de rencontre. Les extrémités des bandes 2 et 3 doivent être coupées à des angles de 50° à leur point de rencontre. Les extrémités des bandes 1 et 3 doivent être coupées à des angles de 15° à leur point de rencontre.

3. Les angles intérieurs des octogones réguliers mesurent 135°. L'angle rentrant de ces octogones mesurera $360° - 135° = 225°$. Les assemblages à onglet sépareront ces angles en deux; ainsi, la mesure de l'angle situé entre l'extrémité et le côté droit de chacune des pièces sera de 112,5°.

4. ∠ A mesure 150°. La valeur de l'angle séparé en deux est de 75°.

   ∠ B mesure 120°. La valeur de l'angle séparé en deux est de 60°.

   ∠ C mesure 140°. La valeur de l'angle séparé en deux est de 70°.

   ∠ D mesure 130°. La valeur de l'angle séparé en deux est de 65°.

5. L'angle total entre la paire de rayons lumineux de gauche mesure 76°. L'angle de réflexion et l'angle d'incidence mesurent 38°.

   L'angle total entre la paire de rayons lumineux du centre mesure 100°. L'angle de réflexion et l'angle d'incidence mesurent 50°.

   L'angle total entre la paire de rayons lumineux de droite mesure 124°. L'angle de réflexion et l'angle d'incidence mesurent 62°.

6. La pièce de bois doit être coupée à un angle de 140°. Si un des angles formés par une ligne droite coupée en deux mesure 40°, l'angle supplémentaire doit mesurer 140°.

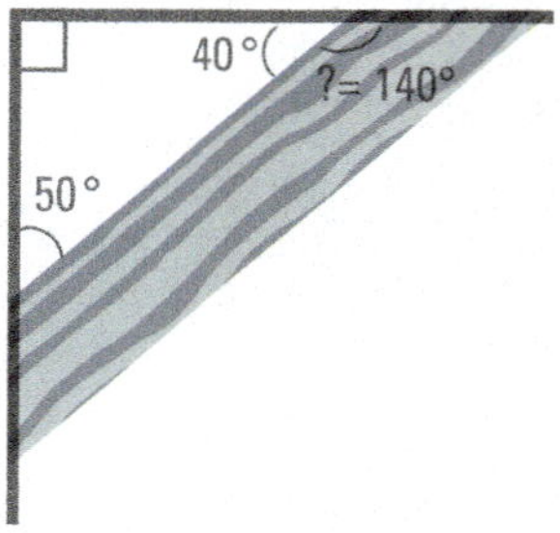

7. Les schémas devraient ressembler à celui qui figure ci-dessous.

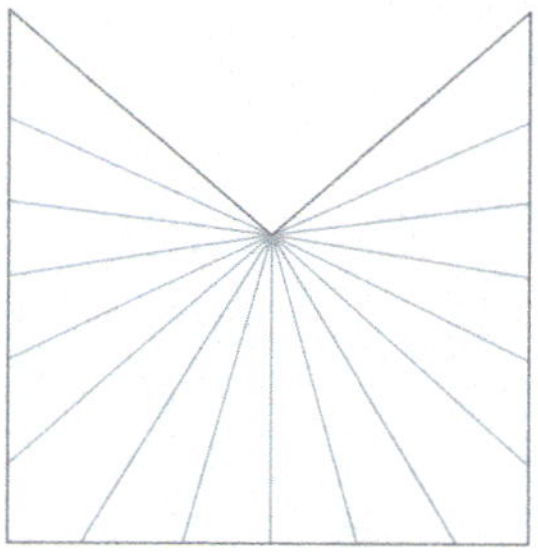

Approfondis ta réflexion

8. Le réflecteur doit subir une rotation de 6° dans le sens inverse des aiguilles d'une montre.

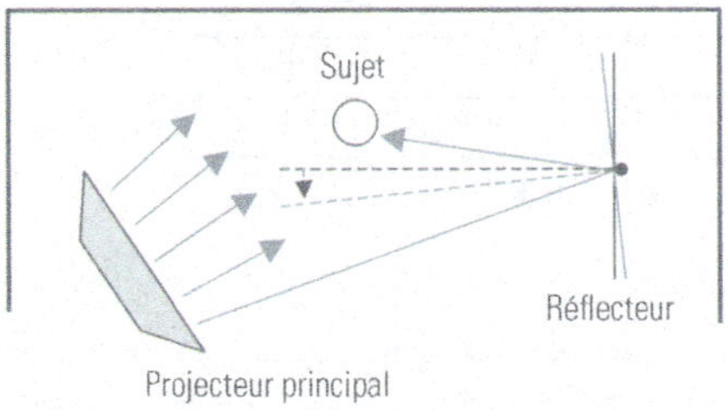

5.3 DROITES NON PARALLÈLES ET SÉCANTES

CONSTRUIS TES HABILETÉS, P. 204

1. a) L'angle 6 est opposé par le sommet à l'angle 1. Les deux angles mesurent 81°.

   b) L'angle 5 est l'angle alterne-externe de l'angle 4. Non, leurs mesures ne sont pas égales.

   c) L'angle 8 est l'angle correspondant à l'angle 6. Non, leurs mesures ne sont pas égales.

   d) L'angle 3 est l'autre angle intérieur situé du même côté de la sécante dans la paire formée avec l'angle 2. Non, ces angles ne sont pas supplémentaires.

2. a) Le poinçon est la sécante parce qu'il coupe le chevron de droite et celui de gauche.

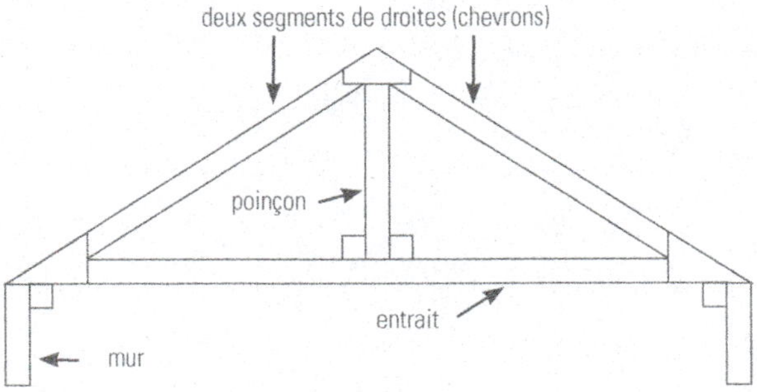

   b) Les angles 3 et 5 sont des angles supplémentaires. Il s'agit de deux angles droits dont la somme des mesures est égale à 180°.

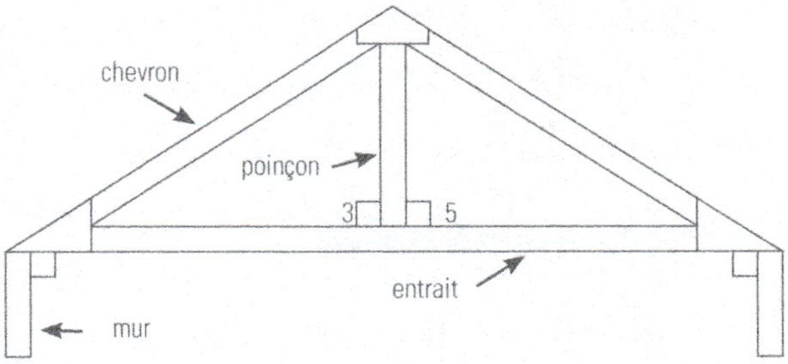

   c) Les angles 7 et 8 sont des angles intérieurs situés du même côté d'une sécante. La somme de leurs mesures est égale à 180°.

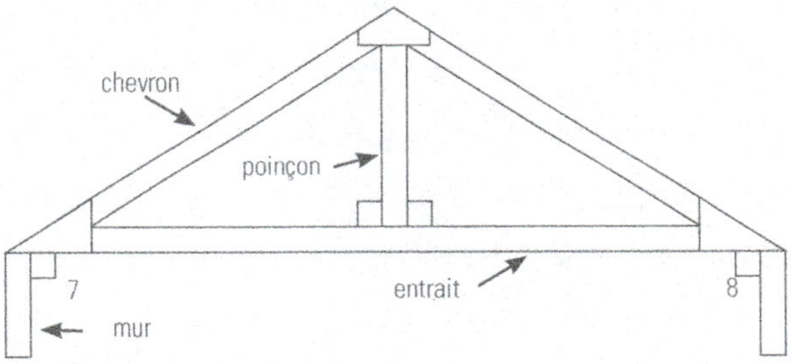

   d) Si l'angle 1 et les angles 2 et 4 combinés sont des angles intérieurs situés du même côté d'une sécante, le chevron de droite et l'entrait seraient les deux segments de droites principaux et le chevron de gauche serait la sécante.

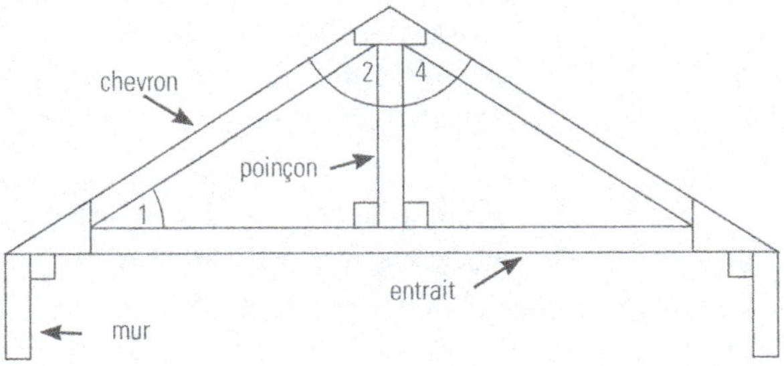

3. a) Le siège et la glissière sont les segments de droites principaux. La sécante est le soutien principal et le dossier.

b) Les angles 1 et 2 sont des angles alternes-internes.

c) ∠1 = 78°

∠2 = 85°

Approfondis ta réflexion

4. a) i) ∠1 = 90°

∠2 = 90°

∠3 = 45°

L'angle 1 est plus grand que l'angle 3.

ii) Les angles 2 et 3 ne sont pas des angles supplémentaires parce que la somme de leurs mesures n'est pas égale à 180°.

b) i) ∠1 = 45°

∠2 = 135°

∠3 = 45°

L'angle 1 est égal à l'angle 3.

ii) Les angles 2 et 3 sont des angles supplémentaires parce que la somme de leurs mesures est égale à 180°.

c) i) Les mesures des angles correspondants de droites parallèles sont égales, alors que les mesures des angles correspondants de droites non parallèles ne le sont pas.

ii) Les angles intérieurs situés du même côté de la sécante et formés par des droites parallèles sont supplémentaires. Les angles intérieurs situés du même côté d'une sécante et formés par des droites non parallèles ne sont pas supplémentaires.

5.4 DROITES PARALLÈLES ET SÉCANTES

CONSTRUIS TES HABILETÉS, P. 214

1. 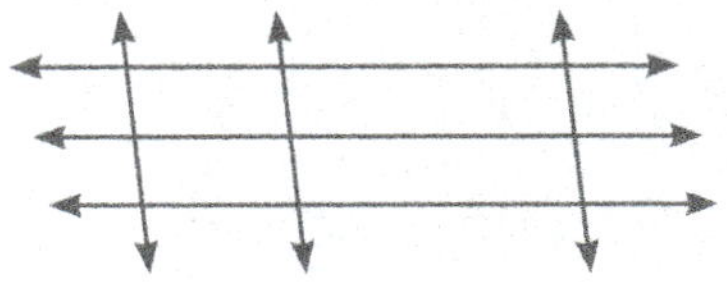

2. Les réponses varieront. Une des façons consiste à s'assurer que les rails sont à égale distance l'un de l'autre. Une autre façon consiste à veiller à ce que les angles co-internes formés par les traverses et les deux rails soient toujours supplémentaires.

3. La première figure comprend des droites parallèles, mais pas la deuxième.

a) On peut utiliser une règle pour confirmer que la distance entre les droites est la même partout. On peut également mesurer les angles en dessinant une sécante et en déterminant que les mesures de l'angle alterne-interne et de l'angle correspondant sont égales.

b) On peut utiliser une règle pour confirmer que la distance entre les droites n'est pas la même partout.

4. $x = 75°$ parce qu'il s'agit d'un angle intérieur situé du même côté d'une sécante sur laquelle se trouve l'angle de 105° et que la somme de leurs mesures doit être égale à 180°.

5. Les arêtes supérieure et inférieure sont parallèles.

La face et le dos ne sont pas parallèles.

6. Le conducteur de bateau doit modifier le relèvement de son bateau de 8° à tribord.

7. Les segments de droite 1 et 3 sont parallèles. Lorsque la sécante est le segment de droite 2, il y a deux angles alternes-internes égaux qui mesurent tous les deux 85°.

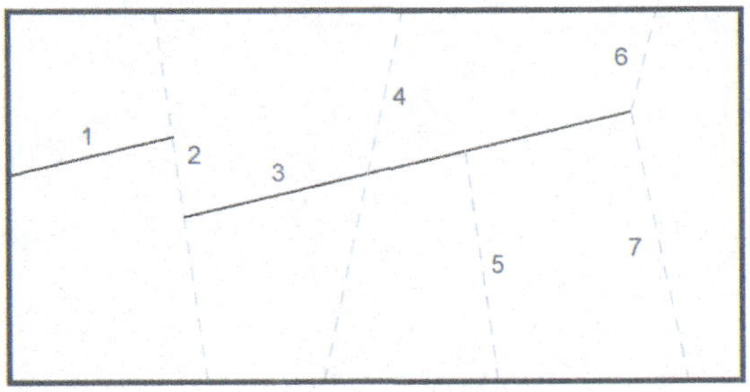

Les segments de droite 2 et 5 sont parallèles. Lorsque la sécante est le segment de droite 3, il y a deux angles co-internes supplémentaires (95° + 85° = 180°).

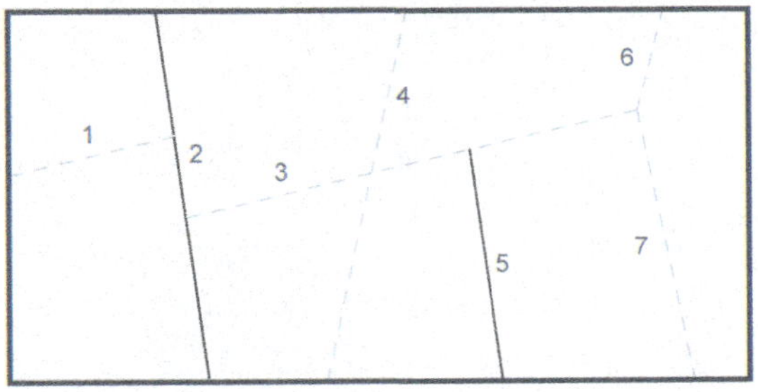

Les segments de droite 4 et 6 sont également parallèles. Lorsque la sécante est le segment de droite 3, il y a deux angles correspondants qui mesurent tous les deux 115°.

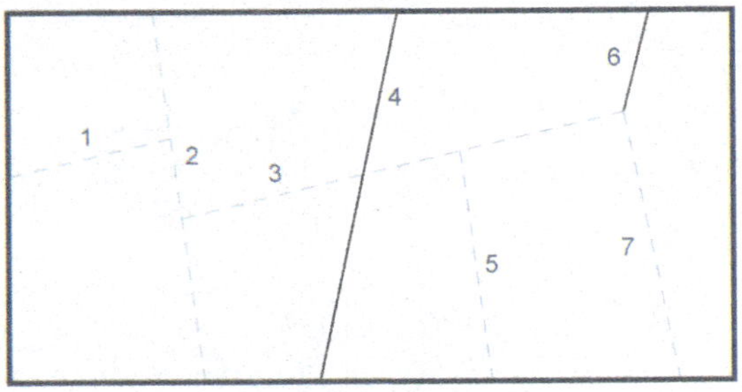

Approfondis ta réflexion

8. a) Les réponses varieront. Les miroirs peuvent être fixés à des panneaux de contreplaqué qui sont joints pour être perpendiculaires. On peut fixer des entretoises en métal en forme de L à l'arrière des panneaux.

b) Si l'angle est inférieur à 90°, le faisceau réfléchi croisera le faisceau incident. Ainsi, les personnes pourraient voir une image floue ou ne pas voir leur image.

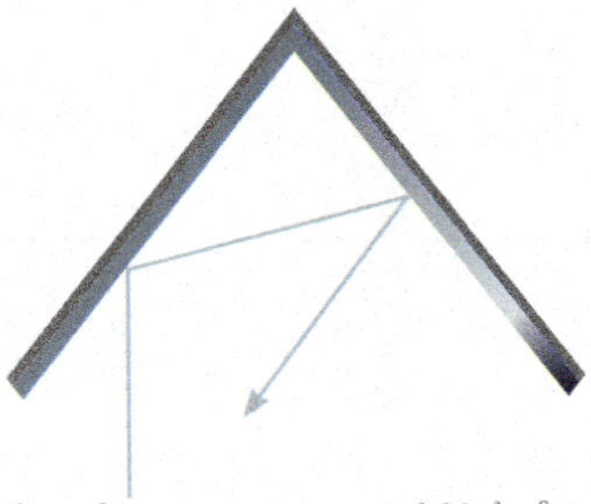

c) Si l'angle est supérieur à 90°, le faisceau réfléchi divergera du faisceau incident. Ainsi, les personnes pourraient voir une image floue ou ne pas voir leur image.

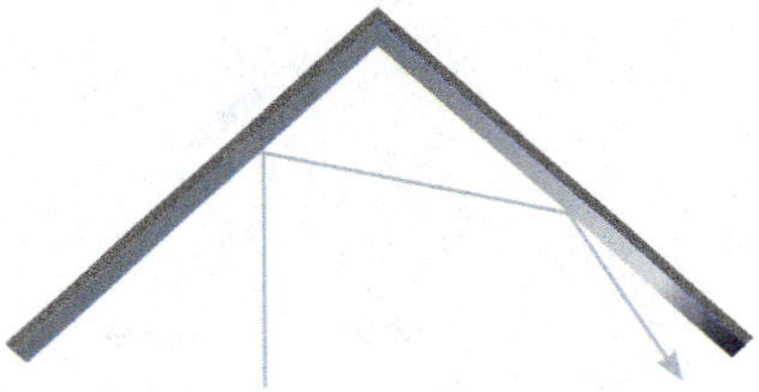

MISE EN PRATIQUE DES NOUVELLES HABILETÉS, P. 220

1.

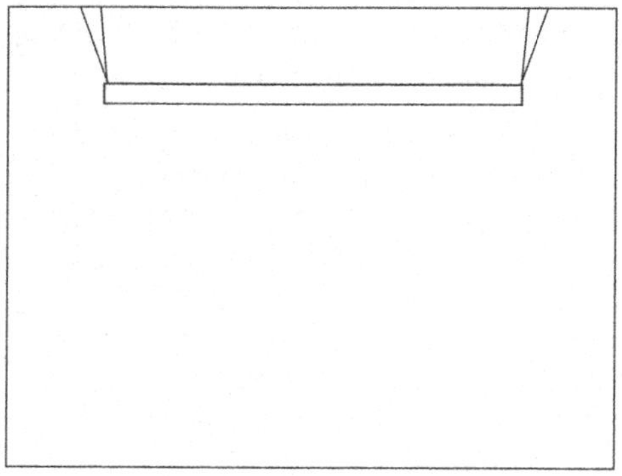

2. Les schémas devraient ressembler aux illustrations ci-dessous.

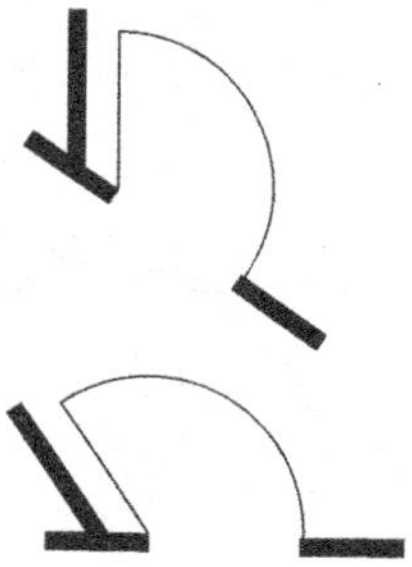

3. Le relèvement de l'étape 1 correspond environ à 20° (position actuelle du voilier par rapport à la première bouée).

   Le relèvement de l'étape 2 correspond environ à 105° (de la première bouée à la deuxième bouée).

   Le relèvement de l'étape 3 correspond environ à 250° (de la deuxième bouée à l'autre bateau).

4. Le cinquième mur mesure environ 4 pieds de long. Il forme un angle de 153° avec le mur arrière et de 117° avec le mur droit.

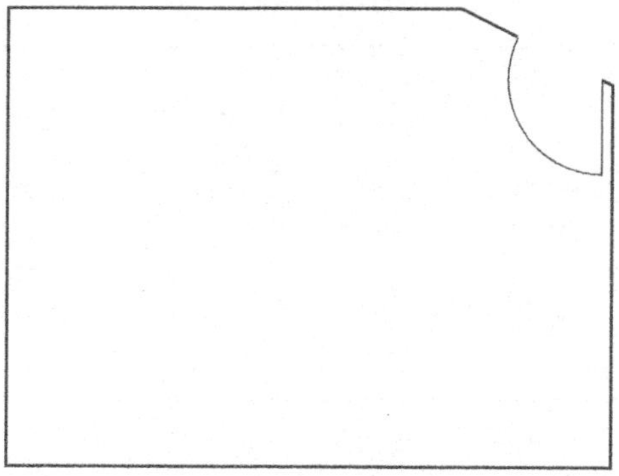

5. Les murs qui seront les plus exposés aux vents sont le mur ouest et le mur sud. On devrait donc installer des fenêtres à triple vitrage sur ces deux murs.

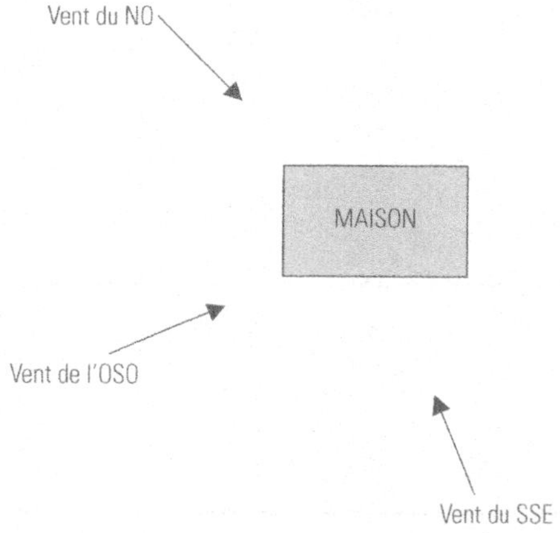

6. a) La mesure des angles supérieurs dans chaque cadre de fenêtre est de 35°. La mesure de chacun des angles inférieurs est de 55°.

   b) Les mesures des angles de chaque coin du cadre de fenêtre sont de 17,5° (coin supérieur), de 45° (coin formant l'angle droit) et de 27,5° (dernier coin).

7. Les élèves devraient avoir fabriqué un gabarit dont la forme est semblable à celle du gousset représenté dans le schéma et qui a un angle de 120° dans le centre.

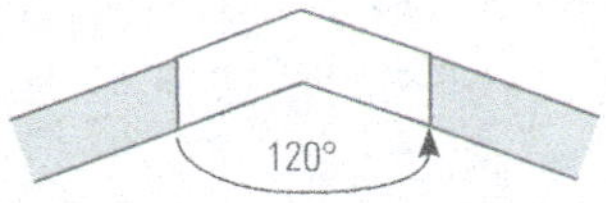

8. Les montants 2 et 3 sont perpendiculaires aux sablières. (Les montants 1 et 4 ne le sont pas.)

   Les montants 2 et 3 sont parallèles au côté gauche du mur. Utiliser la sablière basse comme la sécante des montants. Les angles intérieurs situés du même côté de la sécante entre le côté gauche du mur et les montants 2 et 3 sont supplémentaires. Les montants 2 et 3 sont donc parallèles au côté gauche du mur. Les angles intérieurs situés du même côté de la sécante entre le côté gauche du mur et les montants 1 et 4 ne sont pas supplémentaires. Les montants 1 et 4 ne sont donc pas parallèles au côté gauche du mur.

9. a) L'avion se déplaçant vers l'ouest aura parcouru 60 km, et l'avion se déplaçant vers le sud, 50 km.

   b) 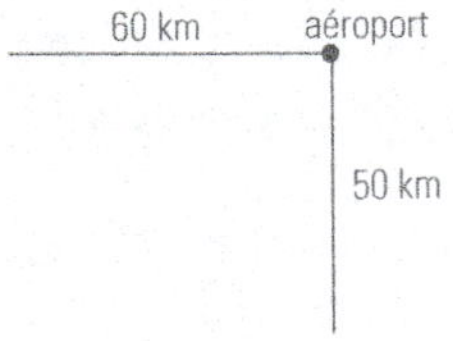

   Le relèvement de l'avion se dirigeant vers le sud par rapport au relèvement de l'avion se dirigeant vers l'ouest est de 220°.

CHAPITRE 6
SIMILITUDE ENTRE LES FIGURES
6.1 POLYGONES SEMBLABLES

CONSTRUIS TES HABILETÉS, P. 232

1. a) Les côtés seront deux fois plus longs et les angles seront les mêmes que ceux de la figure originale.

   b) Les côtés seront trois fois plus longs et les angles seront les mêmes que ceux de la figure originale.

   c) Les côtés seront deux fois moins longs et les angles seront les mêmes que ceux de la figure originale.

2. La bonne réponse est c).

3. Les deux figures ne sont pas semblables parce qu'elles n'ont pas la même forme. Les mesures des angles ne sont pas égales.

4. Parcelles semblables à la parcelle A : D et J

   Parcelles semblables à la parcelle B : E, I et K

   Parcelles semblables à la parcelle C : F, G, H et L

5. Le tableau A est semblable. Le tableau B n'est pas semblable.

   On doit calculer le rapport entre la largeur et la longueur des tableaux et des cadres pour déterminer s'ils sont semblables.

   Tableau A

   $$\frac{\text{longueur du cadre}}{\text{longueur du tableau}} = \frac{120}{80}$$

   $$\frac{\text{longueur du cadre}}{\text{longueur du tableau}} = 1,5$$

   $$\frac{\text{largeur du cadre}}{\text{largeur du tableau}} = \frac{120}{80}$$

   $$\frac{\text{largeur du cadre}}{\text{largeur du tableau}} = 1,5$$

Tableau B

$$\frac{\text{longueur du cadre}}{\text{longueur du tableau}} = \frac{160}{120}$$

$$\frac{\text{longueur du cadre}}{\text{longueur du tableau}} = 1,3$$

$$\frac{\text{largeur du cadre}}{\text{largeur du tableau}} = \frac{120}{80}$$

$$\frac{\text{largeur du cadre}}{\text{largeur du tableau}} = 1,5$$

6.

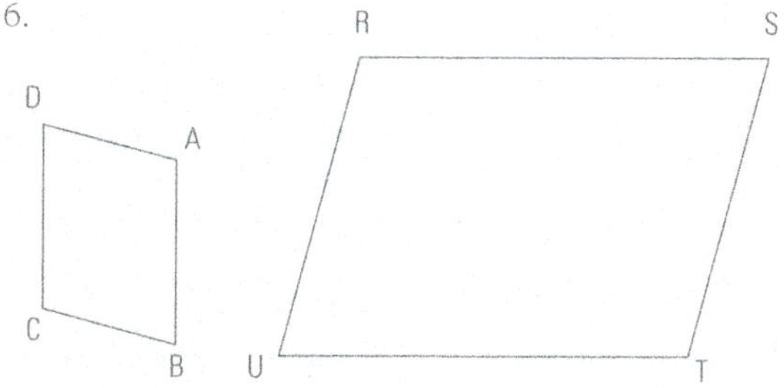

Angles correspondants : A et R, B et S, C et T, et D et U.

Côtés correspondants : AB et RS, BC et ST, CD et TU, et AD et RU.

Approfondis ta réflexion

7. Point F : (−7, −6)

   Point G : (5, −6)

   Point H : (5, 2)

6.2. DÉTERMINATION DE DEUX POLYGONES SEMBLABLES

CONSTRUIS TES HABILETÉS, P. 243

1. a) Le facteur d'échelle utilisé était de $\frac{1}{3}$.

   b) $x = 2$ cm

2. a) Le côté AB correspond à EF

   Le côté BC correspond à FG

   Le côté CD correspond à GH

   Le côté AD correspond à EH

   b) Le facteur d'échelle utilisé était de $\frac{1}{3}$.

   c) BC mesure 24 cm.

   d) L'angle D mesure 125°.

   e) L'angle L mesure 55°. L'angle L correspond à l'angle C. La mesure de l'angle C est la même que celle de l'angle A. Par conséquent, l'angle L et l'angle A ont la même mesure.

3. Il est possible que Fiona ait tort parce qu'elle n'a peut-être pas comparé les côtés correspondants. Si les rapports des côtés correspondants avaient été de 6 : 4, 9 : 6 et 12 : 8, le deuxième triangle aurait été 1,5 fois plus grand que le premier triangle et pourrait donc être une copie à l'échelle.

4. Le grand rectangle mesure 5,4 po de large.

5. Les deux triangles sont des figures semblables.

   Pour justifier sa réponse auprès de son patron, Marco peut comparer la longueur des côtés correspondants; il déterminera que ces côtés sont proportionnels.

6. a) Oui, ils sont semblables. Les côtés sont de longueur proportionnelle et les angles sont congruents.

b) Lise peut utiliser un facteur d'échelle de $\frac{25}{50}$ ou 0,5.

c) Lise peut alors écrire le facteur d'échelle sous forme de fraction, $\frac{50}{25}$, ou d'entier, 2.

7. a) Lance a raison. Les carrés possèdent quatre côtés égaux. Donc, si l'on modifie l'un des côtés en appliquant un facteur d'échelle, on doit appliquer le même facteur à tous les autres côtés pour que la forme demeure carrée.

b) Max se trompe, car un rectangle possède deux paires de côtés égaux, mais il n'est pas nécessaire d'appliquer le même facteur à ces deux paires de côtés pour que la forme demeure rectangulaire.

8. Oui, la casserole A est semblable à la casserole C.

Si la casserole A est semblable à la casserole B, on a multiplié chacun des côtés par le même facteur. Si la casserole B est semblable à la casserole C, on a multiplié chacun des côtés par le même facteur. Cela veut dire qu'on pourrait multiplier chacun des côtés de la casserole A par la même constante et on obtiendrait les dimensions de la casserole C.

Approfondis ta réflexion

9. a)

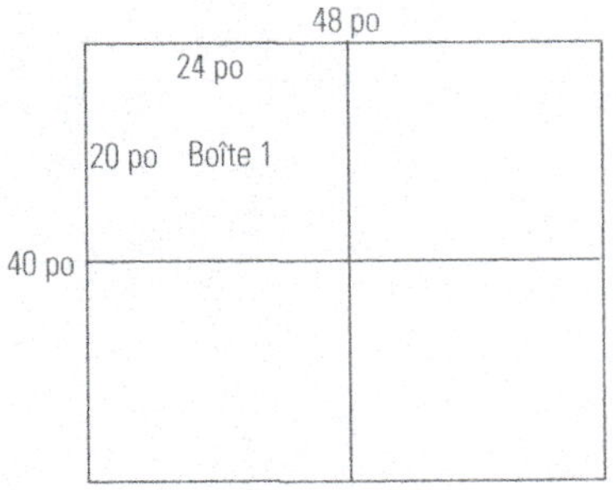

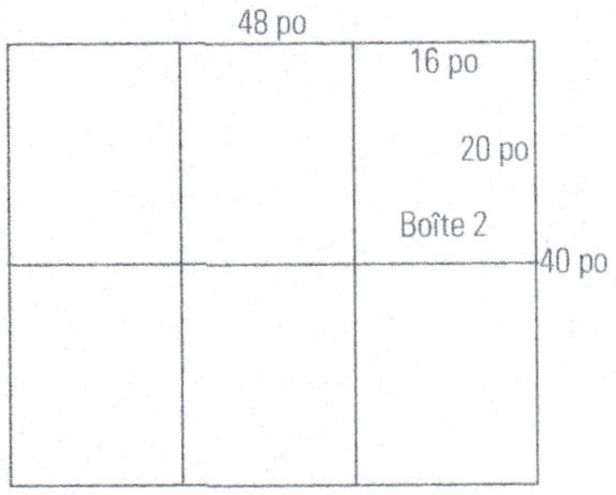

b) La boîte 1 est semblable à la forme d'une palette après application d'un facteur d'échelle d'une demie. Comparer les dimensions de la boîte 1.

$$\frac{24}{48} = \frac{1}{2}$$
$$\frac{20}{40} = \frac{1}{2}$$

La boîte 2 n'est pas semblable à la forme d'une palette. Comparer les dimensions de la boîte 2.

$$\frac{20}{48} = 0{,}417$$
$$\frac{16}{40} = 0{,}40$$

c) Le rapport des aires est de 0,25.

Les palettes ont une aire de 1 920 po^2.

Les boîtes semblables ont une aire de 480 po^2.

$$\frac{480}{1\,920} = 0{,}25 \text{ ou } \frac{1}{4}$$

Le rapport entre les aires correspond au carré des rapports entre les côtés, c'est-à-dire

$$\frac{1}{4} = \frac{1}{2} \times \frac{1}{2}$$

aire = longueur × largeur

facteur de l'aire = facteur de la longueur × facteur de la largeur

6.3 DESSINS DE POLYGONES SEMBLABLES

CONSTRUIS TES HABILETÉS, P. 252

1. a) Nipin et Francis ont tous deux raison. Nipin a calculé le facteur d'échelle ayant servi à créer R à partir de M. Francis a calculé le facteur d'échelle ayant servi à créer M à partir de R.

   b) Les réponses varieront. La réponse complète nécessite de dessiner sur du papier quadrillé un rectangle dont le rapport entre la longueur et la largeur est de $\frac{1}{2}$. Il faut ensuite déterminer le facteur d'échelle ayant servi à créer le nouveau rectangle.

2. a) Les réponses varieront.

   b) La réponse complète nécessite de dessiner un rectangle dont le rapport entre la largeur et la longueur n'est pas de $\frac{2}{3}$.

3. Chacun des rectangles mesurera 1 unité sur 2 unités.

4. Le périmètre du plus petit pentagone est de 10 cm. Le périmètre du plus grand pentagone est de 20 cm. Le périmètre du nouveau pentagone équivaut à $\frac{1}{2}$ du plus grand pentagone.

5. Le facteur d'échelle utilisé était de $\frac{1}{3}$. La mesure des angles demeurera la même.

   $a = 70°$

   $b = 110°$

   $c = 4{,}4 \text{ cm} \times \frac{1}{3}$

   $c = 1{,}5 \text{ cm}$

   $d = 3 \text{ cm} \times \frac{1}{3}$

   $d = 1 \text{ cm}$

   $e = 4{,}2 \text{ cm} \times \frac{1}{3}$

   $e = 1{,}4 \text{ cm}$

6. Le salon mesure 22,5 pieds sur 30 pieds.

Approfondis ta réflexion

7. La valeur de x plus 2 doit être de 2 unités de plus que x. La différence entre un côté de 8 et un côté de 6 est de 2, donc la valeur de x est 6 et la valeur de x plus 2 est 8.

6.4 TRIANGLES SEMBLABLES

CONSTRUIS TES HABILETÉS, P. 261

1. a) Oui, ils sont semblables. Les angles des deux tables mesurent 90°, 45° et 45°.

   b) Non, ils ne sont pas semblables. Les angles de la table 1 mesurent 133°, 11° et 36°. Les angles de la table 2 mesurent quant à eux 35°, 11° et 134°.

2. Le côté AB mesure 11,25 po.

3. Le côté EC mesure environ 2,38 po.

4. Le sommet de la montagne se trouve à 1 788 pi au-dessus de la position de Tryna.

5. Le côté x mesure 12.

Approfondis ta réflexion

6. $x = 160$

BC = 360 cm

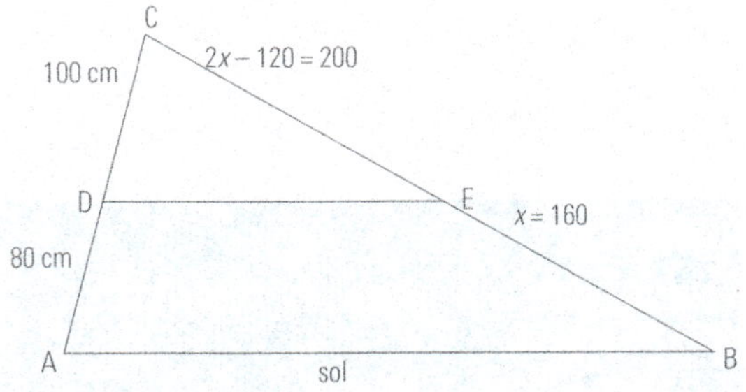

MISE EN PRATIQUE DES NOUVELLES HABILETÉS, P. 265

1. a) Nouvelle largeur = 16 cm

 Nouvelle longueur = 24 cm

 b) Nouvelle largeur = 30 cm

 Nouvelle longueur = 45 cm

 c) Nouvelle largeur = 6 cm

 Nouvelle longueur = 9 cm

 d) Nouvelle largeur = 20 cm

 Nouvelle longueur = 30 cm

2. a) Le rapport entre les côtés correspondants sera de $\frac{3}{4}$.

 b) Le rapport est de 1.

3. a) Le facteur d'échelle est de $\frac{1}{4}$.

 b) $a = 1,25$

 $b = 0,25$

 $c = 0,25$

 c) Bill n'a pas besoin de connaître la longueur du côté *e* parce que les dimensions et les angles donnés définissent la figure.

4. a) Réduire les dimensions du grand tiroir d'après un facteur d'une demie.

 Largeur du moyen tiroir = 40 cm

 Hauteur du moyen tiroir = 16 cm

 b) Réduire les dimensions du moyen tiroir de 50 % pour trouver la réponse.

 Largeur du petit tiroir = 20 cm

 Hauteur du petit tiroir = 8 cm

 c) Le facteur d'échelle du petit tiroir par rapport au grand tiroir est de 0,25 ou $\frac{1}{4}$.

$$\text{facteur d'échelle} = \frac{\text{hauteur du petit tiroir}}{\text{hauteur du grand tiroir}}$$

$$\text{facteur d'échelle} = \frac{8\text{ cm}}{32\text{ cm}}$$

$$\text{facteur d'échelle} = \frac{1}{4}$$

 d) La commode mesure 114 cm.

 Hauteur de la commode = (2 × hauteur du grand tiroir) + (2 × hauteur du moyen tiroir) + hauteur du petit tiroir + hauteur des pieds

 Hauteur de la commode = (2 × 32) + (2 × 16) + 8 + 10

 Hauteur de la commode = 114 cm

5. a) Un facteur d'échelle de 2 a été utilisé.

 b) $a = 103°$, $b = 90°$, $c = 12,5$ m, $d = 51,3$ m

 c) $e = 90°$, $f = 77°$, $g = 48$ m

6. L'affiche mesure environ 36 po de large sur 48 po de long. Les dimensions de l'affiche conviendront donc au client.

 57 po réduits à 35,625 po.

 76 po réduits à 47,5 po.

7. Non. Le rectangle de Cyndi mesurerait 4 unités sur 3 unités et aurait une aire de 12 cm^2 et non de 24 cm^2.

8. Oui, les triangles sont semblables parce que leurs angles mesurent tous deux 85°, 32° et 63°.

9. Les deux triangles sont semblables.

   Deux triangles sont semblables si un de leurs angles est congruent et que les deux côtés adjacents à cet angle congruent ont les mêmes proportions.

   Angle B ~ Angle F

   $$AB \sim HF$$
   $$\frac{AB}{HF} = \frac{5,5}{13,75}$$
   $$\frac{AB}{HF} = 0,4$$

   $$BC \sim FG$$
   $$\frac{BC}{FG} = \frac{3,3}{8,25}$$
   $$\frac{BC}{FG} = 0,4$$

   Le rapport de $\frac{AB}{HF}$ et $\frac{BC}{FG}$ est de 0,4. Par conséquent, les triangles sont semblables.

10. Le côté FH mesure 8 pi.

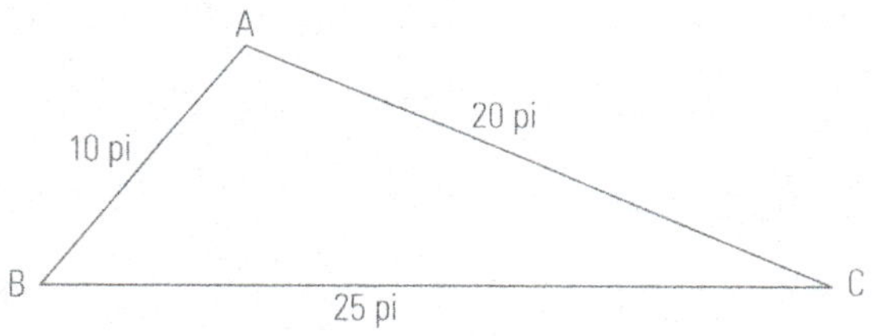

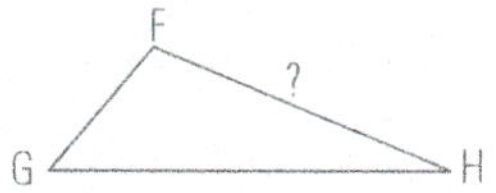

Les triangles sont semblables.

$$\frac{AB}{FG} = 2,5$$

Par conséquent,

$$\frac{AC}{FH} = 2,5$$
$$\frac{20}{FH} = 2,5$$
$$20 = 2,5 \times FH$$
$$\frac{20}{2,5} = FH$$
$$8 \text{ pi} = FH$$

CHAPITRE 7

TRIGONOMÉTRIE DANS LES TRIANGLES RECTANGLES

7.1 THÉORÈME DE PYTHAGORE

CONSTRUIS TES HABILETÉS, P. 278

1. a) AC mesure 2,3 m.

   b) AE mesure 4,2 m.

2. a) Chaque chevron mesurera 4,5 m de long.

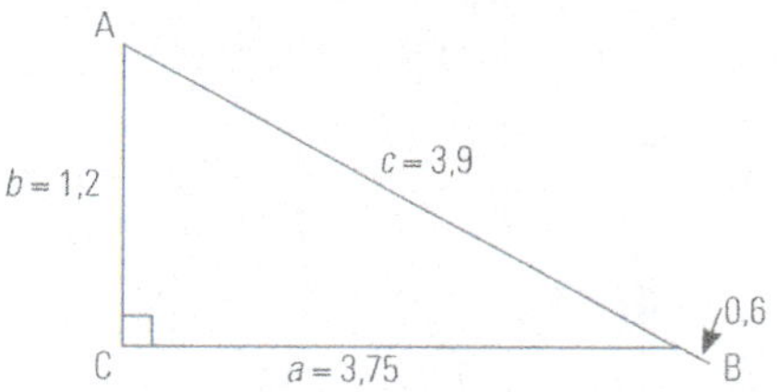

   b) Les chevrons mesureront 3,83 m et 5,26 m de long.

   Le chevron le plus court mesurera 3,83 m de long (3,23 + 0,6).

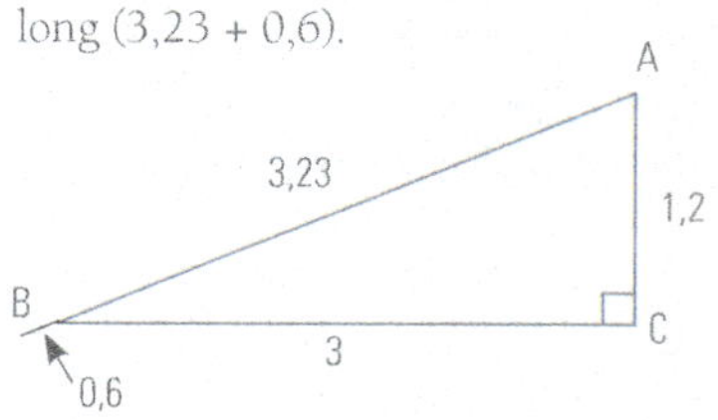

Le chevron le plus long mesurera 5,26 m de long (4,66 + 0,6).

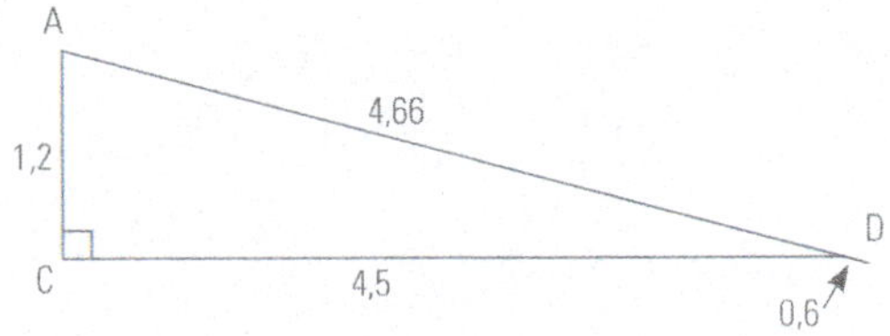

3. Suzanne aura besoin de 1 028 cm ou 10,28 m de fil. Suzanne devrait acheter un peu plus de fil parce que la plupart des nombres dans cet exemple ont été arrondis au nombre inférieur.

4. a) Ils ont besoin de 2 485 cm ou 24,85 m de hauban.

   b) Les haubans permettent d'accroître la stabilité d'une structure.

5. a) Le diamètre doit être de 45 mm parce que la réponse doit être un multiple de 5.

   b) Le diamètre doit être de 1,25 po.

6. 57 m

   Aux termes de la loi, et pour assurer la sécurité des travailleurs, il est obligatoire de creuser des puits d'aérage afin que de l'air neuf circule dans la mine.

7. a) Chacune des pièces du toit en pente mesurera 1,13 m de long.

   b) La hauteur de la niche sera de 0,8 m.

   c) La hauteur de la niche sera de 0,4 m.

   d) Non, cette niche ne conviendrait pas à un gros chien parce qu'il n'aurait pas suffisamment de place pour bouger.

Approfondis ta réflexion

8 Le nouveau trajet compte 0,76 miles de moins.

   Le nouveau trajet est de 2,24 miles; l'ancien trajet est donc de 3 miles parce que 3 moins 2,24 est égal à 0,76.

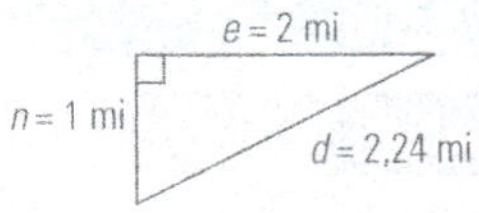

9. a) Sara a tort parce qu'elle a calculé la racine carrée de chaque terme dans le théorème de Pythagore. Pour calculer correctement, elle doit effectuer son calcul en utilisant la racine carrée de chaque côté.

   b) Sara aurait dû acheter 15 m de ruban.

10. Oui, Jim aurait pu fabriquer une boîte dont les côtés n'étaient pas perpendiculaires à la base. Si les côtés avaient ouvert vers l'extérieur, il aurait dû faire en sorte qu'ils soient bien soutenus pour éviter qu'ils tombent. Si les côtés avaient penché vers l'intérieur, il aurait eu le même type de problème; les côtés n'auraient pas pu être trop penchés sans quoi ils auraient pu s'effondrer. De plus, il aurait eu à veiller à ce que l'ouverture soit assez grande pour que les jouets puissent entrer dans la boîte.

11. Harpreet aura besoin de 47 blocs de pavage.

12. a) La hauteur de la colline est d'environ 462 m.

   b) John ne serait probablement pas capable de mesurer la distance horizontale en une seule mesure. Par conséquent, il devrait diviser cette distance en plusieurs parties.

   De plus, il obtiendrait un résultat différent s'il mesurait directement la colline parce que la pente de celle-ci est plus raide à différents endroits. Cependant, il obtiendrait le même résultat s'il pouvait mesurer la distance directe (voir le schéma) entre le bas et le sommet de la colline ainsi que la distance horizontale.

13. Non. Selon le dernier théorème de Fermat, des nombres de ce genre n'existent pas. Ce théorème a d'abord été énoncé en 1637, mais il est demeuré non prouvé jusqu'en 1995, même si de nombreuses personnes ont tenté de le prouver entre-temps.

7.2 RAPPORT DU SINUS

CONSTRUIS TES HABILETÉS, P. 289

1. sin 16° = 0,275 6

   sin 28° = 0,469 5

   sin 51° = 0,777 1

   sin 83° = 0,992 5

2. a) Dessin 1 : sin x = 0,5

   Dessin 2 : sin x = 0,6

   Dessin 3 : sin x = 0,4

   b) La glissoire du dessin 1 mesure 5,2 m.

   La glissoire du dessin 2 mesure 4,3 m.

   La glissoire du dessin 3 mesure 6 m.

3. a) Chacune des perches du tipi mesure environ 16 pi de long.

4. a) La rampe doit mesurer 18,2 m.

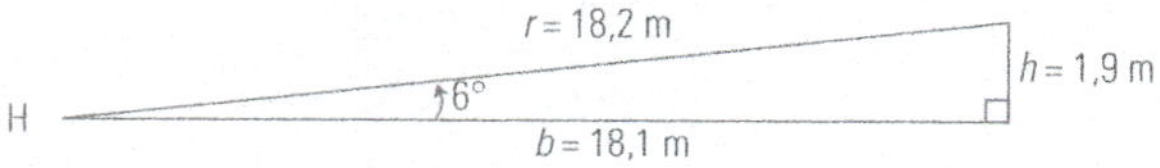

   b) La rampe commencera à environ 18,1 m de la base du porche.

   c) Si la rampe était trop inclinée, la personne pourrait être incapable de contrôler son fauteuil roulant.

5. Il aura besoin d'environ 95,9 m^2 de matériau de couverture.

6. a) La route a une élévation de 39 m.

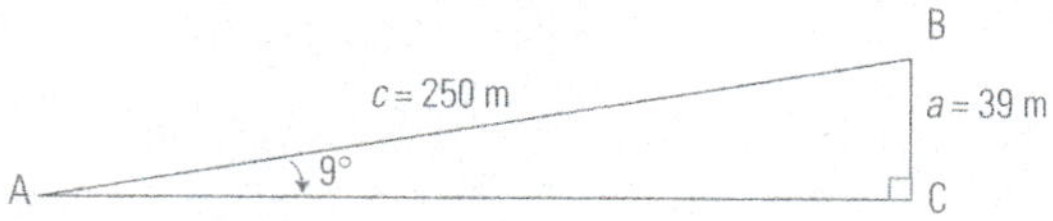

   b) Cette pente est considérée comme une pente raide dans la construction des routes.

7. a) 161 m

   b) 190 m

8. Longueur du côté le plus incliné = 56,1 m

   Longueur du côté le plus élevé = 57 m

Approfondis ta réflexion

9. La longueur du chevron et la distance verticale augmenteront. Supposons que la mesure de l'angle est augmentée et que la largeur reste la même, la hauteur devra être augmentée, puis la distance angulaire.

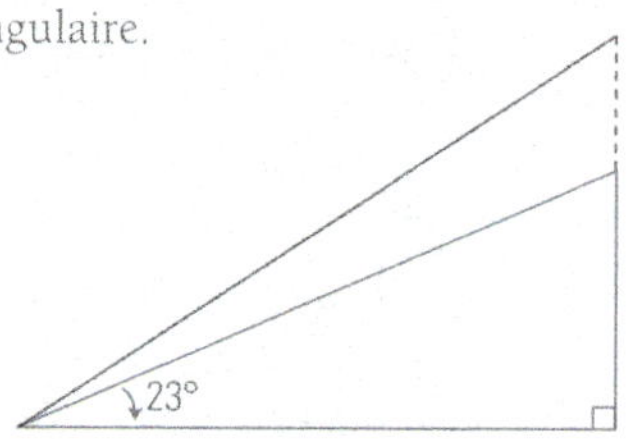

10. Zéro est inférieur au sinus de x, qui est inférieur à 1. Autrement dit, puisque le sinus est défini comme le rapport entre le côté opposé à un angle aigu et l'hypoténuse, si la mesure de l'angle est très petite, la longueur du côté opposé sera très petite et ce rapport se rapprochera de 0. Par contre, si la mesure de l'angle se rapproche de 90°, la longueur du côté opposé se rapprochera de la longueur de l'hypoténuse et le rapport se rapprochera de 1.

7.3 RAPPORT DU COSINUS

CONSTRUIS TES HABILETÉS, P. 297

1. a) $x = 2,6$ m

   b) $x = 6$ cm

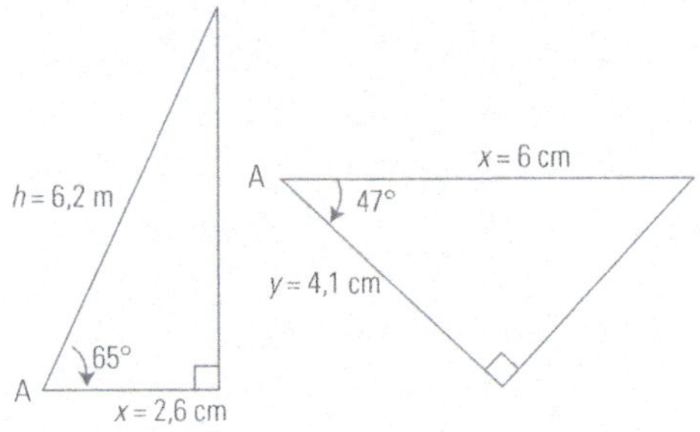

2. La longueur du tube doit être de 83,1 m.
3. Les cordes mesurent 38,1 m et 47,7 m.
4. L'arpenteur se trouve à 217,3 m du toit du deuxième immeuble.
5. Le madrier est fixé à une hauteur de 5,6 pi sur le poteau.
6. La longueur de la partie cônique du kayak est de 2,8 pi.

Approfondis ta réflexion

7. Si les longueurs du côté opposé et du côté adjacent d'un triangle sont égales, le triangle doit être un triangle isocèle et les angles doivent être de 45°. Dans cet exemple-ci, sin x = cos x.
8. La tourelle se trouve à environ 6,6 m du poteau.

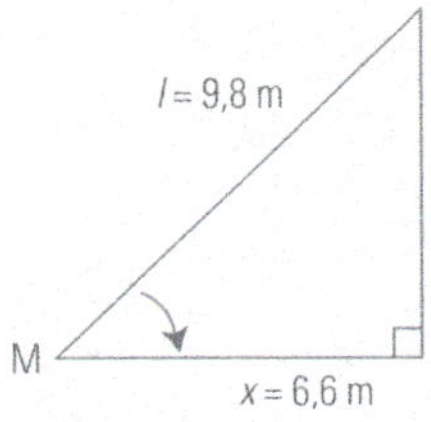

9. Le rayon mesure 3,4 cm.

   La mesure de x est de 1,7 cm. Par conséquent, l'une des cordes mesure 1,7 cm et l'autre 2,3 cm.

7.4 RAPPORT DE LA TANGENTE

CONSTRUIS TES HABILETÉS, P. 305

1. La différence d'élévation est de 113,3 m.

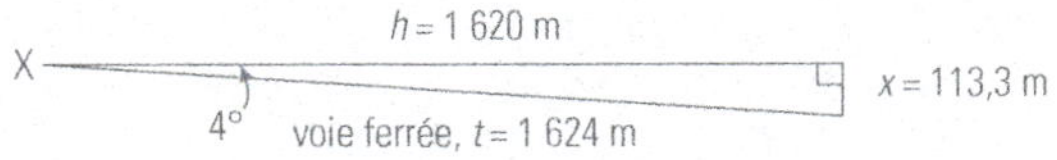

2. L'hélicoptère se trouve à une altitude de 466 m.
3. a) La hauteur de la falaise représente 0,466 de la distance par rapport au navire.

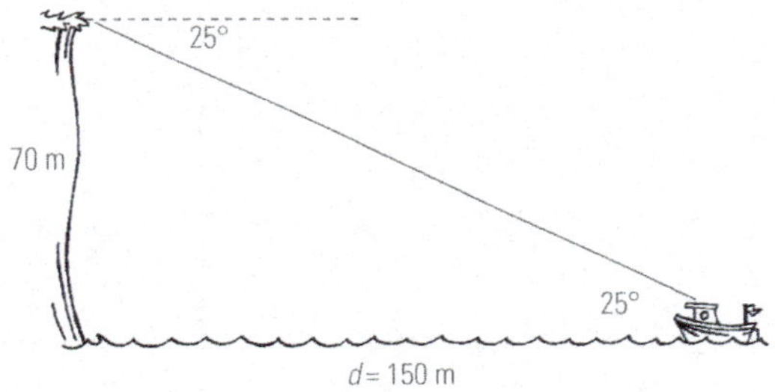

   b) Le navire se trouve à 150 m de la falaise.

4. La hauteur maximale de la bannière est de 45,4 m.
5. a) Sa maison est la plus loin.

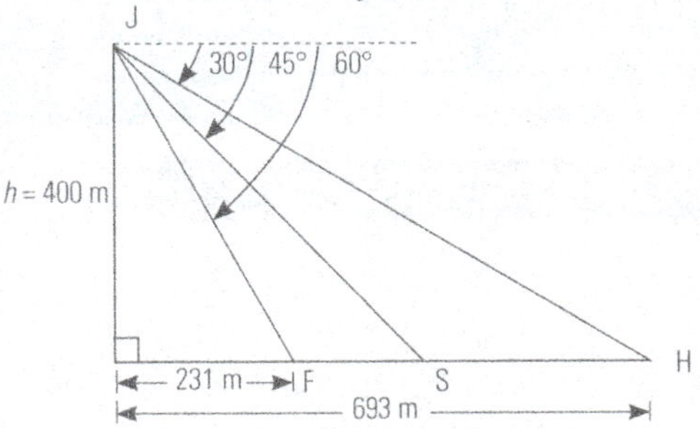

b) Le bâtiment le plus loin se trouve à une distance de 693 m.

c) Le bâtiment le plus proche est le complexe de soccer, qui se trouve à une distance de 231 m.

6. a) L'enquêteur de la police scientifique doit savoir à quelle distance du sol le coup a été tiré.

b) Il se trouvait à environ 19,5 m du mur.

c) Non.

7. L'arbre mesure 7 m.

Approfondis ta réflexion

8. Le Centre fait 243,64 pi de haut.

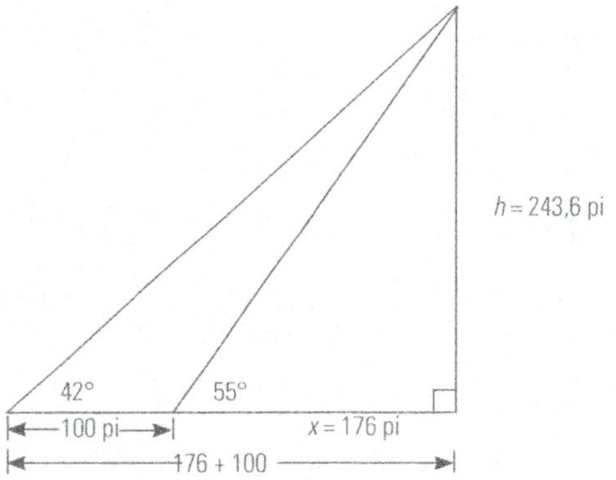

7.5 MESURE D'ANGLES ET RÉSOLUTION DE PROBLÈMES COMPORTANT DES TRIANGLES RECTANGLES

CONSTRUIS TES HABILETÉS, P. 311

1. a) $t = 7{,}43$ cm

$\angle R = 20°$

$\angle S = 70°$

b) $\angle M = 32°$

$l = 3{,}5$ po

$m = 3{,}3$ po

2. a) L'altitude atteinte serait de 25,9 m.

b) La distance couverte serait de 96,6 m.

c) La pente est de 26,8 %.

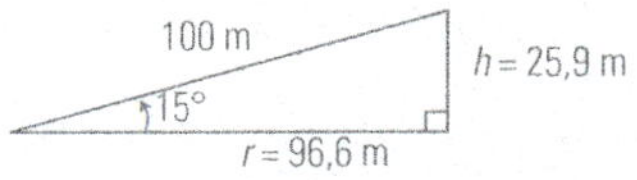

3. a) L'angle d'élévation est de 34°.

b) L'aire totale qui doit être recouverte de bardeaux est de 864 pi^2.

4. a) La longueur du bras de la grue doit être de 15,3 m.

b) L'angle d'élévation est de 58°.

5. a) L'angle d'élévation est de 53°.

b) L'échelle se trouve à 9 m de la base de l'immeuble.

6. a) L'angle de dépression est de 19°.

7. a) L'hélicoptère a pris environ 254,4 m d'altitude en trois minutes.

b) La vitesse de l'hélicoptère était de 84,8 m/min ou 1,4 m/sec.

8. L'angle d'élévation est de 8°.

Approfondis ta réflexion

9. a) La distance qui sépare le bout d'un tuyau du bas à l'autre est de 5,4 m.

b) Le tuyauteur aura besoin de 7,2 m de tuyaux pour contourner l'obstacle.

c) Le tuyauteur devrait prendre des mesures plus précises. Il pourrait les arrondir au centimètre près.

MISE EN PRATIQUE DES NOUVELLES HABILETÉS, P. 316

1. a) Non.
   b) Non.
   c) Oui.
   d) Oui.
   e) Non.
2. Les pictogrammes se trouvent à une hauteur de 8,7 m sur la falaise.

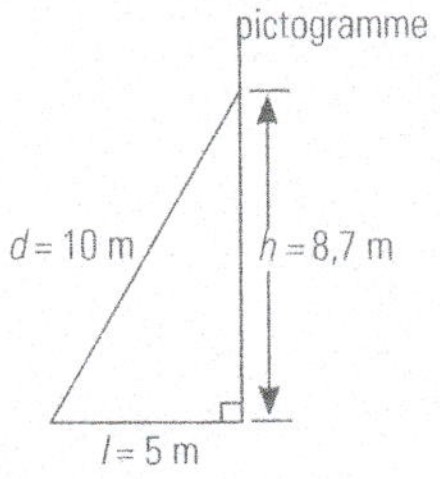

3. a) Sarbjit aura 65 m de moins à marcher s'il prend le raccourci.

   Additionner la longueur et la largeur du champ, ce qui donne 240 m.

   Pour calculer la distance de moins à marcher par Sarbjit, soustraire la longueur du raccourci de la somme trouvée précédemment.

   240 – 175 = 65

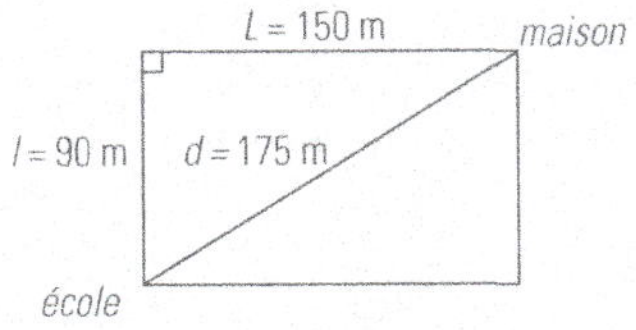

   b) Les réponses varieront.
4. a) Tu gagnes environ 174 m en altitude.
   b) La variation d'altitude serait moins élevée parce que la pente devrait diminuer au fur et à mesure que l'angle diminuerait pour la même distance sur la route.
5. Pour calculer la hauteur du deuxième arbre, ajouter 4,8 m à la taille de Marcy.

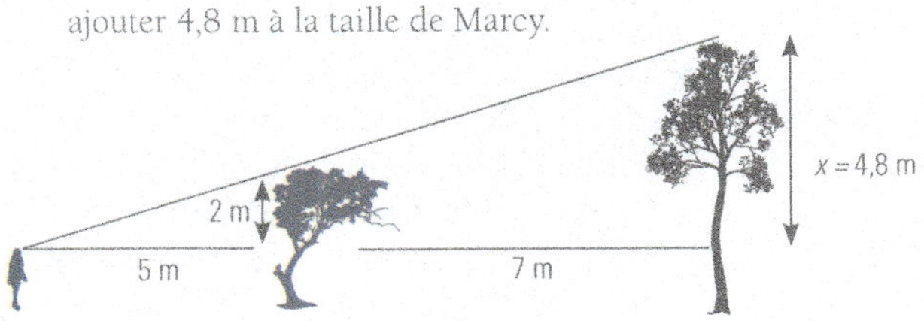

   Le deuxième arbre mesure 6,3 m.
6. La longueur du lac est de 260 m.
7. a) La hauteur verticale est de 2,5 m.
   b) Les fiches mesurent environ 2,1 m.
   c) Le chevron mesure environ 4,7 m.
8. a) La profondeur de la gravière est de 215,8 m.
   b) L'arpenteur devrait aussi connaître la longueur et la forme de la gravière (circulaire ou ovale). Il pourrait ensuite trouver le volume de la gravière afin de déterminer la quantité de gravier qui a été enlevé.
9. L'angle de dépression est de 67°.
10. a)

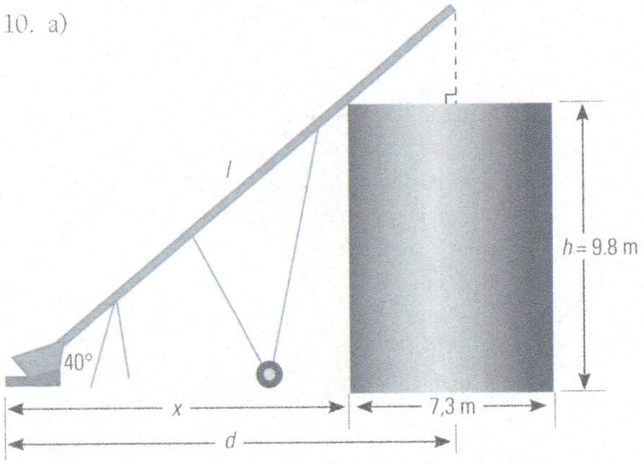

b) La longueur du transporteur à vis sans fin est de 20,1 m.

11. La pente serait de zéro.

12. La hauteur du Burj Dubaï est d'environ 820 m.

13. Les triangles utilisés sont des « triangles spéciaux ». Si l'un des angles d'un triangle rectangle mesure 60°, l'autre angle mesure alors 30°. En appliquant le théorème de Pythagore, Katarina pourrait résoudre n'importe quel problème comportant un triangle rectangle ayant un angle de 60°.

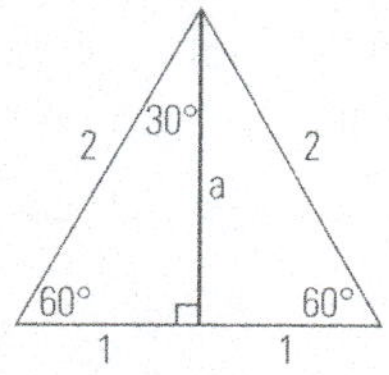

De la même façon, elle pourrait utiliser le schéma suivant pour un triangle rectangle ayant un angle de 45°.

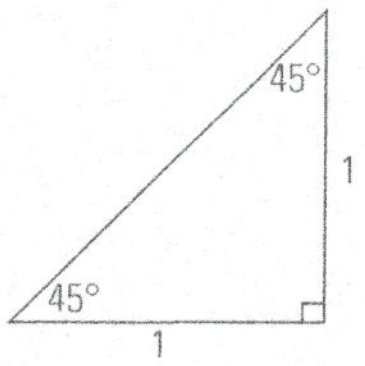

Puisque les deux côtés du triangle rectangle auront la même longueur, elle pourrait résoudre n'importe quel problème comportant un triangle rectangle ayant un angle de 45° en appliquant le théorème de Pythagore.

Index

A

D

E

F

G

H

I

J

K

L

R

S

T

U

V

Table des photographies

Les images contenues dans le texte qui ne sont pas accompagnées d'un numéro de page sont la propriété de la Pacific Educational Press et sont protégées par le droit d'auteur.

Page couverture

Colin Pickell

Table des matières

Colin Pickell

Chapitre 1

p. v Colin Pickell; p.vi United States Navy, ID 081202-N-6764G-093, Wikimedia Commons; p. vii PEP; p. 10 PEP; p.11 Sharlene Eugenio; p. 12 Sandra Tuccaro; p. 14 David Bourne; p. 17 avec la permission du gouvernement de l'Alberta; p. 18 Wikimedia Commons; p. 21 MacKinnon Media; p. 22 Adam Page/scx.hu; p. 23 Linda Fogarty; p. 24 Shawna Larence; p. 26 Barbara Kuhne; p. 28 Sharlene Eugenio; p. 29 Joe Perez/www.xone5photo.com; p. 31 Sharlene Eugenio; p. 32 Pierre Geumez; p. 33 avec la permission du Collège communautaire de Vancouver, photo de Laughlin McKenzie; p. 34 PEP; p. 35 Frank Dawson; p. 36 MacKinnon Media; p. 37 avec la permission du Collège communautaire de Vancouver, photo de Laughlin McKenzie; p. 38 Stockxpert; p. 39 J. R. Goleno/sxc.hu; p. 40 UBC/MOA, photo de B. McLennan; p. 41 avec la permission de Potato Growers of Alberta, photo de Jeff Bronsch; p. 42 avec la permission de CarAdvice.com.au; p. 45 euros, avec la permission de Steve Woods; dollars australiens, avec la permission d'Adrian van Leen; yens et dollars, américains avec la permission de PEP; p. 46 Gary Cowles/sxc.hu; p. 47 Barbara Kuhne; p. 49 Melodi T/sxc.hu.; p. 50 avec la permission du Marché St. Norbert, photo de Tommy Allen; p. 51 Troy Hunter.

Chapitre 2

p. 52 Deb Hutton; p. 53 candicelo/sxc.hu; p. 54 Catherine Edwards; p. 57 Nick Saltmarsh; p. 59 Stockxpert; p. 60 Stefanie Leuker/sxc.hu; p. 63 Wikimedia Commons, Archives nationales du Canada/PA-163001; p. 64 Catherine Edwards; p. 65 avec la permission du gouvernement de l'Alberta; p. 66 avec la permission de la Métis Nation of Ontario; p. 69 Walter Siegmund, Wikimedia Commons; p. 70 PEP; p. 71 Sangman Grant; p. 72 Catherine Edwards; p. 74 avec la permission du gouvernement de l'Alberta; p. 75 Jelmer Rozendal/stock.xchng; p. 77 avec la permission du gouvernement de l'Alberta; p. 78 casque de protection, avec la permission de Davide Guglielmo; outils, avec la permission de Cris DeRaud; p. 79 Holzi Holzer; p. 80 Catherine Edwards; p. 84 Natalie Kwee; p. 87 Herry Lawford; p. 88 Stockxpert; p. 90 reproduit avec la permission de l'Agence du revenu du Canada et du ministre des Travaux publics et des Services gouvernementaux Canada, 2009; p. 91 reproduit avec la permission de l'Agence du revenu du Canada et du ministre des Travaux publics et des Services gouvernementaux Canada, 2009.

Chapitre 3

p. 92 PEP; p. 93 scol22/sxc.hu; p. 94 Stéphanie Klassen; p. 100 David Lat; p. 104 Ricardo Liberato; p. 105 James Wheare; p. 106

Manuel Marques; p. 108 Daniel Hendricks; p. 109 Brandon Blinkenberg; p. 110 John Griffiths; p. 111 avec la permission de Conservation Manitoba, distribution de produits, Canadamapsales.com; p. 114 James Wheare; p. 115 David Kattegatsiak; p. 119 PEP; p. 112 Tom Arthur; p. 123 James Wheare; p. 124 Marcin Wichary; p. 127 Stephen Mitchell; p. 128 J. Godsey; p. 129 Marc Smith; p. 132 Josh Calder; p. 133 Stockxpert; p. 134 Anthony B./sxc.hu; p. 135 audreyjm529/www.flickr.com.

Chapitre 4

p. 136 Wikimedia Commons; p. 137 Miguel de Unamunoc; p. 138 Katharine Borgen; p. 141 PEP; p. 143 Laszlo S. Ilyes; p. 144 Glenn Pebley/sxc.hu; p. 145 thermoscope de Galilée, avec la permission de Peter Gervai, Wikimedia Commons; monument funéraire de Fahrenheit, avec la permission de Donar Reiskoffer, Wikimedia Commons; p. 146 Laraine Coates; p. 147 Steve Woods/sxc.hu; p. 148 T.A. Peck; p. 149 Jessica Zuidema/sxc.hu; p. 150 Brad Pende; p. 151 Stockxpert; p. 152 Tracey Johnson/sxc.hu; p. 153 Courtesy CuppaJoe Coffee; p. 154 Katharine Borgen; p. 155 Barbara Kuhne; p. 158 taureau, avec la permission de Brian Forbes, Kinross; chaise, punaise, iPod, avec la permission de Deb Hutton; p. 160 astronaute, avec la permission du Kennedy Space Center de la NASA (KSC–NASA); balance, avec la permission de Stockxpert; p. 161 Deb Hutton; p. 162 Louise Niwa; p. 163 Dan McKay; p. 164 Robert Owen-Wahl; p. 165 avec la permission du gouvernement de l'Alberta; p. 167 Joanna Poe; p. 168 Alpha Lau; p. 170 avec la permission du Ministère de l'Agriculture de la Saskatchewan; p. 171 George Showman.

Chapitre 5

p. 172 PEP; p. 173 Warren Clark; p. 174 Werner Aschbacher; © Google. Données cartographiques © 2009 Tele Atlas, Google; p. 175 © Google. Données cartographiques © 2009 Tele Atlas, Google; Daren Lewis; p. 176 PEP; p. 178 Wonderlane; p. 180 Leah Giesbrecht; p. 185 Ahmed Al-Shukaili/sxc.hu; p. 187 pizza, avec la permission de Randy Robertson; p. 188 scie à onglet, avec la permission d'Ewen Roberts; assemblage à onglet et rapporteur, avec la permission de PEP; équerre de charpentier, avec la permission de Ruslan Moldashev/sxc.hu; p. 190 PEP; p. 191 Craig Yuill; p. 197 *L'École d'Athènes*, domaine public; p. 198 Michelle Diaz; p. 201 Google Maps © Google Imagery © 2009 DigitalGlobe, GeoEye Google Maps; p. 203 Gavin Schaefer; p. 206 Leah Giesbrecht; p. 207 Michael Scheltgen; p. 209 Stockxpert; p. 210 Joshin Yamada; p. 211 Chris Lott www.flickr.com/photos/fncll/; p. 212 carrelage, avec la permission de Chrstphre Campbell; Esplanade Riel, avec la permission de Jason Smith; p. 219 Warren Clark; p. 221 Della McCreary; p. 222 cliff1066™/www.flickr.com.

Chapitre 6

p. 224 Stockxpert; p. 225 Stockxpert; p. 226 Paul Messier, avec la permission de Christa Bedwin; boîtes à outils, avec la permission de Leah Giesbrecht; p. 227 Jean-Pierre Lavoie; p. 229 Casper Moller; p. 232 Wikimedia Commons; p. 233 avec la permission de Sown Together, photo de Gabriel Kamener; p. 234 Enfants jouant avec un chat de Mary Cassatt, Wikimedia Commons; Caldera du Kilauea de Ernst William Christmas, Wikimedia Commons; piscine, avec la permission de Scott Snyde et stock.xchng; p. 236 Quinn Keast-Wiatrowski; p. 238 Monique Raymond; p. 239 Jason Hall; p. 241 Donna Rutherford; p. 242 Sharlene Eugenio; p. 244 niche à chien, avec la permission de Stockxpert; mocassins, avec la permission de Leah Giesbrecht; p. 245 United States Navy, ID 070406-N-3659B-086, Wikimedia Commons; p. 247 Ryan Kraemer; p. 256 Stockxpert; p. 257 Christa Bedwin; p. 261 Simon Cohen; p. 263 Robert Alberola; p. 264 Sharlene Eugenio; p. 265 Frank Hebbert; p. 268 PEP.

Chapitre 7

p. 270 PEP; p. 271 Cody Peterson; p. 272 Donna Jenner; p. 281 Michael Darch de Island Cutter Inc.; p. 283 Les Chatfield; p. 287 Vera Bernard; p. 290 Wikimedia Commons; p. 291 Tour penchée de Pise, avec la permission d'Andy Hay; garage, avec la permission de Jessica Short; p. 292 Wikimedia Commons; p. 293 Richard McCaffrey; p. 296 Basheer Tome; p. 297 PEP; p. 298 domaine public; p. 299 Michael L. Baird, flickr.bairdphotos.com; p. 300 Scott Suess; p. 301 Chris Haika; p. 302 Ted Sali; p. 303 PEP; p. 305 Dave Reichart; p. 306 Anne Reid; p. 307 Bruno Marie; p. 309 Leah Giesbrecht; p. 311 Derek McClintock; p. 312 sentier de randonnée pédestre, avec la permission de Leah Giesbrecht; centre-ville de Winnipeg, avec la permission de Michael Lamirande; p. 313 Miguel Saavedra; p. 315 Leah Giesbrecht; p. 316 Jeremy Price; p. 317 lac Bennett, avec la permission de Richard Martin; gravière, avec la permission de Josh Wallaert; p. 318 Wikimedia Commons; p. 319 Burj Dubaï, avec la permission de Joi Ito.

Conditions d'utilisation

L'utilisation du manuel numérique et des documents supplémentaires produits par les Éditions des Plaines est soumise aux conditions énoncées ci-après.

Veuillez lire attentivement les conditions qui suivent.

1. Accord – Les Éditions des Plaines vous permet d'accéder à l'édition numérique du manuel *Les mathématiques au travail 10* (ci-après appelé « le manuel numérique *Les mathématiques au travail 10* ») à la condition que vous acceptiez et respectiez l'ensemble des conditions énoncées dans le présent document. Ces conditions d'utilisation, de même que toute mise à jour de celles-ci, constituent l'« accord ».

2. Définition du service – Les Éditions des Plaines vous permet d'accéder au manuel numérique *Les mathématiques au travail 10* ainsi qu'aux documents supplémentaires qui se trouvent sur le DVD *Les mathématiques au travail 10*.

3. Exigence relative à l'utilisation du service – Ce service est mis à la disposition des élèves et des enseignants de niveau secondaire. Votre accord – Tous les élèves et enseignants qui utilisent le manuel numérique *Les mathématiques au travail 10* et les documents supplémentaires sont tenus de respecter les conditions du présent accord.

4. Utilisation du service – Élèves et chargés de cours

   a. Élèves

   À titre d'élève, vous avez accès au manuel numérique *Les mathématiques au travail 10*. Vous pouvez enregistrer l'intégralité ou certaines parties du manuel numérique ou des documents supplémentaires sur votre ordinateur ou autre dispositif électronique à des fins personnelles et non commerciales, conformément aux conditions du présent accord. Vous pouvez également imprimer ou copier-coller des pages numériques du manuel numérique *Les mathématiques au travail 10* à des fins personnelles et non commerciales ou à titre de référence dans le cadre des travaux liés à votre cours. De plus, vous pouvez personnaliser le manuel numérique *Les mathématiques au travail 10* en y ajoutant des signets ou des notes personnelles.

   - Il vous est interdit de publier des parties du manuel numérique ou des documents supplémentaires sur Internet.
   - Il vous est interdit de vendre une partie du manuel à un tiers.

   b. Chargés de cours et enseignants

   À titre de chargé de cours ou d'enseignant, vous pouvez imprimer ou copier-coller des pages numériques du manuel numérique *Les mathématiques au travail 10* à des fins personnelles et non commerciales ou à titre de référence dans le cadre de vos fonctions. Vous pouvez personnaliser le manuel numérique *Les mathématiques au travail 10* en y ajoutant des signets ou des notes personnelles, et afficher le contenu de ce manuel dans votre classe dans le cadre de vos cours.

   - Il vous est interdit de publier des parties du manuel numérique *Les mathématiques au travail 10* ou des documents supplémentaires sur un site Web autre qu'un site à vocation pédagogique sans avoir obtenu l'autorisation préalable des Éditions des Plaines.

5. Droits de propriété – Tous les droits d'auteur et autres droits de propriété afférents au manuel numérique *Les mathématiques au travail 10* doivent, en tout temps, demeurer dévolus aux Éditions des Plaines.

6. Élèves ayant une incapacité – Veuillez communiquer avec les responsables de votre école ou de votre université afin de recevoir la version du manuel numérique *Les mathématiques au travail 10* la mieux adaptée à vos besoins. En plus des versions sur DVD-ROM, le manuel est également offert en format PDF; cette version est disponible dans le répertoire numérique des manuels destinés aux élèves ayant une incapacité (Digital Repository of Textbooks for Students with Disabilities).

7. Propriété intellectuelle

   Le contenu du manuel numérique *Les mathématiques au travail 10* est protégé par des droits d'auteur et d'autres droits et protections de propriété connexes (collectivement appelés « droits de propriété intellectuelle ») dévolus aux Éditions des Plaines, et ces droits de propriété intellectuelle sont valides et garantis dans tous les formats, médias et technologies existants ou conçus ultérieurement. Tout le contenu (notamment les graphiques, les logos, les photographies, les icônes de boutons, les scripts et les titres) du DVD *Les mathématiques au travail 10* est protégé par des droits d'auteur et ne peut être utilisé de pair avec aucun autre produit ou service. Il vous est interdit de modifier, d'enlever, de supprimer, de rallonger, d'ajouter, de publier ou de diffuser une partie quelconque du manuel numérique *Les mathématiques au travail 10*, ni de participer au transfert ou à la vente du manuel, de créer des produits dérivés à partir de celui-ci ou de l'exploiter, en tout ou en partie, exception faite des utilisations formelles expressément prévues par le présent accord ou de l'utilisation équitable de ce manuel en vertu des lois canadiennes en matière de droits d'auteur.

8. Indemnisation des Éditions des Plaines – Vous devrez indemniser et défendre les Éditions des Plaines, les éditeurs et les auteurs et exonérer ces parties de toute responsabilité en cas de poursuite, de perte, de réclamation, de revendication, de responsabilité ou de dommages, ainsi qu'en ce qui concerne les coûts et les dépenses (y compris les frais d'avocat et les frais juridiques raisonnables) attribuables ou associés :

   - à l'utilisation que vous faites du DVD *Les mathématiques au travail 10*;
   - à un manquement de votre part au présent accord ou à toute déclaration, à toute garantie ou à tout accord que vous acceptez dans le présent document ou à cet égard;
   - à une violation de votre part des lois, des actes, des ordonnances, des règlements ou des droits d'un tiers applicables, notamment la violation du droit d'auteur, un préjudice à la marque de commerce d'un tiers, la violation d'autres droits de propriété intellectuelle ou toute déclaration de diffamation, de libelle diffamatoire ou de diffamation verbale. La présente obligation d'indemnisation survivra à toute résiliation du présent accord.

9. Résiliation de votre droit d'utilisation du service – Les Éditions des Plaines se réserve le droit de résilier, à sa discrétion exclusive, votre droit d'utilisation du DVD *Les mathématiques au travail 10*, et ce, en tout temps et peu importe la raison. La résiliation de votre droit d'utilisation du service ne vous déchargera d'aucune obligation émanant ou née avant ladite résiliation et ne limitera aucunement les responsabilités que vous avez à l'égard des Éditions des Plaines.

10. Conditions supplémentaires

    a. Intégralité de l'accord – Les Éditions des Plaines peut modifier les conditions du présent accord quand besoin est. Si vous avez des questions concernant l'accord, n'hésitez pas à communiquer avec Les Éditions des Plaines.

    b. Loi applicable – Le présent accord est régi par les lois de la province du Manitoba, au Canada, et doit être interprété en vertu de celles-ci.

    c. Règlement de litiges – Tout litige ou différend attribuable ou lié au présent accord doit être résolu intégralement et définitivement par arbitrage obligatoire. Il incombe à chaque partie de défrayer ses propres dépenses relatives à l'arbitrage. La décision de l'arbitre doit avoir force exécutoire pour chacune des parties.

    d. Clause d'exonération des garanties –

    LE MANUEL NUMÉRIQUE *LES MATHÉMATIQUES AU TRAVAIL 10*, LE SERVICE ET LE CONTENU DU MANUEL SONT FOURNIS « TEL QUEL » ET NE SONT ASSORTIS D'AUCUNE GARANTIE. SI VOUS ÉPROUVEZ UN PROBLÈME AVEC LE DVD QUI N'EST AUCUNEMENT ATTRIBUABLE À UN DOMMAGE MATÉRIEL CAUSÉ À CELUI-CI, VOUS DEVEZ EN INFORMER LE RESPONSABLE DE VOTRE ÉCOLE, QUI POURRA COMMUNIQUER AVEC LES ÉDITIONS DES PLAINES À CE PROPOS.

    e. Aucune renonciation – Le défaut des Éditions des Plaines d'exercer ou d'exécuter un de ses droits prévus dans le présent accord ne doit pas être considéré comme une renonciation à ces derniers, et cela n'empêche pas les Éditions des Plaines d'exercer ou d'exécuter ces droits dans toute autre circonstance.

Dernière mise à jour des conditions d'utilisation : le 15 avril 2010

Made in United States
Orlando, FL
05 November 2026

90212667R10203